U0792113

行水云课数字教材

高等职业教育水利类新形态一体化教材

水利工程施工技术

主　编　孙友良
副主编　关春先
主　审　石玉东

中国水利水电出版社
www.waterpub.com.cn
·北京·

内 容 提 要

本书是基于高水平专业群建设项目子任务成果导向（OBE）教学改革的数字化教学资源配套教材，根据水利工程施工技术教学大纲编写完成。本书共分7个项目，包括导流工程、土石方开挖作业、坝基处理、混凝土施工、土石填筑、案例分析和综合运用。

本书是为适应国家高等职业教育发展而编写的，可作为高等职业学院水利水电建筑工程、水利工程、工程造价、工程监理等专业的教材，也可供土木建筑类其他专业、中等职业学校相应专业的师生及工程技术人员参考。

图书在版编目（CIP）数据

水利工程施工技术 / 孙友良主编. -- 北京 : 中国水利水电出版社, 2022.1(2026.1重印)
高等职业教育水利类新形态一体化教材
ISBN 978-7-5170-9490-6

Ⅰ. ①水… Ⅱ. ①孙… Ⅲ. ①水利工程－工程施工－高等职业教育－教材 Ⅳ. ①TV52

中国版本图书馆CIP数据核字(2021)第048826号

书　　名	高等职业教育水利类新形态一体化教材 **水利工程施工技术** SHUILI GONGCHENG SHIGONG JISHU
作　　者	主　编　孙友良 副主编　关春先 主　审　石玉东
出版发行	中国水利水电出版社 （北京市海淀区玉渊潭南路1号D座　100038） 网址：www.waterpub.com.cn E-mail：sales@mwr.gov.cn 电话：(010) 68545888（营销中心）
经　　售	北京科水图书销售有限公司 电话：(010) 68545874、63202643 全国各地新华书店和相关出版物销售网点
排　　版	中国水利水电出版社微机排版中心
印　　刷	天津嘉恒印务有限公司
规　　格	184mm×260mm　16开本　21.5印张　523千字
版　　次	2022年1月第1版　2026年1月修订　2026年1月第2次印刷
印　　数	2501—5000册
定　　价	**69.50**元

凡购买我社图书，如有缺页、倒页、脱页的，本社营销中心负责调换

版权所有·侵权必究

前言

中国水利事业发展迅速，水利施工体系逐渐完善，水利工程标准加快了更新速度，随着补短板、严监管的要求，水利工程管理和监督愈加严格，2016年我国出台了《水利工程质量检测技术规程》（SL 734—2016），2020年《水利工程建设标准强制性条文》进一步更新，加强了对质量控制的管理和对违法行为的界定，工程质量监督、工程质量验收等监督管理力度逐年强化，也意味着水利工程建设对施工建设人员素质的要求相应增加。

水利工程施工是高等职业院校毕业生乃至本科高校毕业生主要从事的领域，水利工程施工课程也是水利类高等职业院校的主要或核心课程，而目前高等职业教育的水利工程施工教材比较重视知识的分类介绍、基本知识的概述和教学改革教法尝试，重视基础淡化理论，结构上沿袭本科教材的编排体系，但轻视了对规范的明确及掌握，甚至标准滞后，教材内容无法和企业标准对接。近年来，职业院校面临着学生主动学习的意愿差、接受知识的能力差、学习知识的注意力集中度差等普遍现状，学生自主学习能力呈现下降趋势，加之教材内容如果不准确、不精细、不规范、不更新，导致教材的利用率不高，学生在岗位实践中需要额外补充大量知识才能胜任岗位，同时，教材缺乏索引性也成为学生可持续学习的障碍之一，学习者很难通过教材对接行业规范。这些状况与目前水利工程的高标准、高质量、严管理、严监督的要求管理现状和趋势不相符，使毕业生在工作中很被动。

水利工程的工程质量是百年大计，高等职业学院培养的人才是水利工程现场从业人员的主力军，为了使在校生增强专业素质、使毕业生可持续学习、使教材被高效利用，水利工程施工技术课程需要具备指导性、索引性、可操作、与行业企业标准对接的教材。本教材在编写过程中考虑了学生长远使用的需求，对知识的编写力求详细，注重提示各类施工技术必须执行和可以参考的规范，将施工类型按任务划分，根据施工技术标准和现行行业条款，提供实际工程背景实例和资料，注重施工质量标准的掌握，形成水利工程施工可参照的实用手册，加大学生就业前的必要知识储备，并按照成果导向（outcome－based education，OBE）的要求，着重介绍常用水利工程施工技术和目前广泛使用的通用知识，体现成果导向、项目案例教学的学习理念和思路，达到学以致用，力求实现从学校到企业的软着陆。主动学习、可持续学习、终身学习是本书希望广大学习者所达到的最终目标。

辽宁生态工程职业学院孙友良编写：绪论、项目1导流工程、任务4.1钢筋工程、任务4.2模板工程施工、任务4.3混凝土原材料技术要求、任务4.4骨料生产与堆存、任务4.5混凝土生产系统、项目6案例分析。辽宁生态工程职业学院张迪编写：任务2.1明挖技术须知、任务2.2土石方明挖规划、任务2.3爆破基本知识。辽宁生态工程职业学院关春先编写：任务2.4控制爆破技术、任务2.5地下工程开挖施工技术（钻爆作业）、任务2.6岸坡开挖施工技术、任务2.7岩基开挖施工技术、任务2.8爆破安全技术规定。辽宁生态工程职业学院张贺编写：项目3坝基处理。辽宁生态工程职业学院孙玲玉编写：任务4.6混凝土运输、任务4.7混凝土浇筑技术、任务4.8碾压混凝土施工工艺。辽宁生态工程职业学院孟祥礼编写：项目5土石填筑。本溪华岩建设有限公司姜厚增编写：项目7综合运用、附录。辽宁生态工程职业学院石玉东主审校核，中国水利水电第六工程局有限公司、本溪华岩建设有限公司为本书提供了宝贵的参考资料，对主要内容体系起重要支撑作用。

在此，作者对以上人员和单位的大力支持，表示由衷感谢，由于编者水平有限，书中错误、不妥之处在所难免，衷心欢迎读者批评指正。友情提示：本书中现行规范执行截止到2025年，现行规范请登录水利部国际合作与科技司网站（http：//gjkj. mwr. gov. cn/jsjd1/bzcx/）查询最新执行标准，也可通过扫描以下二维码登录查询。

编者

2025年11月

“行水云课”数字教材使用说明

“行水云课”水利职业教育服务平台是中国水利水电出版社立足水电、整合行业优质资源全力打造的“内容”+“平台”的一体化数字教学产品。平台包含高等教育、职业教育、职工教育、专题培训、行水讲堂五大版块，旨在提供一套与传统教学紧密衔接、可扩展、智能化的学习教育解决方案。

本套教材是整合传统纸质教材内容和富媒体数字资源的新型教材，将大量图片、音频、视频、3D动画等教学素材与纸质教材内容相结合，用以辅助教学。读者登录“行水云课”平台，进入教材页面后输入激活码激活，即可获得该数字教材的使用权限。可通过扫描纸质教材二维码查看与纸质内容相对应的知识点多媒体资源，也可通过移动终端APP、“行水云课”微信公众号或“行水云课”网页版查看完整数字教材。

扫描下列二维码可获取本书课件。

多媒体知识点索引

续表

序号	码号	资 源 名 称	类型	页码
27	2.5.12	锚杆加固原理	⊙	98
28	2.5.13	隧洞喷射混凝土施工	⊙	98
29	2.5.14	喷射混凝土支护原理	⊙	98
30	2.5.15	喷射混凝土施工	⊙	98
31	2.5.16	喷射混凝土施工技术	⊙	99
32	2.5.17	隧道施工衬砌	⊙	100
33	2.5.18	隧道衬砌台车施工原理	⊙	101
34	2.5.19	衬砌模板台车作业	⊙	102
35	2.7.1	基岩开挖施工技术	⊙	111
36	2.7.2	基岩开挖施工技术	⊙	115
37	3.1.1	灌浆工程	⊙	127
38	3.1.2	砂砾石灌浆	⊙	129
39	3.2.1	固结灌浆示意动画	⊙	133
40	3.2.2	固结灌浆	⊙	133
41	3.3.1	大坝帷幕灌浆（三维动画）	⊙	140
42	3.3.2	帷幕灌浆	⊙	140
43	3.5.1	防渗墙形式	⊙	150
44	3.5.2	施工方法动画演示-喷射灌浆-三重流体	⊙	150
45	3.5.3	施工方法动画演示-桩柱型防渗墙	⊙	150
46	3.5.4	防渗墙施工	⊙	151
47	3.5.5	水利工程防渗墙施工	⊙	153
48	4.1.1	钢筋加工视频	⊙	162
49	4.1.2	机械除锈	⊙	163
50	4.1.3	钢筋切断	⊙	163
51	4.1.4	钢筋的机械弯曲成型	⊙	164
52	4.1.5	钢筋手工弯曲成型	⊙	164
53	4.1.6	闪光对焊	⊙	166
54	4.1.7	电渣焊	⊙	166
55	4.1.8	钢筋冷拉加工工艺动画演示	⊙	168

续表

续表

序号	码号	资 源 名 称	类型	页码
85	4.7.6	特殊季节的混凝土施工	◉	246
86	4.7.7	混凝土坝的施工质量控制	◉	246
87	4.8.1	碾压混凝土配合比	◉	250
88	4.8.2	碾压混凝土坝施工	◉	250
89	5.2.1	土石坝压实	◉	262
90	5.2.2	土石坝流水作业施工	◉	262
91	5.2.3	压实机械	◉	266
92	5.2.4	碾压试验	◉	272
93	5.2.5	土石坝进占铺料	◉	275
94	5.4.1	浆砌石挡土墙施工	◉	290

目录

绪　论

水利工程施工技术是一门理论与实践紧密结合的专业课。它是在总结国内外水利工程建设经验的基础上，从施工技术、施工机械等方面，研究水利工程建设基本规律的一门学科。

1. 我国水利工程施工的成就与发展

我国水利建设有着卓越的成就，积累了许多宝贵的施工经验。几千年来，修建了都江堰、黄河大堤、南北大运河以及其他许多施工技术难度大的水利工程。在抗洪斗争中，创造了平堵与立堵相结合的堵口方法，取得了草土围堰等施工经验。这些伟大的水利工程和独特的施工技术，至今仍发挥作用，有力地促进了我国水利工程建设的发展。

中华人民共和国成立后，我国水利建设事业取得了辉煌成就。在堤防整固上，形成大江大河干、支流连续堤防，提高了主要河流的防洪水平。在水库建设上，修建了官厅、佛子岭、大伙房、密云、岳城、潘家口、南山、观音阁、桃林口、江垭等大型水库，为防洪、蓄水服务。在防洪、蓄水、发电等综合利用上，修建了三门峡、青铜峡、丹江口、满拉、乌鲁瓦提等水利枢纽。在灌溉上，黄河下游第一个引黄灌溉渠就是人民胜利渠，还修建了淠史杭灌区、内蒙古引黄灌区、林县红旗渠、陕甘宁盐环定扬黄灌区、宁夏扬黄灌区等。在跨流域引水上，修建了东港供水、引滦入津、南水北调、引黄济青、万家寨引黄入晋等。

截至 2024 年年底，全国已建成 5 级以上江河堤防 31.8 万 km，1 级、2 级 4.1 万 km，保护人口 6.6 亿人，保护耕地 4.2 万千公顷。流量 $5m^3/s$ 以上的水闸 90308 座，其中大型水闸 1002 座。水库 94608 座，水库总库容 8124 亿 m^3，其中大型水库 841 座，总库容 8124 亿 m^3。水电装机容量 4.42 亿 kW。当年投资 1.5 万亿元。

中华人民共和国成立后，战胜了历次大洪水和严重的干旱灾害，黄河年年安澜。1998 年大洪水，长江堤防保持安澜，松花江、嫩江主要城市和河段保证了安全。目前我国大中型江河已全面建立了有效的防御工程和防御体制机制，并不断完善小型河流的治洪措施。

至 21 世纪初，在农田水利方面，我国的灌溉面积就已发展到 8 亿亩，灌区生产的粮食占全国总产量的 75%，生产的棉花和蔬菜占全国总产量的 90%，我国以占世界近 10%的耕地面积，解决了占世界 22%人口的粮食问题。近年来我国大面积的进行农村土地整理和高标准农田建设，有相当比例的农业人口已转型，农村产业已经得到了大幅度调整，农产品的生产正在向着规模化转变，极大地缓解了人与水争地矛盾，水利事业也开始向生态水利、引水调水、水能开发等方向发展。

在供水水源方面，兴建了大量蓄水、引水、扬水工程，抽用地下水，农业灌溉和城市工业供水水源已经初具规模，乡镇供水发展迅速，水利工程年供水能力达 8900 亿 m^3。修建各种农村饮水工程 678 余万处，解决了 4 亿多人和 2 亿头牲畜的饮水问题。

在水资源调配方面，兴建了一批流域控制性工程，以及跨流域调水工程，初步解决了区域水资源分布和城乡工农业用水的矛盾，缓解了国民经济和社会发展用水的需要。南水北调工程已发挥作用，并还在增设论证新的线路，各缺水省份也都有大量调水工程。

在水电建设中，修建了狮子滩、新安江、刘家峡、新丰江、六郎洞、葛洲坝、白山、东江、龙羊峡、李家峡、鲁布革、天生桥、二滩等各种类型的大型水电站，还修建了数以万计的中小型水电站。目前，全国水电总装机容量达到 4.2 亿 kW，年发电量约为 1.3 万亿 kW·h。大型水电站供应了工业和城市用电，支持灌溉用电。中小型水电站供应全国 1/3 的县、45%国土面积和 70%贫困山区的用电。三峡工程建成后水电装机容量大幅度地增加，并可联系全国电网，互相调剂。我国装机容量位居世界前列，在水电技术上达到国际水平，能修建各种类型、条件复杂的大型水电站。我国已建成金沙江上游的溪洛渡、向家坝、乌东德、白鹤滩 4 座大型水电站，总装机容量是三峡电站的两倍。其中溪洛渡和向家坝已于 2014 年投产，乌东德水电站 2015 年开工，白鹤滩水电站 2017 年开工，大坝于 2024 年 10 月完成蓄水。自 2013 年后，我国火电装机容量首次下降到总发电装机容量的 70%以下，达到 69.1%，而水电作为清洁能源，尤其是云贵地区，已经起到转移中部地区高耗电产能的积极影响，为降低碳排放，改善产业结构做出重大贡献，水电能源的开发步入了新时期。

然而，我国仍然需要面对水资源时空分布不均的现状和水污染等复杂问题，并正在积极考虑与邻国合理开发水资源，论证合理调配水资源、生态治理水问题等。

施工技术也不断提高。定向爆破、光面爆破、预裂爆破、岩塞爆破、喷锚支护、预应力锚索、滑模和碾压混凝土及混凝土防渗面板等技术、工艺已由新技术转向不断成熟的技术和通用手段。

国产施工机械装备能力迅速增长，挖掘机、大吨位的自卸汽车、全自动化混凝土搅拌楼、塔带机、隧洞掘进机和盾构机也成了常用设施，爆破技术、防护技术、填筑技术日趋成熟，GPS、无损检测设备、无人机等电子设施正在被应用于施工。水利工程施工学科的发展，为水利工程建设事业展示了一片广阔的前景。随着三一重工、中联重科、徐工、柳工等一系列大型机械制造企业的发展，工程机械已由原来的“比较落后、配套不齐、利用率不充分”转变为“普遍应用，规模庞大”。随着建筑材料不断提升改进，新时期的水利建筑在耐久性上得到了空前提高。随着一些优质检测设备尤其是无损检测设备的发展，水利工程的质量监督与论证得到了有效保证。

在取得巨大成就的同时，应认识到我国水利事业的发展正遇到瓶颈。一些工程仍然要以破坏自然为代价保证人的安全，这包括能源矛盾、引水安全矛盾、洪水与农田的矛盾、河道与污水的矛盾……一些工程依然存在历史遗留问题，一些施工队伍存在着施工水平低和人员技术素质差的问题，一些地方尚存在着体制弊端、管理漏洞等问题，这些和我国水电建设事业的高速发展是不相适应的。这就要求我们必须认真总结过去的经验和教训，努力学习和引进国外先进的技术和科学的管理方法，积极改革创新，走出一条适合我国国情的水利工程建设新路。

2. 水利工程施工技术的特点

(1) 水利工程施工多在河流上进行，因而需要采取导截流、基坑排水、施工度汛、施工期通航及下游供水等措施，以保证工程施工的顺利进行。

(2) 水利工程施工经常遇到复杂的地质条件，如渗漏、软弱地基、断层、破碎带及滑坡、不稳定围岩等，因而要进行相应的处理和加固，以保证施工质量。

(3) 水利工程多为露天施工，需要采取适合的冬季、夏季、雨季等不同季节的施工措施，保证施工质量和进度。

(4) 水利工程一般都是挡水或过水建筑物，这些建筑物的安全往往关系到国计民生和下游千百万人民生命财产的安危。因此必须确保施工质量。

3. 课程内容和方法

本课程将系统地阐述水利工程中各主要工种的施工工艺、主要水工建筑物的施工程序与方法等内容。通过学习，要求了解水利工程施工中常用的施工机械的主要组成部分、工作原理、主要性能及其选择；掌握主要工种的施工过程、施工方法、操作技术、质量控制检查、施工安全技术，以及主要水工建筑物的施工特点、施工程序和施工技术要求、施工方法以及质量控制检查，水利工程质量检验内容及频次见附录。

根据本课程内容和课程实践性很强的特点，学习中应掌握基本概念、基本原理、基本方法，结合所学过的课程，循序渐进地进行。必须密切联系生产实际，配合生产实习、生产劳动、生产现场教学、电化教学、多媒体教学、课程作业、毕业设计等教学环节，运用所学的施工知识，牢记工程质量保证的关键技术条款和执行标准，才能有效地掌握本课程的内容。使用现行的施工规范，熟悉规范规定的重点要求，善于利用各种学习资源，才能紧跟行业要求。

项目1　导　流　工　程

在河床上修建水工建筑物时，为保证在干地上施工，需将天然径流部分或全部改道，按预定的方案泄向下游，并保证施工期间基坑无水，这就是施工导流与水流控制要解决的问题。施工导流与水流控制一般包括以下内容：①坝址区的导流和截流；②坝址区上下游横向围堰和分期纵向围堰；③导流隧洞、导流明渠、底孔及其进出口围堰；④引水式水电站岸边厂房围堰；⑤坝址区或厂址区安全度汛、排冰凌和防护工程；⑥建筑物的基坑排水；⑦施工期通航；⑧施工期下游供水；⑨导流建筑物拆除；⑩导流建筑物下闸和封堵。

任务1.1　施　工　导　流

学习导向

知识目标： 理解施工导流基本方法及应用范围

能力目标： 能分析施工导流因素，选择施工导流方案

素质目标： 培养钻研精神和认真态度

执行规范： 《水利水电工程施工导流设计规范》（SL 623—2017）

《水利水电工程施工组织设计规范》（SL 303—2017）

施工导流的基本方法大体可分为两类：一类是全段围堰法导流，即用围堰拦断河床，全部水流通过事先修好的导流泄水建筑物流走；另一类是分段围堰法导流，即水流通过河床外的束窄河床下泄，后期通过坝体预留缺口、底孔或其他泄水建筑物下泄。但不管是全段围堰法还是分段围堰法导流，当挡水围堰可过水时，均可采用淹没基坑的特殊导流方法。

1.1.1　全段围堰法

全段围堰法导流就是在修建于河床上的主体工程上下游各建一道拦河围堰，使水流经河床以外的临时或永久建筑物下泄，主体工程建成或即将建成时，再将临时泄水建筑物封堵。该法多用于河床狭窄、基坑工作量不大、水深、流急难于实现分期导流的地方。全段围堰法按其泄水道类型有以下几种导流方式。

1.1.1 ▶
全段围堰法施工导流

1.1.1.1　隧洞导流

山区河流，一般河谷狭窄、两岸地形陡峻、山岩坚实，采用隧洞导流较为普遍。但由于隧洞泄水能力有限，造价较高，一般在汛期泄水时均另找出路或采用淹没基坑方案。导流隧洞设计时，应尽量与永久隧洞相结合。隧洞导流示意图如图1.1.1所示。

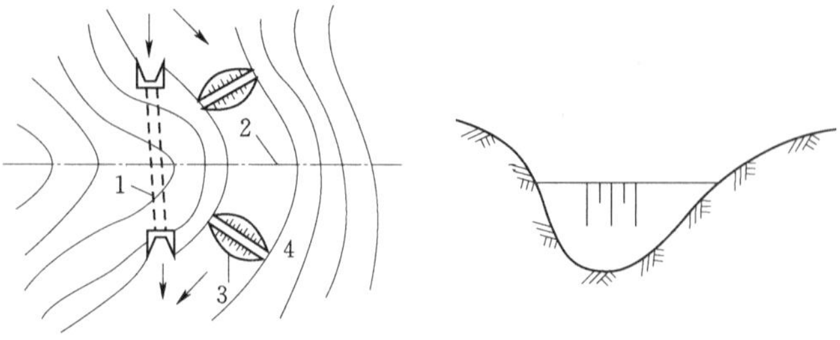

图 1.1.1 隧洞导流示意图

1—隧洞；2—坝轴线；3—下游围堰；4—基坑

导流隧洞应根据地形、地质条件合理选择洞线，保证隧洞施工和运行安全。相邻隧洞间净距、隧洞与永久建筑物之间间距、洞脸和洞顶岩层厚度均应满足围岩应力和变形要求。尽可能利用永久隧洞，其结合部分的洞轴线、断面形式与衬砌结构等均应满足永久运行与施工导流要求。导流洞与永久泄洪洞相结合示意图如图 1.1.2 所示。

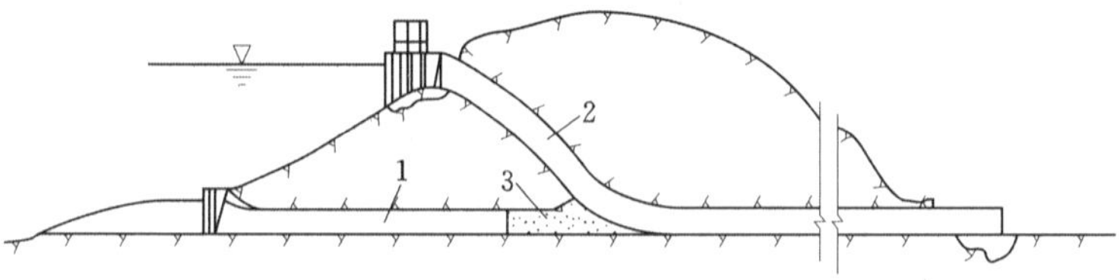

图 1.1.2 导流洞与永久泄洪洞相结合示意图

1—导流隧洞；2—泄洪洞；3—混凝土堵头

隧洞形式、进出口高程尽可能兼顾导流、截流、通航、放木、排冰要求，进口水流顺畅、水面衔接良好、不产生气蚀破坏，洞身断面方便施工；洞底纵坡随施工及泄流水力条件等选择。

导流隧洞在运用过程中，常遇明满流交替流态，当有压流为高速水流时，应注意水流掺气，防止因此产生空蚀、冲击波，导致洞身破坏。

隧洞衬砌范围及形式通过技术经济比较后确定，应研究解决封堵措施及结构形式的选择。

平面布置原则：

（1）隧洞进出口应与上下游水流平顺衔接，与河道主流的交角以 30°左右为宜。

（2）有条件时，隧洞最好布置成直线，若有弯道，其转弯半径以大于 5 倍洞宽为宜。

（3）隧洞进出口与上下游围堰之间要有适当距离，一般宜大于 50m，以防隧洞进出口水流冲刷围堰的迎水面。

（4）一般导流临时隧洞，若地质条件良好，可不做专门衬砌。为降低糙率，应推广光面爆破，以提高泄量，降低隧洞造价。

（5）若多条隧洞布置时，两条隧洞轴线间距宜大于 2 倍洞径或洞宽。

1.1.1.2 明渠导流

明渠导流是在河岸或滩地上开挖渠道，在基坑上下游修筑围堰，河水经渠道下泄。它用于岸坡平缓或有宽广滩地的平原河道上。若当地有老河道可利用或工程修建在弯道上时，采用明渠导流比较经济合理。明渠导流示意图如图 1.1.3 所示。

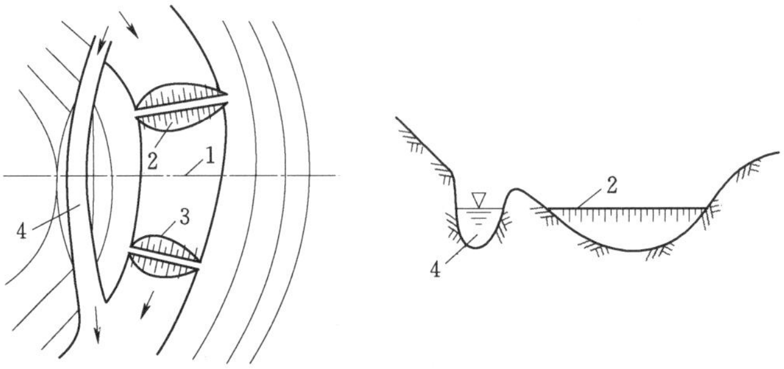

(a)平面图　　(b)剖面图

图 1.1.3 明渠导流示意图

1—坝轴线；2—上游围堰；3—下游围堰；4—导流明渠

1. 布置原则

弯道少，避开滑坡、崩塌体及高边坡开挖区；便于布置进入基坑的交通道路；进出口与围堰接头满足堰基防冲要求；避免泄洪时对下游沿岸及施工设施的冲刷，必要时进行导流水工模型验证。

平面布置原则如下：

(1) 明渠进出口应与上下游水流平顺衔接，与河道主流的交角以 30°左右为宜。

(2) 为保证水流畅通，明渠转弯半径应大于 5 倍渠底宽度。

(3) 明渠进出口与上下游围堰之间要有适当的距离，一般以 50～100m 为宜，以防明渠进出口水流冲刷围堰的迎水面。

(4) 为减少渠中水流向基坑内渗入，明渠水面到基坑水面之间的最短距离宜大于 2.5～3.0 倍明渠水面到基坑水面的高差（以米计）。

2. 明渠断面设计

明渠底宽、底坡和进出口高程应使上、下游水流衔接条件良好，满足导、截流和施工期通航运、过木、排冰要求。设在软基上的明渠，宜通过动床水工模型试验，改善水流衔接和出口水流条件，确定冲坑形态和深度，采取有效消能抗冲设施。

导流明渠结构形式应方便后期封堵。应在分析地质条件、水力学条件并进行技术经济比较后确定衬砌方式。

1.1.1.3 涵管导流

涵管导流一般在修筑土坝、堆石坝中采用，但由于涵管的泄水能力较小，因此一般用于流量较小的河流上或只用来担负枯水期的导流任务，涵管导流示意图如图 1.1.4 所示。

1.1.1.4 渡槽导流

渡槽导流方式结构简单，但泄流量较小，一般用于流量小、河床窄、导流期短

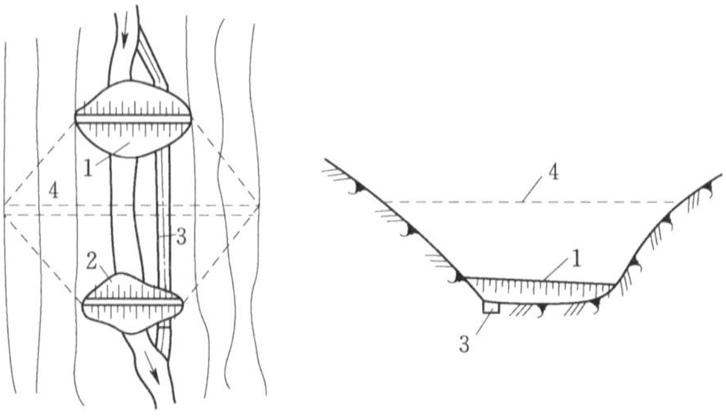

(a)平面图　　　(b)剖面图

图 1.1.4　涵管导流示意图

1—上游围堰；2—下游围堰；3—涵管；4—坝体

的中小型工程，渡槽导流示意图如图 1.1.5 所示。

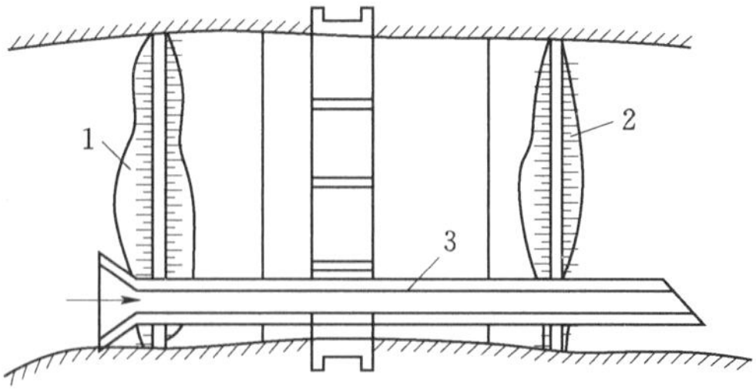

图 1.1.5　渡槽导流示意图

1—上游围堰；2—下游围堰；3—渡槽

1.1.2

分段围堰法施工导流

1.1.2　分段围堰法

分段围堰法亦称分期围堰法，即用围堰将水工建筑物分段、分期维护起来进行施工的方法。

分段就是在空间上用围堰将建筑物分为若干段进行施工。分期就是从时间上将导流分为若干时期。导流分期数和围堰分段数可以不同。段数分得越多，围堰工程量越大，施工也越复杂；期数分得越多，工期有可能拖得越长。工程实践中，两段两期导流采用得最多。只有在比较宽阔的通航河道上施工、不允许断航或其他特殊情况下，才采用多段多期的导流方法。导流分期与围堰分段示意图如图 1.1.6 所示。

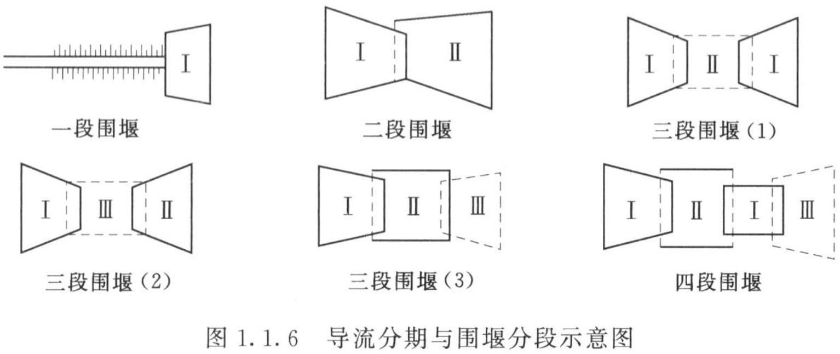

图 1.1.6　导流分期与围堰分段示意图

Ⅰ、Ⅱ、Ⅲ—施工分期

分段围堰法前期由束窄的河道导流，后期可利用事先修好的泄水建筑物导流。常用泄水建筑物的类型有底孔、缺口等。分段围堰法导流，一般适用于河流流量大、槽宽、施工工期较长的工程中。分段围堰布置如图 1.1.7 所示。

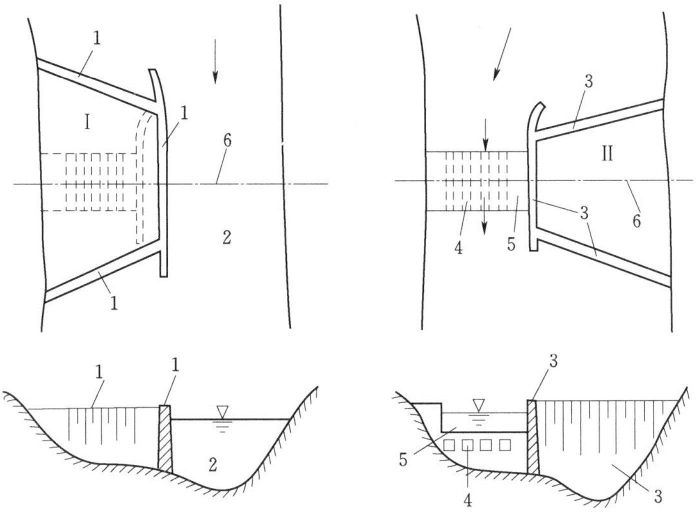

(a) 一期导流(束窄河床导流)　　(b) 二期导流(底孔与缺口导流)

图 1.1.7　分段围堰布置

1——一期围堰；2—束窄河床；3——二期围堰；
4—底孔；5—坝体缺口；6—坝轴线

分段围堰法导流一般适用于河床宽、流量大、工期较长的工程，尤其适用于通航河流和冰凌严重的河流。这种导流方法的导流费用较低，国内外一些大、中型水利工程采用较广。例如，我国湖北葛洲坝和三峡、江西万安、辽宁桓仁、浙江富春江、广西大化等水利枢纽工程都采用这种导流方法。

1.1.3

分段围堰法河床束窄度选择

1.1.2.1　分段围堰法后期泄水通道

1. 底孔导流

采用底孔导流时，应事先在混凝土坝体内修好临时或永久底孔；然后让全部或部分水流通过底孔宣泄至下游。如系临时底孔，应在工程接近完工或需要蓄水时封堵。底孔导流布置形式如图 1.1.8 所示。

导流底孔设置数量、高程及其尺寸宜兼顾导流、截流、过木、排冰要求。进口形式选择适当的椭圆曲线，通过水工模型试验确定。进口闸门槽宜设在坝外，并能防止槽顶部进水，以免气蚀破坏或孔内流态不稳定影响流量。

利用永久泄洪、排沙和水库放空底孔兼作导流底孔时，应同时满足永久和临时运用要求。坝内临时底孔使用后，须以坝体同强度等级混凝土回填封堵，并采取措施保证新老混凝土接合良好。

底孔导流挡水建筑物上部的施工可不受干扰，有利于均衡、连续施工，这对修建高坝有利，但在导流期有被漂浮物堵塞的危险，封堵水头较高，安放闸门较困难。一些水利水电工程的导流底孔尺寸见表 1.1.1。

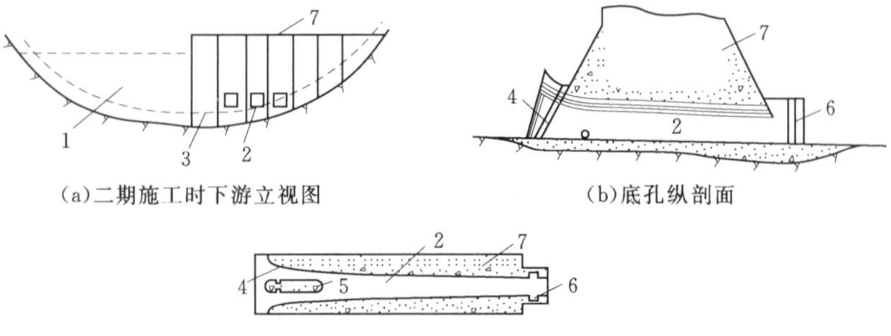

(a)二期施工时下游立视图　(b)底孔纵剖面

(c)底孔水平剖面

图 1.1.8 底孔导流布置形式图

1—二期修建坝体；2—底孔；3—二期纵向围堰；4—封闭闸门门槽；5—中间墩；6—出口封闭门槽；7—已浇筑的混凝土坝体

表 1.1.1 一些水利水电工程的导流底孔尺寸

工程名称	底孔尺寸（宽×高）/(m×m)	工程名称	底孔尺寸（宽×高）/(m×m)
新安江（中国浙江）	10×13	凤滩（中国湖南）	6×10
柘溪（中国湖南）	8×10	伊泰普（巴西）	6.7×22
三峡（中国湖北）	6×8.5	二滩（中国四川）	4×8

2. 缺口导流

在混凝土坝施工过程中，当汛期河水暴涨暴落，其他导流泄水建筑物又不足以宣泄全部流量时，为了不影响施工进度，使大坝在涨水时仍能继续施工，可以在未建成的坝体上预留缺口，以配合其他导流建筑物宣泄洪峰流量；待洪峰过后，上游水位回落，再继续修筑缺口，如图 1.1.9 所示。

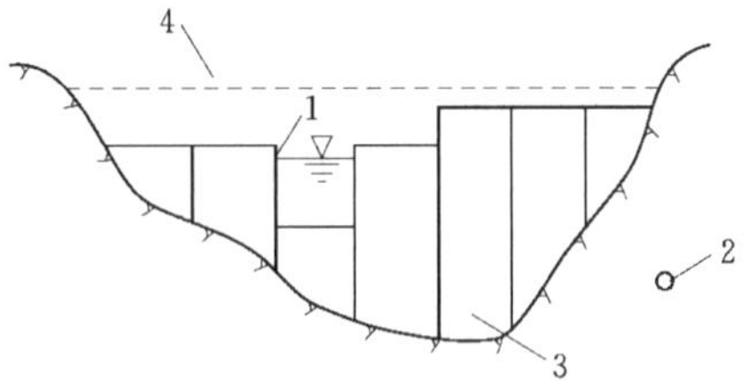

图 1.1.9 坝体缺口过水示意图

1—过水缺口；2—导流隧洞；3—坝体；4—坝顶

预留缺口的宽度和高度取决于导流设计流量、其他泄水建筑物的泄水能力、建筑物的结构特点和施工条件等。

采用底坎高程不同的缺口时，高低缺口单宽泄量相差过大可能引起高缺口向低缺口的侧向泄流。为避免这种压力分布不均的斜向卷流，需要适当控制高低缺口间的高差，其高差以不超过 6m 为宜。

在修建混凝土坝（特别是大体积混凝土坝）时，由于这种导流方法比较简单，常被采用。

3. 梳齿孔导流

这种方法因其泄水道断面形状类似于梳齿而得名，如图 1.1.10 所示。与底孔或缺口导流相比，其主要区别在于完建阶段的施工方法不同，因为梳齿孔是主要泄水道，在完建阶段只能使梳齿孔按一定顺序轮流过水，并轮流在闸门掩护下浇筑孔口间的混凝土。梳齿孔导流可用于低水头闸坝枢纽。三门峡大坝修建时即采用梳齿孔导流。

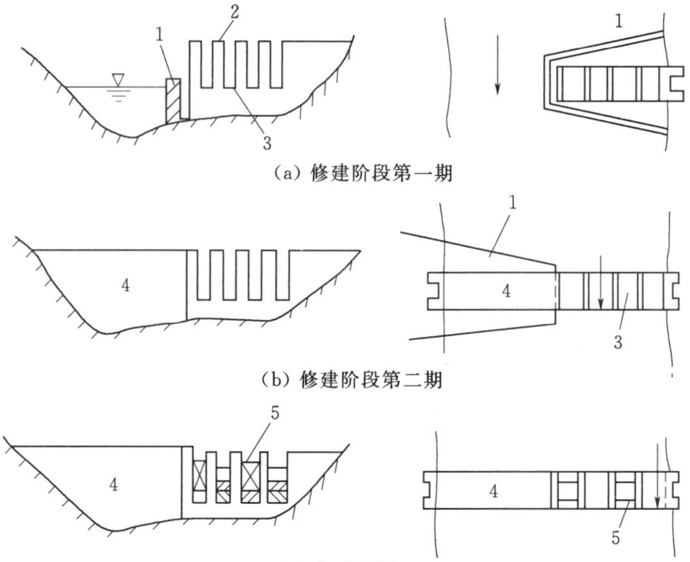

(a) 修建阶段第一期

(b) 修建阶段第二期

(c) 完建阶段

图 1.1.10 梳齿孔导流示意图

1—围堰；2—闸墩；3—梳齿孔；4—坝体；5—闸门

4. 厂房导流

厂房导流适用于平原河道上的低水头河床式径流水电站，例如我国的七里泷、西津水电站。个别高、中水头坝后式厂房和隧洞引水式电站厂房，也有通过厂房导流的，例如尼日利亚的凯基电站和埃及的阿斯旺水电站，如图 1.1.11 所示。

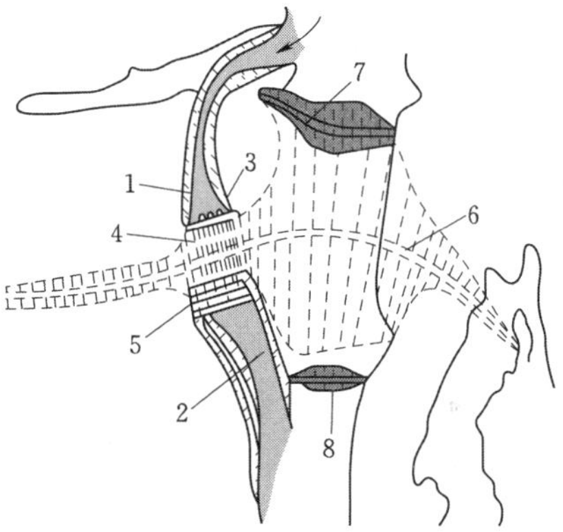

图 1.1.11 阿斯旺大坝厂房导流示意图

1—电站引水渠；2—电站尾水渠；3—电站进水口；4—电站引水隧洞；5—厂房；6—主坝；7—上游堆石围堰；8—下游低水围堰

1.1.2.2 束窄河床的几个问题

1. 确定河床束窄程度的原则

采用分段围堰法导流时的关键问题之一，是纵向围堰位置的确定，也就是河床束窄程度的选择。在确定纵向围堰的位置或选择河床束窄程度时，考虑以下原则：

(1) 利用河心洲、小岛等有利地形条件。

(2) 纵向围堰尽可能与导墙、隔墙等永久建筑物相结合。

(3) 束窄河床的流速要考虑施工通航、筏运、围堰和河床防冲等的要求，不能超过允许流速。

(4) 各段主体工程的工程量、施工强度要比较均衡。

(5) 便于布置后期导流泄水建筑物，不致使后期围堰过高或截流落差过大。

2. 束窄河床段

河床束窄程度可用面积束窄度 K 表示：

$$K=\frac{A_2}{A_1}\times 100\% \tag{1.1}$$

式中 K——河床束窄程度，简称束窄度，%；

A_2——围堰和基坑所占据的过水面积，m^2；

A_1——原河床的过水面积，m^2。

国内外一些工程 K 的取值范围约为 40%～70%。束窄流速常可允许达到 3m/s 左右，岩石河床允许束窄度主要视其抗冲流速而定，当流速小于 2m/s 时机动木船尚可自行。

1.1.3 淹没基坑法导流

淹没基坑法导流是一种辅助导流方法，在全段围堰法和分段围堰法中均可使用。山区河流的特点是洪水期流量大、历时短，而枯水期流量则小，水位暴涨暴落、变幅很大。淹没基坑导流只能作为一种辅助导流方式，其作用类似于缺口导流，不可能当作独立的导流方式使用。

例如江西上犹江水电站，坝型为混凝土重力坝，坝身允许过水，其所在河道正常水位时水面仅宽 40m，水深约 6～8m，当洪水来临时，河宽增加不大，水深却增加到 18m。若按一般导流标准要求来设计导流建筑物，不是挡水围堰修得很高，就是泄水建筑物的尺寸很大，而使用期又不长，这显然是不经济的。

在这种情况下，可以考虑采用淹没基坑的导流方法，即洪水来临时围堰过水，基坑被淹没，河床部分停工，待洪水退落，围堰挡水时再继续施工。这种方法，由于基坑淹没所引起的停工天数不长，施工进度能保证，在河道泥沙含量不大的情况下，导流总费用较节省，一般是合理的。

在实际工作中，由于枢纽布置、建筑物形式以及施工条件的不同，必须进行恰当的组合，灵活应用，才能合理解决一个工程在整个施工期间的导流问题。

底孔和坝体缺口泄流并不只适用于分段围堰法导流，在全段围堰法后期导流时，也常有采用；同样，隧洞和明渠泄流并不只适用于全段围堰法导流，在分段围堰法后期导流时，也常有应用。

因此，选择一个工程的导流方式，必须因时因地制宜，绝不能机械套用。

实际工程中所采用的导流方式和泄水建筑物形式，除了上面提到的以外，还有其他多种形式。例如在平原河道河床式电站枢纽中，利用电站厂房导流；在有船闸的枢纽中，利用船闸闸室导流；在小型工程中，如果导流设计流量较小，可以采用穿过基坑架设渡槽的导流方法等。

1.1.4 导流建筑物设计

1.1.4.1 导流建筑物设计流量

导流设计流量是选择导流方案、确定导流建筑物的主要依据。而导流建筑物设计洪水标准是选择导流设计流量的标准，即是施工导流的设计标准。

1. 洪水设计标准

导流建筑物系指枢纽工程施工期所使用的临时性挡水和泄水建筑物。依据《水利水电工程施工组织设计规范》（SL 303—2017），据其保护对象、失事后果、使用年限和围堰工程规模划分为3～5级，具体见表1.1.2。

表1.1.2　导流建筑物级别划分

级别	保护对象	失事后果	使用年限/年	围堰工程规模	
				堰高/m	库容/亿 m^3
3	有特殊要求的1级永久建筑物	淹没重要城镇、工矿企业、交通干线或推迟工程总工期及第一批机组发电，造成重大灾害和损失	>3	>50	>1.0
4	1、2级永久建筑物	淹没一般城镇、工矿企业或推迟工程总工期及第一批机组发电而造成较大灾害和损失	1.5～3	15～50	0.1～1.0
5	3、4级永久建筑物	淹没基坑，但对总工期及第一批机组发电影响不大，经济损失较小	<1.5	<15	<0.1

注 1. 导流建筑物包括挡水和泄水建筑物，两者级别相同。
2. 表列四项指标均按施工阶段划分。
3. 有、无特殊要求的永久建筑物均系针对施工期而言，有特殊要求的1级永久建筑物系指施工期不允许过水的土坝及其他有特殊要求的永久建筑物。
4. 使用年限指导流建筑物每一施工阶段的工作年限，两个或两个以上施工阶段共用的导流建筑物，如分期导流一、二期共用的纵向围堰，其使用年限不能叠加计算。
5. 围堰工程规模一栏，堰高指挡水围堰最大高度，库容指堰前设计水位所拦蓄的水量，两者必须同时满足。

导流建筑物设计洪水标准应根据建筑物的类型和级别在表1.1.3规定幅度内选择，并结合风险度综合分析，使所选标准经济合理，对失事后果严重的工程，要考虑对超标准洪水的应急措施。

表1.1.3　导流建筑物洪水标准划分

导流建筑物类型	导流建筑物级别		
	3	4	5
	洪水重现期/年		
土石	50～20	20～10	10～5
混凝土	20～10	10～5	5～3

注 在下述情况下，导流建筑物洪水标准可用表中的上限值：
（1）河流水文实测资料系列较短（小于20年），或工程处于暴雨中心区。
（2）采用新型围堰结构形式。
（3）处于关键施工阶段，失事后可能导致严重后果。
（4）工程规模、投资和技术难度用上限值与下限值相差不大。
（5）过水围堰的挡水标准应结合水文特点、施工工期、挡水时段，经技术经济比较后在重现期3～20年范围内选定。当水文系列较长（大于或等于30年）时，也可根据实测流量资料分析选用。

当坝体筑高到不需围堰保护时，其临时度汛洪水标准应根据坝型及坝前拦洪库容按表1.1.4规定的洪水重现期（年）。

表 1.1.4 坝体施工期临时度汛洪水标准

坝 型	拦洪库容/亿 m^3		
	>1.0	1.0~0.1	<0.1
	洪水重现期/年		
土石坝	>100	100~50	50~20
混凝土坝	>50	50~20	20~10

导流泄水建筑物封堵后，如永久泄洪建筑物尚未具备设计泄洪能力，坝体度汛洪水标准应分析坝体施工和运行要求后按表 1.1.5 的规定执行。汛前坝体上升高度应满足拦洪要求，帷幕灌浆及接缝灌浆高程应能满足蓄水要求。

表 1.1.5 导流泄水建筑物封堵后坝体度汛标准

大坝类型		导流建筑物级别		
		1	2	3
		洪水重现期/年		
混凝土	设计	200~100	100~50	50~20
	校核	500~200	200~100	100~50
土石	设计	500~200	200~100	100~50
	校核	1000~500	500~200	200~100

2. 导流时段

导流时段就是按照导流程序来划分的各施工阶段的延续时间。划分导流时段，需正确处理施工安全可靠和争取导流的经济效益的矛盾。因此要全面分析河道的水文特点、被围的永久建筑物的结构形式及其工程量大小、导流方案、工程最快的施工速度等，这些是确定导流时段的关键。尽可能采用低水头围堰进行枯水期导流，是降低导流费用、加快工程进度的重要措施。

总之，在划分导流时段时，要确保枯水期，争取中水期，还要尽力在汛期中争工期。既要安全可靠，又要力争工期。

山区性河流的特点是洪水流量大，历时短，而枯水期则流量小。在这种情况下，经过技术经济比较后，可采用淹没基坑的导流方案，以降低导流费用。

导流建筑物设计流量即为导流时段内根据洪水设计标准确定的最大流量，据以进行导流建筑物的设计。

1.1.4.2 围堰要求

(1) 围堰的基本要求如下：

1) 安全可靠，能满足稳定、抗渗、抗冲要求。

2) 结构简单，施工方便，易于拆除并能充分利用当地材料及开挖弃料。

3) 堰基易于处理，堰体便于与岸坡或已有建筑物连接。

4) 在预定施工期内修筑到需要的断面和高程。

5) 具有良好的技术经济指标。

围堰堰顶高程的确定，不仅取决于导流设计流量和导流建筑物的形式、尺寸、平面位置、高程和糙率等，还要考虑到河流的综合利用和主体工程工期。

（2）依据《水利水电工程施工组织设计规范》（SL 303—2017）不过水围堰堰顶高程和堰顶安全加高值应符合下列规定：

1）堰顶高程不低于设计洪水的静水位与波浪高度及堰顶安全加高值之和，其堰顶安全加高不低于表 1.1.6 下限值。

2）土石围堰防渗体顶部在设计洪水静水位以上的加高值：斜墙式防渗体为 0.8～0.6m；心墙式防渗体为 0.6～0.3m。

3）考虑涌浪或折冲水流影响，当下游有支流顶托时，应组合各种流量顶托情况，校核围堰堰顶高程。

4）可能形成冰塞、冰坝的河流应考虑其造成的壅水高度。

表 1.1.6　　不过水围堰顶安全加高下限值　　单位：m

<table>
<tr><th rowspan="2">围堰形式</th><th colspan="2">围　堰　级　别</th></tr>
<tr><th>Ⅲ</th><th>Ⅳ～Ⅴ</th></tr>
<tr><td>土石围堰</td><td>0.7</td><td>0.5</td></tr>
<tr><td>混凝土围堰</td><td>0.4</td><td>0.3</td></tr>
</table>

围堰拦蓄一部分水流时，则堰顶高程应通过水库调洪计算来确定。纵向围堰的堰顶高程，要与束窄河床中宣泄导流设计流量时的水面曲线相适应，其上下游端部分别与上下游围堰同高，所以其顶面往往做成倾斜状。

1.1.4.3 导流标准

我国一些已建的水利工程所采用的导流标准见表 1.1.7，其中绝大多数工程所采用的导流标准是恰当的，保证了大坝等主体工程的正常施工，但也有极少数工程因导流标准偏低，在施工过程中遭受了损失，或拖延了施工工期，有的工程虽遭遇了超设计标准洪水，由于事前早有防范措施或围堰结构形式得当，却能化险为夷或损失轻微。

表 1.1.7　　我国已建工程导流标准

<table>
<tr><th rowspan="2">序号</th><th rowspan="2">工程名称</th><th rowspan="2">坝型</th><th rowspan="2">永久建筑物级别</th><th rowspan="2">导流方式</th><th rowspan="2">围堰形式</th><th rowspan="2">堰高/m</th><th colspan="3">导流设计标准</th><th rowspan="2">实际最大流量/(m³/s)</th><th rowspan="2">建成年份</th></tr>
<tr><th colspan="2">重现期/年</th><th>流量/(m³/s)</th></tr>
<tr><td rowspan="4">1</td><td rowspan="4">丹江口</td><td rowspan="4">混凝土宽缝重力坝</td><td rowspan="4">1</td><td rowspan="4">分期导流</td><td>一期低水土石围堰</td><td>13</td><td colspan="2">20（5月）</td><td>8060</td><td>5590</td><td>—</td></tr>
<tr><td>一期高水土石围堰</td><td>21</td><td colspan="2">20（全年）</td><td>34500</td><td>5770</td><td>1958</td></tr>
<tr><td rowspan="2">二期土石围堰</td><td rowspan="2">42.5</td><td rowspan="2">全年</td><td>设计 100</td><td>47000</td><td rowspan="2">—</td><td rowspan="2">—</td></tr>
<tr><td>校核 200</td><td>52000</td></tr>
<tr><td rowspan="3">2</td><td rowspan="3">富春江</td><td rowspan="3">混凝土重力坝</td><td rowspan="3">2</td><td rowspan="3">分期导流</td><td>一期竹笼戗石围堰</td><td>16</td><td colspan="2">20（全年）</td><td>18400</td><td>10800</td><td>—</td></tr>
<tr><td>二期堆石竹笼围堰</td><td>15</td><td colspan="2">20（枯水期）</td><td>10160</td><td>—</td><td>1960</td></tr>
<tr><td>三期木笼戗石围堰</td><td></td><td colspan="2">10（枯水期）</td><td>8550</td><td>—</td><td>—</td></tr>
</table>

续表

序号	工程名称	坝型	永久建筑物级别	导流方式	围堰形式	堰高/m	导流设计标准 重现期/年		导流设计标准 流量/(m³/s)	实际最大流量/(m³/s)	建成年份
3	刘家峡	混凝土重力坝	1	隧洞导流	混凝土拱形围堰	49	10（全年）		4700	5350	1966
4	龚嘴	混凝土重力坝	1	明渠导流	木板心墙堆石围堰	35	全年	设计 20	9650	5680	1967
								校核 50	10600		
5	青铜峡	混凝土重力坝	2	分期导流	一期低水草土围堰		10（枯水期）		2130	—	—
					一期高水草土围堰	9.5	20（全年）		5450	4200	—
					二期草土、土石混合围堰	17.5	全年	设计 20	5450	5940	—
								校核 50	6200		
6	碧口	黏土心墙坝	1	隧洞导流	围堰与坝体结合		14 年实测最大		3260	1310	—
7	八盘峡	混凝土闸坝	2	分期导流（分四期）	一般土石围堰		全年	设计 20	经刘家峡水库调节后 5500	3680	1972
								校核 50			
8	葛洲坝	混凝土闸坝	1	分期导流	二期上游堆石围堰	42	全年	设计 10	66800	72000	1980
								校核 20	71100		
								保坝 125	86000		
9	龙羊峡	混凝土重力拱坝	1	隧洞导流	混凝土心墙堆石围堰	53	全年	设计 20	4100	5570	1989
								校核 50	4720		
10	小浪底	土斜墙堆石坝	特	隧洞导流	均质土围堰	59	全年	设计 100	17340	—	1988
								校核 500	24760		
								保坝 1000	26640		
11	三峡	混凝土重力坝	特	明渠分期导流	一期土石围堰	42	20（全年）		72300	—	—
					二期上游横向土石围堰	82.5	100（全年）		83700	—	—
					三期上游横向碾压混凝土高围堰	124	全年	设计 20	72300	—	—
								保坝 100	83700		
					三期上游低水横向土石围堰		4 月实测最大		17600	—	—
					二、三期下游横向土石围堰	68.5（二） 36.5（三）	20（全年）		723000	—	—

任务1.2 围 堰 工 程

学习导向

知识目标：掌握围堰的结构和施工要求

能力目标：能根据现场条件设计围堰结构

素质目标：培养钻研精神和认真态度

执行规范：《水利水电工程施工组织设计规范》（SL 303—2017）

围堰是导流工程中的临时挡水建筑物，用来围护基坑，保证水工建筑物能在干地施工。在导流任务完成以后，如果围堰对永久建筑物的运行有妨碍，或没有考虑作为永久建筑物的一部分时，应予以拆除。

1.2.1 ▶ 围堰基本形式

水利工程施工中经常采用的围堰，按其所使用的材料可以分为：土石围堰；草土围堰；钢板桩格型围堰；混凝土围堰；木笼围堰等。

按围堰与水流方向的相对位置可以分为：横向围堰和纵向围堰。

按照导流期间基坑淹没条件可以分为：过水围堰和不过水围堰。过水围堰除需要满足一般围堰的基本要求外，还要满足堰顶过水的专门要求。

选择围堰形式时，必须根据当时当地具体条件，在满足下述基本要求的原则下，通过技术经济比较加以选定。

1.2.1 围堰形式

1.2.1.1 不过水围堰

1.2.2 ▶ 土石围堰施工

土石围堰断面与土石坝相仿，常用的几种形式如图1.2.1所示。

若当地没有足够数量的防渗料或覆盖层较厚时，土石围堰可以采用图1.2.1（c）、（d）两种形式，用混凝土防渗墙、高喷墙、自凝灰浆墙或帷幕灌浆来解决基础和堰身的防渗问题。

拟定围堰断面时，应充分考虑以下几个问题。

1. 材料

绝大多数土石围堰需在水下施工，如图1.2.2所示，材料不能有效压实，容重较小，边坡较缓。特别是水下抛填防渗土料，边坡很缓，这与水深和土料性质有关。又例如丹江口工程，在水深3～9m的条件下抛填壤土，水下稳定边坡达1∶6～1∶7。黏土的水下稳定边坡更缓，一般以不用为宜。即使采用壤土，水下稳定边坡通常也大于1∶3。为了既满足防渗要求，又能使堰体断面小、施工方便，国内外许多工程积累了宝贵的经验。例如，白山水电站用风化砂作斜墙铺盖，水下自然边坡较陡，约为1∶7～1∶2，施工不受降雨和气温影响。抛填3d后，土料渗透系数即达到10^5cm/s数量级，取得了良好的防渗效果。

2. 断面形式

受限于截流技术或水下抢建施工的条件，实际采用的围堰断面形式远比土石坝复

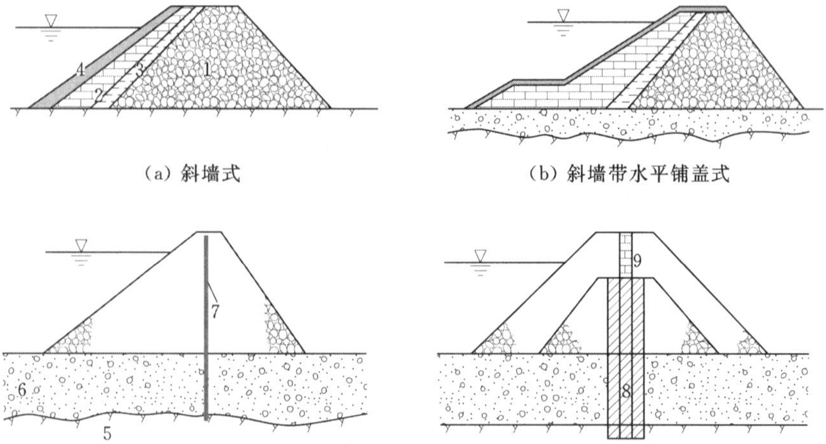

(a) 斜墙式　(b) 斜墙带水平铺盖式

(c) 防渗墙式　(d) 帷幕灌浆式

图 1.2.1　不过水土石围堰

1—堆石体；2—黏土斜墙铺盖；3—反滤层；4—护面；5—隔水层；6—覆盖层；
7—垂直防渗墙；8—灌浆帷幕；9—混凝土防渗墙

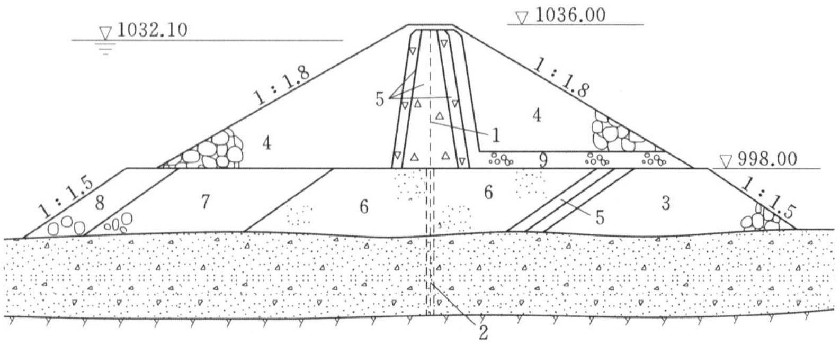

图 1.2.2　澜沧江小湾水电站上游围堰断面图（单位：m）

1—土工膜心墙；2—高压全喷灌浆防渗墙（三排）；3—截流戗堤；4—堆石；5—过渡料；
6—水中抛填砂石；7—水中抛填石渣；8—水中抛填堆石；9—排水棱体

杂。这一特点是由于围堰施工工期十分紧迫，为了加快施工进度并降低造价的要求所决定的。

通常，围堰的运用期很短，对材料的要求可比土石坝低些，所以常用基坑开挖料或其他废弃土料填筑。防渗体与堰壳之间的反滤层设计也要简化一些，通常多用1～2层粒径略加控制的砂砾石混合料作为过滤带，以代替材料严格分级的反滤层。拟定断面形式时，必须着重考虑如何施工，尽量避免施工干扰。土质斜墙式围堰的防渗体与堰壳施工干扰小，尽管这种围堰工程量较大，仍然得到广泛应用。心墙式围堰也常被采用，但是，由于考虑施工方法和水下施工的特点，其断面构造和一般的心墙式土石坝不相同。图1.2.3是几种黏土心墙式围堰的断面图。

图1.2.3（a）为利用临时斜墙式断面挡水修建的心墙式围堰，当河道水深较小，

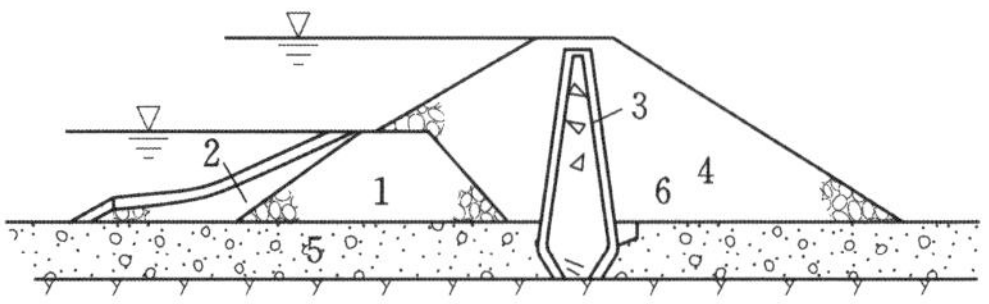

(a) 利用临时斜墙式断面挡水修建的心墙式围堰

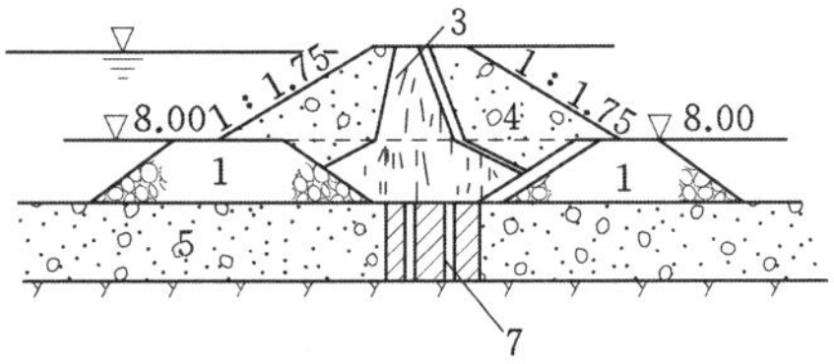

(b) 七里泷工程的围堰之一

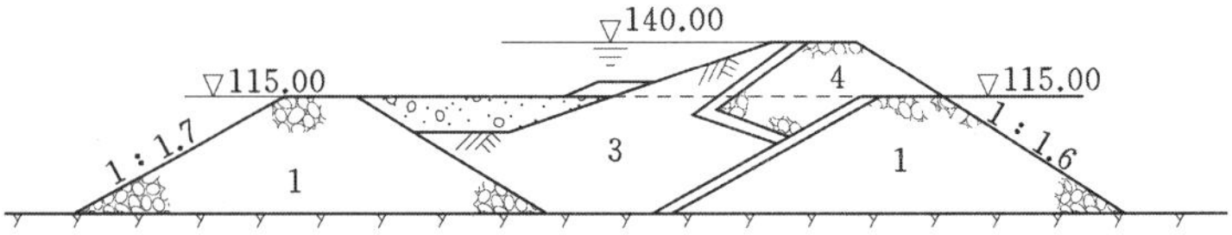

(c) 伊泰普工程的围堰

图 1.2.3 黏土心墙式围堰断面示意图

1—截流戗堤或水下抛石体；2—临时挡水斜墙；3—黏土心墙；4—堆石或砂砾石堰壳；5—砂砾石覆盖层；6—砂砾石开挖边坡；7—双排水泥灌浆帷幕

枯水期小，围堰高度大且对质量要求较高时可考虑采用。图 1.2.3 (b) 为七里泷工程的围堰之一，水下部分的厚心墙夹在两个堆渣体中间，上部为垂直心墙。这种形式可用于围堰不高的情况。图 1.2.3 (c) 为伊泰普工程的围堰，下部为厚心墙，但上部心墙改变为斜墙，该围堰是在约 40m 水深的条件下填筑的。

1.2.1.2 过水土石围堰

当采用允许基坑淹没的导流方案时，围堰堰顶必须允许过水。土石围堰是散粒体结构，不允许堰体溢流。原因是土石围堰过水时，一般受到两种破坏作用：①水流沿下游坡面下泄，动能不断增加，冲刷堰体表面；②过水时水流渗入堆石体所产生的渗透压力，引起下游坡连同堰顶一起深层滑动，最后导致溃堰的严重后果。

因此，土石过水围堰的下游坡面及堰脚应采取可靠的加固保护措施。目前采用的有：大块石护面、钢筋石笼护面、加筋护面及混凝土板护面等。应用较普遍的是混凝土板护面，如图 1.2.4 所示。

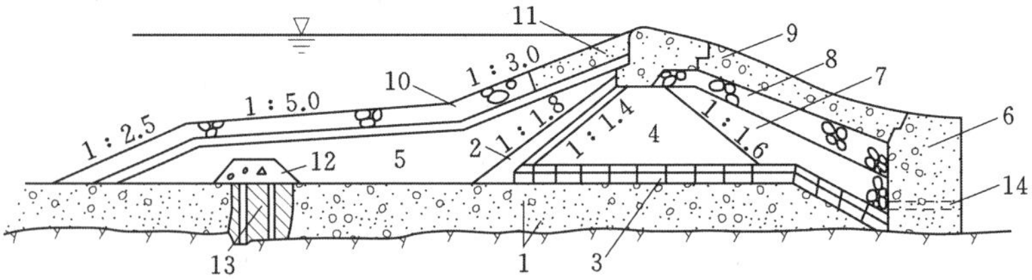

图 1.2.4 上犹江水电站混凝土板护面过水土石围堰

1—砂砾石地基；2—反滤层；3—柴排护底；4—堆石体；5—黏土防渗墙；6—毛石混凝土挡墙；7—回填块石；8—干砌块石；9—混凝土护面板；10—块石护面；11—混凝土面板；12—黏土盖顶；13—水泥灌浆；14—排水孔

(1) 混凝土板护面过水土石围堰。

常用的混凝土护面板分类：

1）按施工方式可分为现浇混凝土护面板和预制混凝土护面板。

2）按面板截面形式可分为矩形板和楔形板。

3）按面板连接方式可分为重叠搭接式和平顺连接式。

4）按面板上有无排水设施可分为带排水孔面板和不带排水孔面板。

面板与围堰下游坡之间一般需设置垫层，以削减板下水流压强，有利于面板的平整与稳定。

对于面板形式、厚度、围堰下游坡度、垫层、堰角保护形式和范围以及围堰整体的稳定性能，除了参考工程经验和进行有关计算以外，一般应通过水工模型试验确定。

混凝土护面板的安装或浇筑应错缝、跳仓，施工顺序应从下游面坡脚向堰顶进行。

混凝土护面板的厚度初拟时可为0.4～0.6m，边长为4～8m，并通过强度计算和抗滑稳定核算确定。

带混凝土挡墙过水土石围堰的修建，一般需按设计断面分期施工。第一期修建所谓“安全断面”，即在围堰截流、闭气后，加高培厚戗堤，先完成临时断面，然后抽水排干基坑，如图1.2.5（a）所示；第二期在安全断面挡水条件下修建混凝土挡墙，如图1.2.5（b）所示，并继续加高培厚，修筑堰顶及下游坡护面等，直至完成设计断面，如图1.2.5（c）所示。

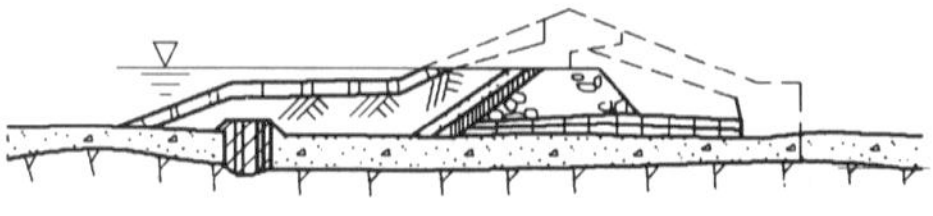

(a) 一期断面

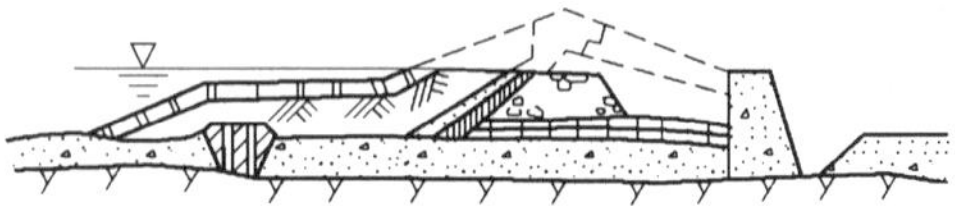

(b) 二期断面

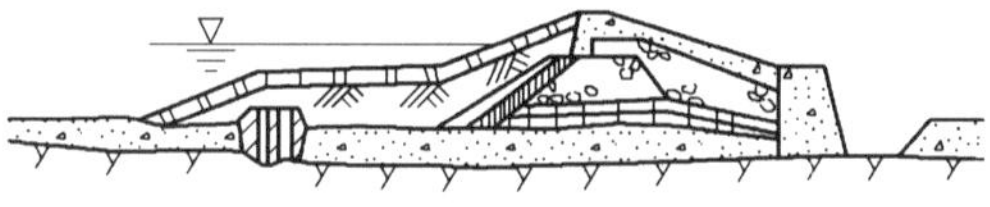

(c) 设计断面

图1.2.5　过水土石围堰施工程序图

（2）加筋过水土石围堰。

20世纪50年代以来，国内外已成功地修建了20多座加筋过水土石围堰。例如我国广西大化水电站的加筋过水土石围堰，下游坡面最长38m，经受住了9130m^3/s［单宽流量超过40$m^3/(s\cdot m)$］的洪水考验。加筋过水土石围堰，如图1.2.6（a）所示，是在围堰的下游坡面上铺设钢筋网，防止坡面块石被冲走，并在下游部位的堰体内埋设水平向主锚筋以防下游坡连同堰顶一起滑动。下游面采用钢筋网护面，可使护面块石的尺寸减小，下游坡坡角加大，其造价低于混凝土板护面过水土石围堰。

钢筋网及水平向主锚筋的构造，如图1.2.6（b）所示。钢筋网由纵向主筋、横向构造筋及横向加筋等组成。一般纵向主筋为ϕ5～29mm、间距10～45cm；横向构造筋ϕ7～25.4mm，间距15～22.5cm；横向加筋采用ϕ19～29mm，间距1.5～3.0m。纵向主筋与横向构造筋所形成的网格尺寸，应能框住坡面块石，以免过水时

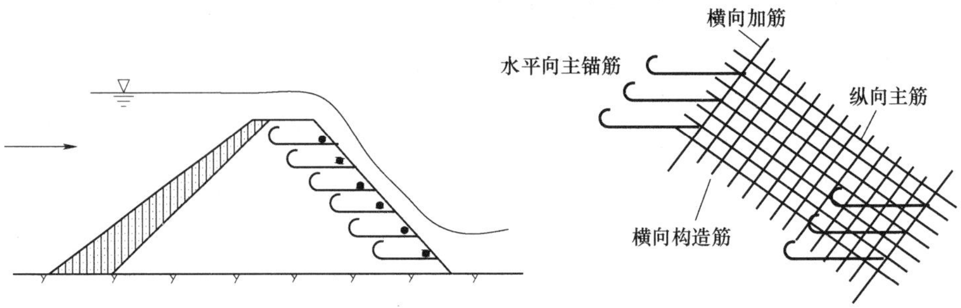

(a)　　(b)

图 1.2.6　加筋过水土石围堰

被冲走。为防止钢筋网的隆起，设横向加筋加压，横向加筋应放置在纵向主筋的下面，以防过水时被所挟带的杂物冲断。水平向主锚筋一般采用 ϕ19～38mm，其垂直间距 1.5～3.0m、水平间距 0.23～1.5m。钢筋网及水平向主锚筋可预制后在现场进行装配，钢筋构件的连接可用电焊，也可用 ϕ15.9mm 的 U 形螺栓，以便拆装。

必须指出的是：①加筋过水土石围堰的钢筋网应保证质量，不然过水时随水挟带的石块会切断钢筋网，使土石料被水流淘刷成坑，造成塌陷，导致溃口等严重事故；②过水时堰身与两岸接头处的水流比较集中，钢筋网与两岸的连接应十分牢固，一般需回填混凝土直至堰脚处，以利钢筋网的连接生根；③过水以后要进行检修和加固。

1.2.1.3　混凝土围堰

混凝土围堰的抗冲及防渗能力强，挡水水头高，底宽小，易于与永久建筑物相衔接，必要时还可以过水，因此应用比较广泛。浙江紧水滩、贵州乌江渡、湖南凤滩、湖北隔河岩等水利工程中均采用拱形混凝土围堰作横向围堰，但多数工程还是以重力式混凝土围堰作为纵向围堰。混凝土围堰断面如图 1.2.7 所示。

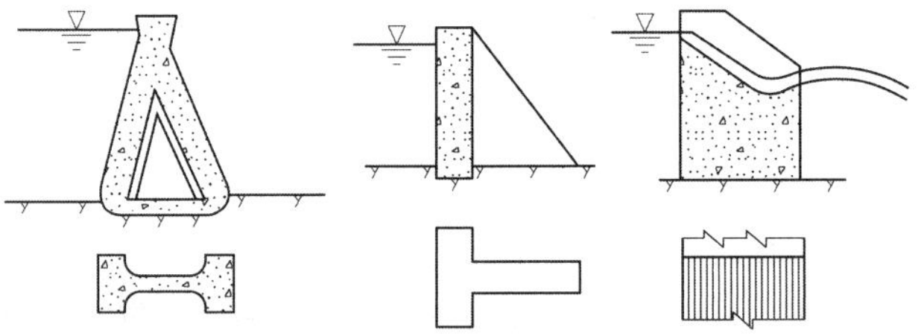
(a) 双向挡水支墩式　(b) 撑墙式　(c) 溢流重力式

图 1.2.7　混凝土围堰断面示意图

1.2.1.4　钢板桩格型围堰

1.2.3
施工方法动画演示-板桩

钢板桩格型围堰按挡水高度不同，其平面形式有圆筒形格体、鼓形格体及花瓣形格体（图 1.2.8）等，应用较多的是圆筒形格体。钢板桩格型围堰在国外一些大、中型水利工程中应用得比较广泛。如美国田纳西河流域梯级开发工程中有 14 个工程采用过钢板桩格型围堰。我国长江葛洲坝工程也成功地应用圆筒形格体钢板桩围堰作为纵向围堰的一部分。钢板桩格型围堰得以广泛应用是由于修建和拆除可以高度机械化；钢板桩的回收率高，可达 70%以上；边坡垂直、断面小、占地少、安全可靠等。

(1) 圆筒形格型围堰。

这种围堰形式的最大优点是每个格体为独立稳定单元，一个格体的破坏一般不影响相邻格体，施工时每个格体可以单独回填，已建的格体可以作为相邻格体的施工平台，在急流中可以随建随填，因而在已建的格型围堰中大部分采用这种格体形式，特别是在横跨水流的横向围堰或施工困难的工程中，通常选用圆形格体。

这种形式围堰的缺点是格体的直径和高度受钢板桩锁口允许拉力限制，格体的设计高度一般在20m以下。

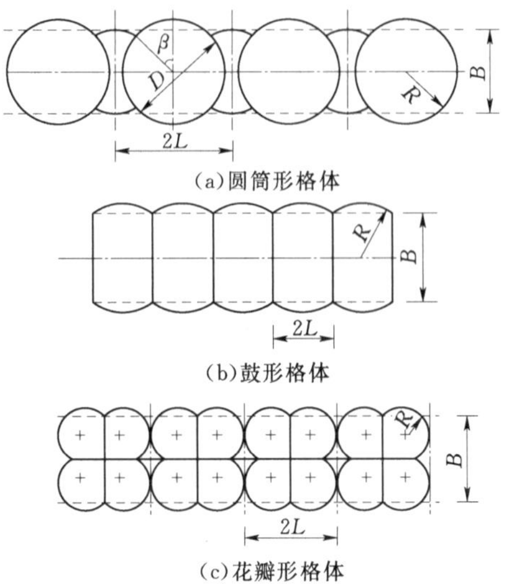

图1.2.8 格型围堰格体平面布置

(2) 鼓形格型围堰。

鼓形格体可以通过延长隔墙的方式来增加围堰的有效高度（仅格体的圆弧半径受板桩锁口允许拉力限制），因而能适应较高水头。

鼓形格型围堰格体形状简单，应力分布较均匀，钢板桩用量少，板桩的拼装和插打比较容易，所以这种格体也得到一定应用。这种形式围堰的缺点是每个格体不能单独稳定，格体不能单独回填，仅能在平静的水流中施工，一般用于平行水流的纵向围堰。

(3) 花瓣形格型围堰。

这种形式围堰的每个格体也是一独立稳定单元，具有圆筒形格体的一些优点。花瓣形格体本身用十字隔墙加固，仅圆弧半径受板桩锁口允许拉力限制，能适应很高水头。在河道狭窄，基坑净空有限，围堰挡水高度大的情况下，常需采用这种格体。花瓣形格体结构复杂，所需板桩数量多，施工也较复杂，除少数工程曾用作纵向围堰上，一般很少采用。

钢板桩格型围堰目前按照格体高度大致可分为小型（12m以下）、中型（12～20m）、大型（20m以上）三类。已建格型围堰的格体最大高度达35m（美国俄亥俄河马克兰德厂房围堰），绝大多数在30m以下，所以这种形式围堰适用于中、低水头围堰工程。

格型围堰可在岩基或非岩基上修建，可直接建在裸露的岩面上或光滑的混凝土表面进行打桩试验来确定。对于粗砂或含少量漂砾的砂砾石，其打桩深度约为12～15m。在覆盖层深或含有大量漂砾、树干等情况下，打桩极其困难，可考虑将覆盖层部分或者全部挖出，使板桩可以打到基岩或将格体直接放在岩石上。非岩石基础的深砂层，需要考虑格体基础的渗透稳定性。以黏土为基础时，应对其强度和压缩性进行研究。粉砂或淤泥因抗剪强度低又不耐冲刷，不宜作为格型围堰的基础。

格型围堰堰体本身能适应任何流速，在围堰基础会发生冲刷的地方，通常在格体迎水侧设置抛石戗堤，防止掏刷围堰基础覆盖层和岩石。在格体顶部和背水侧采取适当保护措施情况下，围堰可以允许漫顶溢流。在围堰施工时，圆形格体在1.2m/s的流速以下可不加保护进行施工，在采用特殊措施情况下，施工允许流速可达4.5m/s以上。

1.2.1.5 草土围堰

草土围堰是一种草土混合结构，多用捆草法修建，是我国劳动人民长期与水作斗争的智慧结晶之一。远在2000多年前，草土围堰就已广泛使用于宁夏引黄灌渠的取水工程上。甘肃的盐锅峡、八盘峡、刘家峡，宁夏的青铜峡（图1.2.9）及陕西的石泉水电站等都先后应用过草土围堰。

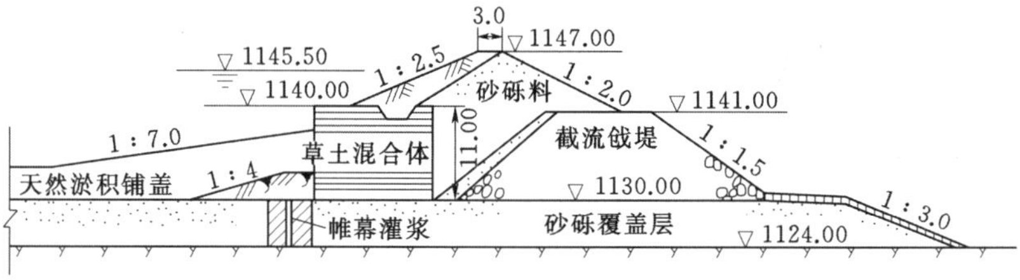

图1.2.9 青铜峡水电站草土围堰的混合结构示意图（单位：m）

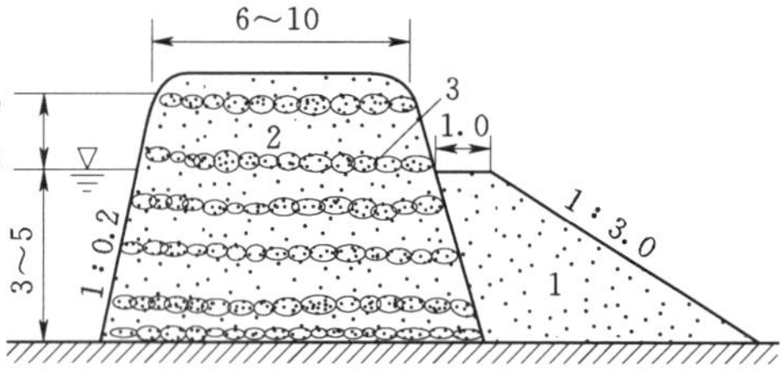

图1.2.10 草土围堰断面示意图（单位：m）

1—戗土；2—土料；3—草捆

草土围堰断面一般为矩形或边坡很陡的梯形，坡比为1：0.2～1：0.3，是在施工过程中自然形成的边坡（图1.2.10及图1.2.11）。断面尺寸除应满足抗滑、抗倾覆、防渗等要求外，还须考虑施工过程中的运草、运土等要求。根据实践经验，草土围堰的宽高比在岩基河床上为2～3；在软基河床上为4～5。堰顶超高通常采用1.5～2.0m。

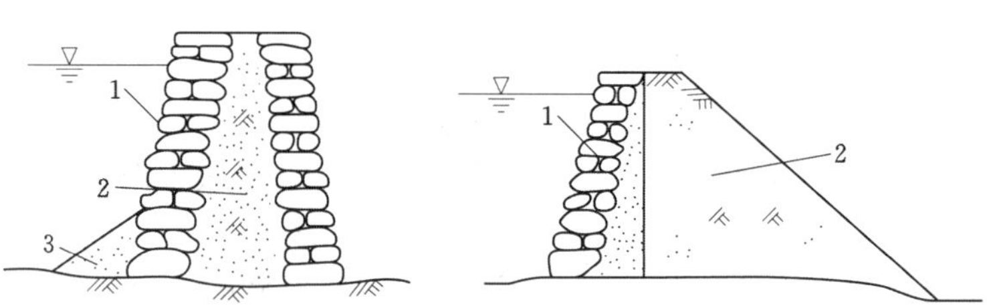

(a) 双面草袋围堰　　(b) 单面草袋土石混合围堰

图1.2.11 草袋围堰断面示意图

1—草袋盛土；2—回填黏性土；3—抛填土方压脚

用捆草法修建草土围堰时，先用麦草或稻草做成长1.2～1.8m、直径为0.5～0.7m、重约10kg的单个草捆，然后将两个草捆靠齐压扁，用长6～8m、直径为4～5cm的粗草绳系紧，即可进行草捆的沉放工作。

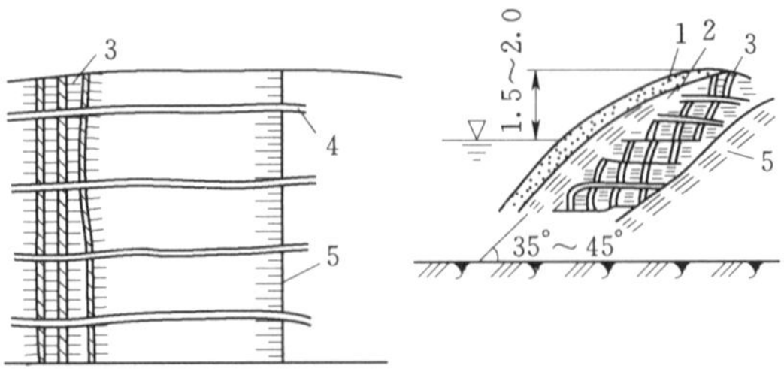

(a) 平面图　　(b) 纵断面图

图 1.2.12 草土围堰的施工示意图（单位：m）

1—黏土；2—散草；3—草捆；4—草绳；5—河岸线或堰体

草土围堰的施工（图 1.2.12）由压草、铺散草、铺土等主要过程组成。

压草时，沿河岸在整个围堰宽度范围内分层铺设草捆。

铺草捆时应将草绳拉直放在岸上，以便与后铺的草捆互相连接。每层草捆应按水深大小搭接 1/3～1/2，这样逐层压放的草捆在迎水面形成一个 35°～45°的斜坡，直至高出水面 1.5～2.0m 为止。随后在草捆层的斜坡上铺一层 0.25～0.30m 的散草，再在散草上铺一层厚 0.25～0.30m 的土层（黄土、粉土、砂壤土或黏壤土等），铺好的土层只需用人工踩实即可。

这样就完成了堰体的压草捆、铺散草和铺土等工作的一个循环。如此继续，堰体即向前进占，后部的堰体也渐渐沉入河底。堰体高出水面后，立即铺土夯实，将围堰加高至设计高程。

草土围堰能就地取材，结构简单，施工方便，造价低，防渗性能好，适应能力强，便于拆除，施工速度快。但草土围堰不能承受较大水头，宜用于水深不大于 8m、流速不超过 5m/s 的场合。

1.2.2 围堰平面布置

围堰的平面布置是一个很重要的课题。如果平面布置不当，围护基坑的范围过大，不仅围堰工程量大，而且会增加排水设备容量和排水费用；过小则会妨碍主体工程施工，影响工期；更有甚者，会造成水流宣泄不畅，冲刷围堰及其基础，影响主体工程安全施工。

围堰的平面布置一般应按导流方案、主体工程的轮廓和对围堰提出的要求而定。

当采用全段围堰法导流时，基坑是由上、下游围堰和河床两岸围成的。当采用分段围堰法导流时，围护基坑的还有纵向围堰。在上述两种情况下，上、下游横向围堰布置都取决于主体工程的轮廓。通常，基坑坡趾离主体工程轮廓的距离宜为 20～30m，以便布置排水设施及交通运输道路、堆放材料和模板等［图 1.2.13（a）］。至于基坑开挖边坡的大小，则与地质条件有关。

用分段围堰法导流时，上、下游围堰一般不与河床中心线垂直。如图 1.2.13（c）所示，其平面布置常呈梯形，以保证水流顺畅，同时也便于运输道路的布置和衔接。当采用分段围堰法导流时，围堰多与主河道垂直。

当纵向围堰不作为永久建筑物的一部分时，基坑坡趾离主体工程轮廓的距离，一般不大于 2.0m，以供布置排水系统和堆放模板。如果无此要求，只需留 0.4～0.6m 就够了，如图 1.2.13（b）所示。

此外，布置围堰时，应尽量利用有利的地形，以减少围堰的高度与长度，从而减少围堰的工程量。同时，如前所述，还应结合泄水建筑物的布置来考虑围堰的布置，

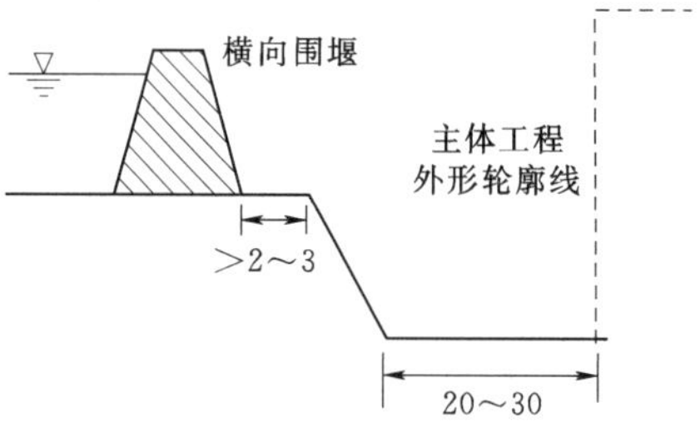

(a) 横向围堰布置图

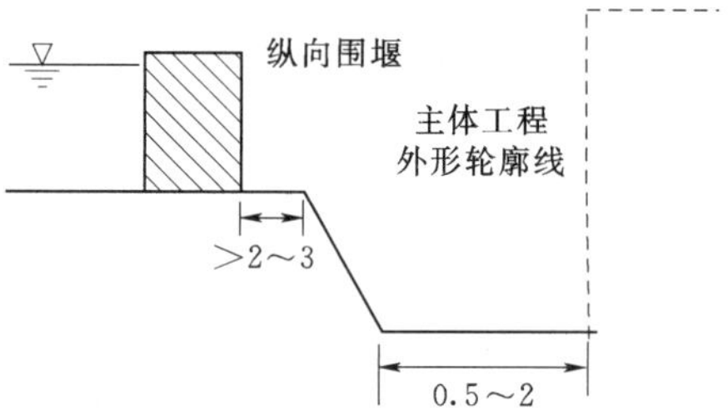

(b) 纵向围堰布置图

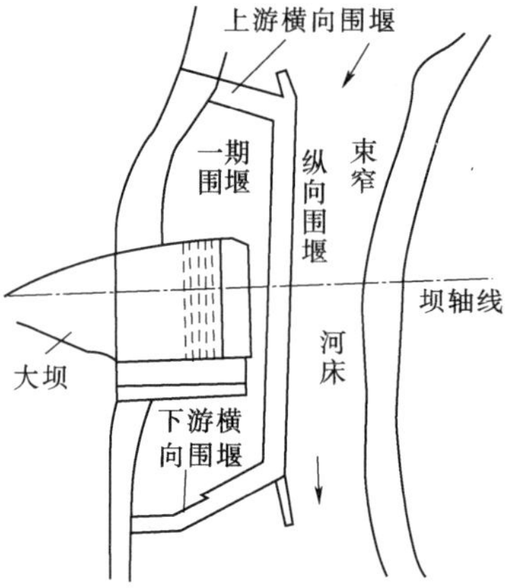

(c) 分段围堰平面布置图

图 1.2.13 围堰布置图（单位：m）

以保证围堰的安全。

一些重要的大中型水利工程的围堰平面布置，要结合导流方案的选择，通过水工模型试验来确定。

1.2.3 围堰的防渗、接头和防冲

1. 围堰的防渗

围堰防渗的基本要求和一般挡水建筑物无大差异，下面仅就其较为特殊的问题做一些说明。前已提到土石围堰的防渗一般采用斜墙、斜墙接水平铺盖、垂直防渗墙或灌浆帷幕等措施。围堰一般需在水中修筑，因此如何保证斜墙和水平铺盖的水下施工质量就很关键。

湖南柘溪水电站土石围堰的斜墙和铺盖是在 10～20m 深水中，用人工手铲抛填的方法施工。施工时注意了滑坡、颗粒分离及坡面平整等的控制。抛填 3 个月后经取样试验，填土密实度均匀，防渗性能良好，干容重均在 1.45t/m^3 以上，无显著分层沉积现象，土坡稳定。上部坡高 8～9m 范围内，坡度约为 1∶2.5～1∶3.0；下部坡度较平，一般均在 1∶4.0 以上。

由此可见，尽管斜墙和水平铺盖的水下施工难度较高，只要施工方法选择得当，是能够保证质量的。

2. 土石围堰的接头处理

土石围堰与岸坡的接头和土石坝相仿，主要是通过扩大接触面和嵌入岸坡的方法来延长塑性防渗体的接触，防止集中绕渗破坏。

土石围堰与混凝土纵向围堰的接头，通常采用刺墙形式插入土石围堰的塑性防渗体中，并将接头的防渗体断面扩大，以保证在任一高程处均能满足绕流渗径长度要求（约为上游水头的2倍）一般土石围堰在流速超过3.0m/s时，会发生冲刷现象，尤其在采用分段围堰法导流时，若围堰布置不当，在束窄河床段的进出口和沿纵向围堰会出现严重的涡流，淘刷围堰及其基础，导致围堰失事。

如混凝土纵向围堰与土石横向围堰的接头，一般采用刺墙形式（图1.2.14），以增加绕流渗径，防止引起有害的集中渗漏。为降低造价，使施工和拆除方便，在基础部位可用混凝土刺墙，上接双层2.5cm厚木板，中夹两层沥青油膏及一层油毛毡的木板刺墙。木板刺墙与混凝土纵向围堰连接处设厚2mm的白铁皮止水。木板刺墙与混凝土刺墙的接触处则用一层油毛毡和二层沥青麻布防渗。

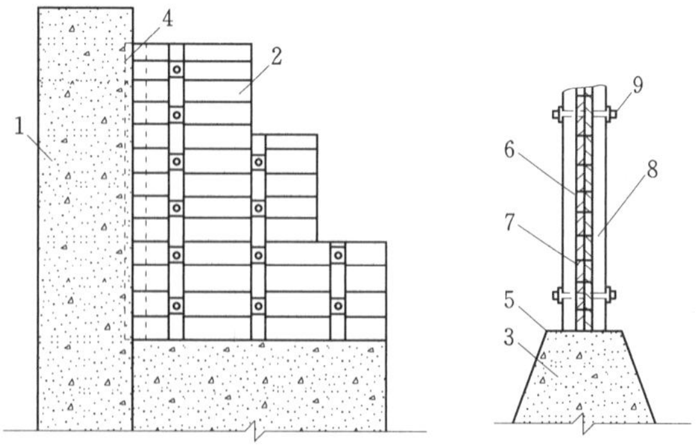

（a）混凝土纵向围堰与土石横向围堰的接头立面图　（b）混凝土刺墙断面图

图1.2.14　刺墙构造简图

1—混凝土纵向围堰；2—木板刺墙；3—混凝土刺墙；4—白铁皮止水；5—一层油毛毡和二层沥青麻布；6—两层沥青油膏及一层油毛毡；7—木板；8—木围囹；9—螺栓

3. 围堰的防冲

围堰遭受冲刷在很大程度上与其平面布置有关，尤其在分段围堰法导流时，水流进入围堰区受到束窄，流出围堰区又突然扩大（图1.2.15），这样就不可避免地在河底引起动水压力的重新分布，流态发生急剧改变。此时在围堰的上下游转角处产生很大的局部压力差，局部流速显著增高，形成螺旋状的底层涡流，流速方向自下而上，从而淘刷堰脚及基础。为了避免由局部淘刷而导致溃堰的严重后果，必须采取保护措施。

一般多采用简易的抛石护底、铅丝笼护底、柴排护底等措施来保护堰脚及其基础的局部冲刷。关于围堰区护底的范围及护底材料尺寸的大小，应通过水工模型试验确定。

解决围堰及其基础的冲刷问题，除了护底以外，还应对围堰的布置给予足够的重视，力求使水流平顺地进、出束窄河段。通常在围堰的上下游转角处设置导流墙（图1.2.16），以改善束窄河段进出口的水流条件。在大、中型水利工程中，如果考虑纵向围堰作为永久建筑物的隔墩或导墙的一部分，则一般采用混凝土结构，导墙实质上是混凝土纵向围堰分别向上、下游的延伸。尽管设置导墙后，河底最大局部流速有所增加，但混凝土的抗冲能力较强，不至于有发生冲刷破坏的危险；如果采用土石纵向围堰，则应对围堰水面以下的堰体进行有效的保护。

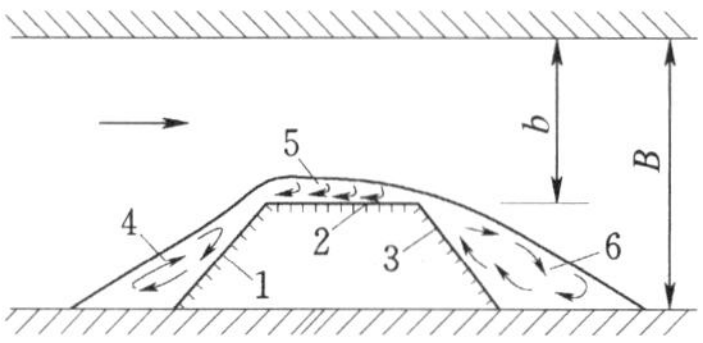

图 1.2.15 分段围堰法导流时的流态图
1—上游围堰；2—纵向围堰；3—下游围堰；
4—上游涡流区；5—纵向涡流区；
6—下游涡流区

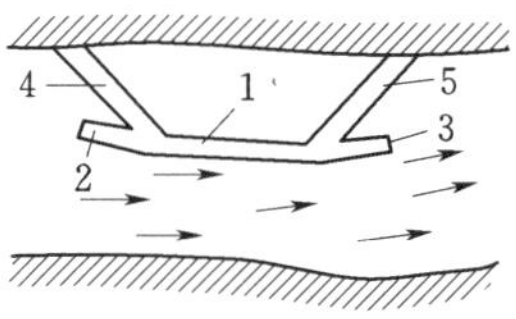

图 1.2.16 导流墙和围堰布置图
1—纵向围堰；2—上游导流墙；
3—下游导流墙；4—上游横
向围堰；5—下游横向围堰

1.2.4 围堰的拆除

围堰的拆除工作，一般是在运用期的最后一个汛期过后，随上游水位的下降，逐层拆除围堰背水坡和水上部分。在拆除过程中，必须使围堰的残留断面能继续挡水，并维持稳定，以免发生事故使基坑过早淹没，影响施工。一般土石围堰的拆除可用挖土机开挖，爆破开挖或人工开挖。

围堰最后残留部分的拆除工作通常是在枯水期进行的，多用爆破法炸开一缺口。如果围堰是由砂土或其他细粒材料修建的，有可能利用水流的冲刷作用，使该缺口逐渐拓宽，达到最后拆除为止。如果材料不易被水流冲走，可采用长臂杆的索式挖土机，其方法是将挖土机停立在围堰顶上，逐步后退而将缺口拓宽。如果最后残留的堰体是由难以水下拆除的材料组成的，则可能需要用细粒土料修建临时堰埂挡水，变水下拆除为干地拆除，临时堰埂则可用各种方法，包括使用挖泥船拆除。

除了断面形式、接头处理和围堰拆除问题外，还有一些问题需简单提一下。围堰水上部分的施工与一般土石坝没有多大差别，水下部分的施工比较困难。石渣、堆石体的填筑可采用进占法施工，但黏性防渗土料就很难采用这种方法。水下材料的抛填可采用各种驳船，例如：阿斯旺工程施工中曾采用过 500t 滚翻式自卸驳船和 250t 底卸式自卸驳船，我国葛洲坝工程也采用过类似驳船。

在采用分段围堰法导流时，第一期横向围堰的拆除如果不合要求，势必会增加上下游水位差，从而增加截流工作的难度，增加截流物料的重量及数量，从而增加截流难度。这类经验教训在国内外是不少的，如苏联的伏尔谢水电站截流时，上下游总水位差是 1.88m，其中由于引渠和围堰没有拆除干净，造成水位差就有 1.73m。如果下游横向围堰拆除不干净，会抬高尾水位，影响水轮机的利用水头，富春江水电站曾受此影响，降低了水轮机出力，造成不应有的损失。

土石围堰相对说来断面较大，有可能在施工期最后一次汛期过后，上游水位下降时，从围堰的背水坡开始分层拆除（图 1.2.17）。但必须保证依次拆除后所残留的断面能继续挡水和维持稳定，以免发生安全事故，使基坑过早淹没，影响施工。土石围堰一般可用挖土机械或爆破等方法拆除。

草土围堰的拆除比较容易，一般水上部分用人工拆除，水下部分可在堰体挖一缺口，让其过水冲毁或用爆破法炸除。钢板桩格型围堰的拆除，首先要用抓斗或吸石器将填料清除，然后用拔桩机起拔钢板桩。混凝土围堰的拆除，一般只能用爆破法炸

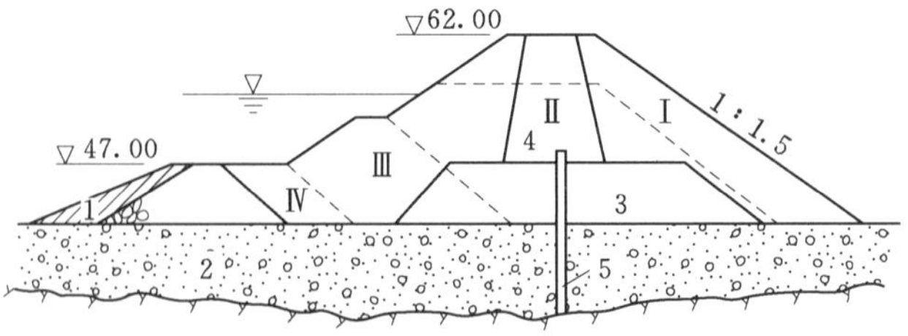

图 1.2.17　长江葛洲坝工程一期土石围堰的拆除（单位：m）
1—黏土斜墙；2—覆盖层；3—堆渣；4—心墙；5—防渗墙

除，但应注意，必须使主体建筑物或其他设施不受爆破危害。

任务1.3　截流工程施工技术

学习导向

知识目标： 理解截流方法和使用范围
能力目标： 能分析截流条件，制定截流方案
素质目标： 培养钻研精神和认真态度
执行规范：《水利水电工程施工导流设计规范》（SL 623—2013）
《水电水利工程截流施工技术规范》（DL/T 5741—2016）

在施工导流中，只有截断原河床水流，才能把河水引向导流泄水建筑物下泄，在河床中全面开展主体建筑物的施工就是截流。截流戗堤一般与围堰相结合，因此截流实际上是在河床中修筑横向围堰工作的一部分（图 1.3.1）。在大江大河中截流是一项难度较大的工作。

一般来说，截流施工的过程为：先在河床的一侧或两侧向河床中填筑截流戗堤，这种向水中筑堤的工作称为进占。戗堤将河床束窄到一定程度，就形成了流速较大的龙口。封堵龙口的工作称为合龙。在合龙开始以前，如果龙口河床或戗堤端部容易被冲毁，则须采取防冲措施对龙口加固，如对龙口河床进行护底、对戗堤端部作裹头处理等。合龙以后，龙口部位的戗堤虽已高出水面，但其本身依然漏水，因此须在其迎水面设置防渗设施。在戗堤全线上设置防渗设施的工作叫闭气。所以，整个截流过程包括戗堤的进占、龙口范围的加固、合龙和闭气等工作。截流以后，再在这个基础上，对戗堤进行加高培厚，修成围堰。

截流在施工导流中占有重要的地位，如果截流不能按时完成，就会延误整个河床部分建筑物的开工日期；如果截流失败，失去了以水文年计算的良好截流时机，则可能拖延工期达一年，在通航河流上甚至严重影响航运。所以在施工导流中，常把截流看作一个关键性问题，它是影响施工进度的一个控制项目。

截流之所以被重视，还因为截流本身无论在技术上还是在施工组织上都具有相当

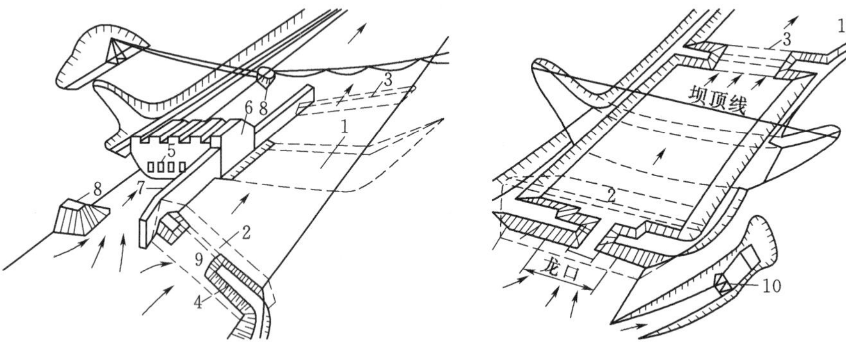

(a) 分段围堰法　　(b) 全段围堰法

图 1.3.1　截流布置示意图

1—大坝基坑；2—上游围堰；3—下游围堰；4—戗堤；5—底孔；6—已浇混凝土坝体；7—二期纵向围堰；8—一期围堰的残留部分；9—龙口；10—导流隧洞进口；11—导流隧洞出口

的艰巨性和复杂性。为了成功截流，必须充分掌握河流的水文特性和河床的地形、地质条件，掌握在截流过程中水流的变化规律及其对截流的影响。同时，必须在非常狭小的工作面上以相当大的施工强度在较短的时间内进行截流的各项工作，为此必须严密组织施工。对于大型或重要的截流工程，事先必须进行周密的设计和水工模型试验，对截流工作作出充分的论证。此外，在截流开始之前，还必须切实做好器材、设备和组织上的充分准备。

长江葛洲坝工程于 1981 年 1 月仅用 35.6h，在 $4720m^3/s$ 流量下胜利截流，为在大江大河上进行截流积累了丰富的经验。1997 年 11 月三峡大江截流和 2002 年 11 月三峡工程三期导流明渠截流成功，标志着我国截流工程的实践已经处于世界领先水平。

1.3.1　截流的基本方法

河道截流有立堵法、平堵法、立平堵法、平立堵法、下闸截流以及定向爆破截流等多种方法，但基本方法为立堵法和平堵法两种。

1.3.1 ▶ 截流工程

1. 立堵法截流

立堵法截流（图 1.3.2）是将截流材料从龙口一端向另一端，或从两端向中间抛投进占，逐渐束窄龙口，直至全部拦断。截流材料通常用自卸汽车在进占戗堤端部直接卸料入水，个别巨大的截流材料也有用起重机、推土机投放入水的。

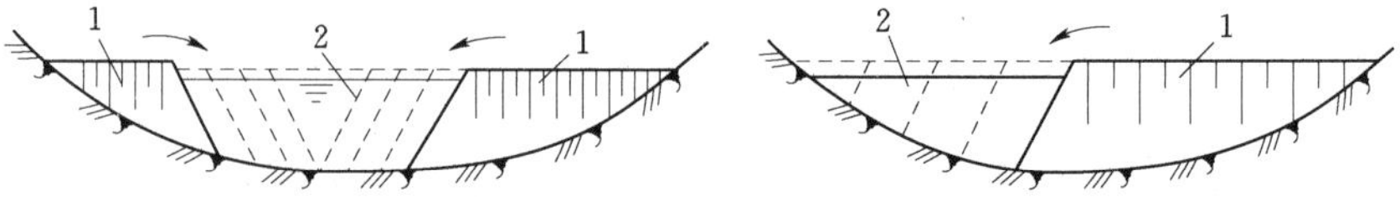

(a)双向进占　　(b)单向进占

图 1.3.2　立堵法截流

1—截流戗堤；2—龙口

立堵法截流不需要在龙口架设浮桥或栈桥，准备工作比较简单，费用较低。但截流时龙口的单宽流量较大，出现的最大流速较高，而且流速分布很不均匀，需用单个重量较大的截流材料。截流时工作前线狭窄，抛投强度受到限制，施工进度受到影响。根据国内外截流工程的实践和理论研究，立堵法截流一般适用于大流量、岩基或覆盖层较薄的岩基河床。对于软基河床只要护底措施得当，采用立堵法截流也同样有效。如宁夏青铜峡工程截流时，河床覆盖层厚达 8～12m，采用护底措施后，最大流速虽达 5.52m/s，但未遇特殊困难而取得立堵截流的成功。立堵法截流是我国的一种传统方法，在大、中型截流工程中，一般都采用立堵法截流，如著名的三峡工程大江截流和三峡工程三期导流明渠截流；美国自 20 世纪 50 年代以来的 15 个大、中型截流工程中有 8 个用立堵法截流；苏联自 20 世纪 50 年代以来的 45 个大、中型截流工程中有 34 个用立堵法截流。由此可见，立堵法截流在国内外得到了广泛的应用，成为截流的主要方法。

2. 平堵法截流

平堵法截流（图 1.3.3）事先要在龙口架设浮桥或栈桥，用自卸汽车沿龙口全线从浮桥或栈桥上均匀地逐层抛填截流材料，直至戗堤高出水面为止。因此，平堵法截流时，龙口的单宽流量较小，出现的最大流速较低，且流速分布比较均匀，截流材料单个重量也较小，截流时工作前线长，抛投强度较大，施工速度较快。平堵法截流通常适用在软基河床上。

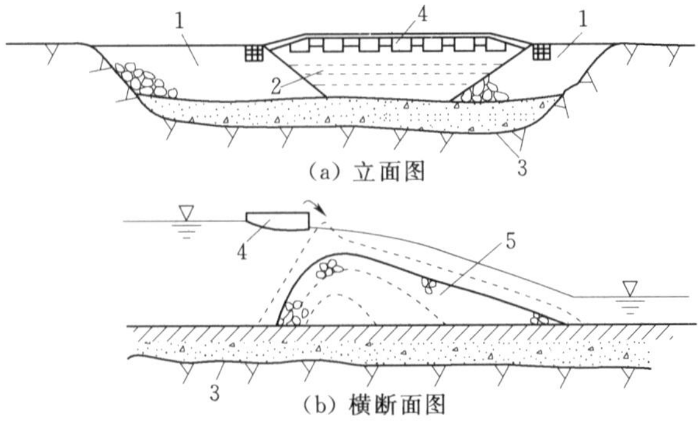

图 1.3.3 平堵法截流

1—截流戗堤；2—龙口；3—覆盖层；4—浮桥；5—截流体

正因为有上述一些优点，在流量大的河流上，如苏联伏尔加河上一些水利枢纽都采用了浮桥平堵法；罗马尼亚-南斯拉夫的铁门水电站采用了钢桥平堵法；中国辽宁大伙房水库采用了木栈桥平堵法等。但一般来说，平堵法由于需架栈桥或浮桥，在通航河道上会碍航，而且技术复杂、费用较高，我国大型工程除大伙房、二滩等少数工程外，都采用立堵法截流。

截流设计首先应该根据施工条件，充分研究两种方法对截流工作的影响，通过试验研究和分析比较来选定。有的工程亦有先用立堵法进占，而后在小范围龙口内用平堵法截流（立平堵法）。严格说来平堵法都是先以立堵进占开始，而后平堵，类似立平堵法，不过立平堵法的龙口较窄。

1.3.2 截流日期和截流设计流量

截流年份应结合施工进度的安排来确定。

截流年份内截流时段的选择，既要把握截流时机，选择在枯水流量、风险较小的时段进行；又要为后续的基坑工作和主体建筑物施工留有余地，不致影响整个工程的施工进度。

在确定截流时段时，应考虑以下要求：

（1）截流以后，需要继续加高围堰，完成排水、清基、基础处理等大量基坑工作，并应把围堰或永久建筑物在汛期前抢修到一定高程以上。为了保证这些工作（截流后续工作）的完成，截流时段应尽量提前。

（2）在通航的河流上进行截流，截流时段最好选择在对航运影响最小的时段内。因为截流过程中，航运必须停止，即使船闸已经修好，但因截流时水位变化较大，亦须停航。

（3）在北方有冰凌的河流上，截流不应在流冰期进行。因为冰凌很容易堵塞河道或导流泄水建筑物，壅高上游水位，给截流带来极大困难。

此外，在截流开始前，应修好导流泄水建筑物，并做好过水准备。如清除影响泄水建筑物运用的围堰或其他设施，开挖引水渠，完成截流所需的一切材料、设备、交通道路的准备等。

综上所述，截流时段一般多选在枯水期初流量已有明显下降的时候，而不一定选在流量最小的时刻。但是，在截流设计时，根据历史水文资料确定的枯水期和截流流量与截流时的实际水文条件往往有一定出入。因此，在实际施工中，还必须根据当时的水文气象预报及实际水情分析进行修正，最后确定截流日期。

龙口合龙所需的时间往往很短，一般从数小时到几天。为了估计在此时段内可能发生的水情，做好截流准备，须选择合理的截流设计流量。一般可按工程的重要程度，设计时选用截流时期内5～10年一遇的旬或月平均流量。如水文资料不足，可用短期的水文观测资料或根据条件类似的工程来选择截流设计流量。无论用什么方法确定截流设计流量，都必须根据当时实际情况和水文气象预报加以修正，按修正后的流量进行各项截流的准备工作，作为指导截流施工的依据。国内外一些大型截流工程的基本情况见表1.3.1。

表1.3.1　国内外一些大型截流工程的基本情况表

工程名称	河流	时间	设计流量/(m^3/s)	水利指标			龙口宽度/m	方法	合龙历时/h	施工强度/(m^3/昼夜)	投抛料	施工设备
				实测/(m^3/s)	落差/m	流速/(m/s)						
三门峡神门	黄河	1958年11月	1000	2030	2.97	7.21	60.0	立堵钢管拦石栅	33	6000	15t混凝土四面体	25t自卸汽车
丹江口	汉水	1959年12月	640	310	2.88	6.88	230	立堵管柱拦石栅	36	190	混凝土四面体	25t自卸汽车
青铜峡	黄河				1.49	5.52		平立堵	24	7300	1.5t块石串35t铅丝笼	10～12t自卸汽车、15t起重机
龙羊峡	黄河	1980年1月	1500		9.0		200	三戗立堵			四面体	25t自卸汽车
葛洲坝	长江	1980年12月	7300		3.0	6.0		立堵拦石坝	312	1500	25t四面体	25～40t自卸汽车

续表

工程名称	河流	时间	设计流量/(m^3/s)	水利指标			龙口宽度/m	方法	合龙历时/h	施工强度/(m^3/昼夜)	投抛料	施工设备
				实测/(m^3/s)	落差/m	流速/(m/s)						
麦克纳里水电站	哥伦比亚河（美国）	1950年	3920		5.4	9.1		缆机平堵	1440	23700	12t四面体	
伏尔加格勒水电站格勒	伏尔加河（俄罗斯）	1958年	4500		2.07	5.8		浮桥平堵	24	63000	10t四面体	

1.3.3 龙口位置和宽度

龙口位置的选择，对截流工作顺利与否有密切关系。选择龙口位置时要考虑下述技术要求。

(1) 一般来说，龙口应设置在河床主流部位，方向力求与主流顺直，使截流前河水能较顺畅地经由龙口下泄。但有时也可以将龙口设置在河滩上，此时，为了使截流时的水流平顺，应在龙口上、下游顺河流流势，按流量大小开挖引河。龙口设在河滩上时，一些准备工作就不必在深水中进行，这对确保施工进度和施工质量均较为有利。

(2) 龙口应选择在耐冲刷的河床上，以免截流时因流速增大，引起过分冲刷。如果龙口段河床覆盖层较薄，则应清除；否则，应进行护底防冲。

(3) 龙口附近应有较宽阔的场地，以便布置截流运输路线和制作、堆放截流材料。

原则上，龙口宽度应尽可能窄些，这样可以减少合龙工程量，缩短截流延续时间，但以不引起龙口及其下游河床的冲刷为限。为了提高龙口的抗冲能力，保证戗堤安全，必要时须对龙口加以保护。龙口的保护包括护底和裹头。护底一般采用抛石、沉排、竹笼、柴石枕等。裹头就是用石块、钢筋石笼、黏土麻袋或草包、竹笼、柴石枕等把戗堤的端部保护起来，以防被水流冲塌。裹头多用于平堵戗堤两端或立堵进占端对面的戗堤。龙口宽度及其防护措施，可根据相应的流量及龙口的抗冲流速来确定。在通航河道上，当截流准备期通航设施尚未投入运用时，船只仍需在截流前由龙口通过。这时龙口宽度便不能太窄，流速也不能太大，以免影响航运。如葛洲坝工程的龙口，由于考虑通航流速不能大于3.0m/s，所以龙口宽度达220m；三峡大江截流工程的龙口，为了满足川江航道船舶（队）自航和解队的通航水力条件（如长航船队自航要求水面流速小于4.5m/s、相应水面比降小于1‰，或水面流速要求小于4.0m/s、相应水面比降小于3‰），1997年汛末，大江预留口门宽达460.0m，下游口门宽480.0m。

1.3.4 截流材料和备料量

1. 截流材料尺寸

在截流中，合理地选择截流材料的尺寸或重量，对于截流的成败和截流费用的节省具有重大意义。截流材料的尺寸或重量取决于龙口的流速。各种不同材料的适用流速，即抵抗水流冲动的经验流速见表1.3.2。

表1.3.2　　不同截流材料的适用流速

截流材料	适用流速/(m/s)	截流材料	适用流速/(m/s)
土料	0.5～0.7	3t重大块石或钢筋石笼	3.5
20～30kg重石块	0.8～1.0	4.5t重混凝土六面体	4.5
50～70kg重石块	1.2～1.3	5t重大块石、大石串或钢筋石笼	4.5～5.5
麻袋装土(0.7m×0.4m×0.2m)	1.5	12～15t重混凝土四面体	7.2
ϕ0.5×2m装石竹笼	2.0	20t重混凝土四面体	7.5
ϕ0.6×4m装石竹笼	2.5～3.0	ϕ1.0×15m柴石枕	约7～8
ϕ0.8×6m装石竹笼	3.5～4.0		

2. 截流材料类型

截流材料类型的选择，主要取决于截流时可能发生的流速及工地开挖、起重、运输设备的能力，一般应尽可能就地取材。在黄河上，长期以来用梢料、麻袋、草包、石料、土料等作为堤防溃口的截流堵口材料。在南方，如四川都江堰，则常用卵石竹笼、砾石和杩槎等作为截流堵河分流的主要材料。国内外大江大河截流的实践证明，块石是截流的最基本材料。此外，当截流水力条件较差时，还需使用人工块体，如混凝土六面体、四面体、四脚体及钢筋混凝土构架（图1.3.4）以及钢筋笼、合金网兜等。

1.3.2
施工方法动画演示-石笼

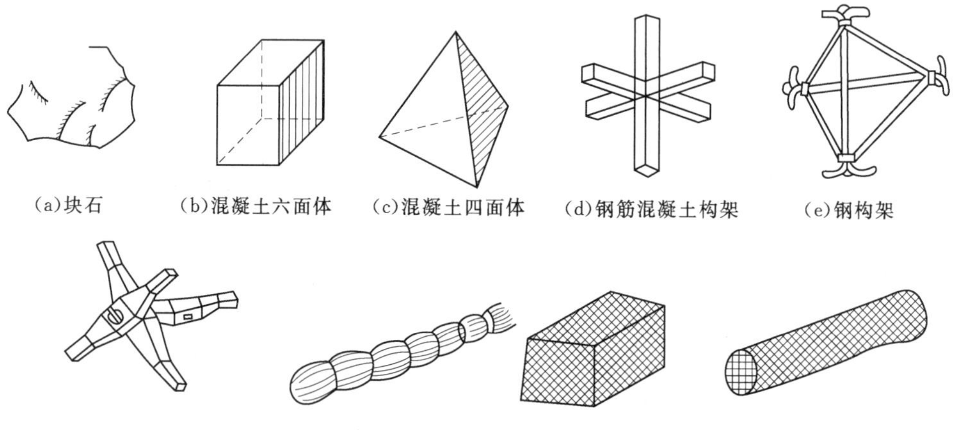

(a)块石　(b)混凝土六面体　(c)混凝土四面体　(d)钢筋混凝土构架　(e)钢构架

(f)装配式或钢筋混凝土构架　(g)柳石枕　(h)填石铅丝笼　(i)填石竹笼

图1.3.4　截流抛投常用物料

3. 备料量

为确保截流既安全顺利，又经济合理，正确计算截流材料的备料量是十分必要的。备料量通常按设计的戗堤体积再增加一定裕度，主要是考虑到堆存、运输中的损失，水流冲失，戗堤沉陷以及可能发生比设计更坏的水力条件而预留的备用量等。但实践中，常因估计不准致使截流材料备料量均超过实际用量，少者多余50%，多则达400%，尤其是人工块体大量多余、造成浪费。

造成截流材料备料量过大的原因主要是：①截流模型试验的推荐值本身就包含了一定安全裕度，截流设计提出的备料量又增加了一定富裕，而施工单位在备料时往往在此基础上又留有余地；②水下地形不太准确，在计算戗堤体积时，常从安全角度考虑取偏大值；③设计截流流量通常大于实际出现的流量等。如此层层加码，处处考虑安全富裕，所以即使像青铜峡工程的截流流量，实际大于设计，仍然出现备料量比实际用量多78.6%的情况。因此，如何正确估计截流材料的备用量是一个很重要的课题。当然，备料恰如其分不大可能，需留有余地。但对剩余材料，应预做筹划，安排好用处，特别像混凝土四面体等人工材料，大量弃置，既浪费又影响环境，可考虑用于护岸或其他河道整治工程。

任务1.4 基 坑 排 水

学习导向

知识目标：了解基坑排水形式

能力目标：能制定排水方案

素质目标：培养钻研精神和认真态度

执行规范：《水电水利工程施工组织设计规范》（SL 303—2017）

参考规范：《水电水利工程施工基坑排水技术规范》（DL/T 5719—2015）

在围堰合龙闭气以后，就要排除基坑的积水和渗水，以利开展基坑施工工作。当然，在用定向爆破修筑截流、拦淤堆石坝，或直接向水中倒土形成建筑物时，不需要组织专门的基坑排水工作。

基坑排水工作按排水时间及性质，一般可分为：①基坑开挖前的初期排水，包括基坑积水、基坑积水排除过程中围堰及基坑的渗水和降水的排除；②基坑开挖及建筑物施工过程中的经常性排水，包括围堰和基坑的渗水、降水、地基岩石冲洗及混凝土养护用废水的排除等。

1.4.1 初期排水

戗堤合龙闭气后，基坑内的积水应立即组织排除。排除积水时，基坑内外产生水位差，将同时引起通过围堰和基坑的渗水。初期排水流量一般可根据地质情况、工程等级、工期长短及施工条件等因素，参考实际工程的经验，按以下公式来确定。

$$Q=\frac{(2\sim3)V}{T} \tag{1.2}$$

式中 Q——初期排水流量，m^3/s；

V——基坑积水体积，m^3；

T——初期排水时间，s。

排水时间 T 主要受基坑水位下降速度的限制。基坑水位允许下降速度视围堰形式、地基特性及基坑内的水深而定。水位下降太快，则围堰或基坑边坡中动水压力变化过大，容易引起塌坡；下降太慢，则影响基坑开挖时间。一般下降速度限制在0.5～1.5m/d以内，对于土围堰取下限值，混凝土围堰取上限值。初期排水时间对大型基坑可采用5～7d，中型基坑不超过5d。

根据初期排水量即可确定所需的排水设备容量。排水设备一般用离心式水泵。为方便运行，宜选择容量不同的离心式水泵，以便组合运用。

实际工作中，有时也常采用试抽法确定排水设备容量。试抽时，如果水位下降很快，显然是排水设备容量过大，这时，可关闭一部分排水设备，以控制水位下降速度；若水位不变，则可能是排水设备容量过小或有较大的渗漏通道存在，这时，应增加排水设备容量或找出渗漏通道予以堵塞，然后再进行抽水。还有一种情况是水位降至一定深度后就不再下降，这说明此时排水流量与渗透流量相等，只有增大排水设备容量或堵塞渗漏通道，才能将积水排除。

确定排水设备容量后，要妥善布置水泵站。如果水泵站布置不当，不仅降低排水效果，影响其他工作，甚至水泵运转时间不长，又被迫转移，造成人力、物力及时间上的浪费。一般初期排水可以采用固定的或浮动的水泵站。当水泵的吸水高度（一般水泵吸水高度为4.0～6.0m）足够时，水泵站可布置在围堰上，如图1.4.1（a）所示。水泵的出水管口最好设在水面以下，这样可依靠虹吸作用减轻水泵的工作负担。在水泵排水管上应设置止回阀，以防水泵停止工作时，倒灌基坑。

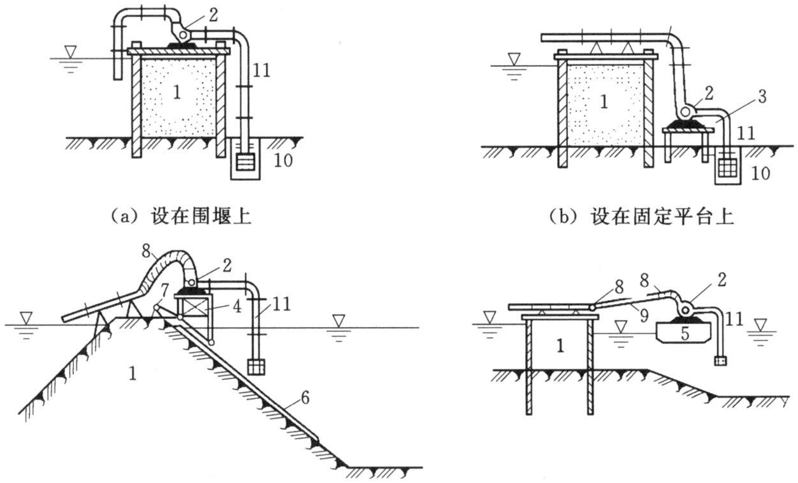

（a）设在围堰上　（b）设在固定平台上

（c）设在移动平台上　（d）设在浮船上

图1.4.1　水泵的设置

1—围堰；2—水泵；3—固定平台；4—移动平台；5—浮船；6—滑道；7—绞车；8—橡皮接头；9—铰接桥；10—集水井；11—吸水管

当基坑较深，超过水泵吸水高度时，须随基坑水位下降将水泵逐次下放，这时可以将水泵逐层安放在基坑内较低的固定平台上，如图1.4.1（b）所示；也可以将水泵放在沿滑道移动的平台上，如图1.4.1（c）所示，用绞车操纵逐步下放；还可以将水泵放在浮船上，如图1.4.1（d）所示。

1.4.2　经常性排水

基坑内积水排干后，围堰内外的水位差增大，此时渗透流量相应增大，对围堰内坡、基坑边坡和底部的动水压力加大，容易引起管涌或流土，造成塌坡和基坑底隆起的严重后果。因此在经常性排水期间，应进行周密的排水系统的布置、渗透流量的计算和排水设备的选择，并注意观察围堰的内坡、基坑边坡和基坑底面的变化，保证基坑工作顺利进行。

1. 排水系统的布置

通常应考虑两种不同情况：一种是基坑开挖过程中的排水系统布置；另一种是基坑开挖完成后修建建筑物时的排水系统布置。在进行布置时，最好能两者结合起来考虑，并使排水系统尽可能不影响施工。

基坑开挖过程中布置排水系统，应以不妨碍开挖和运输工作为原则。一般常将排水干沟布置在基坑中部，以利两侧出土。随着基坑开挖工作的进展，逐渐加深排水干沟和支沟，通常保持干沟深度为1.0～1.5m，支沟深度为0.3～0.5m。集水井布置在建筑物轮廓线的外侧，集水井底应低于干沟的沟底，如图1.4.2所示。

有时由于基坑开挖深度不一，基坑底部不在同一高程，这时应根据基坑开挖的具体情况来布置排水系统。有的工程采用层层截流，分级抽水的办法，即在不同高程上布置截水沟、集水井和水泵站，进行分级排水。

修建建筑物时，排水系统通常都布置在基坑的四周，如图1.4.3所示。排水沟应布置在建筑物轮廓线的外侧，距基坑边坡坡脚不小于0.3m。排水沟的断面和底坡取决于排水量的大小。一般排水沟不小于0.3m，沟深不大于1.0m，底坡不小于0.002。在密实土层中，排水沟可以不用支撑，但在松土层中，则需用木板或麻袋装石加固。

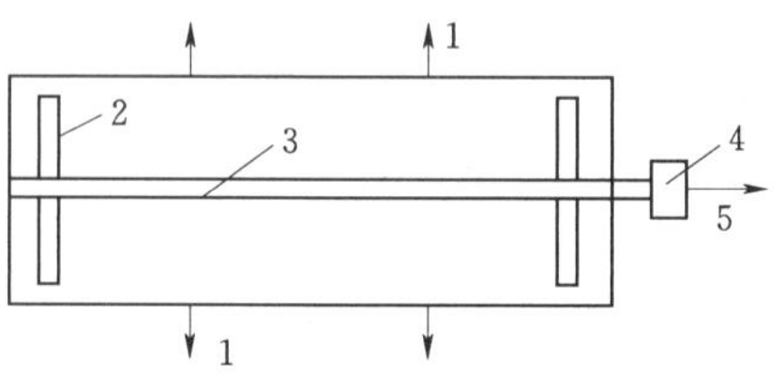

图1.4.2　基坑开挖过程中排水系统的布置
1—出渣方向；2—支沟；3—干沟；4—集水井；5—抽水

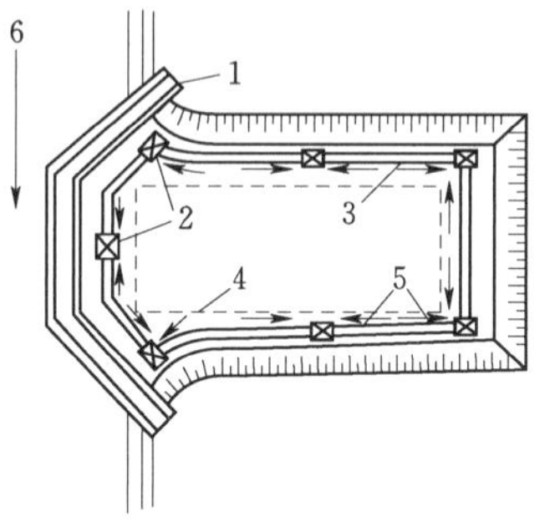

图1.4.3　修建建筑物时排水系统的布置
1—围堰；2—集水井；3—排水沟；4—建筑物轮廓线；5—沟内水流方向；6—河流

水经排水沟流入集水井，在井边设置水泵站，将水从集水井中抽出。集水井布置在建筑物轮廓线以外较低地方，它与建筑物外缘的距离必须大于井的深度。井的容积至少要保证水泵停工10～15min，由排水沟流入井中的水量不致漫溢。集水井可为长方形，边长1.5～2.0m，井的深度应低于排水沟底1.0～2.0m。在土中挖井，其底面应铺填反滤料以防冲刷。在密实土中，井壁可用框架支撑；在松软土中，宜用板桩加固，如板桩接缝漏水，则需在井壁外设置反滤层。集水井用来集聚排水量，而且还有澄清水的作用。水泵的使用年限与水中的含砂量多少有关，为了保护水泵，安设的集水井宜稍大稍深一些。

为防止下雨时地面径流进入基坑，增加抽水量，往往在基坑外缘挖排水沟或截水沟，以拦截地面水。排水沟或截水沟的断面及底坡应根据流量及土质而定，一般沟宽和沟深不小于0.5m，底坡不小于2‰。基坑外地面排水系统最好与道路排水系统相结合，以便自流排水。

2. 排水量的估算

经常性排水的排水量包括围堰和基坑的渗水、降水、地层含水、地基岩石冲洗及混凝土养护用弃水等。降水量可按抽水时段内最大日降雨量在当天抽干计算。基岩冲洗用水不多，可以忽略不计，混凝土养护用弃水可近似地按每立方米混凝土每次用5L、每天养护8次计算。但降水和施工弃水不应叠加。

1.4.3 人工降低地下水位

在经常性排水过程中，为了保持基坑开挖工作始终在干地进行，常常要多次降低排水沟和集水井的高程，变换水泵站的位置，影响开挖工作的正常进行。此外，在开挖细砂土、砂壤土一类地基时，随着基坑底面的下降，坑底与地下水位的高差越来越大，在地下水渗透压力作用下，容易产生边坡脱落、坑底隆起等事故，对开挖工作带来不利影响。

而采用人工降低地下水位，就可减轻或避免上述问题。人工降低地下水位的基本做法是：在基坑周围钻设一些井管，地下水渗入井管后被随即抽走，使地下水位线降到开挖基坑底面以下。

人工降低地下水位的方法按排水工作原理分为管井法和井点法两种。管井法是纯重力作用排水，井点法还附有真空或电渗排水的作用。现分别介绍如下：

1. 管井法

管井法降低地下水位时，在基坑周围布置一系列管井，管井中放入水泵的吸水管，地下水在重力作用下流入井中，被水泵抽走。

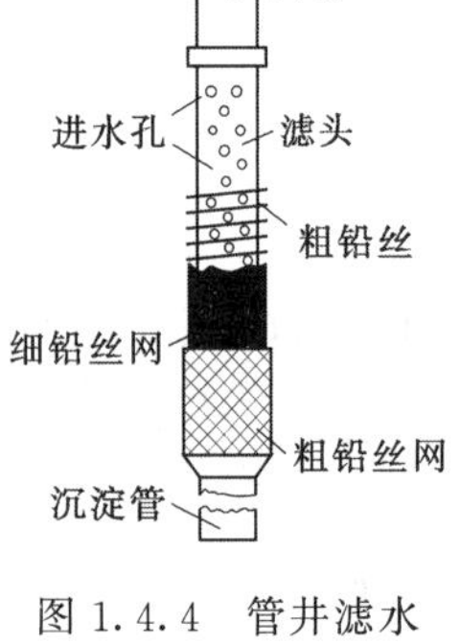

图1.4.4 管井滤水管节的构造图

管井法降低地下水位时，须先设置管井。管井通常用下沉钢井管，在缺乏钢管时也可用预制混凝土管代替。

井管的下部安装滤水管节（滤头）（图1.4.4），有时在井管外还需设置反滤层。地下水从滤水管进入井管内，水中的泥沙则沉淀在沉淀管中。

滤水管是井管的重要组成部分，其构造对井的出水量和可靠性影响很大，要求过水能力大，进入的泥沙少，有足够的强度和耐久性。

井管通常用射水法下沉，当土层中夹有硬黏土、岩石时，需配合钻机钻孔。射水下沉时，先用高压水冲土，下沉套管，较深时可配合振动或锤击，然后在套管中插入井管，最后在套管与井管的间隙中间填反滤层和拔套管。反滤层每填高一次，便拔一次套管，逐层上拔，直至完成。

管井中抽水可应用各种抽水设备，但主要的是离心式水泵、深井水泵或潜水泵等。

用普通离心式水泵抽水，由于吸水高度的限制，当要求降低地下水位较深时，要分层设置井管，分层进行排水，如图1.4.5所示。

在要求大幅度降低地下水位的深井中抽水时，最好采用专用的离心式深井水泵。每个深井水泵都可独立工作，井的间距也可以加大。深井水泵一般适用深度大于20m，排水效果好，需要井数少。

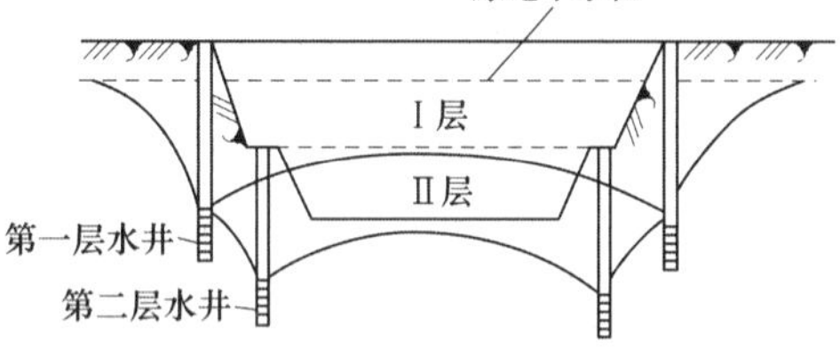

图1.4.5 分层降低地下水位

适用条件：管井法降低地下水位，一般适用在渗透系数为150～1.0m/d的粗、中砂土中。

2. 井点法

井点法和管井法不同，它把井管和水泵的吸水管合二为一，简化了井的构造，便于施工。

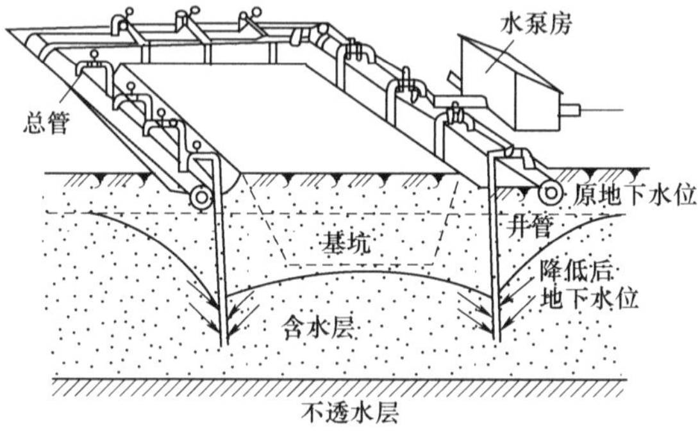

图1.4.6 轻型井点排水布置示意图

井点法降低地下水位的设备，根据其降深能力分轻型井点（浅井点）和深井点等。

轻型井点是由井管、集水总管、普通离心式水泵、真空泵和集水箱等设备组成的一个排水系统（图1.4.6）。

轻型井点系统的井管直径为38～50mm，间距为0.6～1.8m，最大可到3.0m。地下水从井管下端的滤水管借真空泵和水泵的抽吸作用流入管内，沿井管上升汇入集水总管，经集水箱，由水泵排出。

轻型井点系统开始工作时，先开动真空泵，排除系统内的空气，待集水箱内的水面上升到一定高度后，再启动水泵排水。水泵开始抽水后，为了保持系统内的真空度，仍需真空泵配合水泵工作。这种井点系统也叫真空井点。

井点系统排水时，地下水位的下降深度，取决于集水箱内的真空度与管路的漏气和水力损失。一般集水箱内真空度为53～80kPa（约400～600mmHg），相应的吸水高度为5～8m，扣去各种损失后，地下水位下降深度为4～5m。

项目2　土石方开挖作业

任务2.1　明挖技术须知

学习导向

知识目标： 掌握土的分类分级，了解开挖设备及特点

能力目标： 能分析开挖对象性质，选择合适施工机械

素质目标： 培养钻研精神和认真态度

执行规范：《水利水电工程施工组织设计规范》(SL 303—2017)

2.1.1　土的工程性质及分级

在进行土石方开挖及确定挖运组织时，须根据各种土石的工程性质及其具体指标来选择施工方法及施工机具，确定工料消耗和劳动定额。对土石方工程施工影响较大的因素有土壤级别与特征。

从广义的角度而言，土，包括土质土和岩石两大类。由于开挖的难易程度不同，水利工程中沿用十六级分类法，通常把前Ⅰ～Ⅳ级叫作土（即土质土），Ⅴ级以上的都叫作岩石。

2.1.2　土的工程性质

2.1.2.1　土的颗粒分类

根据土的颗粒级配，土可分为碎石类土、砂土和黏性土。按土的沉积年代，黏性土又可分为老黏性土，一般黏性土和新近沉积黏性土。按照土的颗粒大小分类，又可分为块石、碎石、砂粒等，详见表2.1.1。

表2.1.1　　土的颗粒分类

颗粒名称	粒径/mm	颗粒名称	粒径/mm
漂石或块石	>200	砂粒	2.0～0.075
卵石或碎石	200～20	粉粒	0.075～0.005
圆砾或角砾	20～2.0	黏粒	<0.005

2.1.2.2　土的松实关系

自然状态下的土，经开挖扰动之后，因土体变得松散而使体积增大，这种性质称为土的松散性，各种土的容重和松散系数见表2.1.2。

表 2.1.2　　土的容重和松散系数

土的类别	自然状态		挖松后		弃土堆	
	λ_1	K_1	λ_2	K_2	λ_3	K_3
砂土	1.65～1.75	1.00	1.50～1.55	1.05～1.15	1.60～1.65	1.00～1.10
壤土	1.75～1.85	1.00	1.65～1.70	1.05～1.10	1.75～1.80	1.00～1.05
黏土	1.80～1.95	1.00	1.60～1.65	1.10～1.20	1.75～1.80	1.00～1.10
砂砾土	1.90～2.05	1.00	1.50～1.70	1.10～1.40	1.70～1.90	1.00～1.20
含砂砾壤土	1.85～2.00	1.00	1.70～1.80	1.05～1.10	1.85～1.95	1.00～1.05
含砂砾黏土	1.90～2.10	1.00	1.55～1.75	1.10～1.35	1.75～2.00	1.00～1.20
卵石	1.95～2.15	1.00	1.70～1.90	1.15	1.90～2.05	1.00～1.05

注　λ—容重；K—松散系数。

表2.1.2中K_2、K_3计算如下：

$$K_2=\frac{挖松后土的体积}{自然状态下土的体积} \tag{2.1}$$

$$K_3=\frac{未加人工压实的堆弃土的体积}{自然状态下土的体积} \tag{2.2}$$

当自然状态的土挖松后，再经过人工或机械的碾压、振动，土可被压实，例如在填筑拦河坝时，从土区取1m^{3}的自然方，经过挖松运至坝体进行碾压后的实体方，就小于原1m^{3}的自然方，这种性质叫作土的可缩性。

在土方工程施工中，经常有三种土方的名称，即：自然方、松方、实体方。它们之间有着密切的关系。

1. 土的体积关系

土体在自然状态下是由土粒（矿物颗粒）、水和气体三相组成。当自然土体松动后，气体体积（即孔隙）增大，当土粒数量不变，原自然土体积$V_{自}$<松动后的土体积$V_{松}$；当经过碾压或振动后，气体被排出，则压实后的土体$V_{实}$<$V_{自}$。

三者之间的关系即：$V_{实}<V_{自}<V_{松}$，$V_{实}$为经压实后的实体方；$V_{松}$为经扰动后的松方。

对于砾、卵石和爆破后的块碎石，由于它们的块度大或颗粒粗，可塑性远小于土粒，因而它们的压实方>自然方，几种典型土的体积变化换算系数见表2.1.3。

表 2.1.3　　几种典型土的体积变化换算系数

土壤种类	$V_{自}$	$V_{松}$	$V_{实}$	土壤种类	$V_{自}$	$V_{松}$	$V_{实}$
黏土	1.00	1.27	0.90	爆破块石	1.00	1.50	1.30
壤土	1.00	1.25	0.90	团结砾石	1.00	1.42	1.29
砂	1.00	1.12	0.95				

单位体积土的重量称为容重。当1m^{3}的自然土体松动后，土体增大了，因而单位体积的重量变轻了；再经过碾压或振动，使土粒紧密度增加，因而单位体积重量增大，即$\gamma_{松}<\gamma_{自}<\gamma_{实}$。石头河坝填筑材料的容重和体积换算系数见表2.1.4。

表 2.1.4 石头河坝填筑材料的容重和体积换算系数

坝料名称	实测容重/(t/m^3)			换算系数 f_1			换算系数 f_2			换算系数 f_3		
	自然方	松方	压实方	自然方	松方	压实方	自然方	松方	压实方	自然方	松方	压实方
黏土	1.606	1.204	1.717	1	1.33	0.93	0.75	1	0.70	1.07	1.43	1
砂卵石	2.41	1.97	2.19	1	1.22	1.10	0.82	1	0.90	0.91	1.11	1
石渣	2.70	1.75	2.06	1	1.54	1.31	0.65	1	0.85	0.76	1.18	1
卵漂石		1.85	1.94					1	0.95		1.05	1
砂	1.64	1.39	1.78	1	1.18	0.92	0.85	1	0.78	1.09	1.28	1
混合料（粒径 d<80mm）		1.82	2.25					1	0.81		1.24	1

注 压实方为坝体平均干容重。

2. 自然方和压实成品方的关系

在土方工程施工中，设计工程量为压实后的成品方，取料场的储量是自然方。在计算压实工程的备料量和运输量时，应该将二者之间的关系考虑进去，并考虑施工过程中技术处理、要求以及其他不可避免的各种损耗。水利水电系统在多年施工实践经验的基础上，在《水利水电建筑工程预算定额》中提出了压实成品方与所需自然方的换算公式：

$$\text{每 }100\text{m}^3\text{ 压实成品方需要的自然方量}=(100+A)\times\frac{\text{设计干容重}}{\text{自然干容重}}$$

上述公式可改写为

$$V_{实}=\left(1+\frac{A}{100}\right)\gamma_d/\gamma_0 \tag{2.3}$$

式中 $V_{实}$——压实成品方的体积，m^3；

A——综合系数；

γ_d——设计干容重，t/m^3；

γ_0——未经扰动的自然干容重，t/m^3。

综合系数 A 考虑了施工中各种损失，包括坝上运输、雨后清理、边坡削坡、接缝削坡、施工沉陷、取土坑、试验坑和不可避免的压坏等损失因素，其值 A 见表 2.1.5。

表 2.1.5 土料施工综合系数 A

填筑料	A	填筑料	A
机械填筑混合坝坝体土料	5.86	人工填筑心墙土料	3.43
机械填筑均质坝坝体土料	4.93	坝体砂石料、反滤料	2.20
机械填筑心墙土料	5.70	坝体堆石料	1.40
人工填筑坝体土料	3.43		

2.1.3 土的工程分级

土的工程分级按照十六级分类法，前Ⅳ级称为土（表 2.1.6）。同一级土中各类土壤的特征有着很大的差异。例如坚硬黏土和含砾石黏土，前者含黏粒量（粒径＜0.005mm）在50%左右，而后者含砾石量在50%左右。它们虽都属Ⅳ级土，但颗粒组成不同，开挖方法也不尽相同。

在实际工程中，对土壤的特性及外界条件应在分级的基础上，进行分析研究，认真确定土的级别。

表2.1.6　　一般工程土壤分级表

土质级别	土壤名称	自然湿容重/(kg/m³)	外形特征	开挖方法
Ⅰ	1. 砂土 2. 种植土	1650～1750	疏松黏着力差或易透水，略有黏性	用锹或略加脚踩开挖
Ⅱ	1. 壤土 2. 淤泥 3. 含壤土种植土	1750～1850	开挖时能成块并易打碎	用锹并用脚踩开挖
Ⅲ	1. 黏土 2. 干燥黄土 3. 干淤泥 4. 含少量砾石黏土	1800～1950	黏手，看不见砂粒或干硬	用镐、三齿耙开挖或用锹并加脚用力踩开挖
Ⅳ	1. 坚硬黏土 2. 砾质黏土 3. 含砾石黏土	1900～2100	土壤结构坚硬，将土分裂后成块状或含黏粒，砾石较多	用镐、三齿耙等工具开挖

2.1.4　机械挖运工程施工

开挖和运输是土方工程施工两项主要过程，承担这两个过程施工的机械是各类挖掘机械、挖运组合机械和运输机械。

2.1.1 土方开挖

2.1.2 土方开挖与填筑

2.1.4.1　单斗式挖掘机

单斗式挖掘机由工作装置、行驶装置和动力装置等组成。工作装置有正向铲、反向铲、索铲和抓铲等（图2.1.1）。工作装置可用钢索或液压操作。行驶装置一般为履带式或轮胎式。动力装置可分为内燃机拖动、电力拖动和复合式拖动等几种类型。

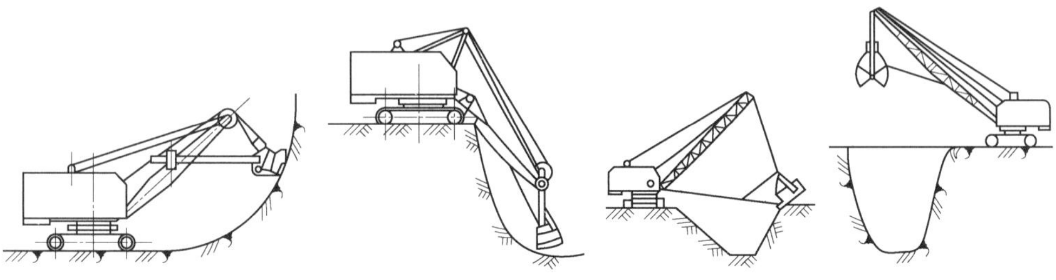

(a) 正向挖　　(b) 反向铲　　(c) 索铲　　(d) 抓铲

图2.1.1　单斗式挖掘机的工作装置

2.1.4.2　挖运组合机械

挖运组合机械是指由一种机械同时完成开挖、运输、卸土任务，有推土机，铲运机及装载机。

1. 推土机

推土机（图 2.1.2）在水利工程施工中应用很广，可用于平整场地、开挖基坑、推平填方、堆积土料、回填沟槽等。通常推土机的经济运距为 60～100m，最大挖深为 1.5～2.0m，填筑能力约为 2～3m。推土机的开行方式基本上是穿梭式的。为了提高推土机的生产率，应力求减少推土器两侧散失土料，一般可采用槽形开挖、下坡推土、分段铲土、集中推运及多机并列推土等方法。

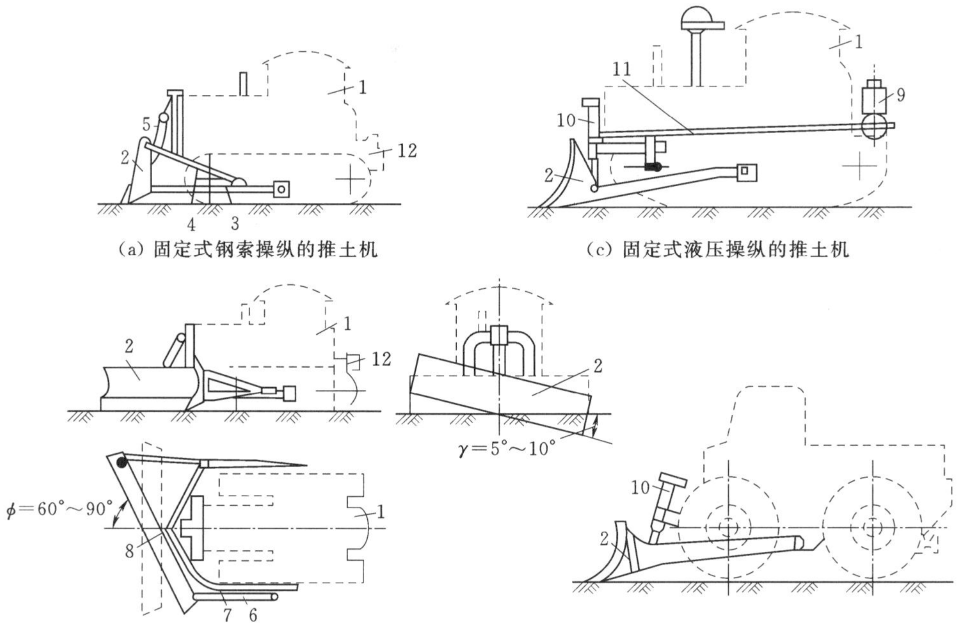

(a) 固定式钢索操纵的推土机　(c) 固定式液压操纵的推土机

(b) 万能式钢索操纵的推土机　(d) 轮胎式推土机

图 2.1.2 推土机的类型

1—拖拉机；2—推土刀；3—顶推架；4—斜撑；5—钢索操纵系统；6—弓形架；7—撑杆；8—球纹；9—油泵及分配阀；10—油压缸；11—油管；12—卷扬机

2. 铲运机

铲运机是一种能铲土、运土和填土的综合性土方工程机械。它一次能铲运几立方米到几十立方米的土方，经济运距达几百米。铲运机能开挖黏性土和砂卵石，多用于平整场地、开采土料、修筑渠道和路基以及软基开挖等。

铲运机按操纵系统分为索式和液压式两种；按牵引方式分为施行式和自行式两种；按卸土方式分为自由卸土、强制卸土和半强制卸土三种。

铲运机的工作情况如图 2.1.3 所示。

3. 装载机

装载机是一种工作效率高、用途广泛的工程机械，它不仅可对堆积的松散物料进行装、运卸作业，还可以对岩石、硬土进行轻度的铲掘工作，并能用于清理、刮平场

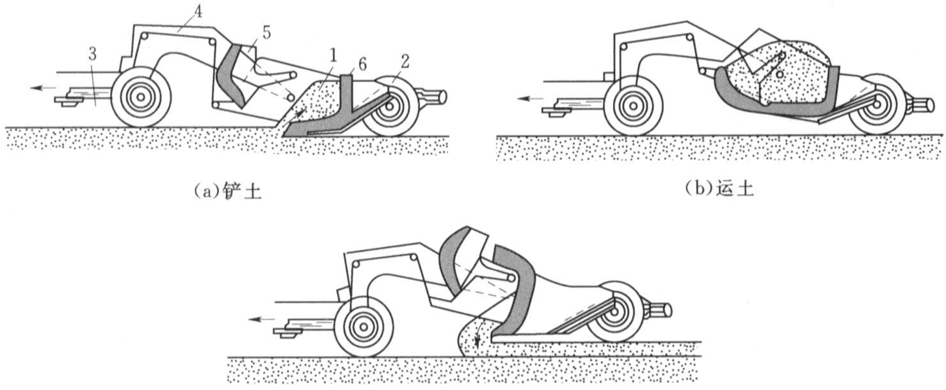

(a)铲土　(b)运土　(c)卸土

图 2.1.3 铲运机工作情况图

1—铲斗；2—行走装置；3—连续装置；4—操纵机构；5—斗门；6—斗底和斗后壁

地及牵引作业。如更换工作装置，还可完成堆土、挖土、松土、起重以及装载棒状物料等工作，因此被广泛应用。装载机示意图如图 2.1.4 所示。

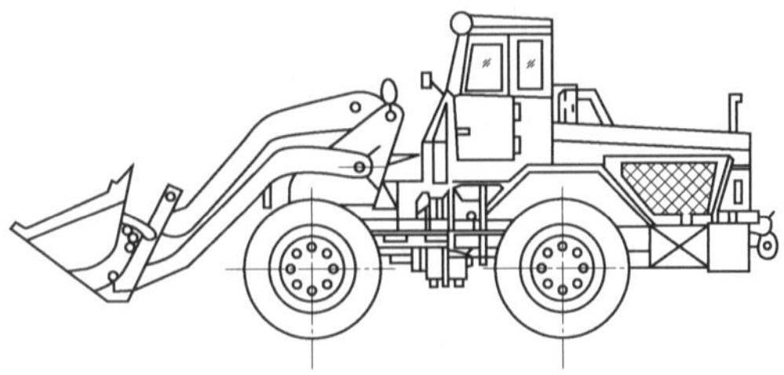

图 2.1.4 装载机示意图

装载机按行走装置可分为轮胎式和履带式两种；按卸载方式可分为前卸式、后卸式和回转式三种；按铲斗的额定重量可分为小型（<1t）、轻型（1～3t）、中型（4～8t）、重型（>10t）四种。

任务 2.2 土石方明挖规划

学习导向

知识目标：了解明挖的程序、理解明挖方案选择及土方调配、掌握土方明挖质量标准

能力目标：能制定明挖方案，能严控施工质量

素质目标：培养钻研精神和认真态度

执行规范：《水利水电工程单元工程施工质量验收标准　第1部分：土石方工程》(SL/T 631.1—2025)

在水电工程施工中，明挖主要是建筑物基础，导流渠道，溢洪道和引航道（枢纽工程具有通航功能时），地下建筑物的进、出口等部位的露天开挖，为开挖工程的主体。明挖的施工部署也关系着工程全局，极为重要。依据工程地形特征，明挖的施工部署大体可考虑分为两种类型。一为工程规模大而开挖场面宽广，地形相对平坦，适

宜于大型机械化施工，可以达到较高的强度，如葛洲坝工程和长江三峡工程。二为工程规模虽不很大，而工程处于高山峡谷之中，不利于机械作业，只能依靠提高施工技术才能克服困难，顺利完成。

2.2.1 明挖施工程序与进度

1. 施工程序

水利枢纽工程通常由若干单项工程项目组成，如坝、电站、通航建筑物等。安排土石方工程施工程序先要划分分部工程和施工工区（段）。

分部工程通常按建筑物划分，如大坝、电站等。施工区（段）是按施工特性和施工要求来划分的，如船闸可分为上引航道、船闸及下引航道。区（段）划分除形态特征外，关键还在施工要求方面。如船闸和引航道在施工要求上就不一样，从工程进度上看，船闸基础开挖后，要进行混凝土工程施工和闸门等金属结构的安装以及调试等工作，需要较长时间。引航道一般只有开挖或筑堤，没有或仅有少量混凝土浇筑，工期相对不甚紧迫。施工程序上应先挖船闸基础，再挖引航道。在工程质量上，船闸基础开挖质量要求高，必须保证基础岩石的完整性，爆破控制较严格，引航道开挖质量要求则不太严格。安排施工区（段）的施工程序，即安排各区（段）的施工先后次序，其主要原则如下：

(1) 工种多、需要较长施工时间的区（段）应尽早施工；工种少、施工简单、又不影响整个工程或某部分完工日期的区（段）可后施工。

(2) 工种不多但对整个工程或部位起控制作用的区（段），施工时将给主要区（段）带来干扰，甚至损害，这样的区（段）应先预施工。例如，峡谷地区大坝的岸坡开挖。

(3) 本身不是主要区（段），但它先施工可给整个工程或主要区（段）创造便利条件，或具有明显经济效益的区（段），也应早期施工或一部分早期施工。

(4) 对其他部分或区（段）无大的影响，又不控制工期的区（段），应作为调节施工强度的区（段），安排在两个高峰之间的低强度时施工。

(5) 各区（段）的施工程序应与整个工程施工要求一致，与施工导流及工程总进度符合。

2. 施工进度

各分部和施工区（段）的施工程序确定后，即对施工进度进行安排。安排施工进度时，必须根据工程的各个部分和区（段）的施工条件及开挖或填筑工程量选择施工方案和机械设备。依据各区（段）不同高程和位置的工作条件与工作场面大小，估算可能达到的施工强度，计算每个部位需要的施工时间，最后得出各部分和区（段）的总施工进度计划。

施工场面较大，施工条件方便，施工时间较长而强度不大的区（段），可按其中等条件进行粗略估算。对施工条件较差、施工时间较短、施工强度大的控制性区（段），应该按部位和高程分析其可能达到的施工强度和需要的施工时间。最后按施工程序和各分部或区（段）需要的施工时间，作出土石方工程的进度计划。

土石方工程施工进度反映出各分部工程和各区（段）的施工程序，施工的起止时间和施工强度。实际上也决定了施工方法、机械设备数量及机械的规格型号。

除上所述，安排施工进度时必须考虑下述条件：

（1）土石方工程施工进度必须与整个工程的施工总进度一致，按工程总进度要求按期完成，如果某部分实在不能在总进度规定时间内完成，应修正总进度。

（2）应考虑气候条件，特别是土料施工时，应考虑雨季、冬季（冰冻）对施工的影响。在此期间是停工或是采取防护措施，应进行分析比较而定。

（3）应考虑水文条件，特别是山区河流的洪水期与枯水期水位变化很大，某些部位可尽量利用枯水期低水位时施工，尽量减少水下施工或建筑围堰，以节省施工费用。

（4）主要建筑物基础处理一般都比较费时间，基础施工要求严格，有时遇有断层、破碎带或洞室溶穴需要处理，安排进度应留有余地。

（5）在料场距离远，道路坡度大的山区，堆石坝填筑的最大施工强度，往往受道路昼夜允许行驶的车辆车次控制。

2.2.2 明挖施工方案选择

土石方工程施工方案的选择必须依据施工条件、施工要求和经济效果等进行综合考虑，具体因素有如下几个方面。

（1）土质情况。必须弄清土质类别，包括黏性土、非黏性土或岩石，以及密实程度、块体大小、岩石坚硬性、风化破碎情况。

（2）施工地区的地势地形情况和气候条件，距重要建筑物或居民区的远近。

（3）工程情况。工程规模大小、工程数量和施工强度、工作场面大小、施工期长短等。

（4）道路交通条件。修建道路的难易程度、运输距离远近。

（5）工程质量要求。主要决定于施工对象，如坝、电站厂房及其他重要建筑物的基础开挖、填筑应严格控制质量。通航建筑物的引航道应控制边坡不被破坏，不引起塌方或滑坡。对一般场地平整的挖填有时是无质量要求的。

（6）机械设备。主要指设备供应或取得的难易、机械运转的可靠程度、维修条件与能力。对小型工程或施工时间不长时，为减少机械购置费用，可用原有的设备。但旧机械完好率低、故障多，工作效率必然较低，配置的机械数量应大于需要的量，以补偿其不足。工程数量巨大、施工期限很长的大型工程，应该采用技术性能好的新机械，虽然机械购置费用较多，但新机械完好率高，生产率亦高，生产能力强，可保证工程顺利进行。

（7）经济指标。当几种方案或施工方法均能满足施工要求时，一般应以完成工程施工所花费用低者为最好。有时，为了争取提前发电，经过经济比较后，也可选用工期短费用较高的施工方案。

2.2.3 土石料的利用与调配

水利工程土石料有土石方开挖（基础开挖或料场开挖）料和土石方填筑料，以及其他用料（如开挖料作混凝土骨料等）。另外，开挖土石料中一般有不能利用的废料，或用不完的剩余料等，将弃置于弃料场。开挖的土石料的利用和弃置，不仅只是数量的平衡即空间位置上的平衡，而且有时间因数和经济效益等。

1．开挖料的利用

开挖的土石料可用来作堤坝的填料、混凝土骨料或平整场地的填料。前两种利用质量要求较高，场地平整填料一般没有太多的质量要求。

堤坝材料的质量要求在土石坝设计规范和水工结构设计中有规定，混凝土骨料也有规定。开挖的土石料是否符合其要求，应通过试验研究确定。

除储量较大地超过用料量以外，可利用量都需依据施工方法和材料在地层中的分布情况仔细计算。按地质断面计算的是材料的开挖量（储量），机械化施工多是分层（梯段）开挖，在材料层的顶部或底部的一层开挖时，可能兼有可用料与不可用料（混杂料），这一部分中的可用料将作为弃料或其无质量要求的填料，称为开挖损失量。损失量的多少，可依据开挖层的厚度而定，开挖层厚度小，则损失量少，否则损失量大，通常可按开挖层的50%计。因此在储料层顶部的开挖损失量是开挖面积乘0.5倍开挖层厚度。除此以外，还应考虑堆存损失、运输损失、加工损失等。

2．土石方调配

所谓调配就是要将基坑或料场开挖的土石料合理地用于各填筑或弃料区。理论上讲调配是否合理的主要判断指标是运输费用，费用最少的方案就是最好的调配方案。也可以按 t 或 m^3（km^3）来衡量。当开挖区或采料场数量较少，而填筑区或弃料场也很少时，这种调配很简单。反之，调配就可能很复杂。对于较复杂的问题，可采取简化措施，例如在土石坝施工中，可分为黏土、砂砾料和块石等几个独立部分来考虑。

土石调配可按线性规划进行。设有开挖基坑 m 个，为 R_1，R_2，…，R_m；弃料场 n 个，为 J_1，J_2，…，J_n。令 b_i 表示基坑 $i(i=1,2,\cdots,m)$ 开挖出的土石方量；α_j 表示弃料场 $j(j=1,2,\cdots,n)$ 可堆弃的土石方量，C_{ij} 表示基坑 i 分配给弃料场 j 的土石方的单价，运输单价见表2.2.1。

表2.2.1　运输单价表

项目		弃料场				开挖量
		J_1	J_2	…	J_n	
基坑	R_1	C_{11}	C_{12}	…	C_{1n}	b_1
	R_2	C_{21}	C_{22}	…	C_{2n}	b_2
	…	…	…	…	…	…
	R_m	C_{m1}	C_{m2}	…	C_{mn}	b_m
弃料场容量		α_1	α_2	…	α_n	

基坑 R_i 调配给弃料场 J_i 的土石量 X_{ij}，应使总费用最小，其极小化为

$$Z=C_{11}X_{11}+C_{12}X_{12}+\cdots+C_{1n}X_{1n}+C_{m1}X_{m1}+\cdots+C_{mn}X_{mn} \tag{2.4}$$

解出方程，可得出合理的调配。

其约束条件为

$$\sum_i X_{ij}\leqslant b_i;\sum_j X_{ij}\leqslant \alpha_i;X_{ij}\geqslant 0\quad(i=1,2,\cdots,m;j=1,2,\cdots,n)$$

对于基坑和弃料场不太多时，可用简便的“西北角分配法”求解最优调配数值。

表2.2.2是基坑开挖与弃料场的运距矩阵。3个基坑总开挖量为46万m^3，4个弃料场容量为46万m^3。各基坑至各弃料场的运距见表2.2.2中数值。

表2.2.2 **基坑开挖与弃料场的运距矩阵** 单位：km

基坑		弃料场			
编号	挖方量/万m^3	1	2	3	4
1	13	3	9	8	16
2	16	15	1	7	17
3	17	12	19	4	5
合计	46				

西北角分配法首先从西北角开始做任意的分配（表2.2.3）。表中X_{11}，X_{12}，X_{22}，…有数字的为基本格，选任一非基本格入基本格，如选（1,3），即在（1,3）格加入一个单位量，相应地在（1,2）格减少一个单位量，使1号基坑量保持13万m^3，相应地要2号弃料场保持8万m^3，则需在（2,2）加入一个单位量。同样，2号基坑16万m^3，则（2,3）应减去一个单位量。因之其回路为（1,3）→（1,2）→（2,2）→（2,3）→（1,3），相应地，伴随的单位补偿为8－9＋1－7＝－7，同样各非基本格的回路和单位补偿列于表2.2.4中。

表2.2.3 **从西北角开始做任意的分配**

基坑		弃料场			
编号	挖方量/万m^3	1	2	3	4
1	13	$X_{11}=10$	$X_{12}=3$		
2	16		$X_{22}=5$	$X_{23}=11$	
3	17			$X_{33}=1$	$X_{34}=16$
合计	46	10	8	12	16

表2.2.4 **各非基本格的回路和单位补偿分配表**

非基本格	回路	伴随的单位补偿
(1,3)	(1,3)→(1,2)→(2,2)→(2,3)→(1,3)	8－9＋1－7＝－7
(1,4)	(1,4)→(3,4)→(3,3)→(2,3)→(2,2)→(1,2)→(1,4)	16－5＋4－7＋1－9＝0
(2,1)	(2,1)→(2,2)→(1,2)→(1,1)→(2,1)	15－1＋9－3＝20
(2,4)	(2,4)→(3,4)→(3,3)→(2,3)→(2,4)	17－5＋4－7＝9
(3,1)	(3,1)→(1,1)→(1,2)→(2,2)→(2,3)→(3,3)→(3,1)	12－3＋9－1＋7－4＝20
(3,2)	(3,2)→(3,3)→(2,3)→(2,2)→(3,2)	19－4＋7－1＝21

伴随的单位补偿是增加一个或减少一个单位量时，运距值的变化即是分配变化后运距总值的变化，表2.2.4中非基本格（1,3）增加1个单位量，而总运距将减少7个单位。

表2.2.3中格位运距乘分配数量的总和为$Z=10\times3+3\times9+5\times1+11\times7+1\times4+16\times5=223$。伴随的单位补偿值为0时，$Z$正值不变，为正数时$Z$值增大，为负数时$Z$值减小，非基本格位（1,3）为－7，是有利的，按此首次迭代后的分配见

表 2.2.4。

选表 2.2.5 中的非基本格同前一样使其入基本格，得出表 2.2.6。可以看出其伴随的单位补偿均为正数，Z 值只能增大，故最好的分配方案是表 2.2.5，其 Z 值为 $Z=10\times3+3\times8+8\times1+8\times7+1\times4+16\times5=202$。

表 2.2.5　单位补偿（正数）最佳分配方案表

基坑		弃料场			
编号	挖方/万 m^3	1	2	3	4
1	13	$X_{11}=10$		$X_{13}=3$	
2	16		$X_{22}=8$	$X_{23}=8$	
3	17			$X_{11}=1$	$X_{34}=16$
合计	46	10	8	12	16

以上所述主要是提供了土石方调配的一种方法。实际工程中，为了充分利用开挖料，减少二次转运的工程量，土石方调配，需考虑许多因素，如围堰填筑时间、土石坝填筑时间和高程、厂前区管道施工工序、围堰拆除方法、弃渣场地（上游或下游）、运输条件（是否过河，架桥时间）等，所以是一项细致的工作。合理的土石方调配对工程的造价、施工进度等起着重要作用。

表 2.2.6　单位补偿最佳分配方案表

非基本格	回路	伴随的单位补偿
(1,2)	(1,2)→(1,3)→(2,3)→(2,2)→(2,1)	9−8+7−1=7
(1,4)	(1,4)→(3,4)→(3,3)→(3,1)→(1,4)	16−5+4−8=7
(2,1)	(2,1)→(1,1)→(1,3)→(2,3)→(2,1)	15−3+8−7=13
(2,4)	(2,4)→(2,3)→(3,3)→(3,4)→(2,4)	17−7+4−5=9
(3,1)	(3,1)→(3,3)→(1,3)→(1,1)→(1,3)	12−4+8−3=13
(3,2)	(3,2)→(3,3)→(2,3)→(2,2)→(3,2)	19−4+7−1=21

3. 堆料场和弃渣场

（1）堆料场。堆料场是指堆存备用土石料的场地，基坑和料场开挖出的土石料需做建筑物的填筑用料，而两者在时间上又不能同时进行，就需要堆存，堆存时应注意以下几点：

1）易堆易取，特别是料源较缺乏时，能将堆存的土石料全部取出，尽量减少损失。

2）防止水、污染杂物混入料堆，致使堆存材料质量降低，特别是处理好的土料，必须防止雨水和地表水流渗入土堆内，使土料含水量增大，给以后使用带来麻烦。

3）当有几种材料时应分几个场地堆存。如有二三种料堆在一个堆场，应尽量分隔开，避免混杂。

4）堆存位置最好在用料地点或料场附近，尽量减少回取运距。

5）如堆料场在基坑附近，一般不允许占压开挖部位。

利用基坑开挖料作土石建筑物的填料，或做混凝土的骨料是经常可见的。由于开挖施工工艺问题，常有不合格料混杂，对这些混杂料应禁止送入堆料场。

（2）弃渣场。开挖出不能利用的土石料应作为弃料处理，弃渣场选择与堆弃原则如下：

1）尽可能位于库区内，这样可以不占农田。

2）施工场地范围内的低洼地区可作为弃渣场，平整后可作为或扩大为施工场地。

3）弃渣堆置应不使河床水流产生不良的变化，不妨碍航运，不对永久建筑物与河床过流产生不利影响。

4）在可能的情况下，应利用弃土造田，增加耕地。

5）弃渣场的使用应做好规划，开挖区与弃渣场应合理调配，以使运费最少。

2.2.4　土方明挖质量验收

土方开挖施工单元工程宜分为表土及土质岸坡清理、软基和土质岸坡开挖两个工序，其中软基和土基岸坡开挖为主要工序。土质岸坡开挖施工质量标准见表2.2.7。土质地基施工质量标准见表2.2.8。

表2.2.7　　土质岸坡开挖施工质量标准

项次		检验项目	质量要求	施工单位自检		监理单位检验	
				检验方法	检验数量	检验（工作）方式	检验数量
主控项目	1	地质缺陷处理结果	不良土质，地质勘探坑、孔等的处理符合设计要求，并经验收合格；渗水（含泉眼）妥善引排或封堵	观察，查阅施工及验收记录	全部	平行检验	全部
	2	保护层开挖	保护层开挖方式符合设计要求，在接近建基面时宜使用小型机具或人工挖除，不应扰动建基面以下的原地基	观察，查阅施工及验收记录	全部	平行检验	全部
	3	边坡平均坡度	不陡于设计坡度	量测	按走向每5m布置1条测线，按坡向每条测线不少于3个点	见证检验	施工单位自检数量的20%
一般项目	1	坡面超欠挖	允许偏差为−10～20cm	量测	每5m一个断面，不少于3个断面，断面内测点间距不大于2m	见证检验	施工单位自检数量的20%
	2	马道（台阶）宽度	最大允许偏差为±10cm	量测	每5m一个断面，不少于3个断面	平行检验	施工单位自检数量的10%
	3	坡脚线位置	高程允许偏差为−10～20cm	量测	沿坡脚线长度方向每5m布置1个测点	见证检验	施工单位自检数量的20%
			平面位置允许偏差为0～20cm				

注　数字前面的负号表示欠挖。

表 2.2.8　　土质地基施工质量标准

<table>
<tr><th colspan="2" rowspan="2">项次</th><th colspan="2" rowspan="2">检验项目</th><th rowspan="2">质量要求</th><th colspan="2">施工单位自检</th><th colspan="2">监理单位检验</th></tr>
<tr><th>检验方法</th><th>检验数量</th><th>检验（工作）方式</th><th>检验数量</th></tr>
<tr><td rowspan="3">主控项目</td><td>1</td><td colspan="2">地质缺陷处理结果</td><td>不良土质，地质勘探坑、孔等的处理符合设计要求，并经验收合格；渗水（含泉眼）妥善引排或封堵</td><td>观察，查阅施工及验收记录</td><td>全部</td><td>平行检验</td><td>全部</td></tr>
<tr><td>2</td><td colspan="2">保护层开挖</td><td>保护层开挖方式符合设计要求，在接近建基面时宜使用小型机具或人工挖除，不应扰动建基面以下的原地基</td><td>观察，查阅施工及验收记录</td><td>全部</td><td>平行检验</td><td>全部</td></tr>
<tr><td>3</td><td colspan="2">建基面处理</td><td>开挖面平顺，无台阶、急变坡及反坡；建基面土层的承载力或压实指标等符合设计要求</td><td>观察，查阅施工及验收记录</td><td>全部</td><td>平行检验</td><td>全部</td></tr>
<tr><td rowspan="8">一般项目</td><td>1</td><td colspan="2">边坡平均坡度</td><td>不陡于设计坡度</td><td>量测</td><td>按走向每5m布置1条测线，按坡向每条测线不少于3个点</td><td>见证检验</td><td>施工单位自检数量的20%</td></tr>
<tr><td>2</td><td colspan="2">马道（台阶）宽度</td><td>最大允许偏差为±10cm</td><td>量测</td><td>每5m一个断面，不少于3个断面</td><td>平行检验</td><td>施工单位自检数量的10%</td></tr>
<tr><td rowspan="4">3</td><td rowspan="4">坡脚线位置</td><td rowspan="2">无结构要求</td><td>高程允许偏差为−10～20cm</td><td rowspan="4">量测</td><td rowspan="4">沿坡脚线长度方向每5m布置1个测点</td><td rowspan="4">见证检验</td><td rowspan="4">施工单位自检数量的20%</td></tr>
<tr><td>平面位置允许偏差为−10～20cm</td></tr>
<tr><td rowspan="2">有结构要求</td><td>高程允许偏差为0～20cm</td></tr>
<tr><td>平面位置允许偏差为0～20cm</td></tr>
<tr><td rowspan="2">4</td><td rowspan="2">基坑（坑、槽）底面标高</td><td>有垫层</td><td>允许偏差为−10～20cm</td><td rowspan="2">量测</td><td rowspan="2">每5m一个断面，不少于3个断面，断面内测点间距不大于2m</td><td rowspan="2">见证检验</td><td rowspan="2">施工单位自检数量的20%</td></tr>
<tr><td>无垫层</td><td>允许偏差为0～15cm</td></tr>
</table>

注　数字前面的负号表示欠挖。

任务 2.3　爆破基本知识

学习导向

知识目标：了解爆破基本原理、了解爆破器材和炸药、掌握爆破基本方法

能力目标：能制定基本爆破方法

素质目标：培养钻研精神和认真态度

执行规范：《水工建筑物地下开挖工程施工技术规范》（SL 378—2007）
《水工建筑物岩石基础开挖工程施工技术规范》（SL 47—2020）

参考规范：《水工建筑物地下工程开挖施工技术规范》（DL/T 5099—2011）
《水工建筑物岩石基础开挖工程施工技术规范》（DL/T 5389—2007）

在进行水利工程施工时，通常都要进行大量的土石方开挖，爆破则是最常用的施工方法之一。爆破是利用工业炸药爆炸时释放的能量，使炸药周围一定范围内的土石破碎、抛掷或松动。因此，在施工中常用爆破的方式来开挖基坑和地下建筑物所需要的空间，如山体内设置的水电站厂房、水工隧洞等。也可以运用一些特殊的工程爆破技术来完成某些特定的施工任务，如定向爆破筑坝、水下岩塞爆破和边界控制爆破等。

2.3.1

工程爆破视频集锦

2.3.1 常用的工业炸药

炸药不仅用于军事目的，而且广泛应用在建筑、交通、矿冶等行业。为确保安全生产，要求非军事部门所使用的工业炸药要具有爆炸性能好、使用安全、爆炸后产生的有害气体少、成本价格低等特点。因此，我国生产的工业炸药以硝酸铵为主要原料，其种类有：铵锑炸药、铵油炸药、铵松蜡炸药以及浆状抗水炸药和硝化甘油炸药等。

1. 铵锑炸药

铵锑炸药是硝铵类炸药的一种，主要由硝酸铵和少量的 TNT（三硝基甲苯）及少量的木粉混合而成。其中 TNT 是单质烈性炸药，具有较高的敏感度。铵锑炸药中加入少量的 TNT 成分，能使铵锑炸药具有一定程度的威力和敏感度。由于 TNT 的制造工艺复杂，价格较高，因此在工业炸药中的使用受到限制。在工程爆破中常使用无锑或少锑的其他种类炸药。

在工程爆破中，以 2 号岩石铵锑炸药为标准炸药，由硝酸铵 85%、TNT 11%、木粉 4%并加少量植物油混合而成，其爆力为 320mL、猛度为 12mm，用工业雷管可以顺利起爆。在使用其他种类的炸药时，其爆破装药用量可用 2 号岩石铵锑炸药的爆力和猛度进行换算。

2. 铵油炸药

铵油炸药主要由硝酸铵、柴油和木粉经混合配制而成，由于不含 TNT 而敏感度稍差，但材料来源广、价格低、使用安全、易加工配制。铵油炸药的爆破效果较好，在中硬岩石的开挖爆破和大爆破中常被采用。

铵油炸药的配制方法根据原料的性质、加工制作条件和使用目的不同而略有差异。一般是按原料成分中所含元素在爆炸反应后能否达到氧平衡，并结合炸药的敏感度和爆力等主要性能，经试验后确定配制方法。例如：细粉状铵油炸药的配比为 92∶4∶4（硝酸铵∶柴油∶木粉），药卷密度为 0.85～1.0g/cm^3，爆力为 280～320mL，猛度为 9～13mm。

3. 铵松蜡炸药

此种炸药是用松香、石蜡这类憎水性材料取代柴油，克服铵油炸药吸湿性强、保存期短的缺点，同时还保持了铵油炸药的材料来源广、价格低、使用安全、易加工配制等优点，爆力和猛度等性能指标可以达到 2 号岩石铵锑炸药的标准。

4. 浆状抗水炸药

此种炸药是由硝酸铵、梯恩梯、水、胶凝剂、助胶剂等基本成分组合而成的混合体，其外观类似浆糊、呈半流态、有良好的可塑性和抗水性，故称之为浆状抗水炸药。该炸药具有材料来源广、价格低、密度高、爆破威力大且使用安全等特点，不足的是其敏感度低于一般的硝铵类炸药，不能用常用的工业雷管起爆，要用专门制作的强力起爆药包才能起爆，一般用于露天深孔爆破。

5. 硝化甘油炸药

这种炸药的主要成分有敏化剂（硝化甘油）、氧化剂（硝酸铵或硝酸钾）、吸收剂（胺质棉）、硫松、可燃剂（木粉）等，使其呈黄色可塑性胶体，又叫胶质炸药。硝化甘油炸药具有爆力大、敏感性强、装药密度大、抗水性能好等特点，适用于浅孔爆破和水下爆破。

2.3.2 炸药的基本性能

1. 爆力和猛度

炸药的爆力是指炸药在介质内爆炸做功的总能力。爆力的大小取决于炸药爆炸后产生的爆热、爆温及爆炸生成气体量的多少。爆热越大，爆温则越高，爆炸生成的气体量也就越多，形成的爆力也就越大。

猛度是指炸药爆炸时对介质破坏的猛烈程度，是衡量炸药对介质局部破坏的能力指标。

爆力和猛度都是炸药爆炸后做功的表现形式，所不同的是爆力是反映炸药在爆炸后做功的总量对药包周围介质破坏的范围。而猛度则是反映炸药在爆炸时生成的高压气体对药包周围介质粉碎破坏的程度以及局部破坏的能力。一般爆力大的炸药其猛度也大，但两者并不成线性比例关系。

2. 氧平衡

工业炸药的主要成分是碳、氢、氧、氮等化学元素。氧平衡是指炸药在爆炸分解时的氧化情况。在炸药的爆炸过程中，氧元素分别与碳、氢元素发生剧烈的氧化反应，生成以气体为主的爆炸产物，其中以炸药中所含的氧元素能否满足碳、氢元素充分氧化，这就是关于炸药的氧平衡问题。根据炸药成分的配比不同，氧平衡具有以下三种情况。

（1）零氧平衡。炸药中的氧元素含量与可燃物完全氧化的需氧量相等，此时可燃物完全氧化，生成的热量大则爆能也大。零氧平衡是较为理想的氧平衡，炸药在爆炸反应后仅生成 CO_2、H_2O 和 N，并产生大量的热能。如单体炸药二硝化乙二醇的爆炸反应就是零氧平衡反应。

（2）正氧平衡。炸药中的氧元素含量过多，在完全氧化可燃物后还有剩余的氧元素，这些剩余的氧元素与氮元素进行二次氧化，生成 NO_2 等有毒气体。这种二次氧化是一种吸收爆热的过程，它将降低炸药的爆力。如纯硝酸铵炸药的爆炸反应属正氧平衡反应。

（3）负氧平衡。炸药中氧元素含量不足，可燃物因缺氧而不能完全氧化而产生有毒气体 CO，也正是由于氧元素含量不足而出现多余的碳元素，爆炸生成物中的 CO 因缺少氧元素而不能充分氧化成 CO_2。如三硝基甲苯（TNT）的爆炸反应属负氧平衡反应。

由以上三种情况可知，零氧平衡的炸药其爆炸效果最好，所以一般要求厂家生产的工业炸药至少要接近于零氧平衡。

3. 殉爆

炸药爆炸时引起与它不相接触的邻近炸药爆炸的现象叫殉爆。殉爆反映了炸药对冲击波感度。主发药包的爆炸引爆被发药包爆炸的最大距离称为殉爆距离。影响殉爆的因素有：装药密度、药量和直径、药卷约束条件和药卷放置方向等。

4. 敏感度

敏感度是指炸药在外界能量的作用下引起爆炸反应的难易程度，它不仅是衡量炸药稳定性的重要标志，而且还是确定炸药的生产工艺条件、炸药的使用方法和选择起爆器材的重要依据。按外界的能量不同，又可分为机械敏感度、热敏感度和爆轰敏感度，其中爆轰敏感度是以殉爆距离予以表示。

5. 安定性

安定性是指炸药在贮存期间保持其化学物理性能不变的能力，其包括物理安定性和化学安定性两个方面。物理性质包括吸湿、结块、挥发、渗油、老化、冻结和耐久性等；化学性质是指炸药的原有化学成分及炸药的爆炸能力。此外，炸药的性能还有爆热、爆温、爆速等。如在保管使用硝化甘油类炸药时，由于炸药易挥发收缩、渗油、老化和冻结等导致炸药变质，严重影响保管和使用的安全性及爆炸性能。铵油炸药和矿岩石硝铵炸药易吸湿、结块，导致炸药变质严重，影响使用效果。炸药化学安定性的大小，取决于炸药的化学性质及常温下化学分解速度的大小，特别是取决于贮存温度的高低。有的炸药要求储存条件较高，如5号浆状炸药要求不会导致硝酸铵重结晶的库房温度是20～30℃，而且要求通风良好。

6. 爆速

爆速是指爆炸时爆炸波沿炸药内部传播的速度。爆速测定方法有导爆索法、电测法和高速摄影法。

2.3.3　爆破的常用术语

1. 爆破作用圈

当具有一定质量的球形药包在无限均质介质内部爆炸时，在爆炸作用下，距离药包中心不同区域的介质，由于受到的作用力有所不同而产生不同程度的破坏或振动现象。整个被影响的范围就叫作爆破作用圈。这种现象随着与药包中心间的距离增大而逐渐消失。按对介质作用不同可分为以下四个作用圈。

（1）压缩圈。

图2.3.1中R_1表示压缩圈半径，在这个作用圈范围内，介质直接承受了药包爆炸而产生的极其巨大的作用力，因而如果介质是可塑性的土壤，便会遭到压缩形成孔腔；如果是坚硬的脆性岩石便会被粉碎。所以把R_1这个球形地带叫作压缩圈或破碎圈。

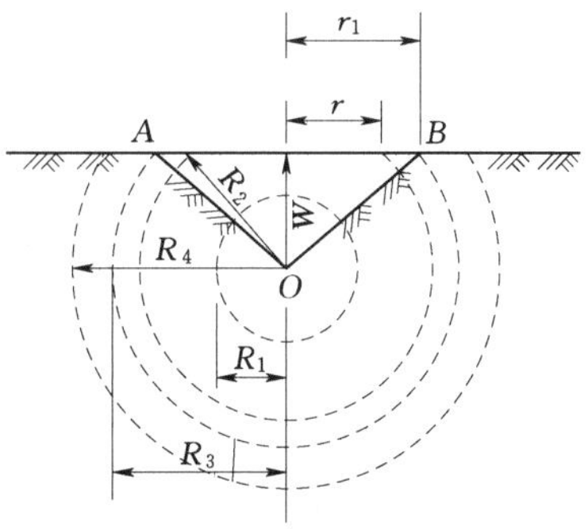

图2.3.1　爆破影响范围示意图

（2）抛掷圈。

围绕在压缩圈范围以外至R_2的地带，其受到的爆破作用力虽较压缩圈范围内小，但介质原有的结构受到破坏，分裂成为各种尺寸和形状的碎块，而且爆破作用力尚有余力足以使这些碎块获得能量。如果这个地带的某一部分处在临空的自由面条件下，破坏了的介质碎块便会产生抛掷现象，因而叫作抛掷圈。

(3) 松动圈。

松动圈又称破坏圈。在抛掷圈以外至 R_3 的地带，爆破的作用力更弱，除了能使介质结构受到不同程度的破坏外，没有余力可以使破坏了的碎块产生抛掷运动，因而叫作破坏圈。工程上为了实用起见，一般还把这个地带被破碎成为独立碎块的一部分叫作松动圈，而把只是形成裂缝、互相间仍然连成整块的一部分叫作裂缝圈或破裂圈。

(4) 震动圈。

在破坏圈范围外，微弱的爆破作用力甚至不能使介质产生破坏。这时介质只能在应力波的作用下，产生震动现象，这就是图 2.3.1 中 R_4 所包括的地带，通常叫作震动圈。震动圈以外爆破作用的能量就完全消失了。

2. 爆破漏斗

在有限介质中爆破，当药包埋设较浅，爆破后将形成以药包中心为顶点的倒圆锥形爆破坑，称之为爆破漏斗。爆破漏斗的形状多种多样，随着岩土性质、炸药的品种性能和药包大小及药包埋置深度等不同而变化。

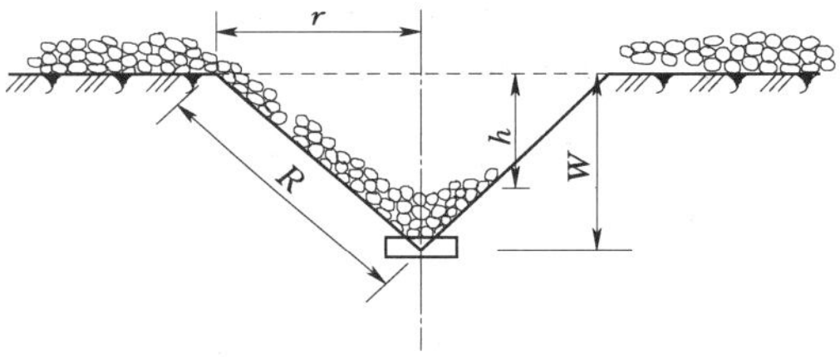

图 2.3.2　爆破漏斗

r—爆破漏斗半径；R—爆破作用半径；W—最小抵抗线；h—可见漏斗深度

3. 最小抵抗线

由药包中心至自由面的最短距离。如图 2.3.2 中的 W。

4. 爆破漏斗半径

即在介质自由面上的爆破漏斗半径。如图 2.3.2 中的 r。若 $r=W$，则 r 为标准抛掷漏斗半径。

5. 爆破作用指数

爆破作用指数指爆破漏斗半径 r 与最小抵抗线 W 的比值，即

$$n=\frac{r}{W} \tag{2.5}$$

爆破作用指数的大小可判断爆破作用性质及岩石抛掷的远近程度，也是计算药包量、决定漏斗大小和药包距离的重要参数。一般用 n 来区分不同爆破漏斗，划分不同爆破类型：当 $n=1$ 时，称为标准抛掷爆破漏斗；当 $n>1$ 时，称为加强抛掷爆破漏斗；当 $0.75<n<1$ 时，称为减弱抛掷爆破漏斗；当 $0.33<n\leqslant 0.75$ 时，称为松动爆破漏斗；当 $n\leqslant 0.33$ 时，称为隐藏爆破漏斗。

6. 可见漏斗深度 h

经过爆破后所形成的沟槽深度叫作可见漏斗深度（如图 2.3.2 中的 h），它与爆破作用指数大小、炸药的性质、药包的排数、爆破介质的物理性质和地面坡度有关。

7. 自由面

自由面又称临空面，指被爆破介质与空气或水的接触面。同等条件下，临空面越多炸药用量越小，爆破效果越好。自由面与爆破作用分类如图 2.3.3 所示。

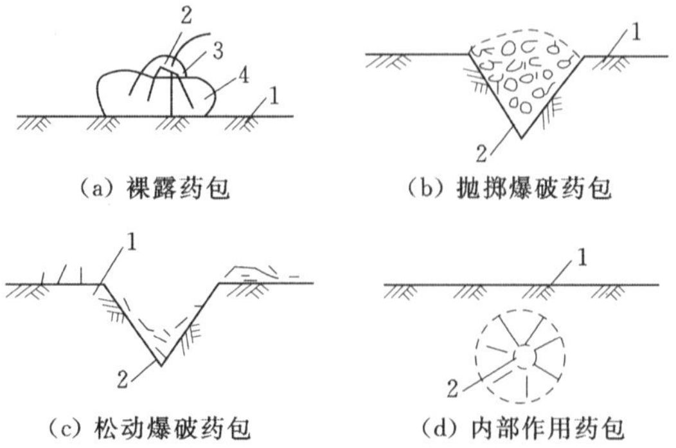

图 2.3.3 自由面与爆破作用分类
1—临空面；2—药包；3—覆盖物（砂或黏土）；4—被爆破的物体

8. 二次爆破

二次爆破指大块岩石的二次破碎爆破。

9. 破碎度

破碎度指爆破岩石的块度或块度分布。

10. 单位耗药量

单位耗药量指爆破单位体积岩石的炸药消耗量。

11. 炸药换算系数

炸药换算系数 e 指某炸药的爆炸力 F 与标准炸药爆炸力之比（目前以 2 号岩石铵梯炸药为标准炸药）。

2.3.4 药包分类

为了爆破某一物体而在其中放置一定数量的炸药，称为药包。药包的分类及作用效果见表 2.3.1。

表 2.3.1 药包的分类及作用效果

分类名称	药包形状	作用效果
集中药包	长边小于短边的 4 倍	爆破效率高，省炸药和减少钻孔工作量，但破碎岩石块度不够均匀。多用于抛掷爆破
延长药包	长边超过短边 4 倍。延长药包又有连续药包和间隔药包两种形式	可均匀分布炸药，破碎岩石块度较均匀。一般用于松动爆破

2.3.5 爆破的分类

爆破可按爆破规模、凿岩情况、要求等不同进行分类。

（1）按爆破规模分，爆破可分为小爆破、中爆破、大爆破。

（2）按凿岩情况分，爆破可分为浅孔爆破、深孔爆破、药壶爆破、洞室爆破、二次爆破。

（3）不同岩土性质对炸药消耗程度不同，耗药程度直接影响爆破作用效果，进而影响爆破设计。单位耗药量见表 2.3.2。

表 2.3.2 单位耗药量 K 值

岩石种类	$K/(kg/m^3)$	岩石种类	$K/(kg/m^3)$
黏土	1.0～1.1	砾岩	1.4～1.8
坚实黏土、黄土	1.1～1.25	片麻岩	1.4～1.8

续表

岩石种类	$K/(kg/m^3)$	岩石种类	$K/(kg/m^3)$
泥灰岩	1.2～1.4	花岗岩	1.4～2.0
页岩、板岩、凝灰岩	1.2～1.5	石英砂岩	1.5～1.8
石灰岩	1.2～1.7	闪长岩	1.5～2.1
石英斑岩	1.3～1.4	辉长岩	1.6～1.9
砂岩	1.3～1.6	安山岩、玄武岩	1.6～2.1
流纹岩	1.4～1.6	辉绿岩	1.7～1.9
白云岩	1.4～1.7	石英岩	1.7～2.0

注　1. 表中数据是以2号岩石铵梯炸药作为标准计算。
2. 表中数据，是在炮眼堵塞良好的情况下确定出来的，如果堵塞不良，则应乘以堵塞系数（一般取1～2）。对于黄色炸药等烈性炸药，其堵塞系数不宜大于1.7。
3. 表中K值是指一个自由面的情况。如果自由面超过1个，应按表2.3.3适当减少用药量。

表2.3.3　　自由面与用药量的关系

自由面数	减少药量百分数/%	自由面数	减少药量百分数/%
2	20	4	40
3	30	5	50

注　表中自由面的数目是按方向（上、下、东、南、西、北）确定的，不是按被爆破体的几何形体确定的。

（4）按爆破要求分，爆破可分为松动爆破、减弱抛掷爆破、标准抛掷爆破、加强抛掷爆破及定向爆破、光面爆破、预裂爆破、特殊物爆破（冻土、冰块等）。

2.3.6　起爆器材及其使用

炸药是利用起爆器材提供的爆轰能并辅以一定的工艺方法来起爆的，这种起爆能量的大小将直接影响到炸药爆轰的传递效果。当起爆能量不足时，炸药的爆轰过程属不稳定的传爆，且传爆速度低，在传爆过程中因得不到足够的爆轰能的补充，爆轰波将迅速衰减到爆轰终止，部分炸药拒爆。因此，用于雷管和传爆线中的起爆炸药敏感度高，极易被较小的外能引爆；引爆炸药的爆炸反应快，可在被引爆后的瞬间达到稳定的爆速，为炸药爆炸提供理想爆轰的外能。

2.3.6.1　常用的起爆炸药

起爆炸药多具有敏感度高和爆炸猛烈的性能，主要用作装填雷管或起爆其他炸药。装填在雷管中的起爆炸药根据其性能不同又分为正起爆药和副起爆药，正起爆药的敏感度极高，副起爆药则爆力和猛度大。在雷管的爆炸过程中，常将这两种起爆炸药结合使用，即先利用正起爆药的高敏感度接受外能起爆而引爆副起爆药，再利用副起爆药产生的爆能去引爆工业炸药，这也是工业炸药引爆的传统方法。常用的起爆炸药名称和性能见表2.3.4。

2.3.6.2　雷管

雷管是用来起爆炸药或传爆线（导爆索）的。雷管按接受外能起爆的方式不同，分为火雷管和电雷管两种。

表 2.3.4 常用的起爆炸药名称和性能

起爆炸药名称		比重	密度 /(g/cm³)	爆温 /℃	爆发点 /℃	每千克炸药爆炸效果		爆速 /(m/s)	猛度 /mm	爆力 /mL
						产生气体 /L	产生热量 /J			
正起爆药	雷汞	4.42	1.25～1.35	3500～4810	210	304	15.4×10^8	6500	5.3～5.6	110
	迭氮铅	4.8	1.25～1.35	4030～4333	325～340	308	15.9×10^8	5300	—	115
	三硝基间苯二酚铅	3.02	1.0～1.6	2800	315	445	17.4×10^8	4800	—	—
	二硝基重氮酚	1.71	1.3～1.4	4950	170～180	535	58.6×10^8	5400	—	230
副起爆药	特屈儿	1.73	1.0	3900	253	742	45.1×10^8	7200	21～22	340
	黑索金	1.82	0.9～1.0	3850	260	908	60.7×10^8	8300～8460	25	600
	泰安	1.75	1.54	4010	225	780	58.6×10^8	7474	23～25	580

1. 火雷管

火雷管是由点燃后的导火线在将要燃完时的尾焰火花引爆的，其构造如图 2.3.4 所示。雷管的管壳多用铜、纸、塑料、铝等材料做成，直径 6～7mm，长度为 35～51mm，开口端长度不短于 15mm，以便插入导火线，另一端做成聚能穴，管内装有正副起爆药和加强帽。加强帽由金属片冲压制作而成，其作用可减少正起爆药的外露面积，防潮并形成密闭小室，促进爆压增大，保证雷管的起爆药反应完全。加强帽的中心有一小孔，孔径为 2～2.5mm，导火线的尾焰经小孔引爆雷管，小孔垫有一层薄绸，以防起爆药散失。

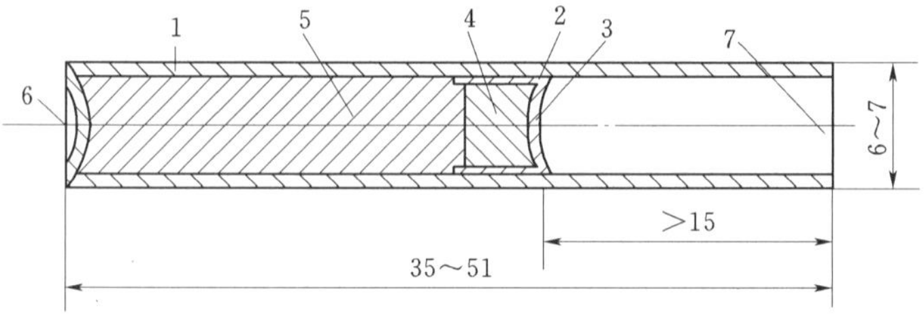

图 2.3.4 火雷管构造

1—管壳；2—加强帽；3—中心孔；4—正起爆药；5—副起爆药；6—聚能穴；7—开口端

2. 电雷管

按起爆时间不同可分为以下几种：

(1) 即发电雷管：通电后瞬即爆炸的电雷管（图 2.3.5）。电雷管结构和火雷管相似，不同之处，在于管内前段装有电点火装置。该装置由脚线、电桥丝及引火剂组成。为了固定脚线和封住管口，在管口段灌以硫磺或装置塑料塞，外面再涂以防水密封胶。即发电雷管分为10个序号。

(2) 秒延发电雷管：通电后能延迟一秒的时间才起爆的电雷管（图2.3.6）。秒延发电雷管和即发电雷管的区别，仅在于引火头与正起爆炸药之间安置了缓燃物质。通常是用一小段精制的导火索作为延发物。秒延发电雷管系列分为7段，可根据需要选用。

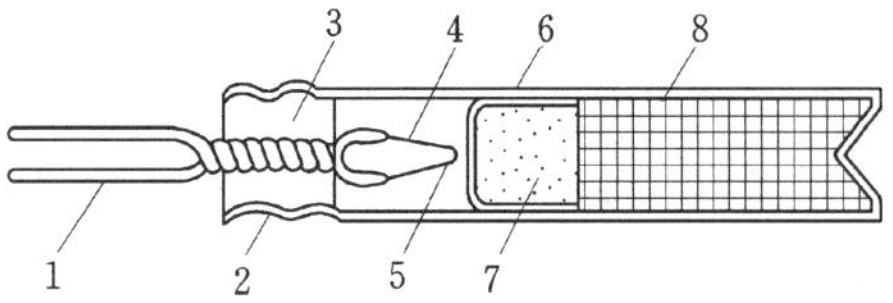

图2.3.5 即发电雷管示意图

1—脚线；2—管壳；3—密封塞；4—桥丝；5—引火头；6—加强帽；7—正起爆炸药；8—副起爆炸药

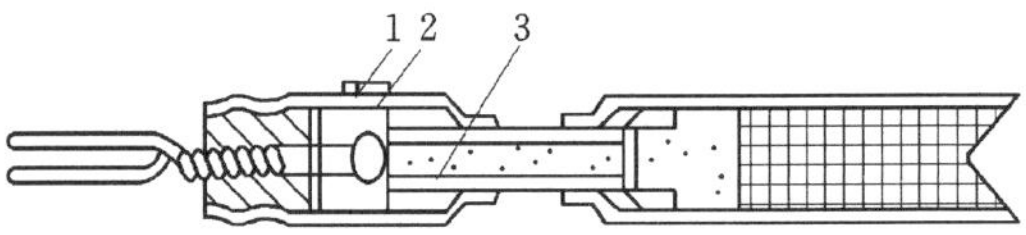

图2.3.6 秒延发电雷管示意图

1—蜡纸；2—排气孔；3—精致导火索

(3) 毫秒电雷管：它的构造与秒延期电雷管的差异仅在于延期药不同（图2.3.7）。毫秒电雷管的延期药是用极易燃的硅铁和铅丹混合而成，再加入适量的硫化锑以调整药剂的燃烧程度，使延发时间准确。它的段数很多，工程常用的多为20段系列的毫秒电雷管。

2.3.6.3 导火线

1. 导火索

导火索是点燃火雷管的配套材料。它是以具有一定密度的粒状或粒状黑火药为索心，以棉线、塑料、纸条、沥青等材料卷成的圆形索。导火索借助药芯的燃烧传递火焰来起爆火雷管或黑火药。

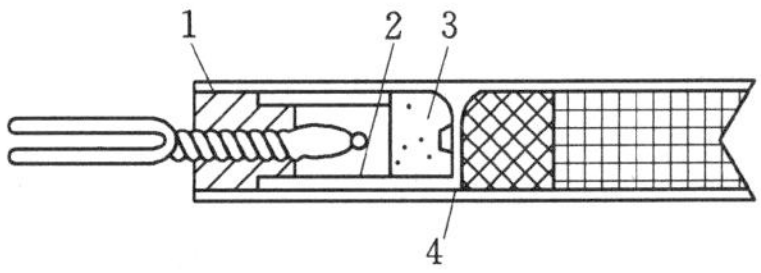

图2.3.7 毫秒电雷管示意图

1—塑料塞；2—延期内管；3—延期药；4—加强帽

为配合火雷管的使用，导火索外径为5.2～5.8mm。燃速为100～125m/s，燃烧中不应有断火、透火、外壳燃烧、速燃和爆燃等现象发生。点燃导火索药芯的材料应是点火线、点火棒或点火筒。只有单独药包爆破时，才允许用火柴或明火点燃。

2. 导电线

导电线是起爆电雷管的配套材料。大量爆破中，通常将爆破网路中的电线按其位置分为以下几种。

(1) 端线：在深孔或露天药室爆破中，由于雷管脚线不长，引不出孔口或药室，需加一段电线，称之为端线。

(2) 联接线：联接各孔口或药室之间的电线称为联接线。

(3) 区域线：是联接联接线和主线的电线。

(4) 主线：联接区域线和爆破电源的电线。

3. 导爆索

又称传爆线，必须用雷管起爆。其品种有普通、抗水、高能和低能四种。普通导爆索有一定的抗水性能，可直接起爆常用的工业炸药。水利工程中多用此类导爆索。

4. 导爆管

它是由透明塑料制成的一种非电起爆系统，并可用雷管、击发枪或导爆索起爆。管的外径为3mm，内径为1.5mm，管的内壁涂有一层薄薄的炸药，装药量为（20±2)mg/m，引爆后能以（1950±50)m/s的稳定爆速传爆。传爆能力很强，即使将管打许多结并用力拉紧，爆轰波仍能正常传播；管内壁断药长度达25cm时，也能将爆轰波稳定地传下去。

2.3.7 起爆方法

对于各种爆破方法，施工作业的工序一般包括：钻孔、装药与炮孔堵塞、起爆等。在施工作业中，要结合工程的特点，因地制宜地选择钻孔设备和钻孔方法，按技术要求对各种爆破材料进行加工制作，装填炸药，正确引爆，安全处理瞎炮等。

1. 电雷管起爆

电雷管起爆是大中型水利工程爆破中最广泛采用的方法。它能远距离操作，且可用仪表检测电雷管和起爆网路的质量，操作安全可靠，而且能分段或同时起爆大规模的药包群。

（1）引爆电源。

引爆电雷管的电源可以是直流电，也可以是交流电；可以是干电池、蓄电池，也可以是发电机或电力网的动力电源。无论何种电源，每个电雷管所获得的电流都必须大于其额定准爆电流，才能保证每个药包准确起爆。

（2）电爆网路的联接方式及计算。

电雷管起爆的首要条件，必须用导线把装入炮孔或药室的雷管脚线按一定顺序联接在一个统一电源的网路上（图2.3.8），使之成为一个整体，即为电爆网路。它能将电源供给的电流分配到每一个电雷管，使之具有足够的准爆电流，通电后，能使雷管全部起爆。因此，在设计电爆网路时，要求按照每个具体工程的药包位置和数量，准确地进行计算。根据药包数量、导线种类和电源能量选择电爆网路的联接形式。

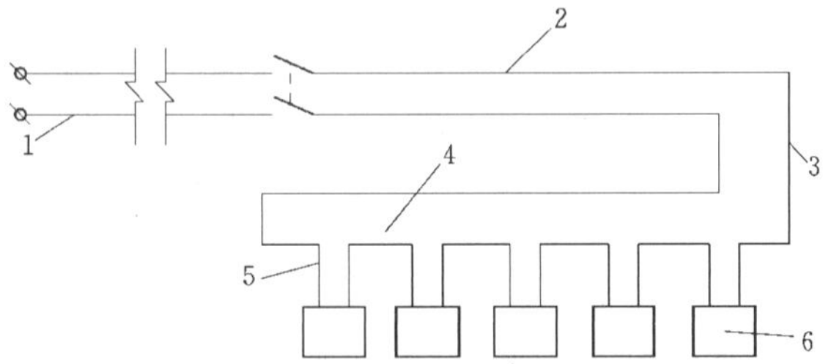

图2.3.8 电爆网路的组成

1—电源线；2—主线；3—区域线；4—联接线；5—端线；6—脚线（药包）

电爆网路的联接方式一般有串联法、并联法、串并联法、并串联法和并串并联法五种，如图2.3.9所示。在电源电压相同的情况下，由于联接方式不同，流经电雷管的电流强度是不同的。但电雷管的电阻是固定的，且每个雷管要求的准爆电流是一定的，需要按照欧姆定律进行计算。

2. 导爆索起爆法

导爆索起爆法实际上是一种少雷管起爆法。在爆破作业中，从装药、堵塞、联线等施工程序上，都没有雷管，当一切准备就绪，实施爆破之前才接上起爆雷管，利用

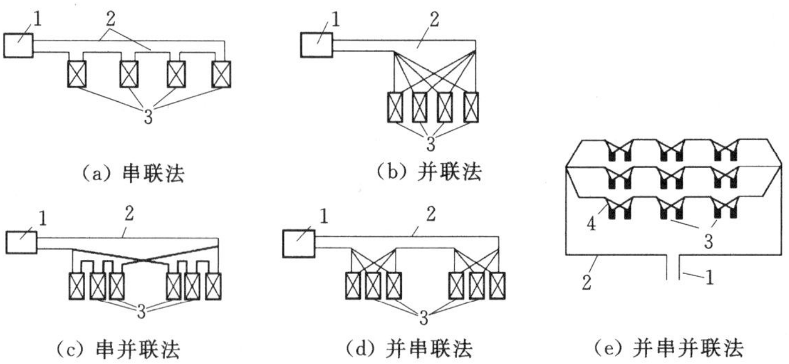

图 2.3.9　电力起爆网路

1—电源；2—网路干线；3—药包；4—网路支线

雷管引爆导爆索，然后由导爆索网路引起炸药爆炸。导爆索网路的联接有串联、分段并联和并簇联接等形式。

(1) 串联。

将导爆索依次从各炮孔引出串联在一个网路上，如图 2.3.10 所示。起爆时，通过导爆索引爆各炮孔。它虽然施工简单，但导爆索用量太大且易因一个药包的导爆索有故障而产生大量瞎炮，实际中很少采用。

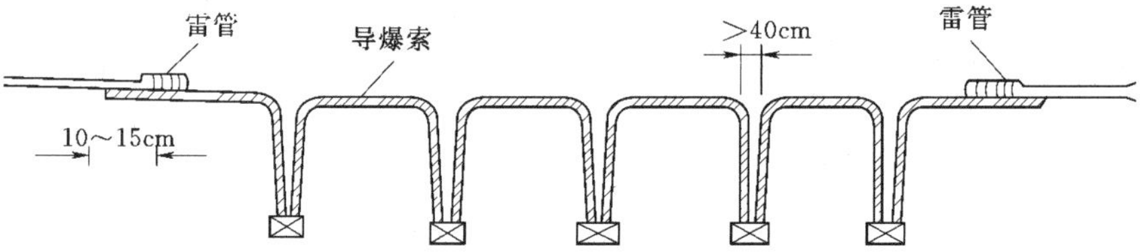

图 2.3.10　导爆索的串联起爆网路

(2) 分段并联。

将各药包的导爆索从炮孔或药室中引出，分别联接在地面上事先铺好的导爆索主线上，主导爆索起爆后，就能分别传递爆炸作用到各药包中去，而且时间几乎是相同的。这种联接方法起爆可靠性高，导爆索消耗少，是常用的一种方式。分段并联导爆索起爆网路如图 2.3.11 所示。

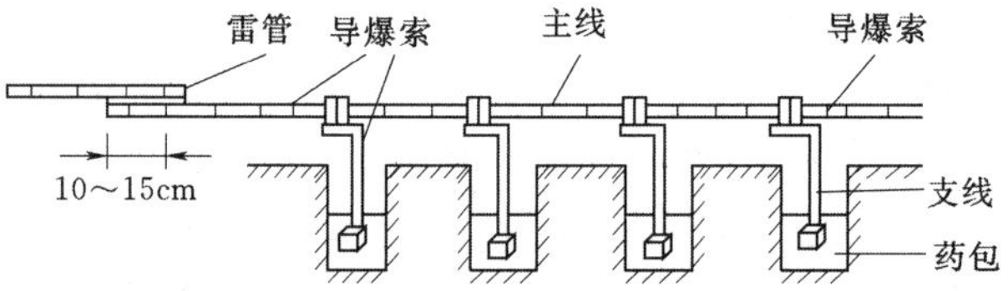

图 2.3.11　分段并联导爆索起爆网路

3. 并簇联接

将各药包引出的导爆索集中在一起，捆扎成簇，再和主导爆索相联接（图 2.3.12）。这种方法消耗导爆索较多，仅适用于炮孔较集中的地方。

4. 导爆索使用时应注意的几个主要问题

（1）网路敷设时不要把导爆索折角、挽圈，并且不能有两根或两根以上互相交叉重叠。

（2）搭接导爆索联接时，搭接长度不得少于150mm，并要捆扎牢固。支索搭接方向应和干索中爆轰波传播方向一致，其间的夹角不得小于90°。

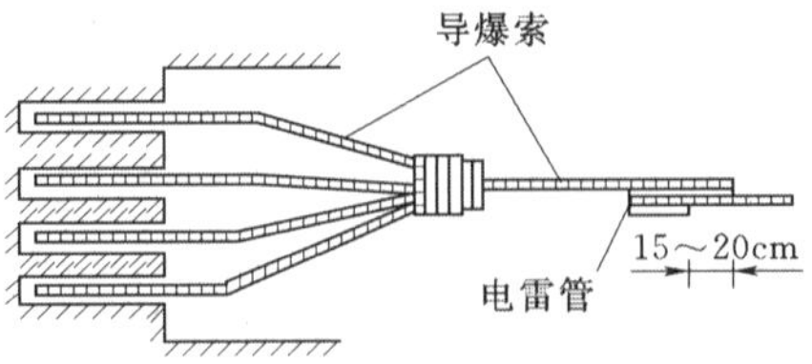

图2.3.12 并簇联接导爆索起爆网路

2.3.8 爆破试验

水工建筑物岩石地基开挖施工组织设计，必须遵循各个时期的《水工建筑物岩石地基开挖施工技术规范》(SL 47—2020)(以下简称《规范》)，《规范》是根据国内水电工程一系列爆破试验研究成果和工程施工经验制定的，对促进开挖施工科技进步，保证岩石基础开挖工程的优质、高效和安全起了积极作用。但是各工程均有自身的特点，如地质、地形条件、岩石特性、建筑物基础轮廓形状及设计对某些部位的特殊要求等，都必须通过本工程的爆破试验确定开挖程序、爆破方式、爆破参数及相应的安全防护标准，才能在确保基础质量和周围重要设施安全的前提下，满足工程施工进度和施工强度的要求，降低施工成本。水电工程爆破试验的内容，爆破破坏范围试验的观测方法，爆破地震效应的观测方法等内容在有关《规范》中已做了规定，本文不再叙述。根据多个工程的经验，要在最短的时间和最小的空间取得有效的试验成果，必须注意下列事项：

（1）制定切实可行的试验计划。

现场试验爆破前需要清理场地，爆后需要及时将爆渣清出场外，这涉及挖掘、运输设备的供应，进行爆破需要钻机钻孔和所需的爆破器材，进行观测需要钻孔和水、电等。所以进行一次有成效的爆破试验，辅助工作量是很大的，费用也是很可观的，试验计划必须切实可行，尽可能做到一次试验完成多项内容，以最少的次数取得有用的数据，以节约试验费用。

大中型水利工程爆破试验内容总体上是相同的，但重点有差异，如有的工程是高边坡的稳定，有的斜坡轮廓面的平整，有的是寻求在底部有夹层情况下爆破对基础质量的影响，有的是为了制定重要设施的安全控制标准。所以制定试验计划时，必须围绕重点目标展开其他内容，切忌面面俱到。首先确定重点项目为达到试验目的需要进行的试验组数和场地面积，再考虑其他项目需要进行的试验组数，有哪些项目可以和重点项目结合或同时进行，不占或少占位置的，有哪些项目必须另占试验场地的。在试验场地面积大致确定后，再到现场勘察，尽可能选择有代表性的岩石露头和位置较集中（指一个或若干个位置不太分散的场地）的地点作试验场地。场地清理后（包括清除覆盖物、放小炮平整地面或创造梯段临空面），根据地形规划试验区位置，并将试区范围及地形测绘到图纸上，再在图纸上详细布置每一项试验的位置，力求在确保重点项目的同时进行包含多个项目的综合性试验。考虑到地质变化和爆破中出现的意外因素，试区应留一个小区作补充试验。在试验计划落实后，再开始根据场地面积、形状、梯段高度等条件进行各项试验的施工详图设计。

（2）增加必要的小型辅助试验，提高试验成果的合格率。

为了保证试验计划的顺利进行，必须提高试验成果的合格率。为此，在正式试验开始前，可进行一系列小型辅助性试验。如结合试验场地清理或开辟通往试验区的道路上进行爆破参数，单位耗药量探索试验；在试区外较窄的场地上进行预裂爆破试验。这些试验的目的是从宏观上初步求得较合理的参数，以保证正式试验爆破成功。又如在预裂爆破试验前可进行一组单孔试验，主要探求既能使地面形成裂缝，又不致造成漏斗的孔口药卷埋置深度，观测裂缝的长宽与方向的关系，合理的线装药密度。

实例：官厅水库进行了 14 次单孔试验。结论是：进行孔径 100mm、孔距 80cm 的预裂爆破时，应控制堵塞长度为 1.2m 左右。预裂孔轴线顺岩层走向时，中段线装药密度可取 380g/m。垂直岩层走向时，线装药密度应适当加大。依据此数据进行的多孔预裂爆破一次成功。湖南东江电站进行了 35 次单孔试验，加深了对花岗岩地区预裂爆破规律的认识，为多孔预裂爆破参数选择提供了依据。单孔试验最大优点是避开了孔距的影响，突出了地质条件如岩层走向，地区主应力场方向的影响，对调整施工中不同方向的预裂爆破参数有指导作用。一次多孔预裂爆破试验比数次单孔试验要求的时间长，占地面积大，而且得到的结论是综合因素影响的结果，增加了资料分析的难度。所以正式试验前进行小型辅助试验，分析单个因素的影响，加深对单个影响因素规律的认识，对保证正式试验的成功是必要的。

2.3.9 爆破的基本方法

工程爆破中常用的爆破方法有裸露爆破、浅孔爆破、深孔爆破和洞室爆破等。在爆破作业中采用哪种爆破方法，应根据工程规模、施工条件和工程的具体要求进行选择。

1. 裸露爆破法

裸露爆破法也称表面爆破法，是将药包直接放在被炸物的表面，依靠爆炸最初产生的气体压力进行爆破的一种方法。常用于炸除地面孤石、巨石，使其破碎或抛移。裸露爆破法不需打炮眼，但耗药量较大，比一般打眼爆破多 2～3 倍。表面爆破应在药包上覆盖湿土、黄泥等，覆盖厚度需大于药包高度。覆压物内不能夹有石块，以防石块飞抛造成危险。为了提高爆破效果，在破石时通常将药包置于大块石的凹槽或裂缝处；也可将药包底部做成集能穴；还可将硝铵炸药（厚 3～5cm）敷于岩石上，这样可节省炸药 15%～20%。需抛移石块时，则将药包放于孤石飞向的后面（图 2.3.13）。

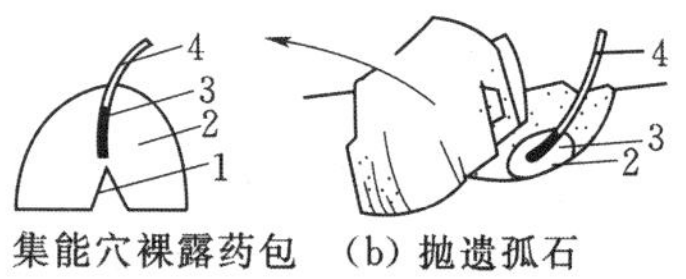

（a）集能穴裸露药包 （b）抛遗孤石

图 2.3.13 裸露爆破法

1—集能穴；2—药包；3—雷管；4—导火索

2. 浅孔爆破法

浅孔爆破是指孔深小于 5m、孔径小于 75mm 的钻眼装药爆破，广泛用于基坑、隧洞、渠道及地下厂房开挖以及巨石的二次爆破和碎石的开采，但不适用于大规模的爆破工程。浅孔爆破的药包多为延长药包，成孔方法采用风钻机械或人工用锤、钢钎打孔。浅孔爆破法操作简便，易于掌握。但单位岩石的钻孔工作量大，劳动生产率偏低。

2.3.2 浅孔爆破

浅孔爆破法用于建筑物的基础开挖、溢洪道开挖及采石场石料采集，多采用阶梯开挖布置方式增加临空面，其炮孔布置参数如图2.3.14所示。

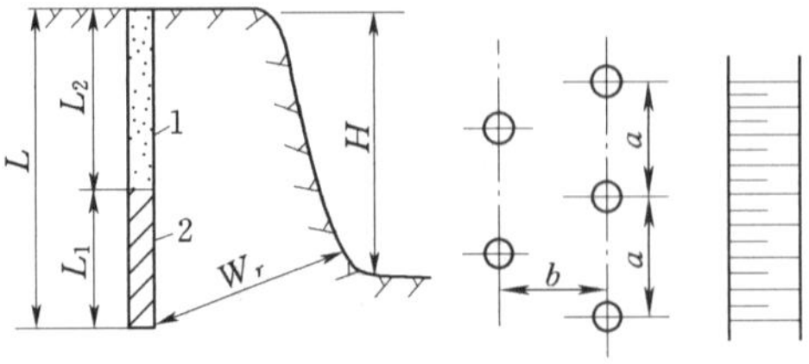

图2.3.14 浅孔法梯段开挖布置

1—堵塞物；2—药包

L_1—装药深度；L_2—堵塞深度；L—炮孔深度

(1) 炮孔布置时须注意下列原则：

1) 炮孔方向不要与最小抵抗线方向重合，以免产生冲天炮，降低爆破效果。

2) 充分利用地形，尽量利用和创造临空面以减小爆破阻力。

3) 炮孔应尽量垂直于岩石的层面、节理和裂缝，且不要穿过较宽的裂缝以免漏气。

(2) 炮孔布置的主要技术参数如下。

1) 炮孔深度L：

在坚硬岩石中 $$L=(1.1\sim1.15)H \tag{2.6}$$

在中等坚硬岩石中 $$L=H \tag{2.7}$$

在松软岩石中 $$L=(0.85\sim0.95)H \tag{2.8}$$

式中 H——阶梯的高度。

2) 计算抵抗线长度W_p：

抵抗线指药包底部至地面的最小距离，也可称为底盘抵抗线，其取值为

$$W_p=(0.6\sim0.8)H \tag{2.9}$$

3) 炮孔间距a：

炮孔间距应使某一炮孔爆炸时不致炸伤相邻的另一个炮孔，且爆后两空间不留残石埂。

用火雷管起爆时 $$a=(1.0\sim1.5)W_p \tag{2.10}$$

用电雷管起爆时 $$a=(1.2\sim2.0)W_p \tag{2.11}$$

4) 炮孔排距b：

$$b=(0.8\sim1.2)W_p \tag{2.12}$$

当布置多排炮孔时，前后排炮孔应交错布置成梅花形，并依次爆破。

浅孔一般用于松动爆破，其药包重量可用基本公式$Q=0.33KV$求得，K是单位耗药量，kg/m^3，可根据实验和公式$Q=KV$来确定，$V\approx W^3$或实测体积。爆破装药一般使用药卷，也可用散装药。装药长度为$(1/3\sim1/2)L$。装药后应用炮泥堵塞，堵塞长度为$(0.2\sim0.5)L$。

3. 深孔爆破法

深孔爆破是和线孔爆破相对而言的，药包直径大于75mm、孔深大于5m，爆破前宜将地面爆成倾角大于55°的梯段。其中最常用的是深孔梯段爆破，深孔爆破的钻孔形式如图2.3.15所示。

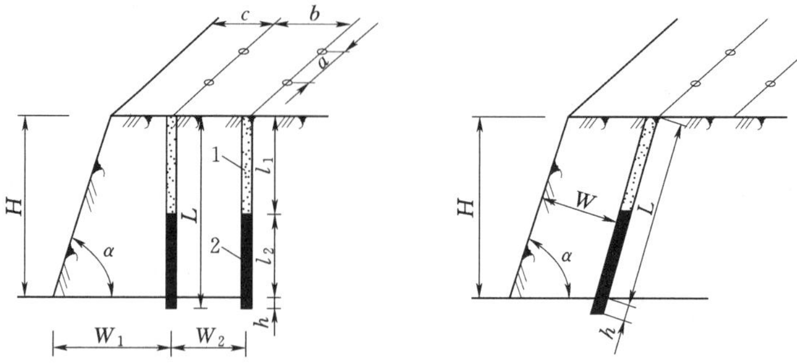

(a) 垂直钻孔　　　　(b) 倾斜钻孔

图 2.3.15　台阶要素及钻孔形式示意图

1—堵塞；2—药包

H—台阶高度；W_1—前排钻孔底盘抵抗线；h—超深（或超钻）深度；L—钻孔深度；

l_1—堵塞长度；l_2—装药长度；α—台阶坡面角（度）；b—排距；a—钻孔间距；

c—台阶上部边线至前排孔口的距离

深孔梯段爆破是我国水电站坝基开挖的主要爆破方法。常规深孔梯段爆破以毫秒爆破为主，常用的爆破方式有：齐发爆破、微差爆破、微差顺序爆破、小抵抗线宽孔距爆破、微差挤压爆破等。

（1）深孔梯段爆破方法。

1）齐发爆破。齐发爆破是一种同排孔由导爆索串联，排间用不同段毫秒雷管引爆的爆破方法。这种爆破方法施工简单不易发生错误，但炮孔内的导爆索自上而下传爆，易成泄出通道，减少气体在孔内作用的时间，不利于破岩作用，近几年使用逐渐减少。

2）微差爆破。微差爆破是不同排用不同段毫秒雷管调节排间微差时间，同排同段雷管以其自身误差达到微差时间的爆破方法。常用于孔、排数较少情况下的爆破。

3）微差顺序爆破。微差顺序爆破是采用塑料导爆管雷管组成接力起爆网络进行逐孔按规定顺序起爆的爆破方法。如果每个炮孔内再分段，可组成孔间、孔内微差顺序爆破，这是目前世界上最先进的起爆方法。该方法在每一孔爆破时均有三个自由面，故能使岩石得到充分破碎。在坝基开挖以及许多重要建筑物附近或炮孔很多的情况下，这一方法显示出它的优越性。它将取代前面两种爆破方法，成为水电工程主要采用的起爆方法。

4）小抵抗线宽孔距爆破。在一个钻孔所能担负的面积条件下，间排距乘积等于该面积者有多种组合，其中小抵抗线与宽孔距的组合较之孔距是抵抗线的 1～2 倍的任何组合所获得的效果要好。该爆破方法孔距是抵抗线的 2～8 倍时称为小抵抗线宽孔距爆破。我国采用 2～4 倍者居多，因其爆破的岩块均匀、大块率低，而受到欢迎，并在坝基开挖中逐渐被采用。对于块度要求在某一小范围的采石爆破，此法更为有效。

5）微差挤压爆破。在台阶正面未清完爆渣的条件下进行的爆破称为挤压爆破。

挤压爆破加快施工进度和增加块石破碎度有利，但也有以下不利：①台阶前沿留底坎，会使后续爆破不能爆破到要求高程，造成根底爬高现象；②会产生台阶后部严重拉裂，更坏者会出现后翻和硬墙，给后续台阶钻孔造成困难；③爆破单耗高，震动大，爆堆高。

我国水电建设中，深孔梯段爆破方法多用在采石场爆破，在坝基开挖中较少使用。由于压渣的存在，台阶爆破时的装药量应适当增加，一般比正常梯段爆破装药量增加10%～30%。压渣长度（沿抵抗线方向）超过10m后，影响程度再增加的可能性减小。此外，挤压爆破时，排间微差时间比正常梯段爆破适当延长，以便为后排爆破留出必要的空间。依据经验在常规爆破（最小抵抗线在4m以内）条件下，间隔时间宜选在50～100ms。

（2）深孔梯段爆破参数。

根据《水工建筑物岩石地基开挖施工技术规范》（SL 47—2020）规定，主体建筑物部位，深孔梯段爆破的钻孔直径不应超过110mm，钻孔角度有垂直和倾斜两种。垂直孔施工方便，但效果不及斜孔好。常用的垂直孔爆破参数使用范围见表2.3.5。

表2.3.5　常用的垂直孔爆破参数使用范围

爆破分类	孔径/mm	梯段高度/m	底盘抵抗线/m	排距/m	间距/m	孔深/m	超钻/m	堵塞长度/m	装药直径/mm	单位耗药量/(kg/m³)	备注
梯段爆破主炮孔	80～100	8～12	3～5	2.0～3.5	2.5～6.0	8.5～13.0	0.5～1.0	2.0～3.0	70～80	0.35～0.8	此栏对应垂直孔。斜孔在此基础上调整
梯段爆破缓冲孔	80～100	8～12	1.5～2.5	1.5～2.5	1.5～2.5	8.5～13.0	0.5～1.0	1.0～2.0	0.32～0.7	0.3～0.7	多用于边坡或开挖边界附近，起着保护保留岩体或预裂面的作用

（3）深孔梯段爆破的装药结构。

深孔梯段爆破的装药结构有：耦合连续装药、耦合间隔装药、不耦合连续装药、不耦合间隔装药以及混合装药等。

在接近建基面、开挖边坡部位多用不耦合装药，因为不耦合装药可以缓解炸药对炮孔底及周壁岩石的破坏。其他部位可采用增加单孔装药量，减少钻孔量的耦合装药方式。炮孔底部耦合装药，中部以上或上部采用不耦合装药也是较常用的方法。炮孔底部耦合装药，可使底板爆的比较干净且不留根底，这在梯段爆破中至关重要。

是否采用间隔装药，由以下两种情况决定：首先，利用它作为调整块度级配的手段；其次，连续装药在孔口的堵塞长度过长时，必须用间隔装药。

（4）梯段爆破参数实例。

三峡永久船闸二期工程闸室开挖是三峡工程最重要的开挖部位之一。为保护闸室边墙及保留岩体质量，留有3～5m的保护层，采用手风钻钻孔爆破，保护层外侧增加施工光爆面和缓冲层，这是双保险的施工方法，如图2.3.16所示。

爆破参数可以根据公式计算，也可采用工程类比法初定。表2.3.6为东风水电站爆破试验的参数，坝基及部分坝肩开挖基本使用表中孔间微差顺序爆破的参数值，缓

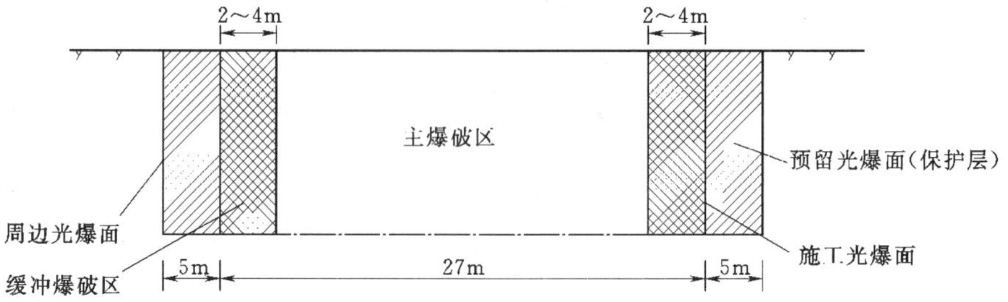

图 2.3.16 三峡工程永久船闸二期工程闸室开挖示意图

冲孔的间排距为 1.5～2.0m，单耗 3.0～0.5kg/m³。

表 2.3.6　　东风水电站爆破试验的参数表

参 数	排间齐发爆破	孔间微差顺序爆破	孔间、孔内微差顺序爆破
梯段高度/m	11.3	11～13	13.5
斜孔角度/(°)	75	75	75
孔深/m	12.2～13.6	12～15.1	11～14.7
孔距/m	2.5～3.0	3.0	3.0
排距/m	2.5～2.7	2.5～2.8	2.5～2.8
超钻/m	0.8	0.6～0.8	1.0
堵塞长度/m	1.6～2.5	1.6～2.0	2.0
爆破面积/(m×m)	16×15	17×18～15.5×20	11×24
炮孔排数/排	5	5	4
炮孔数目/孔	31	33～40	36
总装药量/kg	1113.3	1489.8～1802.5	1452
爆破方量/m³	2450	3555～3659	2935
设计单耗/(kg/m³)	0.5	0.5	0.55
实际单耗/(kg/m³)	0.45	0.42～0.49	0.50
爆破高度与梯段高度之比 h/H	0.95	0.92～0.96	0.71
爆堆长度与宽度之比 L/B	1.64	1.4～1.78	1.45
大块率 (4m³ 电铲)/%	6.6	0.26～0.5	0.69
大块率 (H_{55} 油铲)/%	3.3	0.17～0.44	0.58

注 使用的乳化炸药威力只相当2号岩石硝铵炸药的 0.8～0.9 倍。

主爆孔、缓冲孔与光爆孔典型装药结构如图 2.3.17 所示。

4. 洞室爆破法

洞室爆破（药室爆破法）的实质就是将大量炸药装入预先挖掘的洞室中进行爆破。由于一次爆破药量可以高达几百吨甚至几千吨，因此也叫“大量爆破”。

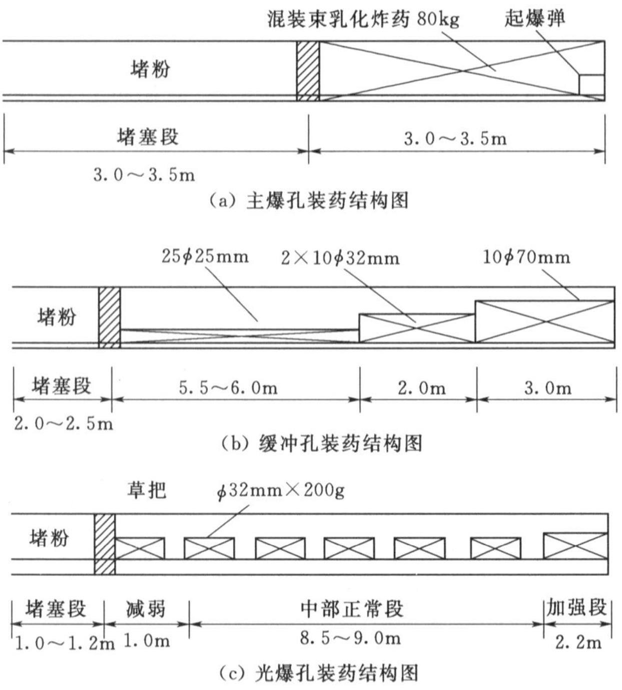

图 2.3.17 施工深孔典型装药结构图

(1) 洞室爆破的特点及其分类。

1) 洞室爆破的特点。一次爆破的方量很大，尤其是在土石方数量集中的工点，从导洞、洞室开挖到装药爆破，能在较短期内完成，可缩短工期。但是开挖装药的洞室比较困难，劳动强度高，工作条件差，爆后的岩块不均匀，产生大块率较高，二次解小工作量比较大；引起较大的震动对建筑物保护不利，通风条件也差。

2) 洞室爆破的分类。按其目的性质可分为定向爆破、抛掷爆破、扬弃爆破、松动和崩塌爆破等四类。定向爆破、抛掷爆破、扬弃爆破是与松动爆破和崩塌爆破不同的，它不仅能将岩体破碎，而且还能将岩体抛掷至预定地点或扬弃到开挖边界以外。松动和崩塌爆破则需采用挖掘、装载机械，通过运输工具将爆落的岩块运至目的地。由于洞室爆破种类较多，本节仅讲述松动爆破和抛掷爆破方法的应用。

(2) 药室布置。

1) 松动爆破的药室布置。药室松动爆破在露天开采时，按爆破规模的大小可分为大洞室松动爆破和小洞室松动爆破。大洞室应用在高度大于 7m 的梯段或山体上，小洞室用在梯段高度不大于 7m、机械化程度低的中小露天工程。它们的主要区别在于小洞室通往药室的导洞小、装药量少因而爆破规模也小，但它们的药包布置原则、爆破参数的选择和装填技术操作基本相同。因此，小洞室或大洞室松动爆破统称为药室爆破法。药室爆破法的药包布置如图 2.3.18 所示。

通往药室的导洞可用竖井［图 2.3.18 (a)］或平洞［图 2.3.18 (b)］。而药包作

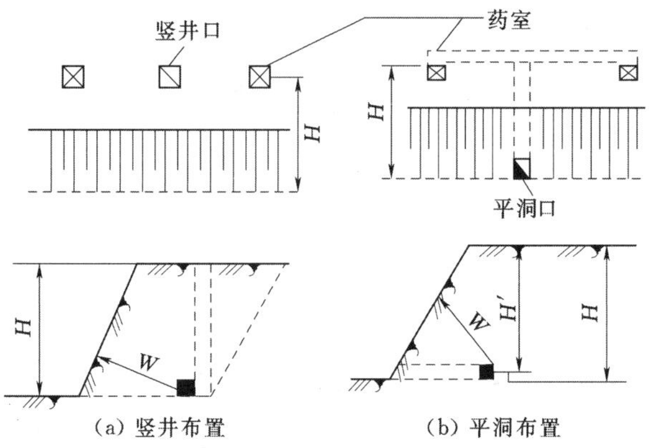

图 2.3.18　药室爆破法的药包布置图

用主要方向应朝向临空面或斜坡地面的方向，不要使爆破作用方向朝向上方。因此药包布置的最小抵抗线 W 方向应指向临空面的水平方向。

在进行松动药包布置时，应考虑的爆破后爆堆比较平缓，岩块比较均匀，尽量降低爆堆高度（一般不超过 15m）和减少大块率（通常不超过 5%～15%），根据不同地形和地质条件采取不同的药包布置方式。

对于地形坡度较缓，高差较小，而最小抵抗线 W 与药包中心至地表垂直高度比为 $W/H=0.6\sim0.8$ 时，药包可按单层布置；当山体陡而高时，药包应布置成双层，如图 2.3.19 所示。在地质条件比较复杂的爆区，应充分考虑地质条件对爆破效率的影响。

2）抛掷爆破的药室布置。抛掷爆破多用于半挖半填的开挖工程。在地面坡度大于 30°的地形，它只能将土石方向唯一的方向抛掷出去。斜坡地面的爆破效果比平坦地形好得多。尤其是地面坡度越陡，爆破范围越大，抛掷方量也越多。因此，一般斜坡地面的爆破多用单层单排药包布置。

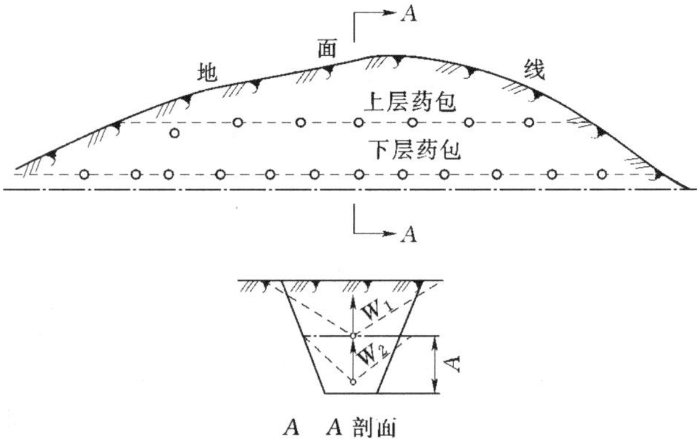

图 2.3.19　松动爆破分层药包布置图

如果爆破开挖基底较宽（如水工建筑物的泄洪道、消力池等），在药包布置时可以用单排大药包布置形式，也可以布置多排药包（图 2.3.20）。单排大药包抛掷方量大，炸药消耗多，对山体破坏范围大，特别是高边坡以上地面较远距离内可能出现大量的环向裂缝，增加清方刷坡的工程量。多排药包布置情况与此相反。在设计时，应做好经济比较，再选用合理的技术方案。

如果在斜坡地面以下为深挖方（如开挖渠道），一般采用双层或多层药包布置，如图 2.3.21 所示。

（3）爆破参数选择。

药包（药室）布置参数主要是指最小抵抗线 W 爆破作用指数 n 及药包间距 a 等。

1）最小抵抗线 W 的确定。确定药包的最小抵抗线，应考虑以下因素：

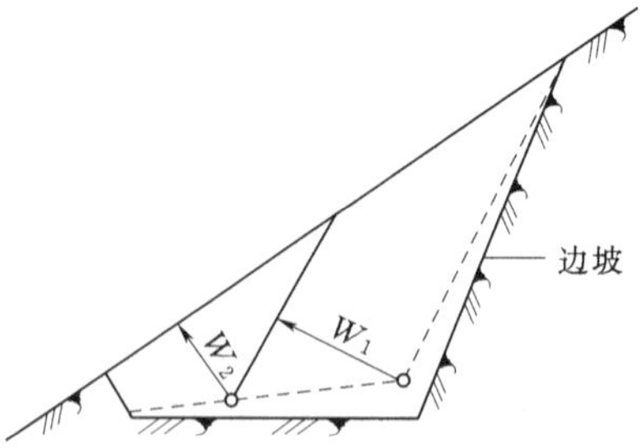

图 2.3.20 斜坡地面多排药包布置示意图

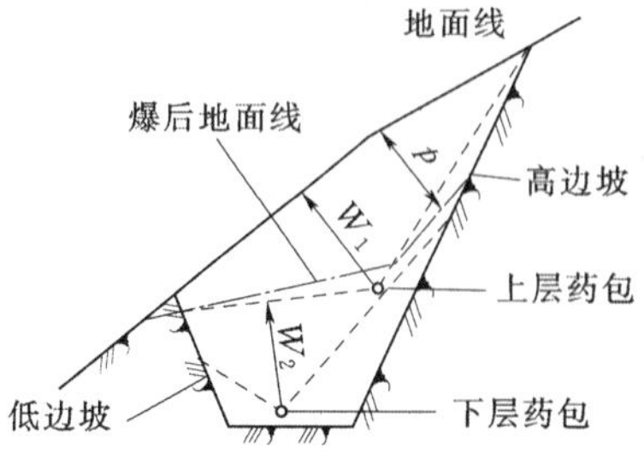

图 2.3.21 多层药包延期爆破示意图

a. 主导爆破方向和抛掷方向的要求。药包在不同方向上抵抗线的大小直接影响其爆破作用、破碎效果及抛掷方向。因而，首先要考虑最小抵抗线的方向，使其满足爆破的要求。

b. 炸落方量、抛掷方量及堆积的要求。此外，还应考虑施工安全、方便及工程量的大小。

c. 保护边坡不受破坏。在确定靠边坡的药包位置时应留保护层，如图 2.3.22 所示。保护层的厚度为

$$M=R_1+1.7B \tag{2.13}$$

式中 M——药包中心到边坡的水平距离，m；

R_1——药包的压缩圈半径，m；

B——药包宽度之半，m。

d. 满足某些条件下的特殊要求。如遇有大断层、溶洞或破碎带时，药包应尽量避开，也可设置辅助药包加以处理。

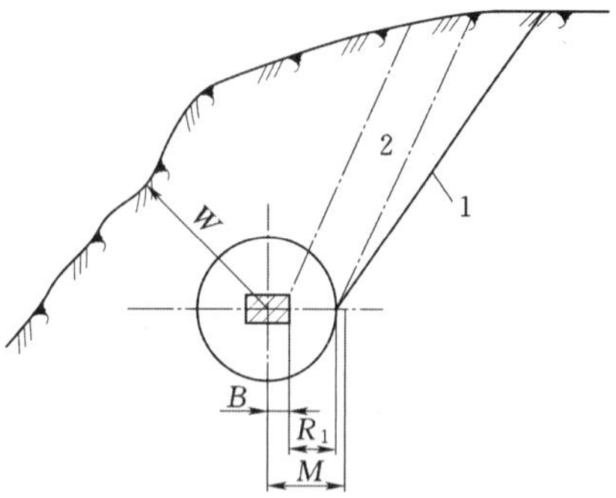

图 2.3.22 边坡保护层

1—边坡线；2—保护层

2）爆破作用指数 n 值的确定。爆破作用指数 n 值，是抛掷或扬弃爆破中的主要参数之一，它不仅关系到爆破破坏范围的大小，而且关系到抛掷方量的多少、抛掷距离的远近等。应根据地形条件和不同的爆破目的与要求，选取适宜的 n 值。

a. 斜坡地面的抛掷爆破。

多临空面地形抛掷爆破：$n=1.0\sim1.25$。

陡壁地形抛掷爆破：$n=0.8\sim1.0$。

在斜坡地面单侧抛掷爆破时，如抛掷率为 60%，可按地形自然坡角 θ 参考表 2.3.7 选取 n 值。

表 2.3.7　　不同地形的 n 值

地形坡度 θ	n 值	地形坡度 θ	n 值
15°～30°	2.00～1.75	45°～60°	1.50～1.25
30°～45°	1.75～1.50	60°～70°	1.25～1.00

b. 松动爆破。

多面临空形加强松动爆破：$n=0.70\sim0.80$。

陡壁地形加强松动爆破：$n=0.65\sim0.75$。

3）药包（药室）间距 a 值的确定。药包间距直接影响爆破质量、爆破成本及工程量的大小。合理的药包间距能保证爆破时既在两药包之间不留岩埂，又能充分利用炸药能量。

药包间距的大小与爆破类型、地形和地质条件等因素有关。一般情况下药包间距计算公式如下：

a. 松动爆破。

平坦地区渠槽爆破：$a=(0.8\sim1.0)W$。

斜坡或阶梯地段爆破：$a=(1.0\sim1.2)W$。

b. 斜坡地面的抛掷爆破。

斜坡地面的抛掷爆破，地形有利，清方比较容易。通常要求爆破后平顺平整，无残留岩埂，并能有效地提高抛掷方量，减少导洞药室的开挖工程量。其药包间距公式为

坚硬岩石：

$$a=W\sqrt[3]{f(n)} \tag{2.14}$$

次坚石或软石：

$$a=nW \tag{2.15}$$

斜坡地面同时起爆的上下层两药包中心间距 a 为：$a\leqslant0.9W\sqrt{1+n^2}$。

4）装药量计算。集中药包的洞室爆破，装药量计算视不同爆破类型而定。

a. 松动爆破。

在平坦地面松动爆破时，通常采用松动爆破公式：

$$Q=0.44qW^3 \tag{2.16}$$

在多面临空和陡崖的崩塌爆破时，常用减弱松动爆破公式：

$$Q=(0.125\sim0.44)qW^3 \tag{2.17}$$

在比较完整的岩石，常用加强松动爆破公式：

$$Q=(0.44\sim1.00)qW^3 \tag{2.18}$$

b. 抛掷爆破。

在斜坡地面，地面坡度大于30°时，常用计算公式为

$$Q=qW^3\frac{f(n)}{f(a)} \tag{2.19}$$

以上各式中 Q——装药量，kg；

$f(n)$——爆破作用指数函数；

q——单位炸药消耗量，kg/m^3；

$f(a)$——斜坡地面爆破漏斗体积增量函数；

$f(n)/f(a)$——查表2.3.8；

W——最小抵抗线。

表2.3.8 **$f(a)$及$f(n)/f(a)$值**

地面坡度/(°)	$f(a)_{竖}$	不同n值的$f(n)/f(a)$					$f(a)$	不同n值的$f(n)/f(a)$				
		1.00	1.25	1.50	1.75	2.00		1.00	1.25	1.50	1.75	2.00
0	1.0	1.00	1.57	2.43	3.62	5.20	1.0	1.0	1.57	2.43	3.62	5.20
15	1.01	0.99	1.55	2.10	3.60	5.15	1.02	0.98	1.54	2.38	3.55	5.10
30	1.10	0.91	1.43	2.21	3.28	4.83	1.26	0.78	1.25	1.93	2.88	4.14
45	1.28	0.78	1.22	1.90	3.82	4.06	1.58	0.63	0.99	1.54	2.30	3.30

5. *药壶爆破法*

药壶爆破法是在已钻凿好的炮孔底部用少量炸药把底部扩大成空腔，再装入炸药形成一个集中药包进行爆破，以改善爆破效果、提高爆破效率的爆破方法。药壶爆破可分为平孔药壶爆破和竖孔药壶爆破，如图2.3.23所示。

(1) 扩壶次数与药量。

药壶爆破法最主要的施工工序是扩大药壶。扩壶的原则是少药多爆，即在钻好的炮孔中，每次利用少量炸药，经过多次爆破成形。

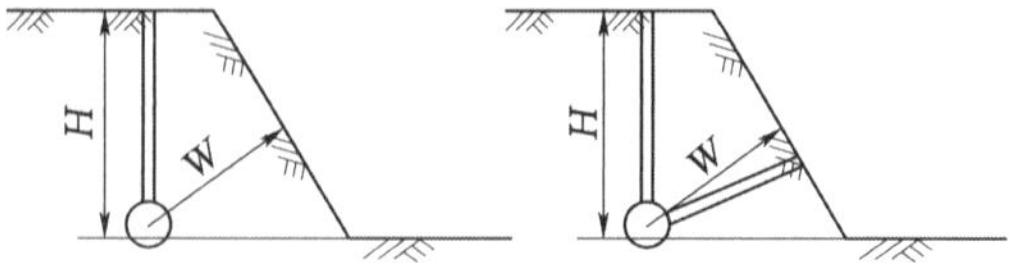

(a) 竖孔药壶爆破　(b) 平孔药壶爆破

图2.3.23 药壶爆破示意图

二次扩壶：1∶2。

三次扩壶：1∶2∶3。

四次扩壶：1∶2∶4∶7。

1) 可用火雷管或电雷管起爆扩壶药包。

2) 装入扩壶药包后，一般用少量沙土或干沙堵塞，堵塞长度不超过药包高度的0.8～1倍，也可不堵。

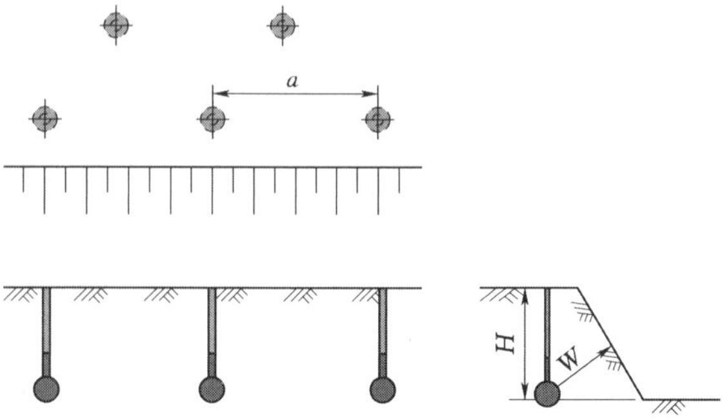

图2.3.24 台阶药壶爆破法布置

3) 两次扩壶时间间隔一般应大于15min，以使壶内温度降到40℃以下。

4) 爆破时，扩壶作业人员必须撤到50m以外安全地区。

(2) 台阶药壶爆破法。

装药量：$Q=qV$。

最小抵抗线：$W=(0.8\sim1.0)H$。

药壶间距：$a=W$。

药壶排距：$b=(0.87\sim1.0)a$。

台阶药壶爆破法布置如图2.3.24所示。

任务2.4　控制爆破技术

学习导向

知识目标： 掌握光面爆破、预裂爆破、隧洞爆破的技术方法，了解爆破技术参数

能力目标： 能检查爆破作用效果

素质目标： 培养钻研精神和认真态度

执行规范：《水工建筑物地下开挖工程施工技术规范》(SL 378—2007)

《水工建筑物岩石基础开挖工程施工技术规范》(SL 47—2020)

参考规范：《水工建筑物地下工程开挖施工技术规范》(DL/T 5099—2011)

《水工建筑物岩石基础开挖工程施工技术规范》(DL/T 5389—2007)

控制爆破是为保护保留区岩体或围岩面的特殊爆破法。炸药在炮孔内爆炸时，产生强大的冲击波和高压气体并猛烈击炮孔周围的岩体，使其破碎或开裂。当在有限的轮廓范围内进行开挖爆破时，一方面要求爆破开挖的边界尽量与设计的轮廓相符合，不要出现超挖和欠挖；另一方面也要求开挖边界上保留的岩体尽量保持完整无损。光面爆破和预裂爆破就是为了达到上述目标而采用的一种爆破技术。光面爆破多用于隧洞开挖，而预裂爆破则多用于高边坡开挖和控制设计边线的深槽基础开挖。

2.4.1　光面爆破技术措施

光面爆破实际上就是对光爆层的爆破，所谓光爆层，是指开挖轮廓线上的周边孔与最外层主爆孔之间的一圈岩石层。在隧道施工中采用光面爆破具有以下优点：

2.4.1

动画光面爆破

(1) 光面爆破对围岩的破坏很轻微，可提高围岩的稳定性，减少临时支护的工作量。

(2) 光面爆破可以基本解决隧道的超、欠挖问题，提高施工质量，加快施工进度，并节省混凝土衬砌浇筑量。

(3) 采用光面爆破，围岩的壁面平整，危石少，撬顶工作简单，减轻了表面应力集中现象，避免局部冒落，增强了围岩的稳定和施工安全，并为锚喷支护的应用创造了条件。其具体做法是沿设计开挖边线布置小孔径密间距的周边炮孔，采用不耦合装药结构，进行少量炸药的弱松动爆破来炸除预留光爆层。由于孔距较小而且是同时起爆（电雷管起爆），相邻周边炮孔的爆轰压应力交汇后，形成垂直于周边线的拉应力 σ_p（图2.4.1），使得周边线产生平整的拉断裂缝，在爆炸气

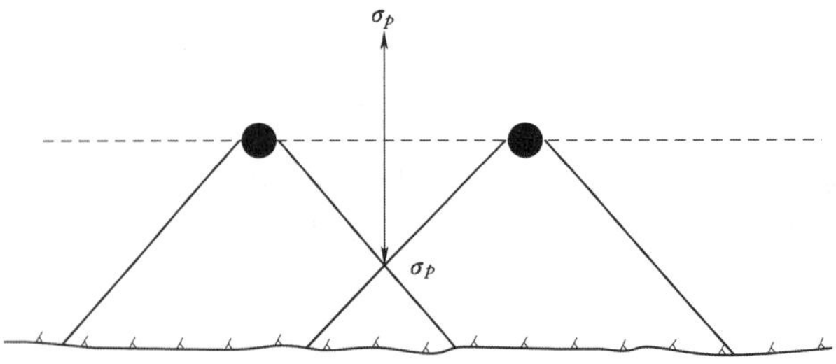

图2.4.1　周边孔成缝示意图

体急剧膨胀做功的作用下，将已被破坏的光爆层炸除并在边界面上留下半圆形的炮孔残痕。

光面爆破施工的主要技术参数如下。

1. 周边炮孔的间距和最小抵抗线

在采用预留光爆层的光面爆破作业中，周边炮孔的直径宜在50mm以下，炮孔的间距一般为10～16倍的炮孔直径，即500～800mm。最小抵抗线长度应根据岩石的特点、炮孔间距等确定，一般为炮孔间距的1.2～1.4倍。

2. 周边炮孔装药量

周边炮孔的装药量比一般爆破装药量少1/2左右，当孔深在2m左右且使用2号岩石铵梯炸药时，一般不宜超过以下值：

松软岩（f=2～4），100～150g/m。

中硬岩（f=6～8），150～200g/m。

坚硬岩（f=10～12），200～250g/m。

3. 周边炮孔装药结构

周边炮孔装药应使炸药均匀地分布在炮孔内，并与炮眼孔壁有一定的空隙（即不耦合装药），不耦合系数一般应大于2，最少也不能小于1.5，以便减弱炸药爆炸时对孔壁的爆轰破坏作用。

装药时，一般宜用直径为25mm的小直径药卷连续装药；当所用药卷为直径35mm的普通药卷时，可采用空底装药结构（图2.4.2）、间隔装药结构（图2.4.3）或采用双毫秒电雷管单段空气柱装药结构（图2.4.4）。

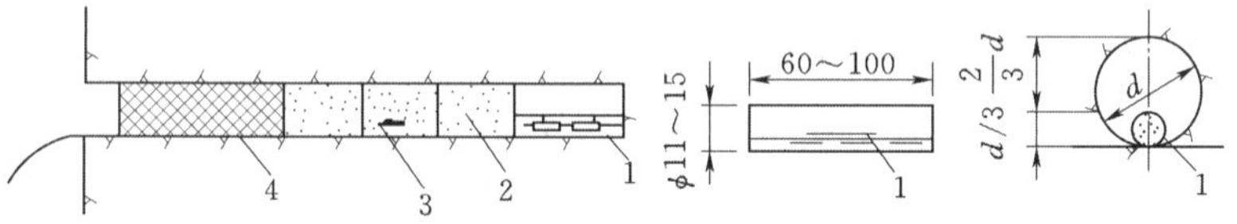

图2.4.2 空底木棍炮装药结构

1—木棍；2—药包；3—雷管；4—炮泥

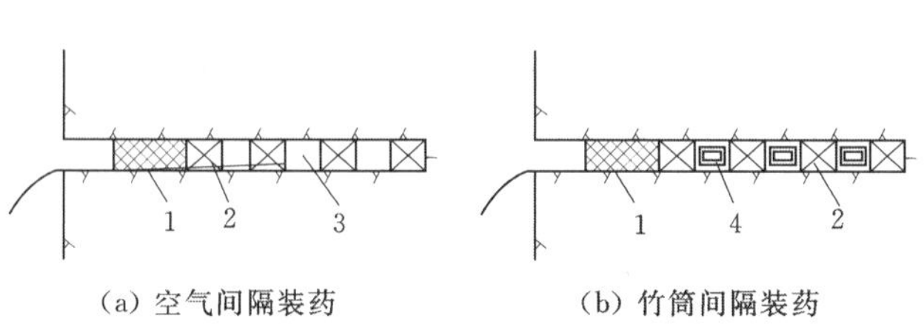

图2.4.3 间隔装药结构

1—炮泥；2—药包；3—空气；4—竹筒

4. 起爆顺序及周边孔起爆时差

隧洞开挖的起爆顺序为先掏槽炮孔起爆，再崩落炮孔起爆，最后是周边炮孔起爆。周边炮孔的起爆时差应越小越好，当时差超过0.1s时，就和单孔爆破一样，难以取得理想的光面爆破效果。因此，周边孔最好使用导爆索（又称传爆线）或即发电雷管同时起爆。

2.4.2　预裂爆破技术措施

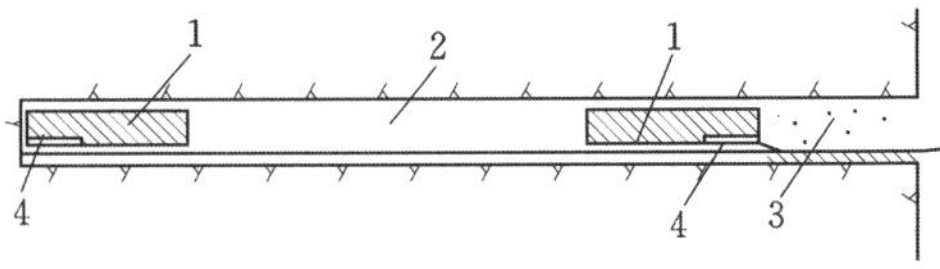

图 2.4.4　单段空气柱装药结构

1—药卷；2—单段空气柱；3—堵塞物；4—电雷管

预裂爆破是开挖岩石的方法之一。岩石开挖是利用炸药的爆炸力，把要开挖的部分爆碎运走。这种爆炸力经常又会使相邻近的岩体或建筑物同时受到破坏。在大规模爆破中，特别是用潜孔钻钻孔放炮的条件下，即使采用梯段爆破，限制一响起爆药量等措施，破坏区的范围仍然很大。例如：在中等裂隙发育的岩体中，当药包直径为 80mm 时，它的相应表面破坏范围的长度 L 约为 5～8m。在裂隙发育的或有薄弱夹层的岩体中，破坏范围还要大一些。

2.4.2 ▶
预裂爆破

过去为了保护上述部位的岩体完整，多采取预留保护层或设防震孔的措施。虽有减震作用，但往往还不能制止裂缝伸入保留区，因此防护效果并不好。

所谓预裂爆破，就是沿设计开挖轮廓线上按一定距离，预钻一排钻孔，孔内装入特制的爆药包，在开挖区未爆破前，先行起爆。爆炸后沿孔轴面方向形成一条有一定宽度的贯穿裂缝，把开挖区和保留区岩体分开。在它的“屏蔽”下，开挖区爆破时，能保证被保留岩体不受到破坏或尽可能小地受体震动。

2.4.3 ▶
动画预裂爆破

2.4.2.1　预裂爆破的基本原理

所谓预裂爆破原理，主要指预裂爆破成缝的机理。为保证预裂爆破成功，首要的条件是不压坏预裂孔壁，其次是沿预裂孔连线的方向成缝。当炸药爆炸后，产生的冲击压力和高压气体的作用，将会使孔壁产生剧烈破坏。要想不压坏孔壁必须采用不耦合装药法，即药包直径 d' 小于钻孔直径 D，如图 2.4.5 所示。试验发现，当药包与孔壁之间存在空气间隙时，由于空气的缓冲作用，使孔壁所受压力大大地降低。经试验得出，当不耦合系数 $m=2.5$ 时，作用在炮孔内壁的最大切向应力只相当于不耦合系数为 1.1 时的约 1/16。因此，完全有可能利用现有的常用炸药，用不耦合装药来降低孔壁压力。把几万个大气压降到每平方厘米只有几千克或几百千克的压力值。当降低的压力值小于或极接近于岩石的极限抗压强度时，便可使孔壁不受爆破压缩破坏或者只受少量的震动。

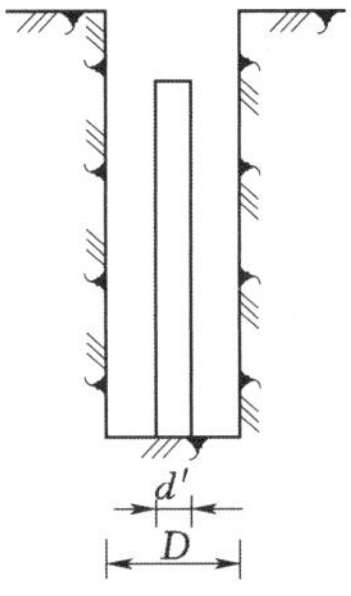

图 2.4.5　不耦合装药示意图

在利用不耦合装药保证孔壁不受破坏的前提下，第二个条件就是怎样保证在预定的方向成缝。根据实践经验，只需要调整相邻炮孔的距离或孔内装药量便可达到成缝的目的。多数研究工作者采用爆炸应力波与高压气体联合作用理论，解释预裂缝的形成过程。

2.4.2.2　预裂爆破主要参数的确定

为了使预裂爆破达到良好的效果，需要正确地选定预裂爆破的参数。由于影响预裂爆破参数的因素很多，如：装药密度、钻孔间距、地质条件、炸药性能、药包结构以及不耦合系数，等等。这些因素之间的关系又很复杂，要想建立比较接近实际的参数计算式是很困难的。因此在目前只有通过现场爆破试验，才有可能选定比较接近工程实际的参数。一般情况下，可以依靠经验公式结合工程实际情况来确定主要的爆破参数。

1. 预裂爆破的质量标准

预裂爆破的目的是使开挖轮廓面岩体不受破坏，保持较整齐的设计轮廓面，这就需要在预裂爆破时把岩体切开造成整齐的贯通裂缝。另外，还要求在预裂爆破时也不造成大的爆破裂隙。为达到上述目的，预裂爆破应达到以下的质量标准。

（1）岩体在预裂面上形成贯通裂缝，其表面宽度不小于1cm。

（2）预裂缝面保持平整，不平整度小于15cm。

（3）预裂缝面岩体不产生大的爆破裂隙。

为达到上述三项要求，需要合理处理装药密度，不耦合系数和钻孔间距三者的关系。

2. 装药密度的计算公式

（1）经验公式。

根据试验成果和有关资料，长江水利科学院等单位建立了如下经验公式：

$$\Delta_{线}=0.36[R_{压}]^{0.63}a^{0.67} \tag{2.20}$$

式中 $\Delta_{线}$——线装药密度，为全孔装药量（扣除底部增加药量）除以装药段长度，g/m；

a——钻孔间距，cm；

$[R_{压}]$——岩石极限抗压强度，MPa。

（2）《水工建筑物岩石基础开挖工程施工技术规范》（SDJ 211—1983）介绍的公式。

$$\Delta_{线}=0.188a[R_{压}]^{0.5} \tag{2.21}$$

式中 $\Delta_{线}$——线装药密度，g/m，以全孔长度计。

上述装药密度经验公式是采用40%的硝化甘油耐冻胶质炸药所得出的，若用其他炸药时，需进行换算。

3. 钻孔间距 a 的确定

实践经验表明，钻孔间距和钻孔直径之间有一个合理的关系。钻孔间距 a 和钻孔直径 D 之比值，称为间距系数，用 E 表示。E 值是一个重要的指标。它的大小决定钻孔的数量。一般认为以7～12为宜，即 $a=(7\sim12)D$。

当孔径小时取大值，孔径大时取小值。当岩石均匀完整时，取大值，岩石破碎时取小值。

4. 不耦合系数 m 的确定

钻孔装药的不耦合程度用 m（$m=D/d$）表示。根据爆破的实践经验，一般不耦合系数选用 $m=2\sim4$。坚硬岩石选小值，松软岩石选大值。

除经验公式外，还可采用其他方法初步拟定上述参数。但不论何种方法，所得数据都是一个初步值，必须通过现场试验进一步调整后，才能作为正式爆破的依据，在实践过程中还需要逐步修改。

2.4.2.3 初选预裂爆破参数和设计装药结构

初选预裂爆破参数的方法有三种：①理论公式计算法；②经验公式计算法；③相

似工程地质类比法。许多工程实践证明，三种方法都是可行的。其中，经验公式法最简单，成为工程上最常用的方法。

1. 线装药密度 q

20 世纪 70 年代，葛洲坝等工程进行大规模预裂爆破施工并获得成功后，预裂爆破技术已在我国大中型水利工程中广泛应用，积累了丰富的经验。许多爆破工作者根据自身的实践和搜集的资料推导出计算线装药密度的各种经验公式，其中应用最普及的是长江科学院推荐的经验公式。它归纳了葛洲坝工程预裂爆破试验和施工中的大量数据，又经过国内不同地质条件下的预裂爆破实践，修正后得到：

$$q=0.034[R_{压}]^{0.63}[a]^{0.67} \tag{2.22}$$

式中 q——线装药密度，kg/m；

$[R_{压}]$——岩石抗压强度，MPa；

a——孔距，m。

2. 钻孔直径 D

随着钻孔深度增加，装药难度也相应增大，所以钻孔直径应根据钻孔深度确定，但需满足不耦合系数为 2～4 的要求。一般情况可参照表 2.4.1 参数确定。

表 2.4.1　　钻孔爆破孔深与孔径的关系

孔深/m	孔径/mm	孔深/m	孔径/mm
<3	40～60	10～15	80～100
3～10	60～80	>15	100

3. 孔距

钻孔间距应根据部位的重要性，预裂缝形成的难易程度和孔径大小来确定。一般 $a=(7\sim12)D$，D 大取小值，D 小取大值，重要部位取小值。也可参照表 2.4.2 参数确定：

表 2.4.2　　孔径与孔距的关系

孔径/mm	孔距/cm	孔径/mm	孔距/cm
40	40～60	80	80～100
60	60～80	100	80～120

4. 装药结构设计

合理的装药结构应满足下列要求：从孔口到孔底线装药密度的变化应与岩性的变化相适应；导爆索上的药卷应均匀分布，药卷间的中心距离不大于 50cm。设计的线装药密度 q 可作为中段装药密度 $q_{中}$。在岩性均匀部位，装药结构分成三段：

（1）孔口段。根据地面岩石风化程度确定线装药密度。一般 $q_{孔口}=(1/2\sim1/3)q_{中}$，装药长度 1～2m。在地面岩石坚硬完整部位，$q_{孔口}=q_{中}$。

（2）中间段。预裂爆破的主要装药段，对预裂缝的形成和预裂缝的宽度起控制作用，$q_{中}=q$。

（3）孔底段。底部装药量随着孔深增加而加大，集中分布在孔底 1～2m 范围内，以克服岩体底部对预裂缝面的夹制力。底部线装药密度可参照表2.4.3数据。

表2.4.3　孔深与底部线装药密度的关系

孔深 L/m	底部线装药密度 $q_{底}$	孔深 L/m	底部线装药密度 $q_{底}$
<10	$(1\sim2)q_{中}$	15～20	$(3\sim4)q_{中}$
10～15	$(2\sim3)q_{中}$		

当孔深超过20m时，可根据地质等条件酌情处理。

2.4.2.4 调整预裂爆破参数和装药结构

预裂爆破和其他任何事物一样，有它内在的规律性。只有通过大量的施工实践才能较深刻地认识和掌握它。当预裂爆破效果不理想时，首先检查施工实施的预裂爆破参数和初选的参数是否一致，施工工艺是否合格，在验证这两点基本符合要求后，再进行对照检查。

1. 爆后地面炮孔间未出现裂缝

在岩层近水平状、多层面、多软弱夹层易形成预裂缝的地区，当爆后地面预裂孔间未出现预裂缝时，应进行宏观调查，若与预裂孔轴线平行的天然裂隙在较大的范围内张开（指一条或数条裂隙连接长度和预裂孔轴线长度相近），有可能在表层层面以下，岩体沿预裂孔轴线裂开。此时应将孔口段药量均匀分散，并适当提高顶部药卷位置，以利于地面形成预裂缝。

若无平行预裂孔轴线的裂隙，可能是全孔线装药密度偏小，具体原因有：

（1）局部地段岩性变化。对岩体强度估计偏低，如葛洲坝二江厂房预裂爆破线装药密度按砂岩抗压强度20MPa设计，爆破效果良好。但在6号机组地段，爆破能量全部冲击孔外，地面岩石无任何裂缝。后经二次增加药量重复爆破，才形成宽0.5～1.0m的预裂缝，开挖后才发现6号机组段为钙质砂岩，其抗压强度为50MPa，是砂岩的2.5倍。

（2）与岩层走向有关。一般垂直岩层走向的预裂缝较平行岩层走向的预裂缝难形成。官厅水库预裂爆破实践表明，为获得同样的爆破效果，前者与后者相比，线装药密度应增加10%～20%。

（3）与地质最新地应力场的主应力方向有关。预裂缝轴线垂直于主应力方向时，裂缝较难形成，因为在垂直于炮孔轴线，有与爆炸拉应力方向相反的作用力，阻止预裂缝面张开，反之，平行于主应力方向的预裂缝较易形成。葛洲坝大江厂房进行了近百次预裂爆破，都符合这个特点。其中，有两次典型实例，分别为同一高程、同一部位、同一岩性和同一时间进行的预裂爆破，两条预裂孔轴线呈“Γ”形。在砾岩地段，轴线垂直于主应力方向的预裂炮孔间未形成裂缝，轴线平行于主应力方向的预裂缝宽0.8～1.0m。在粉砂岩地段，同样，垂直向未形成预裂缝，平行方向的预裂缝宽3～6cm。

针对上述情况，改善爆破效果的技术措施是提高全孔的线装药密度，主要是提高中段线装药密度。若爆后地面炮孔间虽无裂缝，但孔口有爆破裂隙，甚至孔壁上能观察到裂缝。此时若加大线装药密度，有可能破坏壁面，应慎重待之。最有效措施是将孔距减小，以利于形成贯通的预裂缝。

2. 地面预裂缝宽度小于0.5cm

预裂缝宽度和岩石性质密切相关，根据东江等工程的经验，花岗岩等坚硬岩石，很难达到缝宽“1cm”的标准。因此《水工建筑物岩石地基开挖施工技术规范》（SL 47—2020）对预裂缝宽并未苛求，此类岩石预裂缝宽达到0.2～0.5cm时，可以认为选择的预裂爆破参数基本合理。对砂岩、灰岩等中等强度岩石，为了保证预裂缝减震效果，如预裂缝宽小于0.5cm时，首先应加大孔口段药量，如缝宽仍无变化，说明全孔药量偏小，应加大中段线装药密度。

3. 地面预裂缝宽度在2cm以上

在预裂孔孔口段有临空面的情况下，预裂缝宽度在2cm以上，属正常现象。对较坚硬、完整的岩石，预裂缝宽度虽然较大，只要缝面平整，开口线整齐，就可认为爆破参数基本合理。对软弱、结构松散的岩体，预裂缝宽度偏大，意味着全孔线装药密度偏大，壁面可能遭到破坏，需将中段线装药密度减小。

2.4.2.5 预裂爆破的几个问题

1. 预裂孔孔底以下开裂深度

设计预裂孔的深度，必须了解预裂孔底以下开裂深度，避免裂缝延伸至建基面以下，影响基础岩石的完整性。早期获得的孔底开裂深度资料均为浅孔预裂爆破试验实测数据，如葛洲坝黏土质粉砂岩测得预裂孔底以下开裂深度为0.7m，万安水电站石英砂岩孔底开裂深度为1.5m。大量施工实践资料表明，深孔预裂爆破孔孔底以下开裂深度和预裂孔深度没有明显的关系。葛洲坝二江厂房上游高程16.2m平台至建基面（高程7.85～0m）边坡预裂炮孔深度均在10m以上。在建基面上，对200m长的预裂孔轴线进行了调查，未见到一条预裂缝的痕迹（钻孔孔底距建基面距离小于0.7m），其他工程也有类似情况。其原因是：①炮孔底部受到较大的夹制力，阻止裂缝延伸；②深孔孔底岩粉起了软垫层作用，缓冲了爆炸力向下的作用。

为了保证预裂缝面能延伸至建基面，又不伸入基础，葛洲坝大江厂房深孔预裂爆破（最大孔深38m）均钻至建基面终孔。药卷底部与建基面间预留0.2m的空隙。这一措施达到了设计预期的效果。以后许多大中型水利工程深孔预裂爆破也按此标准控制，实践证明是成功的。

2. 缓冲孔与预裂缝间距及爆破参数

紧邻预裂缝面的梯段爆破最后一排炮孔称为缓冲孔。缓冲孔与预裂缝的距离应考虑岩石性质、药包直径大小、梯段爆破起爆方式及炮孔排数等综合因素。对于岩性软弱，节理裂隙发育的岩石，在爆炸力作用下，岩体稍松动即可挖除，缓冲孔与预裂缝间距可控制在2m内。对于中等强度，整体性较好的岩石，如砂岩、灰岩等，间距可控制在1～1.5m内。对岩性坚硬，结构完整的岩石，如花岗岩、砾岩等，间距应控制在1.0m以内。葛洲坝大江厂房砾岩地段，缓冲孔与预裂缝间距1.0m，单孔药量由9.8kg增大至14kg，仍有“贴膏药”现象。单孔药量加大，仅仅使缓冲孔前沿的破碎岩块抛掷距离加大。当间距缩小至0.5m，单孔药量9.8kg时，预裂缝面前的岩块全部破碎，壁面完好（孔深7m左右），说明坚硬、整体性好的岩石，采用排间微差爆破易产生“贴膏药”现象。梯段爆破起爆方向与预裂缝面垂直或斜交时，缝面前的岩块易爆除。

缓冲孔的药包直径应小于梯段爆破主爆孔的药包直径，一般为主爆孔药径的1/2～2/3。为了根除炮根和防止爆破对后冲方向岩体的破坏，底部1～2m药包直径应同主爆孔，上部1～2m视炮孔至预裂缝面的距离而定。距离近，应布置小直径药包。缓冲孔单位耗药量同主爆孔，单孔药量应为主爆孔的1/2～2/3，因此其抵抗线和孔距均小于主爆孔。为了避免“贴膏药”现象发生，缓冲孔孔距应不小于抵抗线。

2.4.3 隧洞爆破技术措施

隧洞开挖目前仍广泛采用钻孔爆破法。应根据设计要求、地质情况、爆破材料及钻眼设备等条件，做好爆破设计。主要做好炮孔布置、确定装药量、选择爆破方法及起爆次序等工作。

1. 炮孔布置

布置在开挖面上的炮孔，按其作用不同分为掏槽孔、崩落孔和周边孔三种。

（1）掏槽孔。掏槽孔布置在开挖面中心部位，首先爆出一个小的槽穴，其作用是增加爆破临空面，提高周围炮孔的爆破效果。常见的掏槽孔布置方式有楔形掏槽孔、锥形掏槽孔和垂直掏槽孔等，其布置简图和适用条件见表2.4.4。掏槽形主要根据岩石性质、岩层构造、断面大小和钻爆方法等因素确定。

表2.4.4　　常见掏槽孔的布置简图和适用条件

掏槽形式	布置简图	适用条件
楔形掏槽	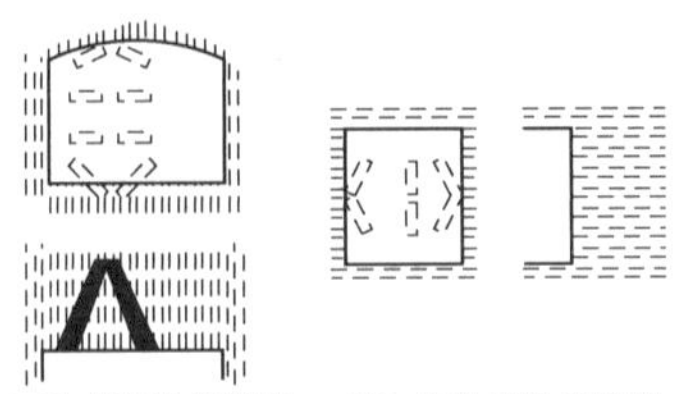 (a) 垂直楔形掏槽眼　(b) 水平楔形掏槽眼	适用于中等硬度的岩层。有水平层理时，采用水平楔形掏槽，有垂直层理时，采用垂直楔形掏槽，断面上有软弱带时，炮眼眼底宜沿软弱带布置。开挖断面的宽度或高度要保证斜眼能顺利钻进
锥形掏槽	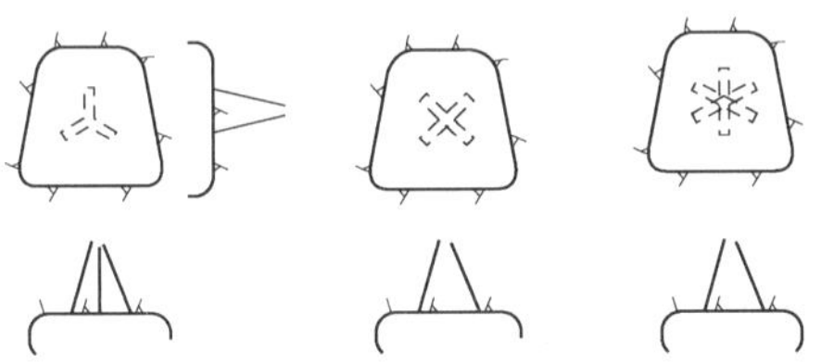 (a) 三角锥掏槽眼　(b) 四角锥掏槽眼　(c) 圆锥掏槽眼	适用于紧密的均质岩体。开挖断面的高度和宽度相差不大，并能保证斜眼顺利钻进
垂直掏槽	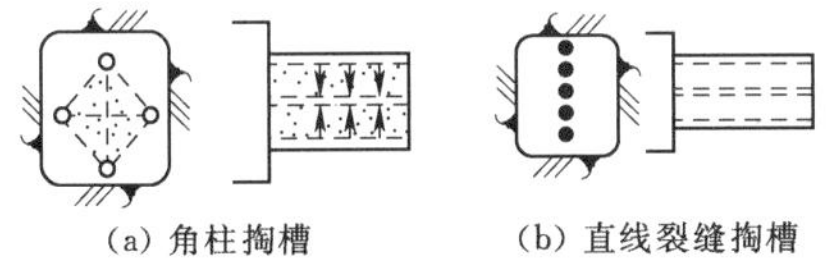 (a) 角柱掏槽　(b) 直线裂缝掏槽	适用于致密的均质岩体。开挖断面较小，斜眼钻进困难

开挖面上掏槽孔的数目，应在满足爆破的前提下力求最少，但不宜少于2个。炮孔方向应尽量与岩面的层面、节理、断层正交，以避免卡钻和爆破气体从层理面逸出。为了保证一次掘进的深度，通常要求掏槽孔比其他炮孔略深15～20cm，为了保证掏槽的效果，掏槽孔的装药量应比崩落孔多20%左右。有时为了增加掏槽效果，在致密的均质岩体中或一次掘进深度较大的情况下，还可以在正规掏槽孔中心布置2～4个不装药的空心孔，其深度与正规的掏槽孔相同。

(2) 崩落孔。崩落孔的主要作用是爆落岩体，大致均匀地分布在掏槽孔外围，通常崩落孔与开挖断面垂直，孔底应落在同一平面上。

(3) 周边孔。周边孔的主要作用是控制开挖轮廓，布置在开挖断面四周。周边孔的孔口距开挖边线10～20cm，以利钻孔。钻孔时应略向外倾斜，要求控制孔斜和孔深，使孔底落在同一平面上。孔底距设计边界的距离，视岩石强度而定，对于中硬石（$f>4$），孔底可达设计边界；对于软石（$f\leqslant 2\sim 4$），孔底可不用达到设计边界；对于极坚硬的岩石，孔底应超出设计边界10～15cm。

上述周边炮孔爆破后，开挖面高低不平，超欠挖量很大，围岩爆破裂隙亦多。目前很多工程应用了光面爆破技术，可使周边整齐，围岩爆破裂隙较少，效果良好。

图2.4.6为某隧洞炮孔布置图。导洞共布置了17个炮孔，其中1～4为掏槽孔，5、6为崩落孔，7～17为导洞周边孔。扩大部分共布置了13个炮孔，其中18～23是垂直孔担任掘进任务，24～30为水平周边孔，主要是控制开挖边线。

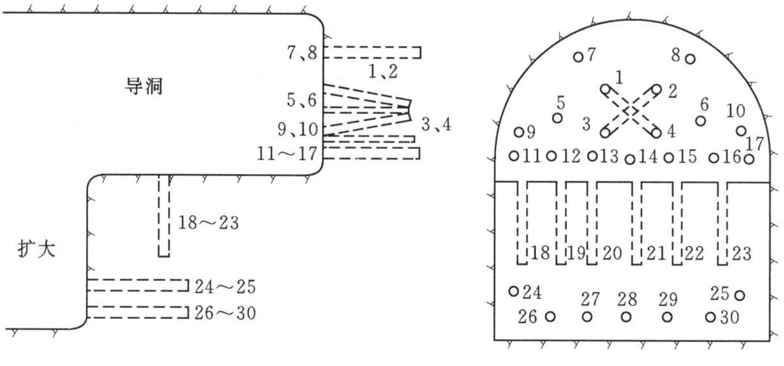

图2.4.6 某隧洞炮孔布置图

2. 装药量计算

在实际工程中，装药量必须经过现场试验确定。施工前可按下式估算：

$$Q=KV=KLS\eta \tag{2.23}$$

其中

$$K=1.25\sqrt{\frac{f}{s_1}} \tag{2.24}$$

式中 Q——一次爆破中炸药用量，kg；

K——单位耗药量，kg/m³，(可参考表2.4.5)；

V——一次爆破下来的岩石体积，m³；

L——钻孔深度，m；

S——开挖断面面积，m²；

η——炮孔利用系数，一般取0.75～0.90；

f——普氏岩石坚固系数；

s_1——导洞开挖断面面积，m^2。

表2.4.5　隧洞开挖单位炸药（2号硝铵炸药）消耗量　单位：kg/m^3

工程项目		岩石类别			
		软石 （f<4）	中硬石 （f=4～10）	坚硬石 （f=10～16）	特硬石 （f>10）
导洞	面积4～6m^2	1.50	1.80	2.30	2.30
	面积7～9m^2	1.30	1.60	2.00	2.50
	面积10～12m^2	1.20	1.50	1.80	2.25
扩大		0.60	0.74	0.95	1.20
挖底		0.52	0.62	0.79	1.00

3. 炮孔数目与深度

开挖断面上炮孔数目很难用精确的理论公式计算。在实际工程中，往往是先根据经验公式初步估算出炮孔数目，然后结合具体工程进行现场试验。最后确实炮孔数目。初步计算可参照以下公式：

$$N=\frac{Q}{lr}=\frac{KS}{r} \tag{2.25}$$

式中　r——炮孔单位深度装药量，kg/m，对于ϕ32mm药卷的2号岩石铵梯炸药为0.5～0.7kg/m；

l——爆破后实际深度，m；

Q——一次爆破中炸药用量，kg；

K——单位耗药量，kg/m^3（可参考表2.4.5）；

S——开挖断面面积，m^2。

爆破深度可按下面经验公式计算：

$$L=(0.5\sim0.7)B \tag{2.26}$$

式中　B——导洞断面宽度，m。

任务2.5　地下工程开挖施工技术（钻爆作业）

学习导向

知识目标： 掌握围岩类别及加固方法，掌握隧洞开挖施工技术方法和技术要求

能力目标： 能根据围岩特性，制定支护方案

素质目标： 培养钻研精神和认真态度

执行规范：《水工建筑物地下开挖工程施工技术规范》（SL 378—2007）

参考规范：《水工建筑物地下工程开挖施工技术规范》（DL/T 5099—2011）

随着施工技术进步和施工机械的发展，洞室开挖已向全断面（特大断面除外）开挖方向发展，各种不同断面、不同形式（平洞、竖井、斜井、大洞室等）的洞室均有不同类型的施工机械配套设备进行机械化施工。

锚喷支护技术已广泛用于工程中，把围岩当作承载的主体，“支护-围岩”共同工作。因此，施工中开挖方法和工程措施围绕着保持围岩的强度、充分发挥围岩的承载能力来拟定和实现，以达到安全施工，经济合理和长期稳定的目的。开挖过程中，通过对围岩的监测取得信息，指导施工，使隧洞施工从分析、判断、决策逐步走向信息化。控制爆破、锚喷支护、围岩稳定监测已成为隧洞开挖的主要组成部分，具有较大的灵活性以适应各种地质条件下洞室安全、快速施工。

2.5.1　围岩分类及开挖要求

2.5.1.1　围岩分类

2.5.1
围岩分类与支护

岩体开挖后，洞室周围岩体应力发生变化，导致岩体应力重新分布。将应力发生显著变化区域的岩体（围岩）根据工程地质成因、岩体结构、地质构造进行综合分析，以评定洞室围岩性质，判断围岩是否稳定，确定山岩压力，提出支护设计方案和确定施工方法。

《水工建筑物地下开挖工程施工技术规范》（SL 378—2007）根据围岩地质特征，将围岩分为五类，见表2.5.1。

表2.5.1　　水利水电地下工程围岩工程地质分类表

类别	名称	围岩主要工程特征		地下水活动状态	开挖面毛洞围岩稳定状况	山岩压力计算理论	临时支护措施（建议）
		岩体状况	结构面特征				
Ⅰ	稳定	岩石新鲜完整，受地质构造影响轻微，节理裂隙不发育或稍发育，多系闭合且延伸不长，无或偶有软弱结构面，宽度一般小于0.1m；岩体呈块状整体结构或块状砌体结构	结构面无不稳定组合；断层走向与洞线近正交	洞壁干燥，或只有轻微潮湿现象，沿个别节理裂隙有微弱渗水	成形好，无坍塌掉块现象	不计山岩压力	一般可不支护
Ⅱ	基本稳定	岩石新鲜或微风化，受地质构造影响一般，节理裂隙稍发育或发育，有少量软弱结构面，宽度小于0.5m，层间结合差。岩体呈块状砌体结构或层状砌体结构	结构面组合基本稳定，仅局部有不稳定组合，断层等软弱结构面走向与洞线斜交或正交	洞壁潮湿，沿一线节理裂隙或软弱结构面有渗水滴水	开挖中局部掉块落石现象，局部成形差，长时间暴露，局部有小坍落	须考虑分落石荷载，可采用极限平衡理论，或结构面分析法进行计算	局部支护
Ⅲ	稳定性差	岩石微风化或弱风化，受地质构造影响严重，节理裂隙发育部分张开且充泥，软弱结构面分布较多，宽度小于1m；岩体呈碎石状镶嵌结构	结构面组合不利于围岩稳定者较多；断层等主要软弱结构面走向与洞线斜交或接近平行	地下水活动显著，沿节理裂隙或断层带有渗水，滴水或呈线状涌水	成形稍差，无支撑时产生小规模坍塌，高边墙侧壁有时局部失稳	结合地质分析，采用极限平衡理论或散体理论计算	一般需要支护

续表

类别	名称	围岩主要工程特征		地下水活动状态	开挖面毛洞围岩稳定状况	山岩压力计算理论	临时支护措施（建议）
		岩体状况	结构面特征				
Ⅳ	不稳定	同第Ⅲ类岩体状态，但软弱结构面分布较多，宽度小于1m，节理裂隙局部极发育；岩体呈碎石状镶嵌结构，局部呈碎石状压碎结构	结构面组合不利于围岩稳定；断层等软弱结构面走向与洞线接近平行	地下水活动显著，沿节理裂隙或断层带有渗水，滴水或呈线状涌水	成形差，顶拱一般因坍塌而超挖，无支撑时可产生较大坍塌，边墙有失稳现象	采用散体理论	需支护
Ⅴ	极不稳定	1. 石质围岩：岩石强风化或全风化，受地质构造影响严重，节理裂隙极发育，断层破碎宽度大于2m，以断层泥、糜棱岩、角砾岩为主，裂隙中多充泥，岩体呈角砾、泥沙、岩屑状散体结构； 2. 松散土层/砂层、滑坡堆积层及一般碎、卵、砾石土等； 3. 挤压强烈的大断层带，裂隙杂乱，呈土夹石或石夹土状	结构面呈零乱状不稳定合；断层等主要软弱结构面走向与洞线接近平行	地下水活动强烈，有较大涌水量，常引起不断坍塌	成形很差，围岩极易坍塌，甚至出现地表下沉或冒顶	采用散体理论	加强支护

2.5.1.2　选择施工方法的基本因素

1. 工程地质及水文地质

工程地质及水文地质条件是选择开挖方法的基本依据，在确定开挖方法时既要考虑围岩自身承载能力，同时应满足施工进度的要求。

2. 断面形状

断面形状对洞室周边围岩稳定非常重要，特别是地应力较大和侧压力较大的洞室，易发生底鼓和片邦的现象，这时应该慎重地选择开挖方法，甚至调整断面形状。

3. 洞室交叉地段的失稳

在洞室交叉地段最容易发生失稳现象，其原因是在交汇地段往往是围岩应力释放和应力集中地段（如乌江九级滩页岩段），不仅会发生坍塌，往往出现冒顶，因此，在施工通过这种地段时应采取预先加固措施并在施工中加强监测，防止意外事故发生。

根据《水工建筑物地下开挖工程施工技术规范》（SL 378—2007）洞室分类如下：

特小断面：设计开挖面积小于10m^2，或跨度小于3m；

小断面：设计开挖面积10～30m^2，或跨度3.0～5.5m；

中断面：设计开挖面积30～60m^2，或跨度5.0～7.5m；

大断面：设计开挖面积60～120m^2，或跨度7.5～12.0m；

特大断面：设计开挖面积大于120m^2，或跨度大于12.0m；

平洞：洞室倾角（洞轴线与水平夹角）小于6°；

斜井：洞室倾角 6°～75°；

竖井：洞室倾角大于 75°。

(1) 中断面以下含中断面规模洞室，当岩体较为完整，其围岩类别为Ⅰ～Ⅲ类时可采用全断面开挖，开挖后除进行支护外必要时还应对其进口段采用混凝土衬砌；当围岩类别为Ⅳ类或Ⅴ类时，可采用短进尺和分部开挖方式施工，每部分开挖后立即进行临时支护，待全断面形成后可视围岩与临时支护的稳定状态适时进行锁口。

(2) 大断面以上含大断面规模洞室洞口开挖，宜采用分部开挖，开挖后立即实施临时支护，并根据围岩情况和构造采取加固措施。

2.5.2　作业方式和施工方案

1. 作业方式

隧洞施工的作业方式主要有流水作业、平行作业、交叉作业和平行导坑等几种。随着施工机械的发展，施工技术和支护技术的提高，采用流水作业方式越来越多。

2. 施工方案

施工方案主要有全断面施工、台阶法施工和分部施工。全断面施工是全断面开挖、全断面一次浇筑或全断面开挖、先浇底板（拱）、后浇边顶拱或先浇边顶拱、后浇底板（拱）。台阶法施工即分层施工，一般是先开挖顶部，并进行混凝土衬砌，再开挖下部，进行边墙和底板混凝土衬砌。分部施工是根据围岩稳定情况，分层分块进行开挖和衬砌。隧洞工程的施工程序见图 2.5.1。

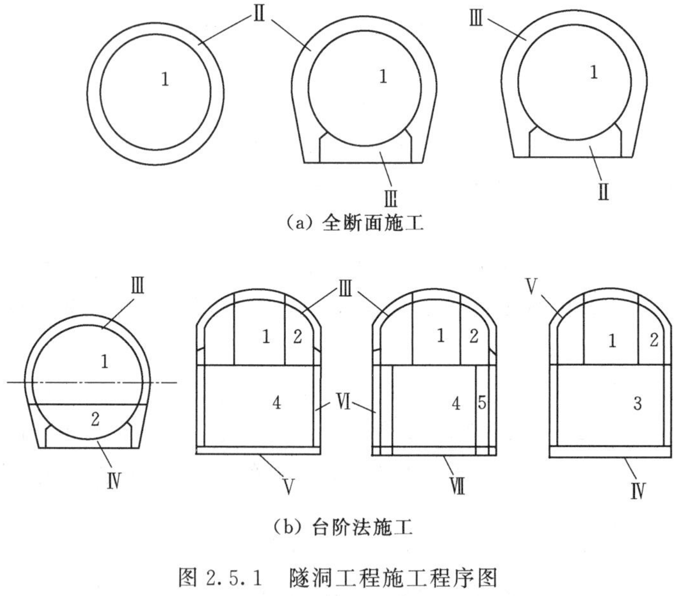

(a) 全断面施工

(b) 台阶法施工

图 2.5.1　隧洞工程施工程序图

1～4—开挖顺序；Ⅰ～Ⅶ—混凝土衬砌顺序

3. 施工支洞设置

长隧洞或隧洞工程影响总工期时，常设施工支洞以增加工作面。施工支洞的设置数量依据隧洞长度、工期、地质条件、地形条件、机械性能及配套设备的生产能力等因素综合分析确定。施工支洞一般 1.0～1.5km 布置一个，随着施工机械的发展，支洞间距也随之增加。如鲁布革水电站引水隧洞长 9382m，原设计布置 5 个支洞，施工时采取全机械化作业，只开挖了 3 个支洞，最大单向掘进工作面长达 3666m。

施工支洞布置形式多采用平洞，当地形条件受限制，隧洞长，工期很紧时，也采用斜井或竖井形式。

施工支洞的位置一般选择在地质条件好，有较宽敞的场地和弃渣场地通向支洞口交通运输线路工程量小，各支洞间承担的工程量大体平衡的地方。施工支洞断面一般为方圆形，其宽度和高度根据施工机械工作尺寸和运输要求、运输方式而定。若采用斜井形式，其倾角一般不大于 25°。

2.5.3　隧洞施工方法

2.5.3.1　隧洞进出口开挖

隧洞进出口通常选在地质构造简单，洞顶有一定岩层厚度的基岩地区，洞脸部位稳定，只要适当削坡即可进洞。但由于洞口一般覆盖薄，岩石风化严重，节理裂隙发育或因地质构造使围岩稳定差，给施工带来一定的困难。

1. 洞脸边坡开挖

边坡开挖按设计开挖线自上而下分台阶进行。一般采用手风钻或潜孔钻机钻孔爆破，为减少对岩体的破坏和保证开挖规格，常采用预裂爆破或预留保护层，预留保护层按光面爆破进行开挖。根据地形条件设出渣运输道。边坡支护或加固随着开挖分层进行，并按设计要求做好坡顶和各台阶的排水系统。

2.5.2　隧洞开挖方法

2. 进出口开挖

隧洞进出口开挖方法根据围岩条件和洞跨大小而定，常采用全断面或先导洞后扩大的开挖方法，采取浅孔、弱爆破、及时支护或浇筑混凝土锁口。洞口节理裂隙发育时，在洞口开挖线以外打超前锚杆或管棚，然后边开挖边进行支护；若洞口段岩石较破碎、裂隙发育或因地质构造稳定性差时，采取预锚固、预注浆、设预应力锚索等方法加固，然后采取先导洞后扩大、分部开挖、先墙后拱等方法施工。

2.5.3　洞口开挖与防护

实例：大朝山电站导流隧洞进口段的开挖跨度为 27m，洞口段约 50m 范围内有数条小断层穿过，岩石破碎，裂隙发育，洞脸边坡受 F_1、F_{22} 断层切割，具有多个由结构面组合形成的不稳定块体，稳定性差。施工时采用先加固后开挖，加固方案为：边坡上打系统锚杆，直径 25mm，长 6～8m，孔排距 2m，挂网喷混凝土 15cm，打排水孔；从顶向下打三排 ϕ32mm 长 25～32m 锚筋桩，间排距 3m，孔内注浆；洞脸设预应力锚索，上倾 15°，共三排，长 22～35m，1000kN 级共 56 根；向下倾 8°，锚索长 28～35m，2000kN 级共 28 根；沿洞顶开挖边线环向布置排深 28m 的管棚，并进行注浆进口技护岩体。经以上加固处理，增加了洞口段的整体性和稳定性，一次开挖到设计断面。大朝山电站导流隧洞进口支护示意如图 2.5.2 所示。

二滩电站 2 号泄洪洞出口段有长 207.83m 的安山质玄武岩，全强风化，有三组节理，节理裂隙面粗糙，内充填风化碎屑，个别有泥膜，裂隙间距 30～80cm，断续错列延伸 5～10m，个别达 20m，特别在 0+080 以后，岩石松弛明显，完整性差，洞口段覆盖厚 10～20m，为Ⅳ类围岩。洞口段施工方法是：洞口顶部减载，洞脸边坡改为 5∶1，在洞顶以上 50cm 处打斜锚杆，长 6m，间距 1.2m。坡面上设砂浆锚杆、挂网、喷 15cm 厚混凝土。洞口开挖采用短进尺、小药量，先开挖一半并及时支护，进尺 1.5m，周边光爆，在临近周边孔留一排孔不装药，进行二次爆破。开挖后喷 5cm 混凝土，打 ϕ25mm 长 3.5m 锚杆，间距 1.5m。当开挖 2～3 循环后，开挖另一半并进行支护，如此循环进行。断面全挖后，进行全断面挂网，再喷混凝土 10cm。节理密集洞段，采用 3.5m 长的尖头锚杆上仰 10°强行打入作为超前锚杆，然后再钻孔爆破，喷混凝土中还加入 40kg/m^3 钢纤维。采取这些措施后通过了洞口最困难地带。

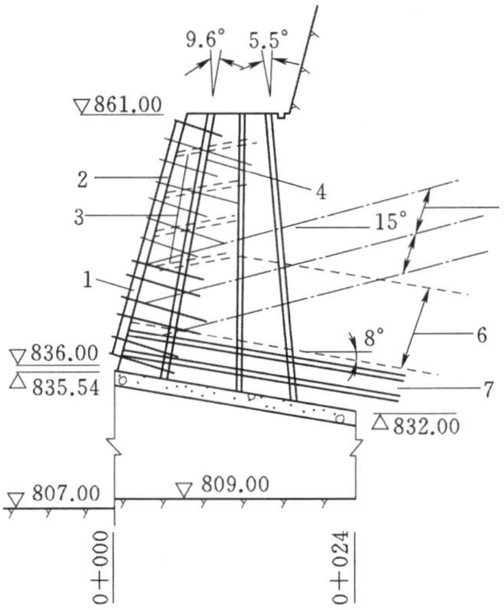

图 2.5.2 大朝山电站导流隧洞进口支护示意图

1—系统锚杆；2—喷混凝土；3—排水孔；4—竖向钢筋桩；5—1000kN 级上仰锚索；6—2000kN 级下倾锚索；7—钢管灌浆柱

2.5.3.2 洞内开挖

隧洞开挖的基本要求是：开挖的断面尺寸必须符合设计要求，尽量减少超、欠挖；爆落岩石的块度大小要适中，以便于出渣运出；对围岩的震动小，以保证围岩的稳定；钻孔工作量小，掘进速度快且单位进尺所消耗的物料要少等。合理地选择隧洞开挖方法，能够加快掘进施工进度，节省造价，简化施工过程，保证施工安全。隧洞开挖的方法主要取决于洞轴线附近的工程地质和水文地质条件、隧洞的断面形状和尺寸、所选用的机械设备等。隧洞的开挖一般有全断面开挖、半断面正台阶开挖和导洞开挖法等。

1. 全断面开挖法

全断面开挖是在隧洞的整个设计断面上一次性钻孔爆破，将工作面爆破成设计要求的断面，这种方法又可称为全断面一次爆破法。当地质条件较好时，全断面开挖法在小断面隧洞和大断面隧洞开挖中均可以采用。在小断面隧洞（一般断面面积小于 16m^2）施工中，如果采用半断面正台阶法开挖或先导洞后扩大的方法施工，由于工作面狭小，将给开挖工作带来很大的困难，因此一般多采用全断面开挖法。对于中等断面及大断面的隧洞，只要地质情况允许，山岩压力不很大，无须支护或仅局部需要简单的临时支护时，则应根据施工的具体条件，尽量采用全断面开挖法。

全断面开挖施工的特点是：断面一次钻眼爆破而达到设计的全断面尺寸要求，待开挖断面向前推进一定距离或隧洞全线挖通后，便可进行混凝土衬砌或锚喷支护。全断面开挖工作面大，空间尺寸也大，有利于进行机械化施工作业。图 2.5.3 所示为全断面开挖机械化施工的过程，它采用钻孔台车钻孔，装渣机向电瓶机车牵引的斗车装渣，衬砌采用钢模台车立模，由混凝土泵及其导管运输混凝土进行浇筑。全断面开挖的工作面大，有利于布置通风除尘设备改善洞内工作环境，交通运输布置方便。

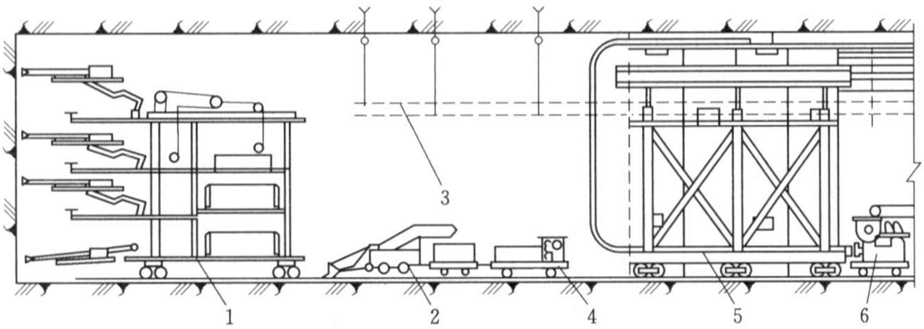

图 2.5.3　全断面开挖机械化施工程序

1—钻眼台车；2—装渣机；3—通风管；4—电瓶车；5—模板台车；6—混凝土泵

2. 台阶开挖法

当隧洞断面较大，或采用全断面开挖在技术、安全、经济等方面不够理想时，采用台阶开挖法（图 2.5.4）。台阶开挖法可沿水平面分下台阶掘进和上台阶掘进；也可沿宽度分区，即左、右竖直台阶掘进。

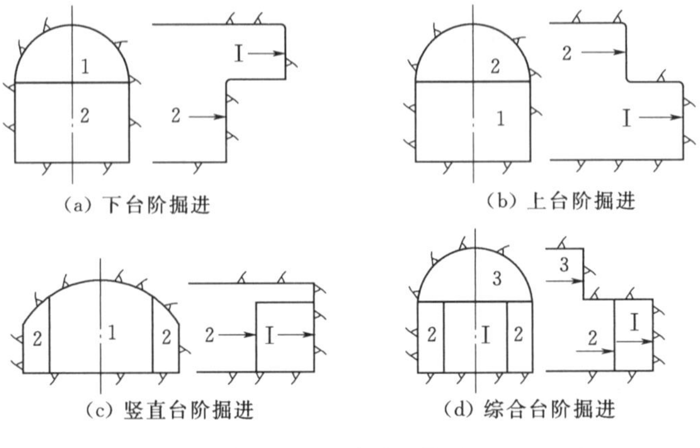

图 2.5.4　台阶开挖法

1～3—开挖顺序

下台阶掘进法是先挖断面上部，再挖下部。上部超前 2～3.5m，上下层同时爆破。通风散烟后，迅速清理好台阶上的石渣，就可以在台阶上钻孔，使下层出渣与上层钻孔同时作业。下层爆破由于增加了临空面，可以少用炸药。这种方式适用于断面较大，围岩稳定性好，但又缺乏钻孔台车等大型机械设备的情况。在掘进过程中要求上、下两层同时爆破，掘进深度应大致相同。

上台阶法是先挖下部，再挖上部。上部的开挖因自由而增加及岩体自重作用，可节省炸药，但安全处理和支护工作需进行两次。

竖直台阶法用于跨度大或钻机数量较少的情况，先挖断面中部，再挖两侧（光面爆破），这种方法开挖顶部不易塌方，有利安全。如果岩层较完整、钻机够用时应采用全断面开挖法。

根据工程统计资料分析认为：当断面小于85～110m^2、跨度小于10m时，最好采用全断面开挖；当断面和高度大于这个数值时，宜采用下台阶法。同时，各种台阶开挖方法应结合工程实际情况综合采用。

3. 导洞开挖法

导洞开挖法（图2.5.5）是先掘进断面的一部分（即导洞），而后扩大至全断面。此法适用于断面大、地质条件差，又无大型机械设备的情况。导洞断面大小和位置依岩石情况、出渣路线布置和装运渣能力确定。当隧洞较短时，可先将导洞全线挖通，然后再进行扩大开挖，这称为导洞钻进。导洞钻进有利于通风、测量和观察全洞线岩石情况，同时可减少导洞开挖与扩大开挖作业之间的干扰。

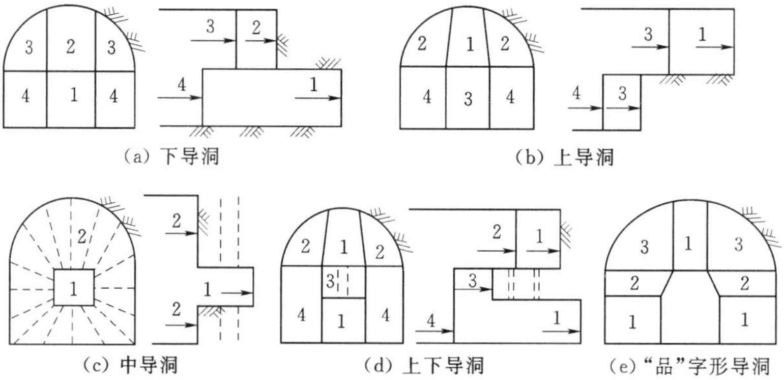

图2.5.5　导洞开挖法

1～4—开挖顺序

根据导洞位置不同，导洞法有如下方案：

(1) 下导洞。导洞选在断面下部中央，开挖后向上扩挖到顶部，再由两侧向底部扩大至全断面。挖后按先墙后拱的顺序衬砌。此法只需一次铺设出渣路线，扩大部分能利用岩渣下落经漏斗装车，且可利用下导洞排除洞内地下水。

(2) 上导洞。导洞设在断面顶拱中央，开挖后向两侧扩大，可及时衬砌顶拱，再开挖底部和边墙。此法适用于地质条件差、地下水严重、顶部临时支护拆移困难的情况。其顶部安全处理容易，有利施工安全，在机械化程度不高时可获得较快掘进进度。但导洞开挖和扩大开挖要分别布置出渣路线，有时拱顶衬砌与下部扩挖互相干扰而影响施工进度。

(3) 中导洞。导洞位于断面中部，全线打通后再辐射钻眼，向四周全面扩大。此法要求岩石坚硬完整，不需临时支护，洞径大且有柱架式钻机设备。

(4) 上下导洞。即上下导洞同时掘进。由上导洞扩大拱部并对顶拱衬砌，然后扩挖中层和边墙。此法工作面多，为避免出渣和顶部衬砌间互相干扰，往往用斜洞或竖井将上下导洞连通，上导洞运送混凝土，下导洞出渣排水。

(5) "品"字形导洞。主要用于开挖大断面洞室。

在工程实践中，当隧洞断面较大，沿洞轴线的地质条件复杂，岩层松软破碎，掘进时需边开挖边衬砌，可采用上部半断面先进开挖，下部半断面跟进开挖，即上导洞法施工。这种开挖方法是在整个隧洞的上部半断面掘进完成之后，再开挖下部半断面。出渣多采用自卸汽车运输，在靠近开挖工作面处设有汽车调向转盘，工作面处岩渣用侧卸式装载机装车。衬砌顺序是先拱后墙，并在拱墙结合处设置止水墙，以防渗漏。中槽开挖后即可开挖马口（隧洞边墙处支撑混凝土顶拱的岩体）并浇边墙混凝土。挖马口浇边墙是整个施工中比较薄弱的环节，但也是重要的环节，它直接关系到拱圈及整个断面衬砌的质量。马口开挖分对开马口和错开马口两种方式，在岩体较完整时，对开马口优于错开马口，因为对开马口可以减少施工干扰，避免爆破损坏对面已浇好的边墙混凝土。对开马口开挖时，第一槽宽度为 3～4m，衬砌后再挖第二槽马口，长度为 8～9m。马口的开挖顺序如图 2.5.6 所示。

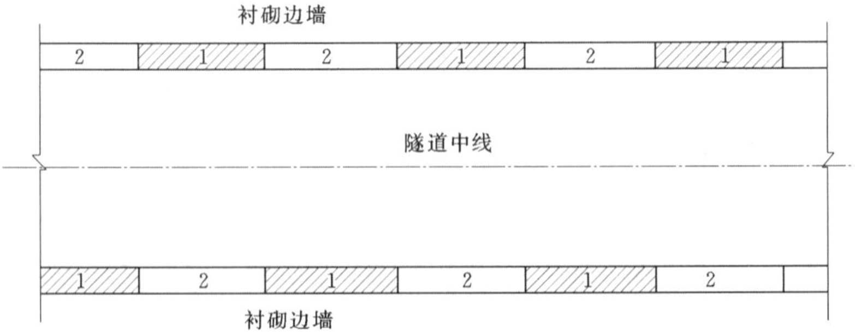

图 2.5.6　马口的开挖顺序示意图

2.5.4　开挖技术要求

洞口削坡应自上而下进行，严禁上下垂直作业。同时应做好危石清理，坡面加固，马道开挖及排水等工作。

进洞前，须对洞脸岩体进行鉴定，确认稳定或采取措施后，方可开挖洞口。

在Ⅳ类围岩中开挖大、中断面隧洞时，宜采用分部开挖方法，及时做好支护工作。在Ⅴ类围岩中开挖隧洞时，宜采用先护后挖或边挖边护的方法。

地下建筑物开挖，一般不应欠挖，尽量减少超挖，其开挖半径的平均径向超挖值不得大于 20cm。不良地质条件下的容许超挖值，由设计、施工单位商定并经监理工程师核准。

（1）遇到下列情况时，开挖与衬砌应交叉或平行作业：

1）在Ⅳ、Ⅴ类围岩中开挖隧洞或洞室。

2）需要衬砌的长隧洞。

（2）竖井采用自上而下全断面开挖方法时，应遵守下列规定：

1）必须锁好井口，确保井口稳定，防止井台上杂物坠入井内。

2）提升设施应有专门设计。

3）井深超过 15m 时，人员上下宜采用提升设备。

4）涌水和淋水地段，应有防水、排水措施。

5）Ⅳ、Ⅴ类围岩地段，应及时支护。挖一段衬砌一段或采用预灌浆方法加固岩体。

6）井壁有不利的节理裂隙组合时，应及时进行锚固。

（3）竖井采用贯通导井后，自上而下进行扩大开挖方法时，除遵守规范规定外，还应满足下列要求：

1）由井周边至导井口，应有适当的坡度，便于扒渣。

2）采取有效措施，防止石渣打坏井底棚架、堵塞导井和发生人员堕落事故。

在Ⅰ、Ⅱ类围岩中开挖小断面的竖井，挖通导井后亦可采用留渣法蹬渣作业，自下而上扩大开挖。最后随出渣随锚固井壁。

（4）特大断面洞室一般可采用下列方法施工：

1）对于Ⅰ～Ⅲ类围岩，可采用先拱后墙法。

2）对于Ⅲ、Ⅳ类围岩，可采用先墙后拱法。如采用先拱后墙法施工时，应注意保护和加固拱座岩体。

3）对于Ⅳ、Ⅴ类围岩，宜采用肋墙法与肋拱法，必要时应预先加固围岩。

与特大洞室交叉的洞口，应在特大洞室开挖前挖完并做好支护。如必须在开挖后的高边墙上开挖洞口时，应采取专门措施。

相邻两洞室间的岩墙或岩柱，应根据地质情况确定支护措施，确保岩体稳定。

特大断面洞室（或大断面隧洞），采用先拱后墙法施工时，拱脚开挖应符合下列要求，强制条文：

（a）拱脚线的最低点至下部开挖面的距离，不宜小于1.5m。

（b）拱脚及相邻处的边墙开挖，应有专门措施。

（c）顶拱混凝土衬砌强度不应低于设计强度的75%。

平洞开挖的循环进尺可根据围岩类别和施工机械等条件选用下列数值：Ⅰ～Ⅲ类围岩采用手风钻造孔时循环进尺宜为2.0～4.0m；采用液压单臂或多臂钻造孔时循环进尺宜为3.0～5.0m；Ⅳ类围岩循环进尺宜为1.0～2.0m；Ⅴ类围岩循环进尺宜为0.5～1.0m；循环进尺应根据监测结果进行调整。

相向开挖的两个工作面在相距30m距离放炮时，双方人员均需撤离工作面；在相距15m时，应停止一方工作，单向开挖贯通。

2.5.5 钻孔爆破要求

爆破参数采用工程类比法，或按《水工建筑物地下开挖工程施工规范》（SL 378—2007）的附表D选取。

爆破方式及顺序：宜采用塑料导爆管、非电毫秒雷管，根据孔位布置分段爆破，其分段爆破时差，应使每段爆破独立作用；周边孔应同时起爆。

（1）光面爆破和预裂爆破的主要参数应通过试验确定。试验参数可用工程类比法。光面爆破及预裂爆破的效果，应达到下列要求：

2.5.4 光面爆破

1）残留炮孔痕迹，应在开挖轮廓面上均匀分布。炮孔痕迹保存率，一般硬岩不少于80%，中硬岩不少于50%，软岩不少于20%。

2）相邻两孔间的岩面平整，孔壁不应有明显的爆破裂隙。

3）相邻两茬炮之间的台阶或预裂爆破孔的最大外斜值，不应大于20m。

4）预裂爆破的预裂缝宽度，一般不宜小于0.5m。

（2）特大断面洞室中下部开挖，采用深孔梯段爆破法时，应满足下列要求：

1）周边轮廓先行预裂。

2）采用毫秒雷管分段起爆。

3）按围岩和建筑物的抗震要求，控制最大一段的起爆药量。

钻孔爆破作业，应按照爆破图进行。

（3）钻孔质量应符合下列要求：

1）钻孔孔位应依据测量定出的中线、腰线及开挖轮廓线确定。

2）周边孔应在断面轮廓线上开孔，沿轮廓线调整的范围和掏槽孔的孔位偏差不应大于5cm，其他炮孔的孔位偏差不得大于10cm。

3）炮孔的孔底，应落在爆破图所规定的平面上。

4）炮孔经检查合格后，方可装药爆破。

炮孔的装药、堵塞和引爆线路的连接，应由经过训练的炮工按爆破图的规定进行。

2.5.6　隧洞出渣

将隧洞开挖工作面上爆破炸下的岩渣装入运输工具中并运至洞外的弃渣场，这一工序过程叫作隧洞出渣。隧洞装渣和运输是一项很繁重的工作，也是影响隧洞掘进进度的关键。因此，隧洞出渣应尽量采用机械作业，并合理地组织装运作业全过程。出渣作业包括装渣与运输两项工作内容。装渣方式有人工装渣和机械装渣两种形式，运输作业也有人工运输、有轨运输及自卸汽车运输等方式，当围岩稳定性较差时应适当选择分部开挖方式，如图2.5.7和图2.5.8所示。

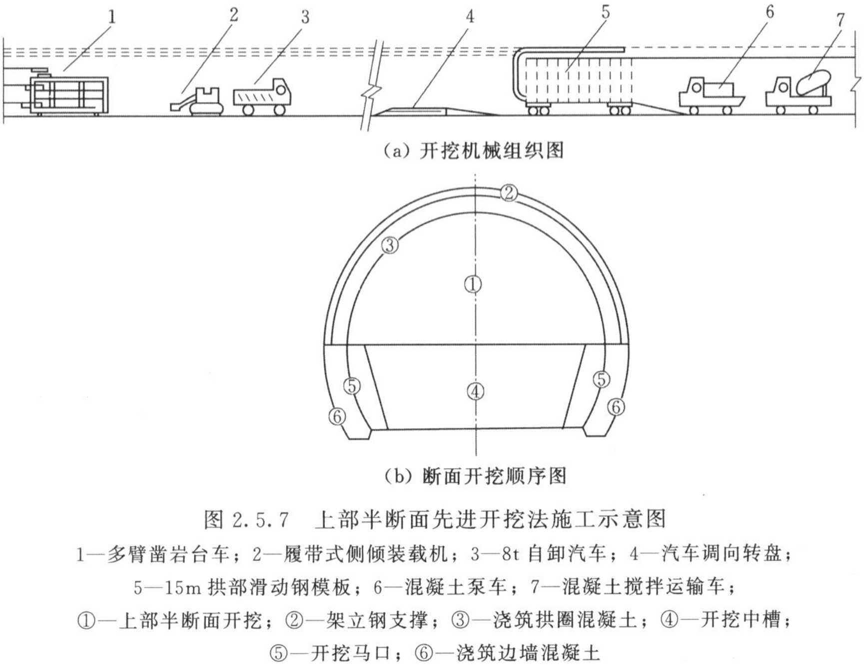

图2.5.7　上部半断面先进开挖法施工示意图

1—多臂凿岩台车；2—履带式侧倾装载机；3—8t自卸汽车；4—汽车调向转盘；5—15m拱部滑动钢模板；6—混凝土泵车；7—混凝土搅拌运输车；①—上部半断面开挖；②—架立钢支撑；③—浇筑拱圈混凝土；④—开挖中槽；⑤—开挖马口；⑥—浇筑边墙混凝土

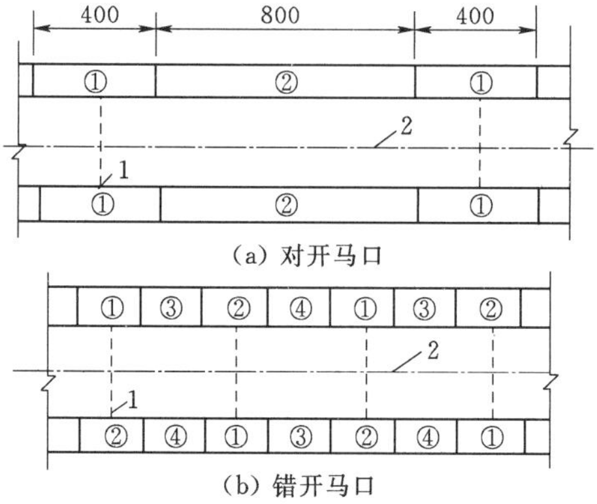

图 2.5.8 马口开挖顺序（单位：cm）

1—拱圈施工缝；2—隧洞中心线；①～④—施工顺序

2.5.5 风动凿岩机钻孔施工

2.5.6 凿岩台车钻孔

1. 人工装渣

在装渣强度不大或缺乏机械设备的情况下，或因开工初期，工作面未展开而不便于使用机械作业时，往往需要采用人工装渣。为了提高装渣工作效率，当采用上导洞开挖方式时，常利用工作平台车装渣（图 2.5.9）。

2. 机械装渣

机械装渣的强度及效率都很高。在有轨运输时，常用电动或风动装岩机。如图 2.5.10 所示为 0.4m^3 风动铲式装岩机，其生产率可达 $48\text{m}^3/\text{h}$。在断面较大的隧洞开挖中，可采用适合地下工程特点的 1m^3 短臂正向铲（图 2.5.11）或侧卸式装载机（图 2.5.12）装渣，并配备有轨斗车或自卸汽车运输。

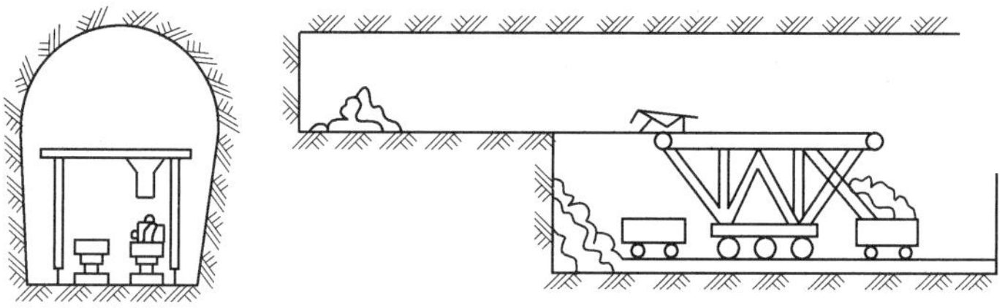

图 2.5.9 工作平台车装渣示意图

图 2.5.10 0.4m^3 风动铲式装岩机示意图

1—装渣时的铲斗；2—卸渣时的铲斗

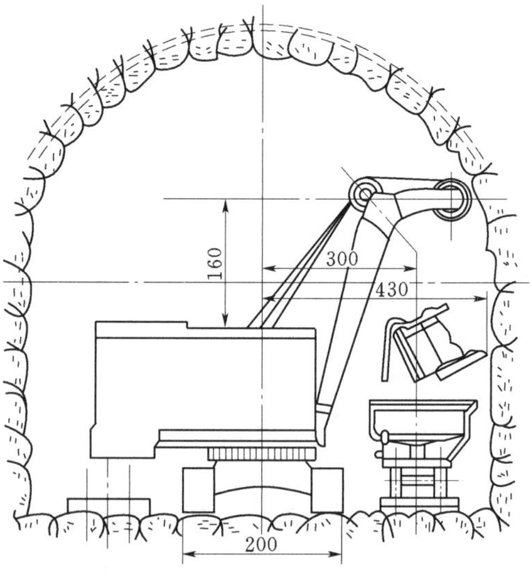

图 2.5.11 1m^3 短臂正向铲示意图（单位：cm）

3. 运输作业

石渣运输在中小断面隧洞中，多采用窄轨铁路及装渣列车，一般由电气机车或电瓶车牵引。当运距短、出渣量少时，也可采用人力推运斗车运输。洞内有轨运输宜铺设双线，并每隔 300～400m 设置岔道，以满足装卸及调车的需要（图 2.5.13）。如采用单线时，应每隔 100～200m 设置错车岔道，其有效长度应满足停放一列斗车（图 2.5.14）的要求。弃料场应设在洞口附近，其高程较洞底略低，以便重车下坡，并可利用废渣铺设路基，并逐渐向外延伸。

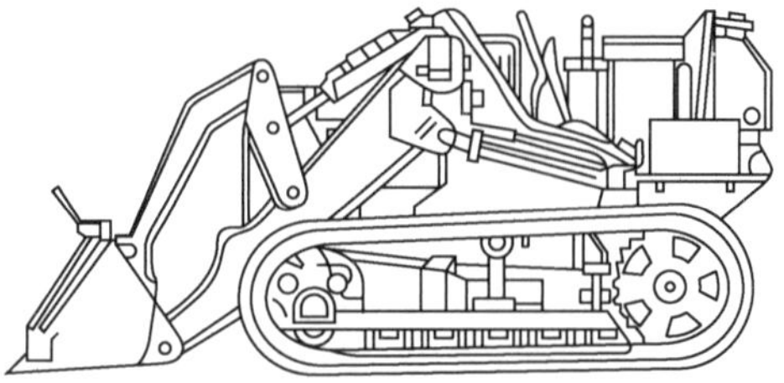

图 2.5.12　侧卸式装载机示意图

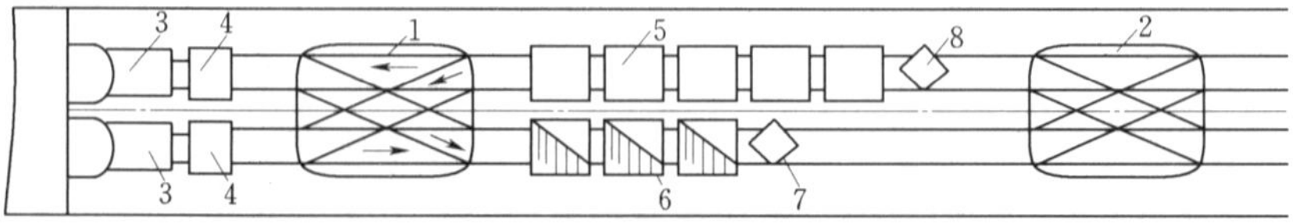

图 2.5.13　双线调车示意图

1、2—1 号和 2 号道岔；3—装岩机；4—正车装渣的车；5—空车；6—重车；7—电气机车；8—调车用的电气机车

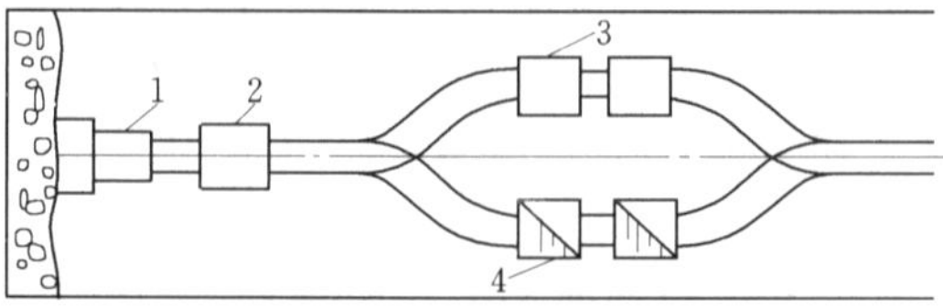

图 2.5.14　单线调车示意图

1—装岩机；2—正在装车的车；3—空车；4—重车

当隧洞断面较大时（直径在 6～8m 以上）也可采用自卸汽车运输石渣，但应加强洞内通风，以排除内燃机产生的有害气体。为了提高自卸汽车在洞内正向行驶的比例（倒车行驶不安全、速度慢、机械部分损耗大）可在洞内靠近工作面的位置设汽车调向转盘，提高汽车的运输效率。转向盘可随工作面的掘进而向前推进。

2.5.7　隧洞开挖的辅助作业

隧洞开挖的辅助作业有通风、防尘、防有害气体、供水、排水、供电、照明等。很明显，这些辅助工作是改善洞内劳动条件和工程顺利进行的必要保证。

2.5.7 ▶ 隧道施工通风

1. 通风与防尘

隧洞在开挖施工中，必须对工作面进行通风，以排除因爆破或其他原因而产生的有害气体和洞内的岩石粉尘等污浊空气，并改善洞内的温度、湿度及空气流动速度等不良情况，使洞内有一个良好的工作环境。只有在短洞或掘进长度还未超过 40m 的隧洞中，才允许采用自然通风，其他情况下都必须设置专用的通风机械设备。

机械通风是利用通风机械和输风管道进行的。根据风机和管道布置的方式不同，通风方式可分为压入式、抽出式和混合式三种，如图 2.5.15 所示。

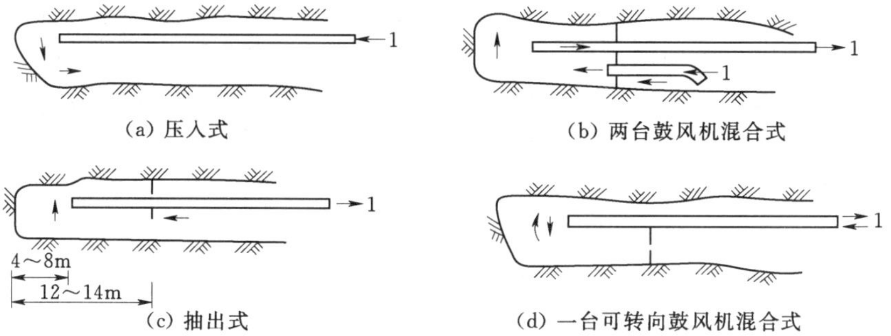

图 2.5.15　隧洞通风方式

1—鼓风机；箭头为气流方向

(1) 通风布置方式。

1) 压入式通风。这种通风方式是由布置在洞外的风机吸入新鲜空气，通过送风筒将其压入到工作面，使工作面的污浊空气经隧洞排出洞外。在布置送风筒时，风筒的出风口到工作面的距离不得大于 5m，以保证有效地排除工作面附近的炮烟和粉尘。压入式通风的优点是：能迅速地将工作面处的有害气体冲淡并排出洞外，可使用胶质或用铁皮卷制而成的风筒，安装方便，漏风少，故使用广泛；缺点是：污浊空气经隧洞排出，使整个隧洞有一个从污染到清除的过程。

2) 抽出式通风。该通风方式是将风机设置在工作面附近，将工作面处的污浊空气、炮烟及岩石粉尘等抽排到洞外，洞外的新鲜空气经隧洞补充到工作面。其优缺点与压入式相反，新鲜空气流入缓慢，但污浊空气不会污染整个隧洞。在布置时风机口距工作面距离稍远一些，以防爆破时打坏。在隧洞通风方式中，很少有单独采用抽出式的布置。

3) 混合式通风。混合式通风方式集中了上述两种通风方式的特点。当爆破后，可用抽出式风机将工作面处的炮烟、岩石粉尘等抽排至洞外，而设在洞外的压入式风机又能将洞外的新鲜空气直接送入工作面处，从而改善了洞内的工作环境。在布置时，压入式的风机口距抽出式的风筒末端间的距离应不小于 15m，以免造成循环风流，使抽出来的污浊空气又被压入到工作面处。而在工作面附近处，抽出式的风机口距压入式的风筒末端距离也不应小于 4m。

(2) 综合防尘。隧洞施工时，在钻孔、爆破、出渣及锚喷支护等作业时，不可避免地会产生大量的岩石粉尘。据测定，这些粉尘中一般含有大量的二氧化硅（SiO_2），其中多数是粒径小于 5nm 的粉尘，对人体危害很大。一般在粉尘中含有 10%以上的 SiO_2，就须采取综合防尘措施，将 SiO_2 的含量降低到 $2mg/m^3$ 以下。综合防尘的措施如下。

1) 湿式钻孔。即在凿岩时，使用有压水从钻机的钻杆中心空眼射入凿孔的孔底部，消除钻机在凿岩时产生的岩石粉尘，这是降低空气中粉尘浓度的最主要措施。

2) 水封爆破防尘。即用装在塑料袋中的水充分炮泥封堵炮孔这种措施可以将

1～5m范围内的粉尘降低50%～80%，同时可以减少爆破所产生的有害气体。

3）喷水、喷雾防尘。即在爆破后，对爆下的岩渣堆喷水，对工作面喷水雾降尘。

4）加强个体防护。作业人员在作业面工作时，必须佩戴好防尘口罩，并按劳动保护条例规定，做定期的身体检查。

2. 排水与供水

施工期间，为了保证隧洞沿线和开挖面附近不被水浸淹，需要做好排水工作，将地岩层的涌水、渗水及施工弃水排出洞外，同时也要防止汛期山洪暴发时河水灌淹隧洞。

排水方式应根据地下水的涌入量及隧洞开挖的设计布置而定。当隧洞是由出水口朝进水口方向掘进时，可采用顺坡挖沟排水，真坡度最好与隧洞纵坡相同。排水沟的断面尺寸应根据最大排水量来确定，并保证水面在沟顶以下不小于10cm。断面形状多为梯形，顶宽20～30cm，底宽15～25cm，沟深18～25cm，通常布置在洞底的中部或靠近地下岩层涌水量较大的某一侧，以不影响出渣运输为原则。当隧洞开挖是沿顺坡方向掘进时，应将隧洞沿轴线方向分段排水，每段设置排水沟和集水井，以利于用水泵分段抽排出洞外。

隧洞施工中，工作面钻孔，喷水喷雾降低粉尘、混凝土拌制及养护等都需要用水，其供水方法一般可在洞外较高处设置蓄水池，使压力水通过隧洞底角敷设的供水管道，送到开挖或浇筑的工作面，水压一般不小于304kPa。

3. 供风

压缩空气是风动的凿岩机、装岩机和混凝土喷射机的动力能源。供风是指压缩空气的供应。其供风系统包括动力装置（电动机或内燃机）、空气压缩机、附属设备（空气过滤器、贮气罐和冷却装置）和输气管网。

工地供风不仅需要满足风量要求，同时也要满足风压要求。风动机具的驱动压力为490～590kPa，考虑管路中的压力损失，要求空气压缩机工作压力为590～784kPa。

贮气罐（又称风包）的作用是调节压缩空气的压力，清除压缩空气中的水分和油脂。每台空压机都设有贮气罐，在较长的供风管道途中还应增设二级贮气罐。

输风管路使用无缝钢管和法兰盘接头。为了排除气凝水，管路铺设应有0.005～0.01的顺坡，每隔适当距离或在坡度改变处设分水管和泄水阀门。风管直径的大小应根据耗风量和管道长度而选择。机具与主管一般使用管径15～25mm，长10～20m的橡皮软管，通过连接器联系。

4. 照明与供电

隧洞沿线和工作面附近应有足够的照明设备。洞内照明应满足以下要求：对人体无害，不减少空气中的氧气含量，不产生有害气体。隧洞施工通常采用电灯照明，隧洞供电一般是用三相四线制。动力机械电压标准是380V，成洞地段照明用电为220V，工作地段照明为24～36V，手提作业灯为12～24V。

洞内由于空间小、潮湿，故安全用电十分需要。所有灯头、线路等的布置应注意绝缘和防水，并避免与出渣线路交叉相互干扰。

2.5.8 支护

执行规范：《水利水电工程锚喷支护技术规范》（SL 377—2025）

1. *支护的目的*

锚喷支护由于具有良好的力学性能和工作特性，已在工程中推广应用，它可适时地给围岩提供支护力。锚喷支护与围岩共同工作，控制围岩变形、调整和改善围岩应力状态，发挥围岩的自承能力，达到洞室稳定的目的。锚喷支护类型、参数根据围岩条件、断面大小等因素确定。

2. *支护方法*

锚喷支护跟随开挖面进行。锚喷支护的效果与施工方法有很大关系，特别是开挖程序、爆破方法、掘进进尺、支护顺序和支护时机。为了发挥围岩的承载能力，尽可能采用全断面开挖，减少对围岩的扰动次数；采取控制爆破技术，使开挖面规整，减少对围岩的破坏。掘进进尺根据地质条件确定，围岩稳定性差时，采取短进尺，限制循环进尺。支护顺序和支护时机与围岩稳定时间有关，对设置系统锚喷支护的地段，支护跟着开挖面进行；对稳定性很差的地段，更要及时支护，爆破后立即喷混凝土封闭岩面，控制围岩变形，待出渣后再挂网喷混凝土，安装锚杆，达到设计要求，需要时，采用钢拱架与锚喷联合支护。对松散、破碎自稳能力很差的围岩，采取超前锚杆、管棚或预注浆等方法加固岩体，再按短进尺、弱爆破、及时支护的原则进行开挖。《水利水电工程锚喷支护技术规范》（SL 377—2025）中对支护形式给出建议，参考表2.5.2。

3. *锚杆器材与喷射混凝土*

锚杆类型很多，常用的有砂浆锚杆、水压锚杆、树脂锚杆、胀壳式锚杆等。砂浆锚杆采取先注浆后插锚杆的方法，也曾使用水泥基药卷锚固剂，使砂浆很快凝固起支护作用。对较破碎的地层，使用水压锚杆、树脂锚杆，可立即起支护作用。如广州抽水蓄能电站斜井的F_{145}断层及破碎带宽80m，开挖后先喷5cm混凝土，安装水压锚杆和20cm×20cm钢垫板加固，更挂网复喷至15cm，使斜井安全迅速地通过断层破碎带。小浪底导流隧洞及排沙洞曾使用树脂卷张拉锚杆，直径25～32mm，长5～7m，间距1.25m×1.25m～1.5m×1.5m，树脂药包分快凝和慢凝两种，快凝时间为3～4min，慢凝时间为120～240min。安装树脂锚杆时，将锚杆旋转30s以上，保证树脂物质充分混合以达到锚固强度，并在快凝树脂凝固后、慢凝树脂凝固前进行张拉，施加预应力。对容易塌孔地段，改用管式锚杆，直径38mm，长5m，锚杆上开小孔，采取先安锚杆后注浆，浆液充满锚杆并进入岩层内，对岩体也起到了加固作用。

喷混凝土施工，由干喷法、半湿喷法发展到湿喷法，以保证喷混凝土强度和减少回弹，降低粉尘。喷混凝土还掺入钢纤维，以提高喷层的抗裂能力，提高抗压强度、抗弯强度和韧性。湿喷混凝土的施工工艺如图2.5.16所示。

4. *锚喷支护技术要求*

（1）锚杆参数及布置。

1）锚杆参数应根据施工条件，通过工程类比或试验确定。一般可参照下列规定选取：

2.5.8 ▶
隧洞钻孔

2.5.9 ▶
超前小导管施工

2.5.10 ▶
洞口管棚施工

表 2.5.2　永久性喷锚支护及支护参数

围堰类别	洞室开挖跨度 B/m					
	$B\leqslant5$	$5<B\leqslant10$	$10<B\leqslant15$	$15<B\leqslant20$	$20<B\leqslant25$	$25<B\leqslant30$
Ⅰ	不支护	（1）不支护； （2）50mm喷射混凝土	（1）50～80mm喷射混凝土； （2）50～80mm喷射混凝土，布置2.0～2.5m、间距1.0～1.5m砂浆锚杆	100～120mm喷射混凝土，布置2.5～3.5m、间距1.25～1.50m砂浆锚杆。必要时设置钢筋网	120～150mm喷射混凝土，布置3.0～4.0m、间距1.5～2.0m砂浆锚杆	150mm钢筋网喷射混凝土，相间布置长4.0m砂浆锚杆和5.0m张拉锚杆，间距1.5～2.5m
Ⅱ	（1）不支护； （2）50mm喷射混凝土	（1）80～100mm喷射混凝土； （2）50mm喷射混凝土，布置长2.0～2.5m、间距1.0～1.25m砂浆锚杆	（1）100～120mm钢筋网喷射混凝土； （2）80～100mm喷射混凝土，布置长2.0～3.0m、间距砂浆锚杆1.5～2.0m砂浆锚杆，必要时设置钢筋网	120～150mm钢筋网喷射混凝土，布置长3.5～4.5m、间距1.5～2.0m砂浆锚杆	150～200mm钢筋网喷射混凝土，布置长3.5～5.5m、间距1.5～2.0m砂浆锚杆，原位变形较大的部位进行二次支护	200mm钢筋网喷射混凝土，相间布置长4.0～5.0m砂浆锚杆和长5.0～8.0m张拉锚杆，间距1.5～2.5m，变形监测较大时，进行二次支护
Ⅲ	（1）80～100mm钢筋网喷射混凝土； （2）50mm钢筋网喷射混凝土，布置长1.5～2.0m、间距0.75～1.0m砂浆锚杆	（1）120mm钢筋网喷射混凝土； （2）80～100mm钢筋网喷射混凝土，布置长2.0～3.0m、间距1.0～1.5m砂浆锚杆	100～150mm钢筋网喷射混凝土，布置长3.0～4.0m、间距1.5～2.0砂浆锚杆	150～200mm钢筋网喷射混凝土，布置长3.5～5.0m、间距1.5～2.5m砂浆锚杆，原位监测变形较大部位进行二次支护	200mm钢筋网喷射混凝土，布置长5.0～6.0m砂浆锚杆和6.0～8.0m张拉锚杆，间距1.5～2.5m，原位监测变形较大部位进行二次支护	
Ⅳ	80～100mm钢筋网喷射混凝土，布置长1.5～2.0m、间距1.0～1.5m砂浆锚杆	150mm钢筋网喷射混凝土，布置长2.0～3.0m间距1.0～1.5m砂浆锚杆，原位监测变形较大部位进行二次支护	200mm钢筋网喷射混凝土，布置长4.0～5.0m、间距1.0～1.5m砂浆锚杆，原位监测变形较大部位进行二次支护，必要时设置钢拱架或栅格拱架			
Ⅴ	150mm钢筋网喷射混凝土，布置长1.5～2.0m间距0.75～1.25m砂浆锚杆原位变形较大部位进行二次支护	200mm钢筋网喷射混凝土，布置长2.0～3.5m、间距1.0～1.25m砂浆锚杆，原位监测变形较大部位进行二次支护				

注 1. 表中空白部分表示不宜采用锚喷支护作为永久性支护。当采用锚喷支护作为临时性支护时，可参照上一档次围岩类别或下一档次洞室开挖跨度初步确定支护参数，再根据监测结果最后确定设计与施工采用的支护参数。
2. 表中凡表明有（1）和（2）两项支护参数时可根据围岩特性选择其中一种作为设计的支护参数。
3. 表中表示范围的支护参数，洞室开挖跨度小时取小值，开挖跨度大时取大值。
4. 本表引自《水利水电工程锚喷支护技术规范》（SL 377—2007）。

2.5.11
锚杆钻机作业

2.5.12
锚杆加固原理

2.5.13
隧洞喷射混凝土施工

2.5.14
喷射混凝土支护原理

2.5.15
喷射混凝土施工

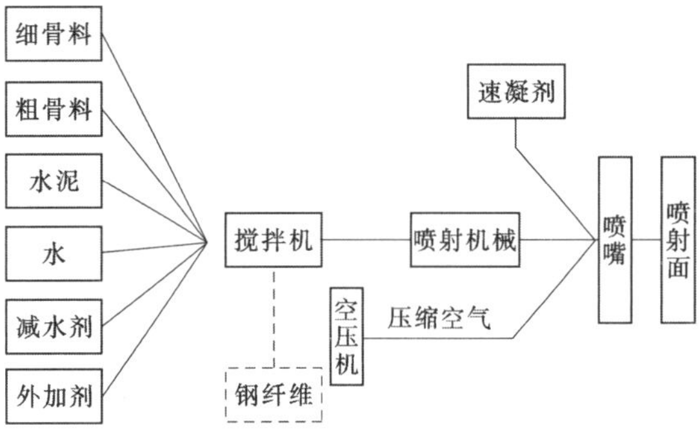

图 2.5.16　湿喷混凝土工艺流程图

a. 系统锚杆，锚入深度 1.5～3.5m，其间距为锚入深度的 1/2，但不得大于 1.5m；单根锚杆锚固力不低于 5t；局部布置的锚杆须锚入稳定岩体，其深度和间距根据实际情况而定。

b. 大于 5m 的深孔锚杆和预应力锚索，应结合永久支护做出专门设计。

c. 锚杆直径一般为 16～25m。

2）锚杆布置应与岩体主要结构面成较大的角度。当结构面不明显时，可与周边轮廓线垂直。

3）为防止掉块，直间可用钢筋、型钢或金属网连接，其网格尺寸宜为 5cm×5cm～8cm×8cm。

（2）敷设金属网（或钢筋网）时，应按下列规定控制质量：

1）金属网应随岩面敷设，其间距不小于 3cm。

2）喷混凝土的金属网格尺寸宜为 20cm×20cm～30cm×30cm，钢筋直径宜为 4～10mm。

3）金属网与锚杆连接应牢固。

（3）锚杆的质量检查。

1）楔缝式锚杆安装后 24h 应再次紧固，并定期检查其工作状态。

2）锚杆锚固力可采用抽样检查，抽样率不得少于 1%，其平均值不得低于设计值，任意一组试件的平均值不得低于设计值的 90%。

3）施工中，应对其孔位、孔向、孔径、孔深、洗孔质量、浆液性能及灌入密度等分项进行检查。

（4）砂浆锚杆的安设应符合下列质量要求：

1）砂浆：

a. 砂子宜用中细砂，最大粒径不大于 3mm。

b. 水泥宜选用普通硅酸盐水泥。

c. 水泥和砂之重量比宜为 1∶1～1∶2，水灰比宜为 0.38～0.45。

2）安设工艺：

a. 钻孔布置应符合设计要求，孔位误差不大于 20mm，孔深误差不大于 5mm。

b. 注浆前，应用高压风、水冲洗干净。

c. 砂浆应拌和均匀，随拌随用。

d. 应用注浆器注浆，浆液应填塞饱满。

e. 安设后应避免碰撞。

（5）喷混凝土的材料及性能应符合下列质量要求：

1）强度等级不低于 C20。

2）宜选用不低于42.5号的普通硅酸盐水泥。

3）选用中、粗砂，小石粒径为5～15mm。骨料的其他要求，按《水工混凝土施工规范》（SL 677—2014）的有关规定执行。

4）速凝剂初凝时间不大于5min，终凝时间不大于10min。

5）配合比可按下列经验数值确定。

a. 水泥和砂石之重量比宜为1∶4～1∶4.5。

b. 砂率为45％～55％。

c. 水灰比为0.4～0.5。

d. 速凝剂掺量为水泥用量的2％～4％。

（6）喷射混凝土的工艺要求。

1）喷射前，应将岩面冲洗干净，软弱破碎岩石应将表面清扫干净。

2）喷射作业应分区段进行，长度一般不超过6m，喷射顺序应自下而上。

3）后一次喷射，应在前一次混凝土终凝后进行，若终凝后1h以上再次喷射，应用风水清洗混凝土表面。

2.5.16
喷射混凝土施工技术

4）一次喷射厚度：边墙4～6cm，拱部2～4cm。

5）喷射2～4h后，应洒水养护，一般养护7～14d。

6）混凝土喷射后至下一循环放炮时间，应通过试验确定，一般不少于4h，放炮后应对混凝土进行检查，如出现裂纹，应调整放炮间隔时间或爆破参数。

7）正常情况下的回弹量，拱部为20％～30％；边墙为10％～20％。

（7）喷混凝土的质量标准，应按下列要求控制：

1）喷混凝土表面应平整，不应出现夹层、砂包、脱空、蜂窝、露筋等缺陷。如出现上述情况，应采取补救措施。

2）结构接缝、墙角、洞形或洞轴急变等部位，喷层应有良好的搭接。

3）不存在贯穿性裂缝。

4）出现过的渗水点已作了妥善处理。

5）强度。

a. 每喷$50m^3$混凝土，应取一组试件，当材料或配合比改变时，应增取一组，每组三个试块，取样要均匀。

b. 平均抗压强度不低于设计标号，任意一组试件的平均值不得低于设计标号的85％。

c. 宜采用切割法取样。

d. 喷射厚度应满足设计要求。

5. 隧洞支护常用手段

6. 锚喷支护施工质量验收

锚喷支护的施工质量验收标准应符合表2.5.3的要求。

2.5.9　隧洞衬砌

隧洞混凝土和钢筋混凝土衬砌的施工分为现浇、预填骨料压浆和预制安装等方法。现仅介绍现浇混凝土的衬砌方法。

表 2.5.3　　喷锚支护的施工质量验收标准

工序	项次		检验项目	质量要求	检验方法	检验数量
锚杆	主控项目	1	锚杆材质和胶结材料性能	符合设计要求	抽检，查看试验资料	按批抽查
		2	孔深偏差	≤50mm	钢尺、测杆测量	抽查 10%～15%
		3	锚孔清理	孔内无岩粉、无积水	观察检查	
		4	锚杆抗拔力（或无损检测）	符合设计要求和规范要求	查看试验记录	每 300 根抽查 3 根
			预应力锚杆张拉	符合设计要求和规范要求	查看试验记录	
	一般项目	1	锚杆空位偏差	≤150mm（预应力锚杆≤200mm）	钢尺、仪器测量	抽查 10%～15%
		2	锚杆钻孔方向	符合设计要求（预应力锚杆≤3%）	罗盘仪、仪器测量	
		3	锚杆钻孔孔径	符合设计规范	钢尺测量	
		4	锚杆长度偏差	≤5mm	钢尺测量	
		5	锚杆孔注浆	符合设计要求和规范要求	现场检查	
		6	施工记录	齐全、准确、清洗	查看	抽查
喷射混凝土	主控项目	1	喷射混凝土性能	符合设计要求	抽查、查看试验资料	每 $100m^3$ 不少于 2 组
		2	喷层均匀性	个别处有夹层、包沙	现场取样	按规范要求抽查
		3	喷层密实性	无滴水、个别点渗水	现场观察	全面检查
		4	喷层厚度	符合设计和规范要求	针探、钻孔	按规范要求抽查
	一般项目	1	喷射混凝土配合比	满足规范要求	查看试验资料	每个作业班检查 2 次
		2	受喷面清理	符合设计和规范要求	现场观察	全面检查
		3	喷层表面整体性	个别处有细微裂缝	观察检查	
		4	喷层养护	符合设计和规范要求	观察，检查施工记录	
		5	钢筋（丝）网格间距偏差	≤20mm	钢尺测量	按批抽查
		6	钢筋（丝）网安装	符合设计和规范要求	现场检查，钢尺测量	全面检查
		7	施工记录	齐全、准确、清洗	查看	

2.5.17 ▶

隧道施工衬砌

1. 隧洞衬砌的分段与分块

由于一般隧洞洞线较长，纵向需要分段进行浇筑。当结构上设有永久伸缩缝时，永久缝即可作为施工缝；当永久缝间距过大或无永久缝时，则应设施工缝分段浇筑，缝面亦需要进行刷毛处理。分段长度一般为 6～18m，视地质条件、隧洞断面大小、施工方法及浇筑能力等因素而定。

分段浇筑的顺序有：跳仓浇筑、分段流水浇筑、分段留空档浇筑等三种方式，如

图 2.5.17（a）、（b）、（c）所示。

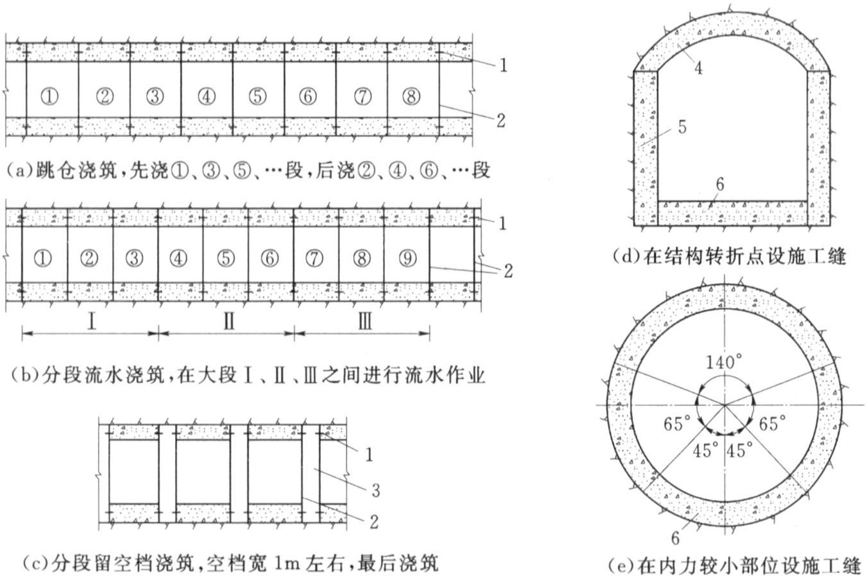

图 2.5.17　隧洞衬砌分段与分块

①～⑨—分段序号；Ⅰ、Ⅱ、Ⅲ—流水段序号；

1—止水；2—缝；3—空档；4—顶拱；5—边拱（边墙）；6—底拱（底板）

衬砌施工在横断面上分块进行，一般分成底拱、边拱和顶拱。如图 2.5.17 所示。其浇筑顺序一般是先底拱后边拱，再顶拱。其中边拱和顶拱可以按分块浇筑，也可以连续浇筑，视模板形式和浇筑能力而定。

2.5.18

隧道衬砌台车施工原理

2. 衬砌混凝土的浇筑

（1）模板架立：对于底拱，如果中心角不大，只需架立两端模板，待混凝土浇后，用弧形样板将表面刮成圆弧即可。当中心角较大时，一般采用悬吊式模板（图 2.5.18）先立端部模板，再立弧形模板桁架，然后随混凝土浇筑、逐渐从中间向两旁安装悬吊式模板。边拱和顶拱可用木桁架式模板（图 2.5.19）。通常是在洞外先将木桁架拼装好，运入洞内安装就位后再安设面板。

在大中型隧洞衬砌时，可用移动式钢模台车（图 2.5.20）。它可沿专用轨道移动，上面装有垂直和水平千斤顶及调节螺杆，用来撑开，收拢模板支架和调整模板就位。

（2）衬砌混凝土的浇筑和封拱：在中小型隧洞施工中，运送混凝土常用手推车或电车。当浇筑底拱时，可在其脚手架上运送混凝土直接倾倒入仓。浇筑边拱时，混凝土可由模板上预留的几层窗口进料，也可随浇随钉模板。

浇筑顶拱时，混凝土在模板顶部留几个窗口进料，顺洞轴线方向倒退浇筑，边浇边退边封闭窗口。如果浇筑段有一个相邻段还未浇筑，就一直退到端部，最后由端部挡板上预留的小窗口进料直到浇完为止。如浇筑段两端的相邻段都要浇好，只能在顶拱的最后一个窗口封拱。常采用封拱盒进行封拱（图 2.5.21）。工人在最后几个窗口

2.5.19

衬砌模板台车作业

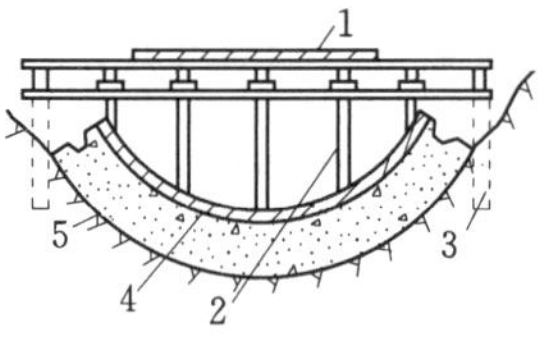

图 2.5.18 悬吊式模板

1—脚手板；2—固定模板的悬吊杆；3—支撑边柱；4—悬吊模板；5—已浇混凝土

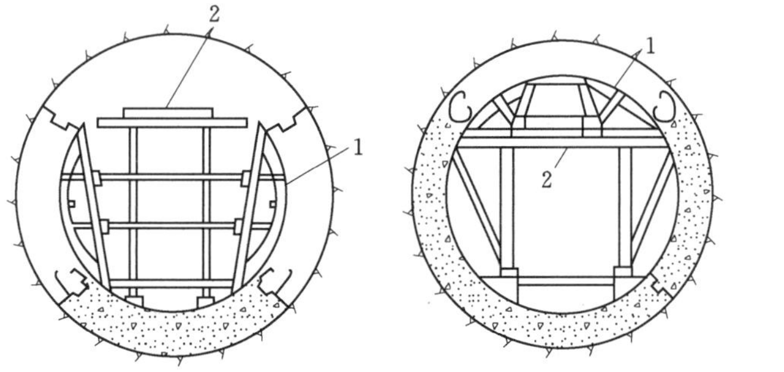

(a)边拱桁架式模板　(b)顶拱桁架式模板

图 2.5.19 木桁架式模板

1—桁架式模板；2—工作平台或脚手架

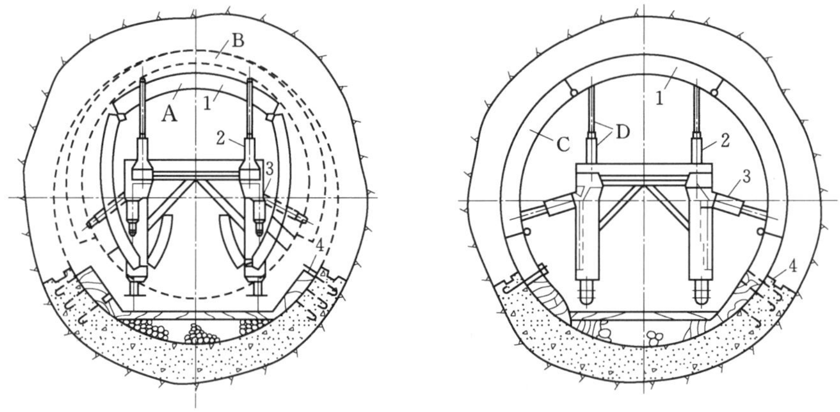

图 2.5.20 移动式钢模台车示意图

A—活动台车驮钢模就位；B—支起顶部钢模；C—支起两侧钢模；D—台车脱离钢模；1—钢模；2—液压千斤顶；3—螺杆千斤顶；4—预埋锚筋

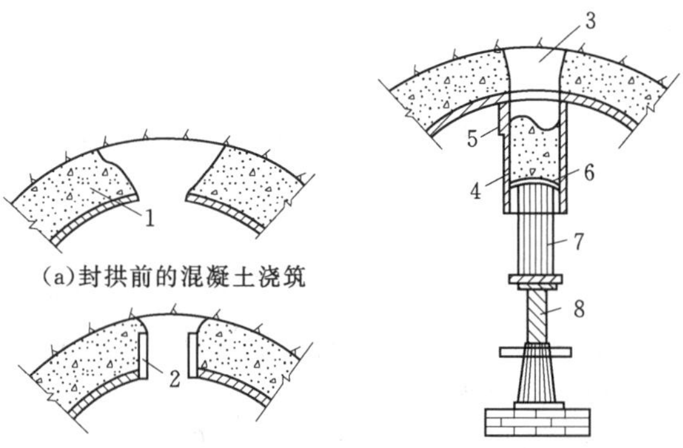

(a)封拱前的混凝土浇筑　(b)装侧模后预留方孔　(c)封拱盒封拱

图 2.5.21 用千斤顶封拱盒封拱

1—已浇混凝土；2—模框；3—封拱部分；4—封拱盒；5—进料活门；6—活动封口；7—顶架；8—千斤顶

把浇筑的部分尽量浇好，然后从窗口退出，在窗口四周立上模框，待混凝土达到一定强度拆掉模框，将洞口凿毛，装上封拱拱盒即可封拱。

用混凝土泵浇筑边拱和底拱，既可解决在狭窄隧洞内的运输问题，又可提高混凝土的浇筑质量。封拱时在导管末端接上冲天尾管伸入仓内（图 2.5.22）。为了排除仓内空气和检查顶拱混凝土填满程度，可在仓内最高处设通气管；为便于工人进仓工作，在仓的中央部位设置进人孔（图 2.5.23）。

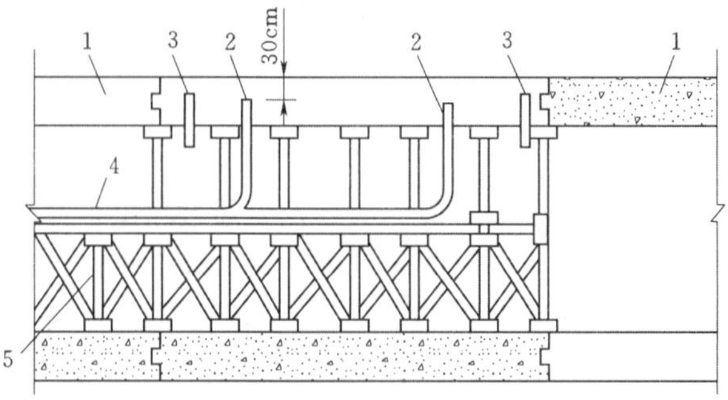

图 2.5.22　用混凝土泵的垂直封拱法
1—已浇段；2—冲天尾管；3—通气管；
4—混凝土导管；5—支架

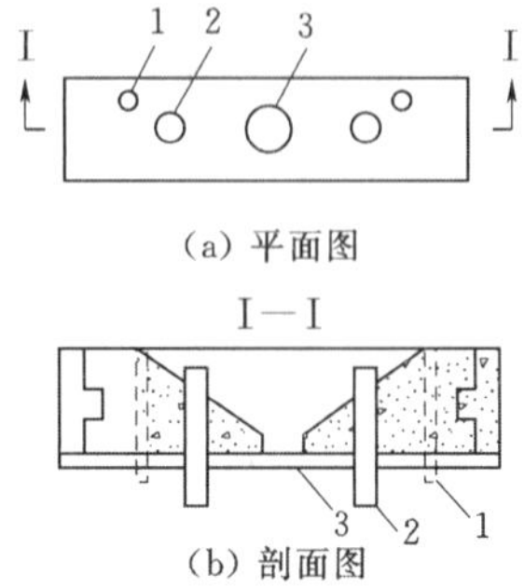

图 2.5.23　通气管和进人孔
1—通气管；2—冲天尾管；
3—进人孔

2.5.10　隧洞灌浆

隧洞灌浆有回填灌浆和固结灌浆两种。前者是填塞岩石与衬砌之间的空隙，以弥补混凝土浇筑质量的不足，所以只限于顶拱范围内；后者是为了加固围岩，以提高围岩的整体性和强度，所以范围包括断面四周的围岩。

为了节省钻孔工作量，两种灌浆都需要在衬砌时预留直径为 38～50mm 的灌浆钢管，并固定在模板上。

图 2.5.24 为隧洞两种灌浆管孔的布置。灌浆管孔沿洞轴线 2～4m 布置一排，各排孔位交叉排列。此外，还需要布置一些检查孔，用以检查灌浆质量。

灌浆必须在衬砌混凝土达到一定强度后才能进行，并先进行回填灌浆，隔一个星期后再进行固结灌浆。灌浆时应先用压缩空气清孔，然后用压力水冲洗。灌浆在断面上应自下而上进行，并利用上部管孔排气。在洞轴线方向采用隔排灌注、逐步加密的方法。

为了保证灌浆质量和防止衬砌结构的破坏，必须严格控制灌浆压力。回填灌浆压力为：无压隧洞第一序孔用 100～340kPa，有压隧洞第一序孔用 200～400kPa；第二序孔可增大 1.5～2 倍。固结灌浆的压力应比回填灌浆的压力高一些，以使岩石裂缝灌注密实。

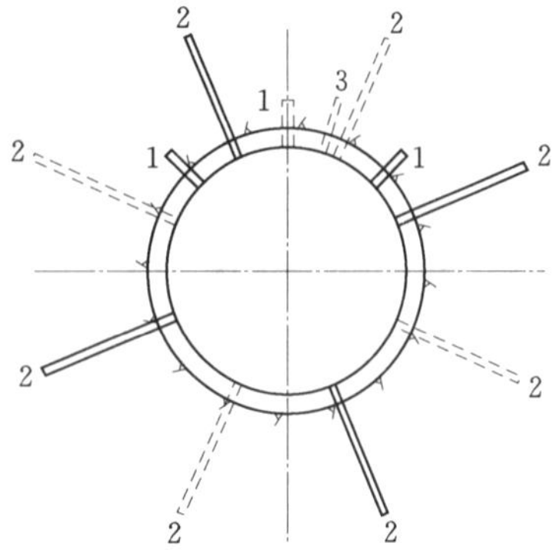

图 2.5.24　灌浆管孔的布置
1—回填灌浆管；2—固结灌浆管孔；
3—检查管

2.5.11　不良地质地段施工

不良地质地段施工以预防为主，查清地质构造、岩性、规模、地下水活动等情况，制定稳妥的开挖方案。这类地段一般采用浅孔、多循环、弱爆破、及时支护，对于地下水采取排、引、截、堵等方法处理，根据地质条件可采取边开挖边支护、环向开挖和支护、分部开挖与支护、先墙后拱等施工方法。稳定性差时，采取超前锚杆、管棚、灌浆等加固岩体，对埋藏较浅的部位，从地表钻孔设锚杆或灌浆加固。根据不同的地质条件，采取喷混凝土、挂网、锚杆、钢支架等不同组合的联合支护，紧跟开挖面进行，稳打稳扎，确保施工安全。

太平驿水电站引水隧洞箩筐弯沟断层破碎带及影响带总宽约250m，其中主断层宽41m，岩石为花岗岩，破碎带由多条碎裂面、片状岩及糜棱岩组成，地下水高于洞顶约60m。采用分部开挖和支护的施工方案，上半断面一次开挖先通过断层带并形成支护稳定体系，再按先拉中槽、后槽挖马口的方法开挖下半部。支护采取管棚、格栅钢支撑、钢筋网、喷混凝土联合支护体系。管棚为ϕ42mm，长5m，沿周边布置，孔距40cm，向上外插15°，钢支撑采用15cm×15cm正方形截面，每1.15m立一架。开挖及支护如图2.5.25所示。

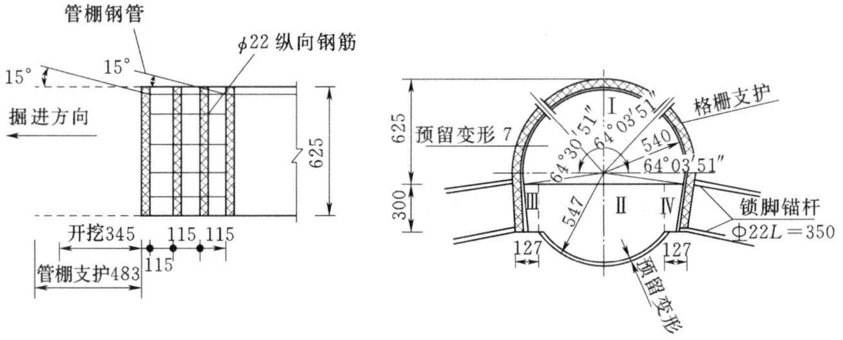

(a) 开挖图　　(b) 支护图

图2.5.25 箩筐弯沟断层破碎带开挖与支护图（单位：cm）

引洱入宾工程老青山输水隧洞，穿越F_7断层及影响带，地下水量大，采取预注浆堵水和加固地层的施工方案：按开挖直径的2.5倍为注浆有效范围，共布置8个辐射孔，根据涌水量情况分别采用单液水泥浆和双液水泥-水玻璃，注浆压力为5～6MPa，经8次循环高压劈裂注浆，使破碎岩体挤压密实，胶结牢固，切断了地下水通道，堵水率达80%～90%，起到了加固作用，使施工顺利进行。

广州抽水蓄能电站二期尾水洞进/出水口段属不良地质段大断面开挖，分两阶段施工。第一阶段包括闸门井、渐变段及洞口7m锁口段，已于第一期工程水库蓄水前完成。第二阶段即尾水洞0＋090～0＋022.8段，在一期工程蓄水发电后三年施工。该段布置如图2.5.26所示。该段为中粗粒黑云母花岗岩和薄层角化岩、硅化砂页岩，在其接触带附近，断裂构造发育，构造面多夹泥，为全风化夹少量强风化岩面，部分花岗岩蚀变严重，完整性差，又受水的浸湿，强度明显下降。洞口段靠岸坡，覆盖层仅10～20m，且位于库水位以下15m，渗漏量约50m^3/h。该段施工顺序是先进行洞口段0＋022.8～0＋050段施工，再进行0＋095～0＋050段施工，以防止库水突然涌入，危及二期地下厂房施工和一期地下厂房运行。施工中主要采取了以下措施。

(1) 对洞口上部勘探洞用混凝土回填，并进行回填灌浆，以减少洞顶松弛和阻断库水漏入通道。

(2) 对洞顶围岩进行超前固结灌浆和锚固，形成阻水屏障并加固岩体。在库水位

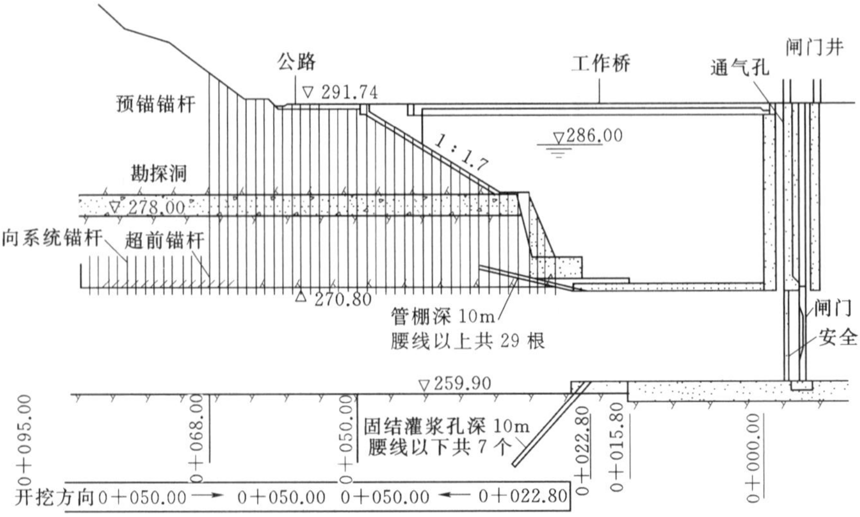

图 2.5.26　广州抽水蓄能电站二期尾水洞口纵剖面图

淹没范围即 0+022.8～0+048 段进行固结灌浆，孔距 1.2m×1m 洞顶部位孔深入开挖线以下 40cm，二侧孔深入腰线以下 200cm 采用水泥灌浆。对洞周 5m 范围内采用化学灌浆。0+022.8～0+064.4 段，从地表向下钻孔设锚杆，间距为 1.2m×1m，锚杆为 ϕ25mm，全孔锚固。

（3）开挖前从洞内打超前管棚和帷幕灌浆，管棚为 ϕ73mm 长 10m，间距 50cm。在腰线以下布置帷幕孔，孔深 10m，目的是阻止库水沿底部裂隙绕渗进入工作面。

（4）隧洞开挖方法。0+022.8～0+050 段采取先墙后拱法，施工通道为闸门井的通风孔，施工顺序如图 2.5.27（a）所示。

0+095～0+050 段采取台阶开挖，台阶长 5～10m，为进一步查明地质情况，改善通风条件和便于风水电线路布置，先在顶拱中部布置一个 2m×2m 的导洞。锚喷支护随着开挖面进行，如图 2.5.27（b）所示。施工中设两个监测断面，实测变形量小且很快趋于收敛。

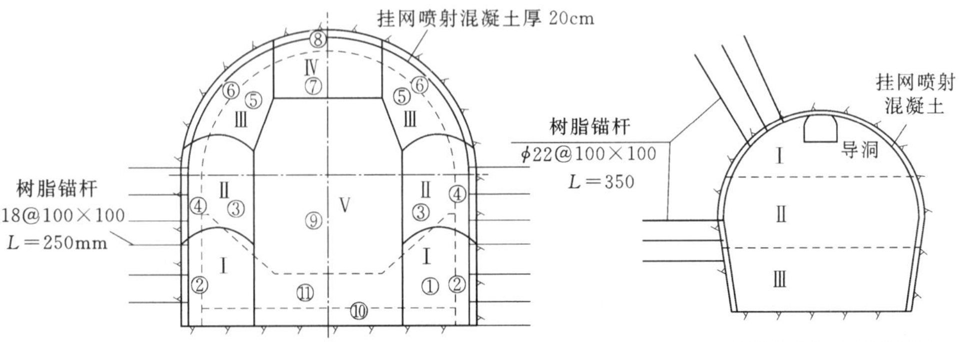

图 2.5.27　广州抽水蓄能电站二期尾水隧洞开挖示意图（单位：cm）

Ⅰ、Ⅱ、Ⅲ、…—开挖施工顺序；①、②、③、…—混凝土施工顺序

2.5.12 洞室开挖施工质量验收标准

岩石洞室开挖施工质量验收标准见表2.5.4。

表2.5.4 岩石洞室开挖施工质量验收标准

项次		检验项目	质量要求		施工单位自检		监理单位检验	
					检验方法	检验数量	检验(工作)方式	检验数量
主控项目	1	成洞、井轴线	最大允许偏差为±15cm		量测	每单元不少于3个点	见证检验	施工单位自检数量的20%
主控项目	2	爆破控制及效果	爆破未损害岩体的完整性，开挖面无明显爆破裂隙，声波降低率小于10%或符合设计要求		观察，声波检测(需要时采用)	全部。声波检测时，抽检不少于2组	观察。声波检测时，采用见证检验	全部。声波检测时，施工单位自检数量的20%
主控项目	3	地质缺陷处理结果	符合设计要求		观察，查阅施工和验收记录	全部	平行检验	全部
一般项目	1	壁面清撬	壁面上无残留的松动岩块和可能塌落危石碎块，岩石面干净，无岩石碎片、尘埃、爆破泥粉等		观察，查阅施工	全部	现场巡视	—
一般项目	2	轮廓线(壁面)超、欠挖	无结构要求	允许偏差为：岩质−10～20cm；土质0～10cm	量测	每5m一个断面，不少于3个断面；断面间点间距不大于2m，局部突出或凹陷部位(面积在0.5m²以上者)应增设检测点	见证检验	施工单位自检数量的20%
一般项目	2	轮廓线(壁面)超、欠挖	有结构要求	允许偏差为：岩质0～20cm；土质0～10cm	量测	每5m一个断面，不少于3个断面；断面间点间距不大于2m，局部突出或凹陷部位(面积在0.5m²以上者)应增设检测点	见证检验	施工单位自检数量的20%
一般项目	3	炮孔痕迹保存率	Ⅰ、Ⅱ类岩体	≥80%	量测	全数	见证检验	施工单位自检数量的20%
一般项目	3	炮孔痕迹保存率	Ⅲ类岩体	≥50%	量测	全数	见证检验	施工单位自检数量的20%
一般项目	3	炮孔痕迹保存率	Ⅳ类岩体	≥20%	量测	全数	见证检验	施工单位自检数量的20%

注 数字前面的负号表示欠挖。

任务2.6 岸坡开挖施工技术

学习导向

知识目标： 掌握岸坡岩石岸坡开挖技术方法和技术要求

能力目标： 能制定岸坡开挖方案，能控制开挖质量

素质目标： 培养钻研精神和认真态度

执行规范：《水工建筑物岩石地基开挖施工技术规范》(SL 47—2020)

参考规范：《水工建筑物岩石基础开挖工程施工技术规范》(DL/T 5389—2007)

平原河流枢纽的岩坡较低较缓，其开挖施工方法与河床开挖无大的差别。高岸坡

开挖方法大体上可分为分层（梯段）开挖、深孔爆破法开挖和辐射孔爆破法开挖三类。

2.6.1　分层开挖法

这是应用最广泛的一种方法，即从岸坡顶部起分梯段逐层下降开挖，其主要优点是施工简单，用一般机械设备可以进行施工；对于爆破岩块大小、岩坡的振动影响均较容易控制；施工技术较简单，岸坡防护和加固（例如锚喷等）也易于进行。

岸坡开挖时，如果山坡较陡，修建道路很不经济或根本不可能时，则可用竖井出渣或将石渣堆于岸坡脚下，即将道路通向开挖工作面是最简单的方法。

（1）道路出渣法。岸坡开挖量大时，采用此法施工，可满足高强度开挖的要求。开挖层厚度根据地质、地形和机械设备性能确定，一般不宜大于15m。如岸坡较陡，也可每隔40m高差布置一条主干道（即工作平台）。上层爆破石渣抛弃于工作平台或由推土机推至工作平台，进行二次转运。如岸坡陡峭，道路开挖工程量大，也要由施工隧洞通至各工作面。采用预裂爆破或光面爆破形成岸坡壁面。

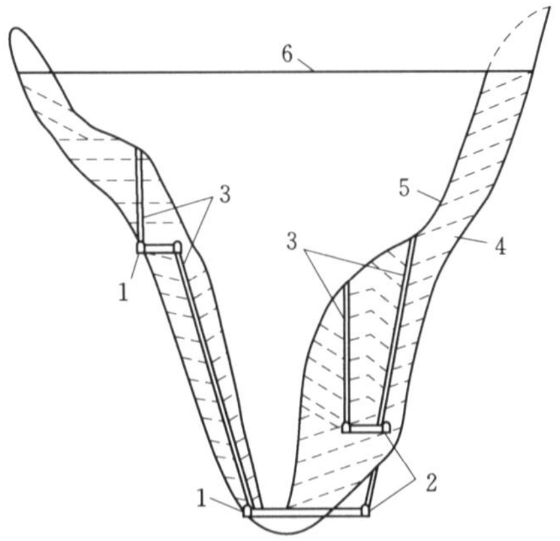

图2.6.1　柳米耶坝岸坡开挖竖井出渣示意图
1—坑道；2—运输洞；3—竖井；4—开挖设计线；5—地面线；6—坝顶

（2）竖井出渣法。当岸坡陡峭无法修建道路，而航运、过木或其他原因在截流前不允许将岩渣推入河床内时，可采用竖井出渣法。图2.6.1为意大利柳米耶坝岸坡开挖竖井出渣示意图。工程施工时在截流前不允许将石渣抛入河床，而岸坡很陡无法修建道路，岸坡开挖高度达135m以上，右岸开挖量为4.4万m^3，左岸为1.8万m^3，左右岸均开挖有斜井，斜井与平洞相连通。上面用小间距钻孔爆破，使岩石成为小碎块，用推土机将其推入斜井内，再经平洞运走。这种方法一般应用在开挖量不太大的地方，当挖方量很大时，只能作为辅助措施。

（3）抛入河床法。这是一种由上而下的分层开挖法，无道路通至开挖面，而是用推土机或其他机械将爆破石渣推入河床内，再由挖掘机装汽车运走。这种方法应用较多，但需在河床允许截流前抛填块石的情况下才能运用。这种方法的主要问题是爆破前后机械设备均需撤出或进入开挖面，很多工程都是将浇筑混凝土的缆式起重机先装好，钻机和推土机均由缆机吊运。

有一些坝因河谷较窄或岸坡较陡，石渣推入河床后，不能利用沿岸的道路出渣，只好开挖隧洞通至堆渣处，进行出渣。

（4）由下而上分层开挖法。当岩石构造裂隙发育或地质条件等因素导致边坡难以稳定，不便采用由上而下的开挖法时，可考虑由下而上分层开挖。

库同坝为高85m的混凝土拱坝，峡谷岩层为石英岩、片岩和板岩互层。片岩沿

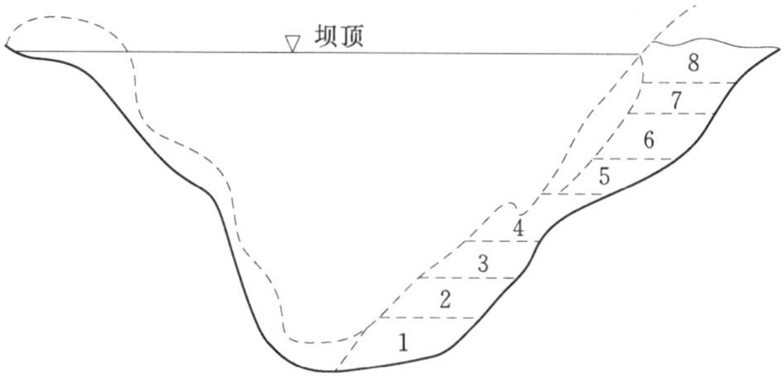

图 2.6.2　库同坝岸坡开挖（高程单位：m）
1～8—开挖顺序

坡边向上直达 300m 高处。岩层厚度 1.0～3.0m，层间夹有薄泥层以及深度很大的张开裂隙。左岸岩层较好，但有一组和岩层垂直，倾角为 30°。倾向河流的节理对稳定不利，因此采用由下向上的开挖方法，如图 2.6.2 所示。开挖时采用平洞，每层平洞挖好后立即填入混凝土，然后再进行上一层开挖。这种方法的优点主要是安全，混凝土浇筑时，应在上面留一定的空间，以便上层爆破时供石渣堆积（这种方法国内极少采用）。

2.6.2　深孔爆破法

高岸坡用几十米的深孔一次或二三次爆破开挖，其优点是减少爆破出渣交替所耗时间，提高挖掘机械的时间利用率。钻孔可在前期进行，对加快工程建设有利，但深孔爆破技术复杂，难保证钻孔的精确度，装药、爆破都需要较好的设备和措施。

2.6.3　辐射孔爆破法

辐射孔爆破法也是加快施工进度的一种施工方法，在矿山开采时使用较多，我国白山水电站曾采用这种方法。

为了争取工期，加快坝基开挖进度，白山坝基础开挖采用辐射孔爆破（图 2.6.3），取得了良好效果。大坝的 14～21 坝段，基础岩石位于水下，开挖量为 9.6 万 m^3。河床截流前先打坑道进入坝基内，在坑道内进行辐射式钻孔，坑道断面 3m×3.5m，主要是依据 CZZ-700 钻机工作条件确定的。第一次爆破的孔排距为 2.5m，以后改为 2m。每个断面内钻孔 12～15 个，孔深 4～18m，钻头直径 60mm。孔底距岩层表面为 1.5～2.0m。距上下游的开挖边界面 3.0m，同一断面内相邻两孔的孔底距离为 2.5m 左右，两个坑道之间的辐射孔孔底相距 1.0～1.5m。药包直径约为

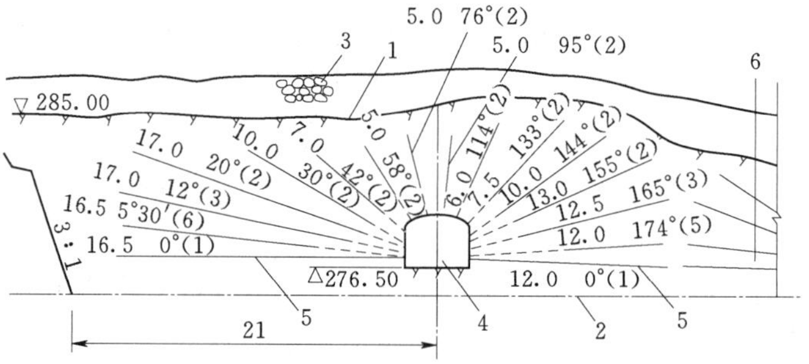

图 2.6.3　白山坝基础开挖采用辐射孔爆破（单位：m）
1—岩面线；2—设计开挖线；3—堆渣地面线；4—坑道；
5—顶裂孔；6—另一组辐射孔

60mm，用 FSR－100 型装药机装药。每米药量 2.53kg，装药长度按相邻两孔的药柱顶部之间距离不小于 1.5m 控制，孔口堵塞长度 2～6m。各孔的参数见表 2.6.1。第一次爆破岩石 0.5 万 m^3，其顶面堆渣约 0.2 万 m^3，共计 0.7 万 m^3。第二次爆破岩石 1.2 万 m^3，顶面堆渣 0.9 万 m^3，共计 2.1 万 m^3。尾水渠混凝土围堰下的岩石也是采用辐射爆破开挖，经估算，此种方法比常规的施工法提早两个月完工，节省劳动力 3.75 万工日，取得了较大的经济效益。

表 2.6.1　　白山水电站辐射孔参数

孔号	孔类	孔深/m	仰角	起爆次序	孔号	孔类	孔深/m	仰角	起爆次序
(1)	预裂	16.5	0°00′	1	7	辐射孔	5.0	76°00′	2
(2)	预裂	12.0	0°00′	1	8	辐射孔	5.0	95°00′	2
1	辐射孔	16.5	5°30′	6	9	辐射孔	6.0	114°00′	2
2	辐射孔	17.0	12°00′	3	10	辐射孔	7.5	133°00′	2
3	辐射孔	17.0	20°00′	2	11	辐射孔	10.0	144°00′	2
4	辐射孔	10.0	30°00′	2	12	辐射孔	13.0	155°00′	2
5	辐射孔	7.0	42°00′	2	13	辐射孔	12.5	165°00′	3
6	辐射孔	5.0	58°00′	2	14	辐射孔	12.0	174°00′	5

高岸坡开挖时，为保证下部河床工作人员与机械安全，必须对岸坡采取防护措施。一般是采用喷混凝土、锚杆和防护网等措施。喷混凝土是常用的方法，不但可以防止块石掉落，对软弱易风化岩石还可起到防止风化和雨水湿化剥落的作用。锚杆是用于岩石破碎或有构造裂隙可能引起大块岩体滑落的情况，必要时还应加喷混凝土，以保证安全。防护网也是常用的防护措施。防护网可贴岸坡安设，也可与岸坡垂直安设。外国常用的有尼龙网、有孔的金属薄板或钢筋网，多悬吊于锚杆上。当与岸坡垂直安设时，应在相距一定高度处安设，以免太高处落石击破防护网。

2.6.4　岸坡开挖质量验收标准

岩石岸坡开挖施工单元工程宜分为岩石岸坡开挖、地质缺陷处理两个工序，其中岩石岸坡开挖工序为主要工序。岩石岸坡开挖施工质量标准见表 2.6.2。

表 2.6.2　　岩石岸坡开挖施工质量标准

项次		检验项目	质量要求	施工单位自检		监理单位检验	
				检验方法	检验数量	检验（工作）方式	检验数量
主控项目	1	地质缺陷处理结果	不良地质，地质勘探坑、孔等的处理符合设计要求，并经验收合格；渗水（含泉眼）妥善引排或封堵	观察，查阅施工及验收记录	全部	平行检验	全部
	2	保护层开挖	控制爆破符合设计及施工方案要求	观察，查阅施工及验收记录	全部	平行检验	全部

续表

<table>
<tr><th colspan="2" rowspan="2">项次</th><th rowspan="2">检验项目</th><th colspan="2" rowspan="2">质 量 要 求</th><th colspan="2">施工单位自检</th><th colspan="2">监理单位检验</th></tr>
<tr><th>检验方法</th><th>检验数量</th><th>检验（工作）方式</th><th>检验数量</th></tr>
<tr><td>主控项目</td><td>3</td><td>岩体完整性</td><td colspan="2">未损害岩体的完整性，开挖面无明显爆破裂隙，声波降低率小于10%或符合设计要求</td><td>观察，声波检测（需要时采用）</td><td>全部。声波检测时，抽检不少于1组</td><td>观察。声波检测时，采用见证检验</td><td>全部。声波检测时，施工单位自检数量的20%</td></tr>
<tr><td rowspan="7">一般项目</td><td>1</td><td>边坡平均坡度</td><td colspan="2">不陡于设计坡度</td><td>量测</td><td>按走向每5m布置1条测线，按坡向每条测线不少于3个点</td><td>见证检验</td><td>施工单位自检数量的20%</td></tr>
<tr><td>2</td><td>马道（台阶）宽度</td><td colspan="2">最大允许偏差为±20cm</td><td>量测</td><td>每5m一个断面，不少于3个断面</td><td>平行检验</td><td>施工单位自检数量的10%</td></tr>
<tr><td>3</td><td>坡面超欠挖</td><td colspan="2">允许偏差为－10～20cm</td><td>量测</td><td>每5m一个断面，不少于3个断面，断面内测点间距不大于2m</td><td>见证检验</td><td>施工单位自检数量的20%</td></tr>
<tr><td rowspan="1">4</td><td rowspan="1">坡脚线位置</td><td colspan="2">高程最大允许偏差为±20cm
平面位置允许偏差为－10～20cm</td><td>量测</td><td>沿坡脚线长度方向每5m布置1个测点</td><td>见证检验</td><td>施工单位自检数量的20%</td></tr>
<tr><td rowspan="3">5</td><td rowspan="3">炮孔痕迹保存率</td><td>Ⅰ、Ⅱ类岩体</td><td>≥80%</td><td rowspan="3">观察、量测</td><td rowspan="3">全部</td><td rowspan="3">见证检验</td><td rowspan="3">全部</td></tr>
<tr><td>Ⅲ类岩体</td><td>≥50%</td></tr>
<tr><td>Ⅳ类岩体</td><td>≥20%</td></tr>
</table>

注 数字前面的负号表示欠挖。

任务2.7 岩基开挖施工技术

学习导向

知识目标：掌握岩基开挖技术要求
能力目标：能对开挖进行质量控制
素质目标：培养钻研精神和认真态度
执行规范：《水工建筑物岩石地基开挖施工技术规范》（SL 47—2020）
参考规范：《水工建筑物岩石基础开挖工程施工技术规范》（DL/T 5389—2007）

岩基开挖是岩基处理中最普通、最可靠的方法。开挖就是按照设计要求，将风化、破碎、有缺陷的岩层挖掉，使坝体修建在完整坚实的岩体上。

几乎所有的混凝土坝工程都有岩基开挖问题，且岩基开挖的工程量很大，有的甚至达到几十万立方米、几百万立方米，需要大量的机械设备、器材、资金和劳力，并占用相当长的工期。因此，如何又快、又好、又省地进行开挖处理，对于加快水利工程建设，有着相当重要的意义。

进行岩基开挖，通常是在充分具备坝址的工程地质资料、明确水工设计要求的基础上，结合工程的施工条件，由地质、设计、施工几方面的人员一起进行研究，确定坝基的开挖深度、范围及开挖形态。如发现重大问题，应及时协商处理，修改设计，报上级审批。

2.7.1　基岩开挖施工技术

2.7.1　坝基开挖程序

坝基开挖要保证质量，加快施工进度，做到安全施工，必须要按照合理的开挖程序进行。开挖程序因各工程的情况不同而不尽统一，但一般都要以人身安全为原则，遵守自上而下、先岸坡后基坑的程序进行，即按事先确定的开挖范围，从坝基轮廓线的岸坡部分开始，自上而下，分层开挖，直到坑基，图2.7.1为某水电站主坝坝基开挖示意图。

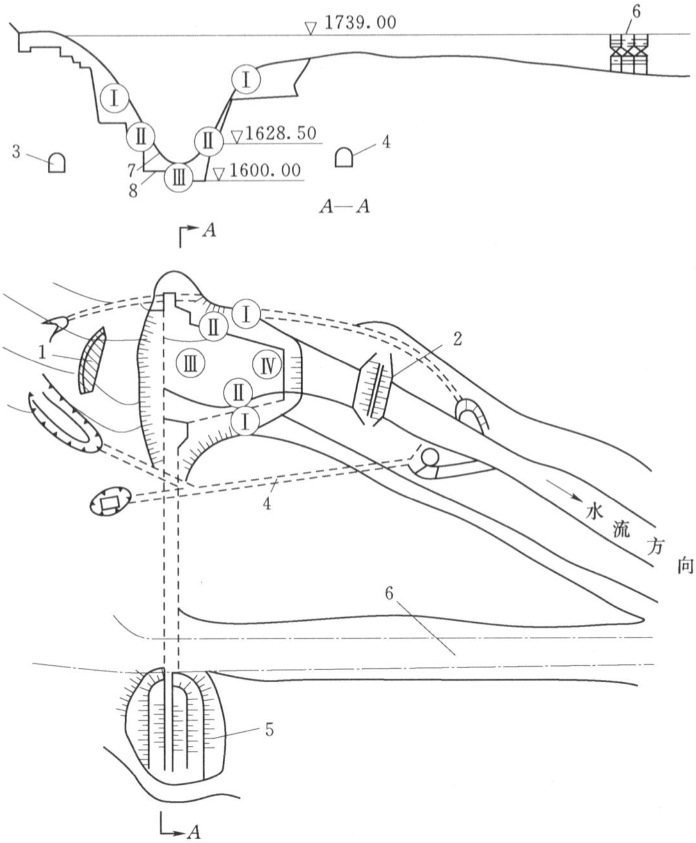

图2.7.1　某水电站主坝坝基开挖示意图

1—上游拱围堰；2—下游土石围堰；3、4—左、右岸导流洞；5—副坝；6—溢洪道；7—地面线；8—开挖线；Ⅰ～Ⅳ—开挖程序

对大中型工程来说，当采用河床内导流分期施工时，往往是先开挖围护段一侧的岸坡，或者坝头开挖与一期基坑开挖基本上同时进行，而另一岸坝头的开挖在最后一期基坑开挖前基本结束。

对一般中小型工程，由于河道流量小，施工场地紧凑，常采用一次断流围堰（全段围堰）施工。这样，一般是先开挖两岸坝头，后进行河床部分基坑开挖。对于顺岩层走向的边坡、滑坡体和高陡边坡的开挖，更应按照开挖程序进行开挖。开挖前，首先要把主要地质情况弄清，对可疑部位应及早开挖暴露并提出处理措施。一些小型工程为了赶工期也有采用岸坡、河床同时开挖的。这时由于上下分层作业，施工干扰大，要特别注意施工安全。

河槽部分采用分层开挖逐步下降的方法。为了增加开挖工作面，扩大钻孔爆破的效果，提高挖运机械的工作效率，解决开挖施工中的基坑排水问题，通常要选择合适的部位先抽槽，即开挖先锋槽。先锋槽的平面尺寸以便于人工或机械装运出渣为度，深度不大于向下实际挖深的2/3（即预留基础保护层），随后就利用此槽壁作为爆破自由面，在其两侧布设有多排炮孔进行爆破扩大，依次逐层进行。当遇有断层破碎带，应顺断层方向挖槽，以便及早查明情况，作出处理方案。抽槽的位置一般选在地形较低、排水方便及容易引入出渣运输道路的部位，也可结合水工建筑物的底部轮廓，如截水槽、齿槽部位布置，但截水槽、齿槽的开挖应做专题爆破设计。尤其对基础防渗、抗滑稳定起控制作用的沟槽，更应慎重地确定其爆破参数，以防因爆破原因而对基岩产生破坏。

2.7.2 施工测量

（1）施工测量资料应督促施工单位整理齐全，主要内容包括：

1）根据施工图纸和施工控制网点，测量定线并按实际地形测放开口轮廓位置的资料；在施工过程中，测放、检查开挖断面及高程的资料。

2）测绘（或搜集）开挖前的原始地面线，覆盖层资料，开挖后的竣工建基面等纵、横断面及地形图。

3）测绘的基础开挖施工场地布置图及各阶段开挖面貌图。

4）单项工程各阶段和竣工后的土石方量资料。

5）有关基础处理的测量资料。

（2）开口轮廓位置和开挖断面的放样应保证开挖规格。其精度限差应符合表2.7.1的要求。

（3）断面测量应符合下列规定：

1）断面测量应平行主体建筑物轴线设置断面基线，基线两端点应埋标（桩）。正交于基线的各断面桩间距，应根据地形的基础轮廓确定，一般为10～15m。

混凝土建筑物基础的断面应布设在各坝段的中线、分缝线上；弧线段应设立以圆弧中心为准的正交弧线断面，其断面间距的确定，除服从基础设计轮廓外，一般应均分圆心角。

2）断面间距用钢卷尺实量，实量各间距总和与断面基线总长（l）的差值应控制在$l/1500$以内。

表 2.7.1 放样点的精度限差

工程部位	点位中误差/mm	
	平面	高程
主体工程部位的地基轮廓点	±50[a] 或±100	±100
预裂爆破和光面爆破孔定位点	±10	±10
主体工程部位的坡顶点、中间点、非主体工程部位的地基轮廓	±100	±100
土、砂、石覆盖面开挖轮廓点	±200	±200

注 点位中误差均以相对于邻近控制点或测站点、轴线点确定。

a ±50mm 的误差仅指有密集钢筋网的部位。

3）断面测量需设转点时，其距离可用钢卷尺或皮卷尺实量。若用视距观测，必须进行往测、返测，其较差不应大于 $l/200$。

4）开挖中间过程的断面测量，可用经纬仪测量断面桩高程，但在岩基竣工断面测量时，必须以五等水测定断面桩高程。

（4）测绘。基础开挖完成后，应及时测绘最终开挖竣工地形图以及与设计施工详图同位置、同比例的纵横剖面图。竣工地形图及纵横剖面图的规格应符合下列要求：

1）原始地面（覆盖层和基岩面）地形图比例一般为 1∶200～1∶1000。

2）用于计算工程量（覆盖层和基岩面）的横断面图，纵向比例一般为 1∶100～1∶200，横向比例一般为 1∶200～1∶500。

3）竣工基础横断面图纵、横比例一般为 1∶100～1∶200。

4）竣工建基面地形图比例一般为 1∶200，等高距可根据坡度和岩基起伏状况选用 0.2m、0.5m 或 1.0m，也可仅测绘平面高程图。

2.7.3 坝基开挖深度

坝基开挖深度通常根据水工要求按照岩石的风化程度（强风化、弱风化、微风化和新鲜岩石）来确定。坝基一般要求岩基的抗压强度约为最大主应力的 20 倍，高坝应坐落在新鲜到微风化下限的完善基岩上，中坝应建在微风化的完整基岩上，两岸地形较高部位的坝体及低坝可建在弱风化下限的基岩上。岩基开挖深度，并非一挖到新鲜岩石就可以达到设计要求，有时为了满足水工建筑物结构形式的要求，还须在新鲜岩石中继续下挖。例如，高程较低的大坝齿槽，水电站厂房的尾水管部位等。有时为了减少在新鲜岩石中的开挖深度，提出改变上部结构形式，以减少开挖工程量。例如，黄龙滩水库工程的导流底孔，原设计底板厚度为 5m，后将其修改为厚 1m 的脱开底板，如图 2.7.2 所示，使开挖深度大为减少。

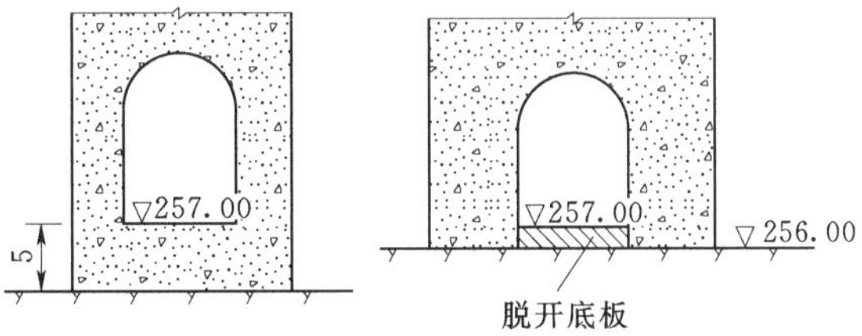

(a)坝身开孔的导流底孔 (b)脱开底板的导流底孔

图 2.7.2 修改设计减少开挖深度示意图（单位：m）

总之，开挖深度并不是一个多

挖几米少挖几米的简单问题，而是涉及大坝的基础是否坚实可靠，工程投资是否经济合理，工期和施工强度有无保证的大问题。

2.7.4 坝基开挖范围的确定

一般水工建筑物的平面轮廓，就是岩基底部开挖的最小轮廓线。实际开挖时，由于施工排水、立模支撑、施工机械运行以及道路布置等原因，常需适当放宽，扩挖的范围视实际需要而定。实际工程中放宽的距离，有从几米甚至到几十米的。

坝基开挖的范围，必须充分考虑运行和施工的安全。随着开挖高程的下降，对坡（壁）面应及时测量检查，防止欠挖，并避免在形成高边坡后再进行坡面处理。开挖的边坡一定要稳定，要防止滑坡和落石伤人。如果开挖的边坡太高，可在适当的高程设置平台和马道，并修建挡渣墙和拦渣栅等相应的防护措施。近年来，随着开挖爆破技术的发展，工程中普遍采用预裂爆破来解决或改善高边坡的稳定问题。在多雨地区，应十分注意开挖区的排水问题，防止由于地表水的侵蚀，引起新的边坡失稳问题。

开挖深度和开挖范围确定之后，应绘出开挖纵、横断面及地形图，作为基础开挖施工现场布置的依据。其中，《混凝土重力坝设计规范》（SL 319—2018）规定：

坝高超过150m时，宜建在新鲜、微风化基岩上；坝高为100～150m时，宜建在新鲜、微风化至弱风化下部基岩上；坝高为50～100m时，可建在微风化至弱风化中部基岩上；坝高小于50m时，可建在弱风化中部至上部基岩上。两岸地形较高部位的坝段，可适当放宽。

2.7.5 坝基开挖形态

重力坝坝段，为了维持坝体稳定，避免应力集中，要求开挖以后的基岩面比较平整，高差不宜太大，并尽可能略向上游倾斜，如图2.7.3所示。

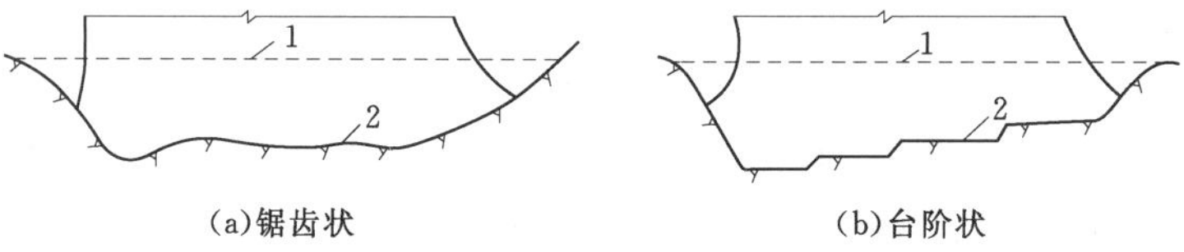

图2.7.3 坝基开挖

1—原基岩线；2—基岩开挖线

坝基岩面高差过大或向下游倾斜，宜开挖成一定宽度的平台。平台面应避免向下游倾斜，平台面的宽度以及相邻平台之间的高差，应与混凝土浇筑块的尺寸协调。通常在一个坝段中，平台面的宽度约为坝段宽度的1/2～1/3，如图2.7.4所示。在地形较陡的岸坡坝段，还应根据坝体侧向稳定的要求，在坝轴线方向也开挖成一定宽度的平台，如图2.7.5所示。

拱坝要径向开挖，因此岸坡地段的开挖面将会倾向下游。在这种情况下，沿径向亦应设置开挖平台。拱座面的开挖应与拱的推力方向垂直，以保证按设计要求使拱的推力传向两岸岩体。

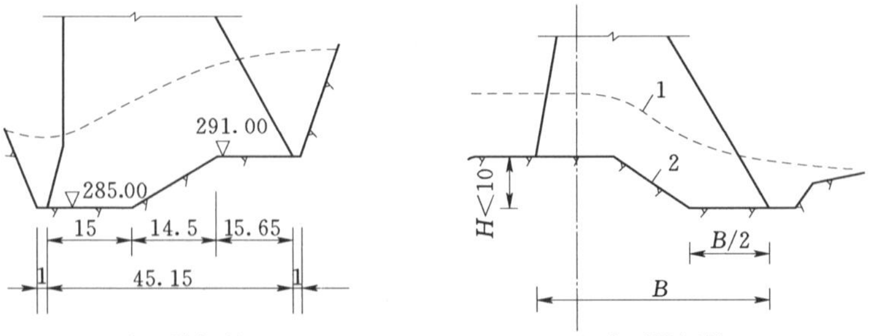

(a)向上游倾斜　　(b)向下游倾斜

图2.7.4 坝基开挖成一定宽度的平台示意图（单位：m）

1—原基岩线；2—基岩开挖线

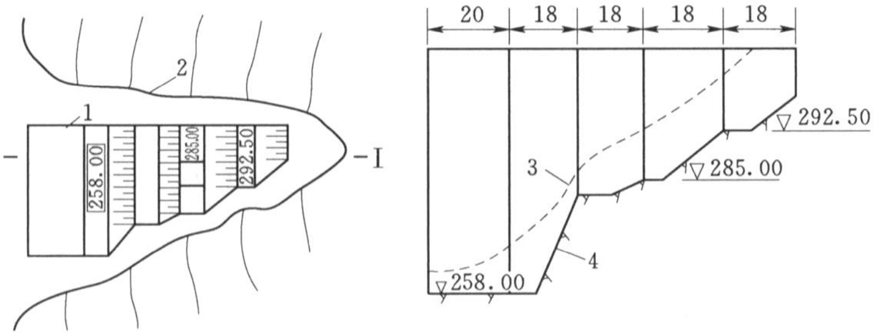

(a)平面图　　(b)Ⅰ—Ⅰ部面

图2.7.5 沿坝轴线方向的开挖图（单位：m）

1—下部轮廓线；2—上部轮廓线；3—原基岩线；4—基岩开挖线

支墩坝坝基，同样要求开挖比较平整，并略向上游倾斜。支墩之间高差太大时，应该使各支墩能够坐落在各自的平台上，并在支墩之间用回填混凝土或加撑墙等结构措施加固，以维护支墩的侧向稳定。

遇有深槽或凹槽以及断层破碎带情况时，应作专门的研究，一般要求挖去表面风化破碎的岩层以后，用混凝土将深槽或凹槽以及断层破碎带填平，使回填的混凝土形成混凝土塞，和周围的基岩一起作为坝体的基础。为了保证混凝土塞和周围基岩的结合，还可以辅以锚筋和接触灌浆等加固措施。

2.7.6 坝基开挖施工

坝基开挖主要是用钻孔爆破、分层向下、留有一定保护层的方式进行。

坝基爆破开挖的基本要求：保证质量，注意安全，方便施工。

2.7.2 基岩开挖施工技术

保证质量就是要求在爆破开挖过程中，防止由于爆破震动影响而破坏基岩，防止产生爆破裂缝或使原有的构造裂隙有所发展；防止由于爆破震动影响而损害已经建成的建筑物或已经完工的灌浆地段。为此，对坝基的爆破开挖提出了一些特殊的要求和专门的措施。

为保证基岩岩体不受开挖区爆破的破坏，应按留足保护层（指在一定的爆破方式下，建筑物基岩面上预留的相应安全厚度）的方式进行开挖。当开挖深度较大时，可采用分层开挖。分层厚度可根据爆破方式、挖掘机械的性能等因素确定。遇有不利的地质条件时，为防止过大震裂或滑坡等，爆破孔深和最大装药量应根据具体条件由施工、地质和设计单位共同研究，另行确定。

开挖施工前，应根据爆破对周围岩体的破坏范围及水工建筑物对基础的要求，确定垂直向和水平向保护层的厚度。不具备试验条件时，可参照表2.7.2选取。

表2.7.2　　保护层厚度参考值

保护层名称	H/D		
	软弱岩石（$\sigma_{压}<300kg/cm^2$）	中等坚硬岩石（$\sigma_{压}=300\sim600kg/cm^2$）	坚硬岩石（$\sigma_{压}>600kg/cm^2$）
垂直保护层	40	30	25
地表水平保护层		200～100	
底部水平保护层		150～75	

注　表中H为保护层厚度，D为台阶爆破孔底部的装药直径。

保护层以上的开挖，一般采用延长药包梯段爆破，或先进行平地抽槽毫秒起爆，创造条件再进行梯段爆破。梯段爆破应采用毫秒分段起爆，最大一段起爆药量应不大于500kg。

保护层的开挖是控制基岩质量的关键。基本要求：①如留下的保护层较厚，距建基面1.5m以上部分，仍可采用中（小）孔径及相应直接的药卷进行梯段毫秒爆破；②紧靠建基面1.5m以上的一层，采用手风钻钻孔，仍可用毫秒分段起爆，其最大一段起爆药量应不大于300kg；③建基面上1.5m以内的垂直向保护层，采用手风钻钻孔，火花起爆，其药卷直径不得大于36mm；④最后一层炮孔，对于坚硬、完整岩基，可以钻至建基面终孔，但孔深不得超过50cm；对于软弱、破碎岩基，要求留足20～30cm的撬挖层。

在安排工程施工进度时，应避免在已浇的坝段和灌浆地段附近进行爆破作业。如无法避免时，则应有充分的论证和可靠的防震措施。

根据建筑物对基岩的不同要求以及混凝土不同龄期所允许的质点振速度值（即破坏标准），规定相应的安全距离和允许装药量。

在邻近建筑物的地段（10m以内）进行爆破时，必须根据被保护对象的允许质点振动速度值，按该工程的振动衰减规律严格控制浅孔火花起爆的最小装药量。当装药量控制到最小程度仍不能满足要求时，应采取打防震孔或其他防震措施加以解决。

在灌浆完毕地段及其附近，如因特殊情况需要爆破时，只能进行少量的浅孔火花爆破。还应对灌浆区进行爆前和爆后的对比检查，必要时，还须进行一定范围的补灌。

此外，为了控制爆破的地震效应，可采用限制炸药量或静态爆破的办法。亦可采用预裂防震爆破、松动爆破、光面爆破等行之有效的减震措施。

在坝基范围内进行爆破和开挖要特别注意安全。必须遵守爆破作业的安全规程。在规定坝基爆破开挖方案时，开挖程序要以人身安全为原则，应自上而下，先岸坡后河槽的顺序进行，亦即要按照事先确定的开挖范围，从坝基轮廓线的岸坡部分开始，自上而下，分层下挖，直到河槽，坝基开挖程序如图 2.7.6 所示，不得采用自下而上或造成岩体倒悬的开挖方式进行。但经过论证，局部宽敞的地方允许采用“自下而上”的方式，拱坝坝肩也允许采用“造成岩体倒悬”的方式。如果基坑范围比较集中，常有几个工种平行作业，在这种情况下，开挖比较松散的覆盖层和滑坡体更应自上而下的进行，如稍有疏忽，就可能造成生命财产的巨大损失，这是过去一些工程得到的教训，应引以为戒。

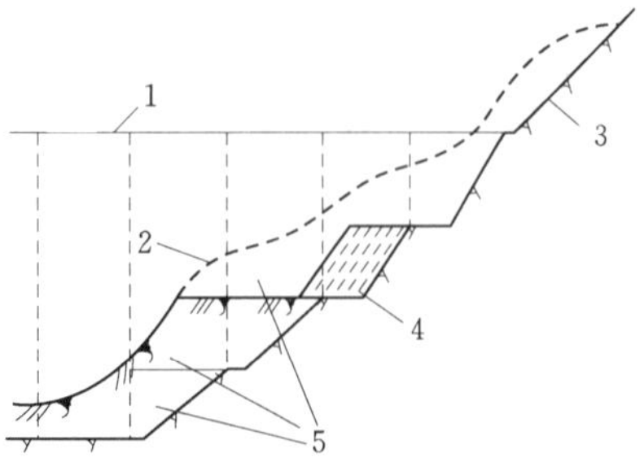

图 2.7.6 坝基开挖程序

1—坝顶；2—原地面线；3—安全削坡；4—开挖线；5—开挖层

河槽部分也要分层、逐步下挖，为了增加开挖工作面，扩大钻孔爆破的效果，解决开挖施工时的基坑排水问题，通常要选择合适的部位，抽槽先进。抽槽形成后，再分层向下扩挖。抽槽的位置，一般选在地形较低、排水方便、容易引入出渣运输道路的部位，常可结合水工建筑物的底部轮廓，如截水槽、齿槽等部位进行布置。但截水槽、齿槽的开挖应做专题爆破设计。尤其对基础防渗、抗滑稳定起控制作用的沟槽，更应慎重地确定其爆破参数。

方便施工就是要保证开挖工作的顺利进行，要及时做好排水工作。岸坡开挖时，要在开挖轮廓外围，挖好排水沟，将地表水引走。河槽开挖时，要配备移动方便的水泵，布置好排水沟和集水井，将基坑积水和渗水抽走。同时，还必须从施工进度安排、现场布置以及各工种之间互相配合等方面来考虑，做到工种之间互相协调，使人工和设备充分发挥效率，施工现场井然有序以及开挖进度按时完成。为此，有必要根据设备条件将开挖地段分成几个作业区，每个作业区又划分几个工作面，按开挖工序组织平行流水作业，轮流进行钻孔爆破、出渣运输等工作。在确定钻孔爆破方法时，需考虑到炸落石块粒径的大小能够与出渣运输设备的容量相适应，尽量减少和避免二次爆破的工作量。出渣运输路线一端应直接通到各层的开挖工作面的下面，另一端应和通向上下游堆渣场的运输干线连接起来。出渣运输道路的规划应该在施工总体布置中，尽可能结合场内交通半永久性施工道路干线的要求，一并考虑，以节省临时工程的投资。

基坑开挖的废渣，最好能加以利用，直接运至使用地点或指定地点暂时堆放。因此，需要合理组织弃渣的堆放，充分利用开挖的土石方。这不仅可以减少弃渣占地，还可以节约资金，降低工程造价。

不少工程利用基坑开挖的弃渣来修筑土石副坝和围堰，或将合格的砂石料加工成混凝土骨料，做到料尽其用。另外，在施工安排有条件时，弃渣还应结合农业上改地造田，加以充分利用。为此，必须对整个工程的土石方进行全面规划，综合平衡，做到开挖和利用相结合。通过规划平衡，计算出开挖量中的使用量及弃渣量，均应有堆存和加工场地。弃渣的堆放场地，或利用于填筑工程的位置，应有沟通这些位置的运输道路，使其构成施工平面图的一个组成部分。

弃渣场地必须认真规划，并结合当地条件做出合理布局。弃渣不得恶化河道的水流条件，或造成下游河床淤积；不得影响围堰防渗，抬高尾水和堰前水位，阻滞水流；同时，还应注意防止影响度汛安全等情况的发生。特别需要指出的是：弃渣堆放场地，还应力求不占压或少占压耕地，以免影响农业生产。临时堆渣区，应规划布置在非开挖区或不干扰后续作业的部位。

在岩石坝基开挖中，国内一般工程也采用了预裂爆破、扇形爆破开挖等技术，获得了优良的开挖质量和较好的经济效果。

2.7.7 岩石基础开挖工程的质量控制要点

1. 基础开挖

一般情况下，基础开挖应自上而下进行。当岸坡和河床底部同时施工时，应确保安全；否则，必须先进行岸坡开挖。未经安全技术论证和监理工程师批准，不得采用自上而下或造成岩体倒悬的开挖方式。

为保证基础岩体不受开挖区爆破的破坏，应按留足保护层的方式进行开挖。在有条件的情况下，则应先采取预裂防震，再进行开挖区的松动爆破。当开挖深度较大时，可分层开挖。分层厚度可根据爆破方式、挖掘机械的性能等因素确定。

基础开挖中，对设计开口线外坡面、岸坡和坑槽开挖壁面等，若有不安全的因素，均必须进行处理，并采取相应的防护措施。随着开挖高程下降，对坡（壁）面应及时测量检查，防止欠挖。避免在形成高边坡后再进行坡面处理。

遇有不良的地质条件时，为了防止因爆破造成过大震裂或滑坡等，对爆破孔的深度和最大一段的起爆药量，应根据具体条件由施工、地质和设计单位共同研究确定，实施之前必须报监理工程审批。

实际开挖轮廓应符合设计要求。对软弱岩石，其最大误差应由设计和施工单位共同议定；对坚硬或中等坚硬的岩石，其最大误差应符合下列规定：

（1）平面高程一般应不大于0.2m。

（2）边坡规格依开挖高度而异。

1）8m以内时，一般应不大于0.2m。

2）8～15m时，一般应不大于0.3m。

3）16～30m时，一般应不大于0.5m。

爆破施工前，应根据爆破对周围岩体的破坏范围及水工建筑物对基础的要求，确定垂直向和水平向保护层的厚度。

爆破破坏范围应根据地质条件、爆破方式和规模以及药卷直径诸因素，至少用两种方法通过现场对比试验综合分析确定。若不具备对比试验条件时，爆破破坏范围可参照表2.7.3和类似工程实例确定。

保护层的开挖是控制基础质量的关键，其垂直向保护层的开挖爆破，应符合下列要求：

表 2.7.3　　保护层厚度与药卷直径的倍数关系

保护层名称	软弱岩石 $\sigma_{压}$<300MPa (300kgf/cm^2)	中等坚硬岩石 $\sigma_{压}$=300～600MPa (300～600kgf/cm^2)	坚硬岩石 $\sigma_{压}$>600MPa (600kgf/cm^2)
垂直保护层	40	30	25
地表水平保护层	200～100		
底部水平保护层	150～75		

(1) 用大孔径、大直径药卷爆破留下的较厚保护层，距建基面 1.5m 以上部分仍可采用中（小）孔径及相应直径的药卷进行梯段毫秒爆破。

(2) 对于中（小）直径药卷爆破剩下的保护层厚度，仍应不小于规定的相应药卷直径的倍数，并不得小于 1.5m。

(3) 紧靠建基面 1.5m 以上的一层，采用手风钻钻孔，仍可用毫秒分段起爆，其最大一段起爆药量应不大于 300kg。

建基面上 1.5m 以内的垂直向保护层，其钻孔爆破应遵守下列规定：

(1) 采用手风钻逐层钻孔（打斜孔）装药，火花起爆；其药卷直径不得大于 32mm（散装炸药加工的药卷直径不得大于 36mm）。

(2) 最后一层炮孔孔底高程的确定：

1) 对于坚硬、完整岩基，可以钻至建基面终孔，但孔深不得超过 50cm。

2) 对于软弱、破碎岩基，则应留足 20～30cm 的撬挖层。

预裂缝可一次爆到设计高程。预裂爆破可以采用连续装药或间隔装药结构。爆破后，地表缝宽一般不宜小于 1cm；预裂面不平整度不宜大于 15cm；孔壁表层不应产生严重的爆破裂隙。

廊道、截水墙的基础和齿槽等开挖，应做专题爆破设计。尤其对基础防渗、抗滑稳定起控制作用的沟槽，更应慎重地确定其爆破参数。

一般情况下，应先在两侧设计坡面进行预裂，然后留足垂直保护层进行中部爆破。若无条件采用预裂爆破时，则应按留足两侧水平保护层和底部垂直保护层的方式，先进行中部爆破，再进行光面爆破。沟槽中部的爆破应符合下列要求：

(1) 根据留足保护层后的剩余中部槽体尺寸决定爆破方式（梯段或拉槽）。

(2) 当能采用梯段爆破时，可参照《水工建筑物岩石地基开挖施工技术规范》(SL 47—2020) 第 3.5.3 条和第 3.5.4 条规定，但最大一段起爆药量应不大于 500kg。邻近设计建基面和设计边坡时，不得大于 300g。

(3) 当只能采用拉槽爆破时，可用小孔径钻孔、延长药包毫秒爆破，最大一段起爆药量应不大于 200kg。

(4) 当留足保护层后，其剩余中部槽体尺寸不能满足梯段或拉槽爆破时，则应参照《水工建筑物岩石地基开挖施工技术规范》(SL 47—2020) 第 3.6.3 条规定控制。

当不采用预裂爆破和光面爆破的方式进行开挖时，则应用孔深不超过 1.0m 的电炮拉槽，再采用火花起爆逐步扩大。

在建筑物及其新浇混凝土附近进行爆破时，必须遵守下列规定：

(1) 根据建筑物对基础的不同要求以及混凝土不同的龄期，通过模拟破坏试验确定保护对象所允许的质点振动速度值（即破坏标准）。若不能进行试验时，被保护对象的允许质点振动速度值可参照类似工程实例确定。

(2) 通过实地试验寻求工程爆破振动衰减规律，即利用不同的药量、测距与相应各测点的质点振动资料。

(3) 采用工程关系式和被保护对象允许的质点振速值，规定相应的安全距离和允许装药量。其中：近距离火炮爆破用火花起爆所求得的关系式计算；远距离毫秒爆破用毫秒起爆所求得的关系式计算。

(4) 若无条件执行上述规定时，则应参照规定执行。

在邻近建筑物的地段（10m以内）进行爆破时，必须根据被保护对象的允许质点振动速度值，按工程实测的振动衰减规律严格控制浅孔火花起爆的最小装药量。当装药量控制到最小程度仍不能满足要求时，应采取打防震孔或其他防震措施。

不得在灌浆完毕地段及其附近进行爆破，如因特殊情况需要爆破时，必须经监理总工程师和设计单位同意，方可进行少数量的浅孔火花爆破。并应对灌浆区进行爆前爆后的对比检查；必要时，还须进行一定范围的补灌。

2. 基础质量检查处理

开挖后的建基轮廓不应有反坡（结构本身许可者除外）；若出现反坡时，均应处理成顺坡。

对于陡坎，应将其顶部削成钝角或圆滑状。若石质坚硬，撬挖确有困难时，经监理工程师同意，可用密集浅孔装微量炸药爆除，或采取结构处理措施。

建基面应整修平整。在坝基斜坡或陡崖部分的混凝土坝体伸缩缝下的岩基，应严格按设计规定进行整修。

建基面如有风化、破碎，或含有有害矿物的岩脉、软弱夹层和断层破碎带以及裂隙发育和具有水平裂隙等，均应用人工或风镐挖到设计要求的深度。如情况有变化时，经监理工程师同意，可使用单孔小炮爆破，撬挖后应根据设计要求进行处理。

建基面附有的方解石薄脉、黄锈（氧化铁）、氧化锰、碳酸钙和黏土等，经设计、地质人员鉴定，认为影响基岩与混凝土的结合时，都应清除。

建基面经锤击检查受爆破影响震松的岩石，必须清除干净。如块体过大时，经监理工程师同意，可用单孔小炮炸除。

在外界介质作用下破坏很快（风化及冻裂）的软弱基础建基面，当上部建筑物施工覆盖来不及时，应根据室外试验结果和当地条件制定专门技术措施进行处理。

在建基面上发现地下水时，应及时采取措施进行处理，避免新浇混凝土受到损害。

2.7.8　坝基开挖施工质量标准

坝基开挖施工质量标准见表2.7.4。

表 2.7.4　坝基开挖施工质量标准

<table>
<tr><th colspan="2" rowspan="2">项次</th><th rowspan="2">检验项目</th><th colspan="2" rowspan="2">质 量 要 求</th><th colspan="2">施工单位自检</th><th colspan="2">监理单位检验</th></tr>
<tr><th>检验方法</th><th>检验数量</th><th>检验（工作）方式</th><th>检验数量</th></tr>
<tr><td rowspan="4">主控项目</td><td>1</td><td>地质缺陷处理结果</td><td colspan="2">不良地质，地质勘探坑、孔、洞等的处理符合设计要求，并经验收合格；渗水（含泉眼）妥善引排或封堵</td><td>观察，查阅施工及验收记录</td><td>全部</td><td>平行检验</td><td>全部</td></tr>
<tr><td>2</td><td>保护层开挖</td><td colspan="2">控制爆破符合设计及施工方案要求</td><td>观察，查阅施工及验收记录</td><td>全部</td><td>平行检验</td><td>全部</td></tr>
<tr><td>3</td><td>建基面处理</td><td colspan="2">开挖后的岩面应符合设计要求，建基面上无松动岩块，表面清洁、无泥垢和油污，坡面形态符合设计要求</td><td>观察，查阅施工及验收记录</td><td>全部</td><td>平行检验</td><td>全部</td></tr>
<tr><td>4</td><td>岩体完整性</td><td colspan="2">未损害岩体的完整性，开挖面无明显爆破裂隙，声波降低率小于 10%或符合设计要求</td><td>观察，声波检测（需要时采用）</td><td>全部。声波检测时，抽检不少于 1 组</td><td>观察。声波检测时，采用见证检验</td><td>全部。声波检测时，施工单位自检数量的 20%</td></tr>
<tr><td rowspan="7">一般项目</td><td>1</td><td>边坡平均坡度</td><td colspan="2">不陡于设计坡度</td><td>量测</td><td>按走向每 5m 布置 1 条测线，按坡向每条测线不少于 3 个点</td><td>见证检验</td><td>施工单位自检数量的 20%</td></tr>
<tr><td>2</td><td>马道（台阶）宽度</td><td colspan="2">最大允许偏差为±20cm</td><td>量测</td><td>每 5m 一个断面，不少于 3 个断面</td><td>平行检验</td><td>施工单位自检数量的 10%</td></tr>
<tr><td rowspan="4">3</td><td rowspan="4">坡脚线位置</td><td rowspan="2">无结构要求</td><td>高程允许偏差为 −10～20cm</td><td rowspan="4">量测</td><td rowspan="4">沿坡脚线长度方向每 5m 布置 1 个测点</td><td rowspan="4">见证检验</td><td rowspan="4">施工单位自检数量的 20%</td></tr>
<tr><td>平面位置允许偏差为 −10～20cm</td></tr>
<tr><td rowspan="2">有结构要求</td><td>高程允许偏差为 0～20cm</td></tr>
<tr><td>平面位置允许偏差为 0～20cm</td></tr>
<tr><td>4</td><td>基坑底面标高</td><td colspan="2">允许偏差为 0～15cm</td><td>量测</td><td>每 5m 一个断面，不少于 3 个断面，断面内测点间距不大于 2m</td><td>见证检验</td><td>施工单位自检数量的 20%</td></tr>
</table>

注　数字前面的负号表示欠挖。

任务2.8 爆破安全技术规定

学习导向

知识目标：了解爆破安全需要遵守的强制条文

能力目标：能遵守爆破安全条款

素质目标：增强安全保护意识

执行规范：《水利工程建设标准强制性条文》(2020年版)

《水利水电工程施工通用安全技术规程》(SL 398—2007)

《爆破安全规程》(GB 6722—2014)

2.8.1 一般规定

使用的爆破材料应符合国家规定的技术标准，每批爆破材料使用前应进行有关的性能检验。爆破材料的运输储存加工现场装药起爆及哑炮处理，应遵守《爆破安全规程》(GB 6722—2014) 的规定。

爆破时，施工人员应撤至飞石、有害气体和冲击波的影响范围之外。单向开挖时，安全地点至爆破作业面的距离应不小于200m。几个工作面同时爆破时，应有专人统一指挥，确保起爆人员的安全和相邻炮区的安全。

工作面爆破散烟后，应先进行爆破面的安全检查，撬、挖、敲除松动石块；采用大型机械施工的，也可用挖掘机斗齿清挖，上一工序完成并确认松动岩块全部清除后，下一工序的施工人员才能进入工作面从事出渣或其他作业。

当相向开挖的两个工作面相距小于30m或5倍洞径距离爆破时，双方人员均应撤离工作面；相距15m时，应停止一方工作，单向开挖贯通。

竖井或斜井单向自下而上开挖，距贯通面5m时，应自上而下贯通。

爆破前，应将施工机具撤离至距爆破工作面不小于100m的安全地点，对难以撤离的施工机具、设备应妥善防护。

开挖面与衬砌面平行作业时的距离，应根据围岩特性、混凝土龄期强度的允许质点振动速度及开挖作业需要的工作空间确定。由于地质原因，混凝土衬砌紧跟开挖面时，可按《水工建筑物地下开挖工程施工规范》(SL 378—2007) 附录D的规定确定最大单段药量。

采用电力起爆方法，装炮时距工作面30m以内应断开电源，可在30m以外用投光灯或矿灯照明。

爆破完成后，待有害气体浓度降低至规定标准时，方可进入现场处理哑炮并对爆破面进行检查，清理危石。清理危石应由有施工经验的专职人员负责实施。

2.8.2 安全距离

在制定爆破作业安全措施时，应根据各种情况对安全控制距离进行计算，以便确定安全警戒范围和安全保护措施。

1. 飞石安全距离 R_p

$$R_p = K_A 20n^2 W \tag{2.27}$$

式中　W——最小抵抗线长度，m；

n——爆破作用指数；

K_A——与地形、风向、风速和爆破类型有关的安全系数，一般取1.0～1.5，当风速大且顺风时取1.5～2.0或更大值，抛掷爆破正对最小抵抗线或地面坡度大于30°的下坡方向可取1.5，山谷或垭口取1.5～2.0。

对于$W>25$m或单侧松动或双侧加强松动爆破，特别是土中爆破，上述飞石安全距离计算值偏大。当地形陡峻、高差悬殊时，上述飞石安全距离计算值偏小，为了安全，应增加一定的富余值。

2. 爆破地震作用安全距离 R

爆破地震安全多采用质点震动速度进行控制，即以实测质点震动速度小于或等于允许质点震动速度为判断。可按下式推算安全距离。爆破安全的其他要求见表2.8.1和表2.8.2。

$$V = K(Q^{1/3}/R)^{\alpha} \tag{2.28}$$

式中　V——爆破地震引气的地标介质质点震动速度，cm/s；

Q——装药量，kg，齐发爆破时取装药总量，延期爆破时取最大一段装药量；

R——从药包中心至保护对象的水平距离；

K——与岩土性质、地形和爆破条件有关系数，$K\approx 50\sim 350$，坚硬岩石取小值；

α——爆破地震随距离衰减系数，$\alpha\approx 1.3\sim 2.0$，坚硬岩石取小值。

表2.8.1　爆破个别飞散物对人员的最小安全距离

<table>
<tr><th colspan="3">爆　破　方　法</th><th>最小安全距离/m</th></tr>
<tr><td rowspan="11">露天岩石爆破</td><td rowspan="2">破碎大块岩矿</td><td>裸露药包爆破法</td><td>400</td></tr>
<tr><td>浅孔爆破法</td><td>300</td></tr>
<tr><td colspan="2">浅孔爆破</td><td>200（复杂地质条件下或未形成台阶工作面≥300）</td></tr>
<tr><td colspan="2">浅孔药壶爆破</td><td>300</td></tr>
<tr><td colspan="2">蛇穴爆破</td><td>300</td></tr>
<tr><td colspan="2">深孔爆破</td><td>按设计，但≥200</td></tr>
<tr><td colspan="2">深孔药壶爆破</td><td>按设计，但≥300</td></tr>
<tr><td colspan="2">浅孔孔底扩壶</td><td>50</td></tr>
<tr><td colspan="2">深孔孔底扩壶</td><td>50</td></tr>
<tr><td colspan="2">洞室爆破</td><td>按设计，但≥300</td></tr>
<tr><td colspan="3">树墩爆破</td><td>200</td></tr>
<tr><td colspan="3">沼泽地路堤爆破拆除</td><td>100</td></tr>
</table>

续表

<table>
<tr><th colspan="3">爆　破　方　法</th><th>最小安全距离/m</th></tr>
<tr><td rowspan="4">水下爆破</td><td rowspan="3">水面无冰时的裸露药包或浅孔、深孔爆破</td><td>水深<1.5m</td><td>与地面爆破相同</td></tr>
<tr><td>水深>6m</td><td>不考虑飞石对地面或水面以上人员的影响</td></tr>
<tr><td>水深 1.5～6m</td><td>由设计确定</td></tr>
<tr><td colspan="2">水面覆冰时的裸露药包或浅孔、深孔爆破</td><td>200</td></tr>
<tr><td></td><td colspan="2">水底洞室爆破</td><td>由设计确定</td></tr>
<tr><td colspan="3">拆除爆破、城镇浅孔爆破及复杂环境深孔爆破</td><td>由设计确定</td></tr>
<tr><td rowspan="2">地震勘测爆破</td><td colspan="2">浅井或地表爆破</td><td>按设计，但≥100</td></tr>
<tr><td colspan="2">在深孔中爆破</td><td>按设计，但≥30</td></tr>
</table>

表 2.8.2　　爆破飞石对人员的安全距离

<table>
<tr><th>序号</th><th colspan="3">爆破种类及爆破方法</th><th>危险区域的最小半径/m</th></tr>
<tr><td rowspan="7">1</td><td rowspan="7">基岩开挖工程</td><td colspan="2">一般钻孔法爆破</td><td>≥300</td></tr>
<tr><td rowspan="2">药壶法</td><td>扩壶爆破</td><td>≥50</td></tr>
<tr><td>药壶爆破</td><td>≥300</td></tr>
<tr><td rowspan="2">深孔药壶法</td><td>扩壶爆破</td><td>≥100</td></tr>
<tr><td>药壶爆破</td><td>根据设计定但≥300</td></tr>
<tr><td rowspan="2">深孔法</td><td>松动爆破</td><td>根据设计定但≥300</td></tr>
<tr><td>抛掷爆破</td><td>根据设计</td></tr>
<tr><td rowspan="8">2</td><td rowspan="8">地下开挖工程</td><td rowspan="5">平洞开挖爆破</td><td>独头的洞内</td><td>≥200</td></tr>
<tr><td>有折线的洞内</td><td>≥100</td></tr>
<tr><td>相邻的上下洞间</td><td>≥100</td></tr>
<tr><td>相邻的平行洞间</td><td>≥50</td></tr>
<tr><td>相邻的横洞或横通道间</td><td>≥50</td></tr>
<tr><td rowspan="3">井开挖爆破</td><td>井深<3m</td><td>≥200</td></tr>
<tr><td>井深为 3～7m</td><td>≥100</td></tr>
<tr><td>井深>7m</td><td>≥50</td></tr>
<tr><td>3</td><td colspan="3">裸露药包法爆破</td><td>≥400</td></tr>
<tr><td>4</td><td colspan="3">用放在坑内的炸药击碎巨石</td><td>≥400</td></tr>
<tr><td>5</td><td colspan="3">用炸药拔出树根</td><td>≥200</td></tr>
<tr><td>6</td><td colspan="3">泥沼地上塌落土堤的爆破</td><td>≥100</td></tr>
<tr><td rowspan="3">7</td><td rowspan="3">水下开挖工程</td><td colspan="2">非硬质土壤上爆破</td><td>≥100</td></tr>
<tr><td colspan="2">岩石爆破</td><td>≥300</td></tr>
<tr><td colspan="2">有冰层覆盖时土壤和岩石的爆破</td><td>≥300</td></tr>
</table>

当确定了被保护对象允许质点震动速度 V 时，可根据公式反推安全距离 R，或已知 R，推求允许装药量 Q。

2.8.3 有害物质允许值

洞室开挖施工过程中，洞内氧气体积不小于 20%，有害气体和粉尘应符合表 2.8.3 规定。爆破完成后，待有害气体浓度降低至规定标准时，方可进入现场处理哑炮并对爆破面进行检测，清理危石。清理危石应由有经验的专职人员负责实施。开挖实施过程中，应对爆破工作面有害气体含量定期检测，爆破药量增加或更换炸药品种，应在爆破前后进行有害气体测定，并应做好检测记录，需要时应及时延长允许进入爆破工作面的时间。监理人员应对有害气体检测情况及允许进入爆破工作面时间的限制方面进行检查监督，对危石清理人员安排进行审核。

表 2.8.3　　空气中有害物质的允许浓度

<table>
<tr><th rowspan="2">名　称</th><th colspan="2">允　许　浓　度</th><th rowspan="2">附　注</th></tr>
<tr><th>按体积/%</th><th>按重量/(mg/m^3)</th></tr>
<tr><td>二氧化碳（CO_2）</td><td>0.5</td><td>—</td><td rowspan="7">一氧化碳的允许含量与作业时间：允许含量为 $50mg/m^3$ 时，作业时间不宜超过 1h；允许含量为 100mg/m^3 时，作业时间不宜超过 0.5h；允许含量为 $200mg/m^3$ 时，作业时间不宜超过 20min；反复作业的间隔时间在 2h 以上</td></tr>
<tr><td>甲烷（CH_4）</td><td>1</td><td>—</td></tr>
<tr><td>一氧化碳（CO）</td><td>0.00240</td><td>30</td></tr>
<tr><td>氮氧化合物换算成（NO_2）</td><td>0.00025</td><td>5</td></tr>
<tr><td>二氧化硫（SO_2）</td><td>0.00050</td><td>15</td></tr>
<tr><td>硫化氢（H_2S）</td><td>0.00066</td><td>10</td></tr>
<tr><td>醛类（丙烯醛）</td><td>—</td><td>0.3</td></tr>
<tr><td>含有 10%以上游离 SiO_2 的粉尘</td><td>—</td><td>2</td><td rowspan="3">含有 80%以上游离 SiO_2 的生产粉尘不宜超过 $1mg/m^3$</td></tr>
<tr><td>含有 10%以下游离 SiO_2 的水泥粉尘</td><td>—</td><td>6</td></tr>
<tr><td>含有 10%以下游离 SiO_2 的其他粉尘</td><td>—</td><td>0</td></tr>
</table>

2.8.4 爆破警戒和信号

1. 爆破警戒

装药警戒范围由爆破工作领导人确定，装药时应在警戒区边界设置明显标志并派出岗哨。

爆破警戒范围由设计确定。在危险区边界，应设有明显标志，并派出岗哨。

执行警戒任务的人员应按指令到达指定地点并坚守工作岗位。

2. 信号

（1）预警信号。该信号发出后爆破警戒范围内开始清场工作。

（2）起爆信号。起爆信号应在确认人员、设备等全部撤离爆破警戒区，所有警戒人员到位，具备安全起爆条件时发出。起爆信号发出后，准许负责起爆的人员起爆。

（3）解除信号。安全等待时间过后，检查人员进入爆破警戒范围内检查、确认安全后，方可发出解除爆破警戒信号。在此之前，岗哨不得撤离，不允许非检查人员进入爆破警戒范围。

信号均应使爆破警戒区域及附近人员能清楚地听到或看到。

3. 爆后检查

(1) 爆后检查等待时间。

露天浅孔爆破，爆后应超过 5min，方准许检查人员进入爆破作业地点；如不能确认有无盲炮，应经 15min 后才能进入爆区检查。

露天深孔及药壶蛇穴爆破，爆后应超过 15min，方准检查人员进入爆区。

露天爆破经检查确认爆破点安全后，经当班爆破班长同意，方准许作业人员进入爆区。

地下矿山和大型地下开挖工程爆破后，经通风吹散炮烟，检查确认井下空气合格且等待时间超过 15min 后，方准许作业人员进入爆破作业地点。

拆除爆破爆后应等待倒塌建（构）筑物和保留建筑物稳定之后，方准许检查人员进入现场检查。

硐室爆破、水下深孔爆破及本标准未规定的其他爆破作业，爆后的等待时间，由设计确定。

(2) 爆后检查内容。

一般岩土爆破应检查的内容有：①确认有无盲炮；②露天爆破爆堆是否稳定，有无危坡、危石；③地下爆破有无冒顶、危岩，支撑是否破坏，炮烟是否排除。

项目3 坝 基 处 理

混凝土坝需要建立在岩基之上，对岩基的承载力和抗渗性有一定的要求；面板堆石坝亦需要岩基，质量标准相对略差；土石坝至少需要建立在坚实的土基之上，对于地基的加强承载和防渗的需求，往往可以采用灌浆的技术或防渗墙的技术实现。

任务3.1 灌 浆 技 术

学习导向

知识目标：了解我国灌浆技术发展，了解国内著名工程的灌浆技术应用，了解灌浆设备及灌浆材料

能力目标：能理解灌浆布置图纸

素质目标：培养钻研精神和认真态度

执行规范：《水工建筑物水泥灌浆施工技术规范》(SL/T 62—2020)

《水利水电工程单元工程施工质量验收标准　第3部分：地基处理与基础工程》(SL/T 631.3—2025)

参考规范：《水工建筑物水泥灌浆施工技术规范》(DL/T 5148—2017)

3.1.1 灌浆工程

按灌浆目的划分灌浆种类有如下五种，如图3.1.1所示。

(1) 帷幕灌浆：用浆液灌入岩体或土层裂隙、空隙，形成防水幕，以减小渗流或降低扬压力。

(2) 固结灌浆：用浆液灌入岩体裂隙、破碎带，以提高岩体整体性和抗变形能力。

(3) 接触灌浆：通过浆液灌入混凝土与基岩或混凝土与钢板的接缝，以增加接触面结合能力灌浆。

(4) 接缝灌浆：通过埋设管路或其他方式将浆液灌入混凝土坝体的接缝改善传力条件和整

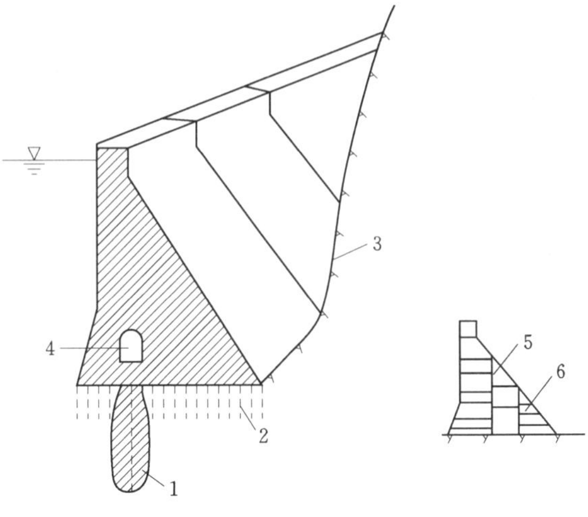

图3.1.1　重力坝灌浆示意图

1—帷幕灌浆；2—固结灌浆；3—接触灌浆；4—灌浆廊道；5—竖缝灌浆；6—水平施工缝

体性。

（5）回填灌浆：用浆液充填混凝土与围岩或混凝土与钢板之间的空隙或溶洞，增加密实性。

3.1.1 我国灌浆技术的应用发展

我国大坝岩石地基处理广泛地使用水泥灌浆，其主要优点是：效果好，适用性广，施工简便，比较经济。大坝砂砾石地基处理，根据其颗粒级配和厚度等实际情况，可以采用灌浆、建造截水墙或防渗墙，也可采用高压喷射灌浆。我国目前在砂砾石层较厚的情况下，以建造防渗墙者居多，防渗墙可靠度较大，耐久性较强。

我国地基处理灌浆技术取得了很大的成就，主要表现在以下几个方面。

（1）经过大量工程实践形成了我国特有的一套帷幕灌浆施工工艺。建于喀斯特发育地层的乌江渡水电站大坝基础帷幕灌浆工程，经过长期试验研究和施工实践，首创了“孔口封闭、孔内循环、自上而下、分段灌浆法”（简称“孔口封闭、孔内循环灌浆法”），在喀斯特发育地区防渗帷幕高压灌浆中使用，效果显著。其主要优点是：①采用孔内循环灌浆，有利于提高灌浆质量；②孔内无灌浆塞，施工简便，节省大量时间和人力，效率高；③可以使用高灌浆压力；④每段灌浆结束后，不需待凝，即开始下一段的钻进，也不需要专门冲洗喀斯特夹泥，工效高；⑤多次重复灌注，灌浆质量高，尤其是对提高喀斯特地层帷幕灌浆的防渗能力和寿命十分有利。由于施工简便，进度快，质量高，效果好，所以在中、低压帷幕灌浆工程中也常被采用。为了保证灌浆质量，1994年发布的《水工建筑物水泥灌浆施工技术规范》（SL 62—1994）中为此专门做出若干规定。目前行业内主要遵照《水工建筑物水泥灌浆施工技术规范》（SL/T 62—2020），以及《水工建筑物水泥灌浆施工技术规范》（DL/T 5148—2017）。

（2）推广了高压灌浆技术。非喀斯特岩石地基高坝坝基帷幕灌浆、高水头引水隧洞的围岩灌浆也常采用上述高压灌浆技术。例如龙羊峡水电站坝基帷幕和处理断层，天生桥二级水电站引水隧洞喀斯特发育地段固结灌浆，使用的灌浆压力为5～6MPa；广州抽水蓄能电站和天荒坪抽水蓄能电站引水隧洞围岩固结灌浆，最大灌浆压力分别达到6.5MPa和9.0MPa；铜街子水电站对坝基C_5软弱夹层的处理先采用30MPa高压水旋喷冲洗，而后再使用3MPa压力进行固结灌浆，都获得了满意的效果。

（3）灌注浆液多样化。根据不同的地质条件和灌浆目的采用了不同类型的浆液。例如克孜尔水库主坝右坝肩岩体的固结灌浆采用了稳定浆液；二滩水电站右坝肩固结灌浆采用了超细水泥浆液；新安江水电站大坝二、三号坝段坝基帷幕补强灌浆采用了干磨和湿磨细水泥浆液；五强溪水电站部分坝段坝基帷幕灌浆采用了湿磨细水泥浆液；红枫水电站堆石坝体帷幕灌浆采用了膏状浆液等。

（4）化学灌浆发展很快并取得了很好的效果。当水泥灌浆效果甚微或无效时，常常采用化学灌浆。例如丹江口水利枢纽、陈村水电站、葛洲坝水利枢纽一期工程、凤滩水电站、故县水库以及龙羊峡水电站等大坝坝基防渗帷幕的修建或补强，根据不同要求相继使用了化学灌浆，均达到了预期目的，满足了设计要求。

在砂砾石层上建坝采用灌浆方法处理地基方面也积累了丰富的经验。

研制成功了适合我国孔内循环施工方法并可记录灌浆压力、注入率等的动记录仪，已在国内较多工程中使用。1993年在观音阁水库大坝坝基帷幕灌浆中首次32个灌浆机组全面使用了国产自动记录仪，效果很好，保证和提高了灌浆质量。同时该工程又配套开发了灌浆资料整理分析应用软件系统，使灌浆施工与内业整理向自动化迈进了一大步，已在各大、中型工程中逐渐推广应用。

3.1.2 砂砾石灌浆

3.1.2 灌浆设备机具和灌浆材料

1. 灌浆设备和机具

(1) 钻探机。宜采用回转式钻机。

(2) 搅拌机。

(3) 灌浆泵。灌注纯水泥浆液应采用多缸柱塞式灌浆泵。容许工作压力应大于最大灌浆压力的1.5倍。

(4) 压力表。使用压力宜在压力表最大标准值的1/4～3/4。压力表应经常进行检定，严禁使用不合格的压力表，压力表与管路之间应设隔浆装置。

(5) 灌浆管路。应保证能承受1.5倍的最大灌浆压力。

(6) 水泥湿磨机。

(7) 自动记录仪。提高灌浆记录的准确性和工作效率。

(8) 灌浆压力大于3MPa时，应采用高压灌浆泵、高压灌浆塞、耐蚀灌浆阀门、钢丝编织胶管、大量程压力表、孔口封闭器或专用高压灌浆塞。

(9) 集中制浆站的制浆能力应满足灌浆高峰期所有机组的用浆需要。制浆站应配置除尘设备。

(10) 所有灌浆设备应做好维护保养，保证正常工作状态，并应有必要的备用量。

2. 灌浆材料

灌浆材料基本上可分为两类。一类是固体颗粒的灌浆材料，例如水泥、黏土、砂等。用固体颗粒浆材制成的浆液，其颗粒处于分散的悬浮状态，是悬浮液。另一类是化学灌浆材料，例如环氧树脂、聚氨酯、甲凝等。由化学浆材制成的浆液是真溶液。

岩石地基固结灌浆和帷幕灌浆均以水泥基浆液为主，在遇到一些特殊地质条件（例如断层、破碎带、微细裂隙等），使用水泥浆液难以达到预期效果时，可采用化学灌浆材料作为补充，而且化学灌浆多在水泥灌浆基础上进行。

砂砾石地基帷幕灌浆则多以水泥黏土浆为主。

3. 灌注浆液

(1) 浆液的选择。在地基处理灌浆工程中，浆液的选择非常重要，在很大程度上直接关系到帷幕的防渗效果、地基岩石在固结灌浆后的力学性能以及工程费用。因此研究灌浆材料及其配浆工作一直是灌浆工程中的一个重要课题。通过多年来的试验研究和工程实践，在这方面取得了很大成绩。

由于灌浆的目的和地基地质条件的不同，组成浆液的基本材料和浆液中各种材料的配合比例也有很大的变化。在选择灌注浆液时，一般满足如下要求：

1) 浆液在受灌的岩层中应具有良好的可灌性，即在一定的压力下，能灌入到受灌岩层的裂隙、孔隙或空洞中，充填密实。这对微细裂隙岩石尤为重要。

2）浆液硬化成结石后，应具有良好的防渗性能、必要的强度和黏结力。帷幕灌浆在长期高水头作用下，应能保持稳定，不受冲蚀，耐久性强；固结灌浆则应能满足地基安全承载和稳定的要求。

3）为便于施工和增大浆液的扩散范围，浆液须具有良好的流动性。

4）浆液应具有较好的稳定性，析水率低。

（2）浆液类型。

1）水泥浆。

一般岩基的灌浆使用水泥浆。水泥浆的优点是胶结情况好，结石强度高，制浆方便。缺点是水泥价格高；颗粒较粗，细小孔隙易灌入；浆液稳定性差，易沉淀，常会过早地将某些渗透断面工程堵塞，因而影响灌浆效果；灌浆时间较长时，易将灌浆器胶结住，难以起拔。

回填灌浆、固结灌浆、帷幕灌浆所用水泥的强度等级为 32.5 或以上，坝体接缝灌浆、各类接触灌浆所用水泥的强度为 42.5 或以上。帷幕灌浆、坝体接缝灌浆、各类接触灌浆所用水泥细度为通过 80μm 方孔筛的筛余量不大于 5%。

灌注水泥浆时，其配比常分为 5：1、3：1、2：1、1：1、0.7：1、0.5：1 六个比级，细水泥可以采用 3：1、2：1、1：1、0.5：1 四个比级。灌浆开始时，采用最稀一级的浆液，以后根据砂砾石层单位吸浆量的情况，逐级变浓。

2）水泥黏土浆。

水泥黏土浆是一种最常使用的浆液，国内外大坝砂砾石层灌浆绝大多数都是采用这种浆液，其主要优点是稳定性好；能灌注细小孔隙；而且天然黏土材料较多，可就地取材，费用比较低廉，防渗效果也好。

国内有的学者曾对砂砾石层灌浆帷幕的渗透破坏机理做过研究，认为为了提高砂砾石层灌浆帷幕的稳定性，防止细颗粒流失和产生管涌，关键是要设法降低帷幕本身的透水性，而不是提高浆液结石的强度，因而没有必要在浆液中过多地提高水泥含量。一般认为，浆液结石 28d 的强度如果达到 0.4～0.5MPa，即可满足要求。

水泥黏土浆中水泥和黏土的比例多为水泥：黏土＝1：1～1：4（重量比），浆液浓度范围多为干料：水＝1：1～1：3（重量比）。

有的大坝通过灌浆试验，对灌注的水泥黏土浆液提出下列控制指标：①浆液结石 28d 龄期的强度不小于 0.3～0.5MPa；②浆液黏度不超过 60s；③浆液稳定性应小于 0.02；④浆液自由析水率应小于 2%，可供参考。

对于多排孔构成的帷幕，在边排孔中宜采用水泥含量较高的浆液，中间排孔中则可采用水泥含量较低的浆液。密云水库大坝，谢尔·庞桑大坝、密希安大坝都是采用这种浆液灌注的，见表 3.1.1。

当灌注水泥黏土浆时，为简便起见，从灌浆开始直至结束，多采用一种固定比例的水泥黏土浆，灌浆过程中不再变换。但也有少数工程，灌浆开始时，使用稀浆，以后逐级变浓，例如岳城水库大坝基础帷幕灌浆就是采用了这样的方法。水泥黏土浆浆液浓度若是分级时，比较常使用的方法是：浆液中水泥与黏土的掺量比例固定不变，而用加水量的多少来调制成不同浓度的浆液。

表 3.1.1　　一些大坝灌浆使用的浆液情况

<table>
<tr><th>坝 名</th><th colspan="3">灌 浆 浆 液 情 况</th></tr>
<tr><td rowspan="3">密云水库白河主坝</td><td rowspan="2">地层吸浆量
/(L/min)</td><td colspan="2">水泥：黏土：水</td></tr>
<tr><td>边排孔</td><td>中排孔</td></tr>
<tr><td><50
50～100
>100</td><td>1：1.86：8.6
1：1.86：4.3
1：1.86：2.86</td><td>1：4：12.5
1：4：7.5
1：4：5</td></tr>
<tr><td>谢尔·庞桑大坝</td><td colspan="3">边排孔　水泥：黏土：水＝1：1.5：5
内排孔　水泥：黏土：水＝1：5：14</td></tr>
<tr><td>马特马克坝</td><td colspan="3">两种组合（每立方米浆液的组成）
1. 水泥黏土浆　　2. 膨润土浆
水　850L　　水　950L
黏土　300kg　　膨润土　100kg
水泥　80kg　　硅酸盐　16L
硅酸盐　12L　　磷酸盐　14kg</td></tr>
<tr><td>密希安大坝</td><td colspan="3">五排灌浆孔
外边两排孔　黏土 20%，水泥 14%，水 66%
里边两排孔　黏土 25%，水泥 5%，水 70%
中间排孔　黏土 25%，水泥 70%，硅酸盐和磷酸盐 5%</td></tr>
<tr><td>秋尔马依·怒林坝
（灌浆试验）</td><td colspan="3">水泥：黏土：膨润土：水＝1：2.84：0.5：12.3
浆液比重 1.46，R_7＝0.2～0.25MPa</td></tr>
<tr><td>孟格拉坝（灌浆试验）</td><td colspan="3">10ft 范围内不灌浆
10～20ft：水泥：黏土：水＝1：2.5：5.3
R_{28}＝0.5MPa
>20ft：水泥：黏土：水＝1：2.5：5.3
R_{28}＝0.37MPa</td></tr>
</table>

注　ft 为英尺，1ft＝0.3048m。

3）黏土浆。

黏土浆胶结慢，强度低，多用于砂砾石层较浅、承受水头也不大的临时性的小型防渗工程，如白莲河坝围堰砂砾石层基础的防渗帷幕就是采用黏土浆进行灌注的。但也有很少数大坝，其基础防渗帷幕基本上是采用黏土浆进行灌注的。如日本船明坝（坝高 24.5m，砂砾石层厚 60m，防渗帷幕灌的是黏土浆，但其中也掺用了少量水泥），印度可达坝（坝高 37.2m，需要处理段的长度 65m，该部位砂砾石层厚约 8m，要求黏土浆的比重为 1.27，每 60L 的黏土浆中加入水泥 2kg、硅酸钠 150mg）的防渗帷幕就是灌的黏土浆。

4）水泥黏土砂浆。

为了有效地堵塞砂砾石层中的大孔隙，当吸浆量很大，采用上述浆液难以奏效时，可在水泥黏土浆中掺入细砂，掺量的多少视具体情况而定。这种浆液仅是用于处理特殊地层，一般情况下不常采用。

5）硅酸盐浆液、丙凝、聚氨酯及其他灌浆材料。

为了进一步降低帷幕的渗透性、有一些大坝的防渗帷幕在使用水泥黏土浆灌注后，再用硅酸盐浆液或丙凝进行附加灌浆。例如阿斯旺大坝、马特马克坝和谢尔·庞桑大坝在灌注了水泥黏土浆后，又用硅酸盐浆液进行了附加灌浆。美国哥伦比亚河上的洛克利奇坝在灌注水泥黏土浆后，又加灌了 AM-9（即丙凝）浆液。

有时为了灌注大坝基础中的细砂层，也常采用化学灌浆材料，如永定河上的下苇甸水电站落坡岭拦河坝基础细砂层中（细砂的细度模数为 1.88）就是采用聚氨酯进行灌注的。灌浆后，细砂层的单位吸水量由 0.95 降低到 0.043，满足了设计要求。

6）灌浆方法有下述几种：

a. 按浆液的灌注流动方式分为纯压式和循环式（图 3.1.2）。纯压式浆液全扩散到岩石的裂隙中去，不再返回灌浆桶，适用于裂隙发育而渗透性大的孔段；循环式浆液在压力作用下进入孔段，一部分进入裂隙扩散，余下的浆液经回浆管路流回到浆液搅拌桶中去。循环式灌浆使浆液在孔段中始终保持流动状态，减少浆液中的颗粒沉淀，灌浆质量高，国内外大坝岩石地基的灌浆工程大都采用此法。

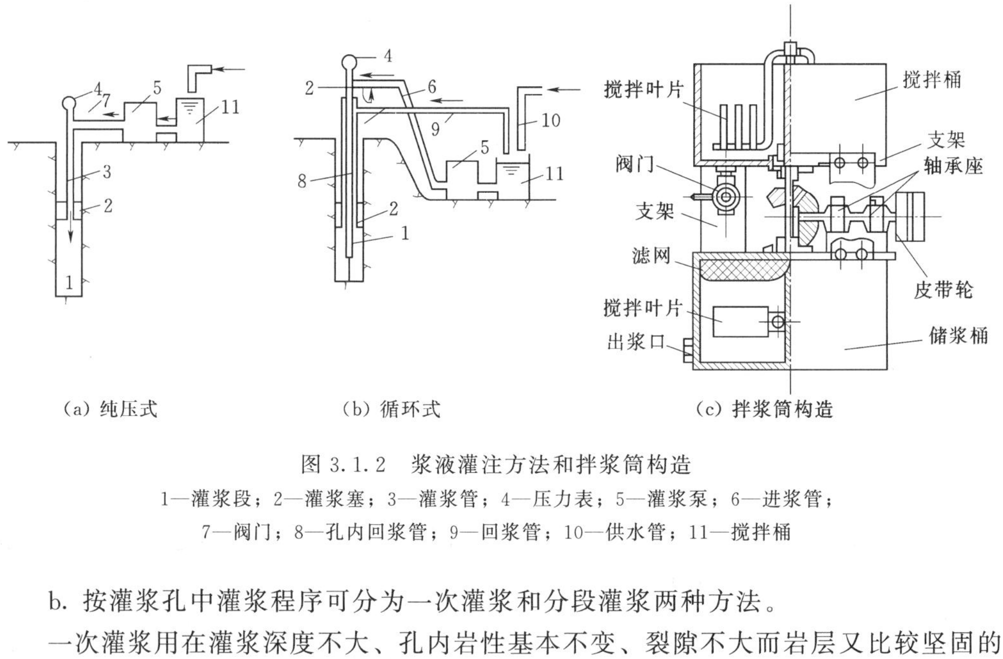

图 3.1.2 浆液灌注方法和拌浆筒构造

1—灌浆段；2—灌浆塞；3—灌浆管；4—压力表；5—灌浆泵；6—进浆管；7—阀门；8—孔内回浆管；9—回浆管；10—供水管；11—搅拌桶

b. 按灌浆孔中灌浆程序可分为一次灌浆和分段灌浆两种方法。

一次灌浆用在灌浆深度不大、孔内岩性基本不变、裂隙不大而岩层又比较坚固的情况下，可将孔一次钻完，全孔段一次灌浆。

分段灌浆是用在灌浆孔深度较大、孔内岩性又有一定变化而裂隙又大时，因为裂隙性质不同的岩层需用不同浓度的浆液进行灌浆，而且所用的压力也不同。此外，裂隙大则吸浆量大，灌浆泵不易达到冲洗和灌浆所需的压力，从而不能保证灌浆质量。在这种情况下，可将灌浆孔划分为几段，分别采用自下而上或自上而下的方法进行灌浆。灌浆段长度一般保持在 5m 左右。

任务3.2　固结灌浆施工技术

学习导向

知识目标：掌握固结灌浆施工技术内容

能力目标：能控制灌浆质量

素质目标：培养钻研精神和认真态度

执行规范：《水工建筑物水泥灌浆施工技术规范》(SL/T 62—2020)

参考规范：《水工建筑物水泥灌浆施工技术规范》(DL/T 5148—2021)

固结灌浆是对水工建筑物基础浅层破碎、多裂隙的岩石进行灌浆处理，改善其力学性能，提高岩石弹性模量和抗压强度。它是一种比较常用的基础处理方法，在水利工程施工中得到广泛应用。

3.2.1 固结灌浆示意动画

3.2.1　基岩固结灌浆布孔的重点位置

(1) 地基应力较大的坝踵、坝趾区；建筑物高低差异较大的区域（如导墙）。

(2) 基岩破碎、断（夹）层与裂隙发育、强岩溶等地质条件复杂部位。

(3) 建基面陡坡。

(4) 防渗帷幕的前沿。

3.2.2　灌浆时机

岩基开挖完毕之后应进行清基，达到基底表面无灰尘、无积水、无油污时，及时进行验收。验收合格后，在基底先浇筑一层20～30cm厚砂浆，待砂浆初凝前再浇筑一层混凝土收平，称之为填塘；或直接在表面筑起一层混凝土盖重，固结灌浆宜在有盖重混凝土的条件下进行。对于混凝土坝，盖重混凝土厚度可为1.5m以上，盖重混凝土应达到50%设计强度后方可进行钻灌。

3.2.3　施工程序与工艺

1. 施工程序

3.2.2 固结灌浆

施工程序为钻进抬动观测孔、安装观测装置→弹性波钻孔钻进、压水、测试→静弹模测试孔钻进、压水、测试→弹性波与静弹模测试孔封孔→灌浆工Ⅱ序分序施工→灌后14d弹性波测试孔扫孔、测试→灌后28d静弹模孔扫孔、测试→加密孔钻进、压水、灌浆→灌后压水检查孔钻进、压水。

2. 施工工艺

(1) 钻孔的布置。

1) 无混凝土盖重固结灌浆，钻孔的布置有规则布孔和随机布孔两组。规则布孔形式有正方形布孔和梅花形布孔两种［图3.2.1 (a) 和 (b)］。正方形布孔分三序施工。随机布孔形式为梅花形布孔。断层构造岩可采用三角形加密（图3.2.2）或梅花形加密［图3.2.2 (b)］布置。

2）有盖重固结灌浆，钻孔布置按方形（图3.2.3）和三角形（图3.2.2）布置。方形中心布置加密灌浆孔［图3.2.3（b）］，在试区四周布置物探孔，在方形孔区设静弹模测试孔［图3.2.3（a）］。断层地区采用梅花形布孔，并布设弹性波测试孔和静弹模测试孔。其他布置如图3.2.1（c）所示。

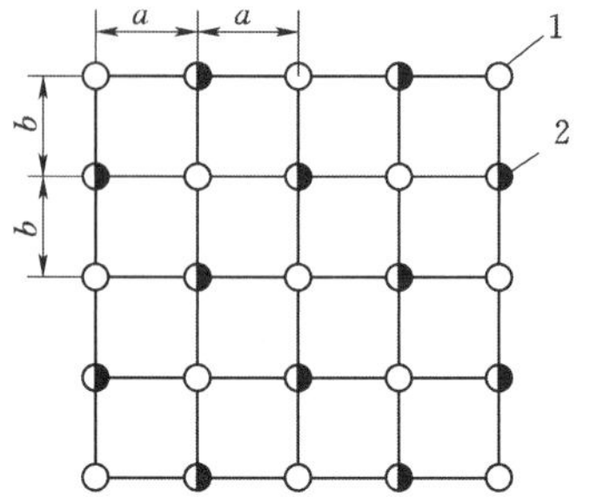

(a) 正方形布置

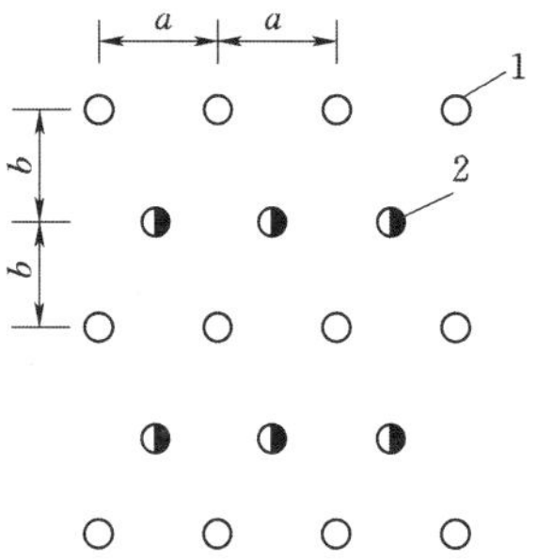

(b) 梅花形布置

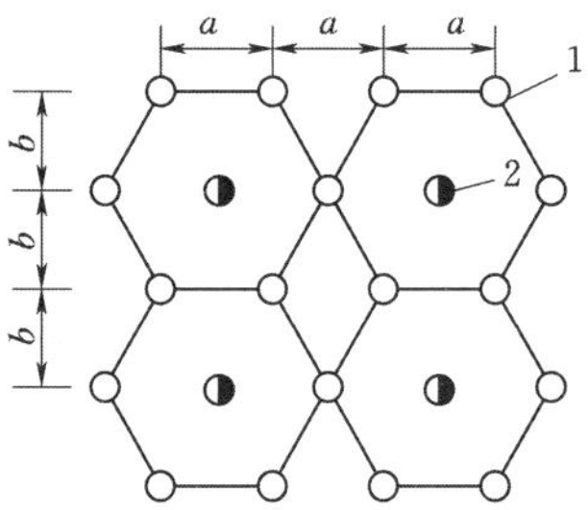

(c) 六角形布置

图3.2.1　其他布置图

1—灌浆孔；2—试井

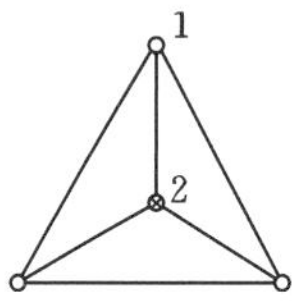

(a) 单序

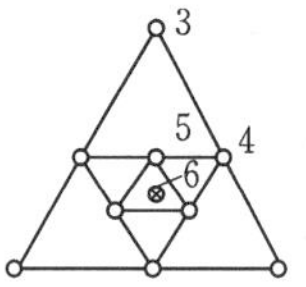

(b) 三序加密

图3.2.2　无盖重布孔

1—灌浆孔；2—检查孔；3—Ⅰ序孔；4—Ⅱ序孔；5—Ⅲ序孔；6—检查孔

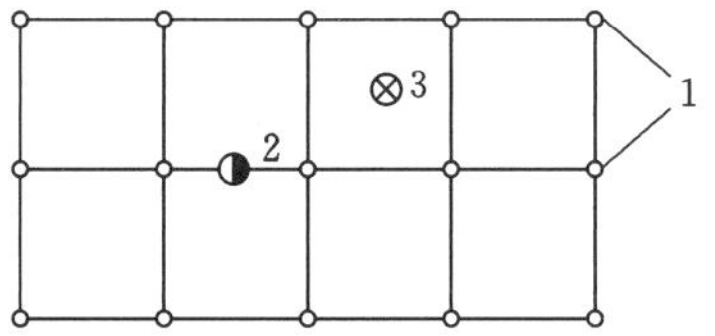

(a) 单序

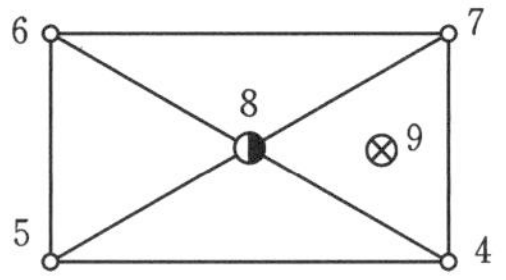

(b) 二序加密

图3.2.3　矩形或方形布孔

1—灌浆孔；2—试井；3—检查孔；4～7—Ⅰ序孔；8—Ⅱ序孔；9—检查孔

固结灌浆孔可采用风钻或其他型钻机造孔，终孔孔径不宜小于38mm，孔位、孔向和孔深均应满足设计要求。

固结灌浆应按环间分序、环向加密的原则进行。环间宜分为两个次序，地质条件不良地段可分为三个次序。

固结灌浆宜采用单孔灌浆的方法，但在注入量较小地段，同一环上的灌浆孔可并联灌浆，孔数宜为两个，孔位宜保持对称。

固结灌浆孔基岩段长小于6m时，可全孔一次灌浆。当地质条件不良或有特殊要求时，可分段灌浆。

(2) 灌浆设备与仪器安装。

灌浆设备与仪器安装情况，如图3.2.4所示。

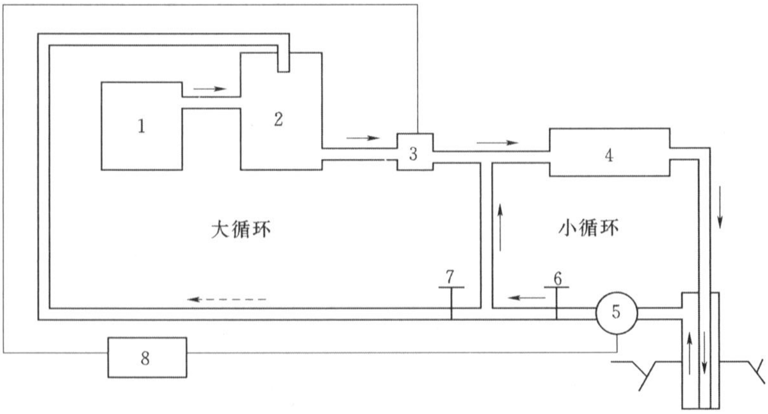

图3.2.4　灌浆设备与仪器安装示意图

1—高速搅拌机；2—双层储浆桶；3—流量传感器；4—灌浆泵；5—压力传感器；6—压力控制阀；7—大循环阀门；8—自动记录仪

(3) 有盖重固结灌浆区清基和浇筑混凝土。

对基岩面的泥土、破碎岩块和松动块体进行清除，并排除积水。由地质工程师进行地质描述，经监理人员验收签证后，立模浇筑混凝土，采用一个仓次浇筑，形成盖重混凝土平台。浇筑时采用振捣器振捣密实。

(4) 钻进抬动观测孔、安装观测装置。

为进行压力、流量与岩体变形监测，要求安设抬动观测装置。首先钻进观测孔，孔深应深入基岩一定深度。然后下入两种规格的观测管。将两层管间隙及观测管与孔壁间隙灌入粉细砂，并密实填满间隙。接着在外观测管上部伸出部分与地表浇筑在一起，防止地面水泥浆进入孔内。在进行压水、灌浆前，将千分表用管夹固定在内观测管上，使伸缩杆与地面观测平台接触，以便进行抬动变形观测。

(5) 灌前测试孔钻进与压水。

压水试验检查宜在该部位灌浆结束3～7d后进行。检查孔的数量不宜少于灌浆总孔数的5%。孔段合格率应在80%以上，不合格孔段的透水率值不超过设计规定值的50%，且不集中，灌浆质量可认为合格。

弹性波测试孔与静弹模测试孔均进行钻进、取芯描述。并自上而下分段压水或自下而上综合压水，或全孔一段压水。压力为0.1MPa、0.2MPa或0.3MPa，每5min

读一次压力与流量，连续四次读数。如符合规范要求，即可结束压水。

（6）灌浆孔钻进。

1）钻孔。按两排或三排分三序施钻，每孔采取自上而下分段钻进、分段灌浆或钻进终孔后进行灌浆。钻进时应进行岩芯描述。

2）钻孔冲洗与裂隙冲洗。采用风水轮换冲洗钻孔，将孔内岩粉等杂物冲洗干净。反复冲洗，直至孔内沉积物不超过20cm为止。然后进行裂隙冲洗，压力可为该段灌浆压力的80%，该值若大于1MPa，即采用1MPa。地质条件复杂或有特殊要求时，是否需要冲洗及如何冲洗应通过现场试验确定。

3）压水试验。进行灌前简易压水试验，采用单点法，按灌浆规范执行。试验孔数不宜少于总孔数的5%。

（7）灌浆工作。

固结灌浆压力大于3MPa的工程，灌浆孔应分段进行灌浆。灌浆段的划分、灌浆压力的使用以及灌浆工艺的选择，应通过现场灌浆试验确定。

当固结灌浆孔基岩段长小于6m时可不分段，全孔一次灌注；大于6m时需分段钻灌，按其接触段（第1段）2m、以下各段5m控制，特殊情况最大段长不得超过8m。

有盖重混凝土时，宜进行接触段灌浆，灌浆塞深入基岩30～50cm，灌浆压力不宜大于0.3MPa；以下各段灌浆时，灌浆塞宜安设在受灌段顶以上50cm处，灌浆压力可适当增大。灌浆压力宜分级升高。应严格按注入率大小控制灌浆压力，防止混凝土结构或基岩抬动。有盖重阻塞位置如图3.2.5所示。

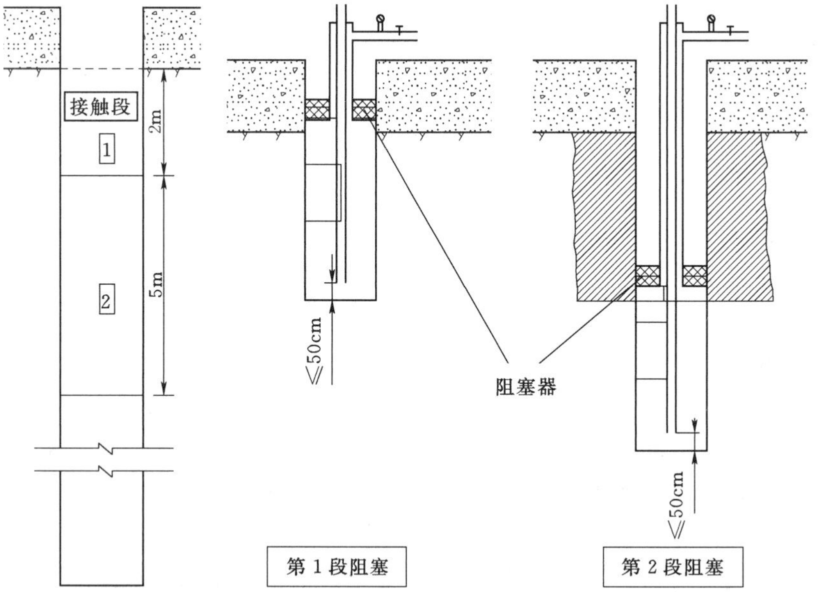

图3.2.5 有盖重阻塞位置示意图

无盖重固结灌浆，第1段应自基岩面以下开始阻塞；阻塞不住时，可逐步下移阻塞器（不可上移）；阻塞器移动后，应保证射浆管距孔底不超过0.5m；以下各段阻塞同有盖重灌浆。无盖重阻塞位置如图3.2.6所示。

(8) 灌浆方法。

固结灌浆按分序加密原则，采用自上而下、孔内循环法施工，一般作单孔灌注，射浆管距灌浆段底部小于50cm，如图3.2.7所示。在保证正常供浆前提下，也可采用并联灌注，但每组并联孔数不宜超过3孔，严禁串联灌注。

固结灌浆各段可不待凝，如遇到特殊情况，如渗浆、抬动等可待凝。

1) 灌浆压力。三个次序灌浆孔应采用不同的灌浆压力，Ⅰ序孔的灌浆压力较低，Ⅱ序孔的压力较高，Ⅲ序孔的压力最高。

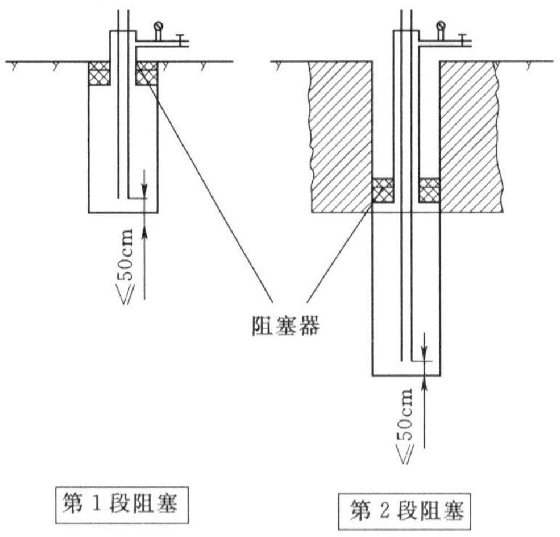

图3.2.6　无盖重阻塞位置示意图

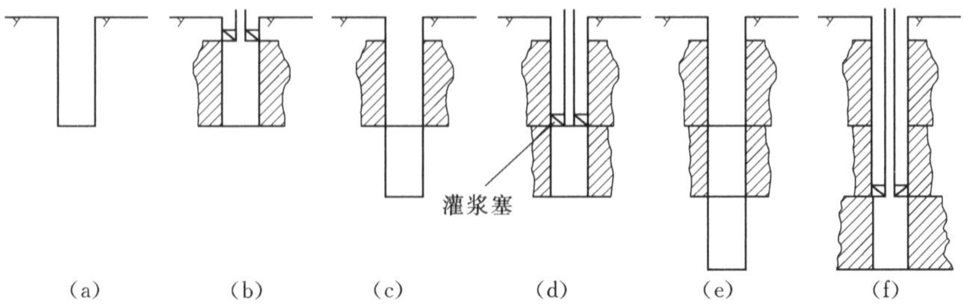

图3.2.7　自上而下单孔灌浆示意图

2) 灌浆浆液。普通水泥液水灰比可采用3∶1、2∶1、1∶1、0.5∶1四个比级。

3) 变浆标准。当某一比级浆液的注入量达到300L以上或灌注时间已达到1h时，灌浆压力和注入率发生变化时不可变更浓度，而灌浆压力和注入率均无改变或改变不显著时，可变浓一级水灰比。当吸浆量大于30L/min时，可越级变换浓度。

4) 灌浆结束标准。在设计压力下，灌浆孔段注入率不大于1L/min时，持续灌注30min，即可结束。

5) 封孔。采用“置换和压力灌浆封孔法”，先将孔内余浆置换成水灰比为0.5∶1的浓浆，再将灌浆塞塞在孔口，进行压力灌浆封孔。

(9) 观测工作。

在进行压水试验和灌浆的同时，应进行抬动观测和记录工作。

(10) 灌浆质量检查孔。

1) 压水试验检查。灌浆结束3～7d后，钻进检查孔，进行压水试验检查。采用单点法进行简易压水。当灌浆压力为1～3MPa时，压水试验压力采用1MPa；当灌浆压力小于或等于1MPa时，压水试验压力为灌浆压力的80%。压水检查后，应按规定进行封孔。

2）测试孔检查。弹性波速检查、静弹性模量检查应分别在灌浆结束后14d、28d后进行。

3）抽样检查。对灌浆孔与检查孔的封孔质量宜进行抽样检查。

岩体弹性波速和静弹性模量测试应分别在该部位灌浆结束14d和28d后进行。其孔位的布置、测试仪器的确定、测试方法、合格批标以及工程合格标准，均应按照设计规定执行。

灌浆孔灌浆和检查孔检查结束后，应排除孔内积水和污物，采用压力灌浆法或机械压浆法进行封孔，并将孔口抹平。

3.2.4 固结灌浆效果检查

大坝基础固结灌浆完成后，应当进行灌浆质量和固结效果的检查，经检查不符合要求的地段，根据实地情况认为有必要时，需加密钻孔，补行灌浆。

固结灌浆效果检查，一般应以岩石力学性能的改进程度或所达到的数值为主要标志，渗透性单位吸水量仅可作为间接指标，起辅助性的检查作用，而采用注水法检查比较简单、易行，所以在一般工程上多采用之。但其合格标准，不易制定，故应尽量多做些力学性能试验，以求得岩石经灌浆处理后的弹性模量数值等力学指标，供设计应用。

检查的方法，常用的有下列几种。

1. 整理、分析灌浆资料，验证灌浆效果

（1）计算出各次序灌浆孔的单位吸水量和单位注入量的平均值，由其逐序的减少程度评断灌浆效果。

（2）依照不同的灌浆次序，绘制出单位吸水量频率曲线及频率累计曲线、单位注入量频率曲线及频率累计曲线，由其变化情况评断灌浆效果。

2. 钻设检查孔检查

在单位注入量大的地段或认为灌浆质量有疑问的地段，应钻设检查孔，进行压水试验和灌浆以检查固结灌浆的效果。检查孔的数目，一般可按灌浆孔数的5%～10%来控制。

做压水试验压水检查工作宜在该部位灌浆结束不少于3d后进行。压水试验多选用一个压力阶段，其压力值多与该段同一高程的灌浆压力相同。深孔固结灌浆检查孔压水试验的压力值，可根据工程实际情况确定。当单位吸水量小于规定数值时，认为合格。

《水工建筑物水泥灌浆施工技术规范》（SL/T 62—2020）灌浆规范中规定：固结灌浆检查孔的孔段合格率应在85%以上，其余孔段的指标值亦不应超过设计规定值的50%（如设计值为0.03，则不应超过0.045），且不集中，即可认为合格。

在我国一些大坝固结灌浆工程中，一般常采用的灌浆质量合格标准的单位吸水量值为0.02～0.05L/(min·m·m)。

国外有些大坝工程也有采用其他标准的，例如日本的田子仓坝规定：在0.5MPa压力下孔段注入水量小于5L/min时，认为合格。印度的巴克拉坝规定：在0.7MPa的压力下，每米长孔段，每分钟的注入水量小于1.49L，认为合格。

单位注入量检查孔压水试验完毕后，本孔还需进行灌浆，以其单位注入量值的大小也作为检查固结灌浆的一个标志。有些工程规定：检查孔的单位吸水量和单位注入量均需小于某一规定数值，固结灌浆才被认为是合格。例如某一工程做这样的规定：检查孔的单位吸水量和单位注入量均分别小于 0.03L/(min·m·m) 和 25kg/m 时，该区的固结灌浆才算合格。

3. 测定弹性模量或弹性波速

鉴定坝基岩石经固结灌浆后其物理力学性能和改进程度，常利用弹性模量（或弹性波速）来表示。用弹性模量检查，宜在该部位灌浆结束不少于 14d 后进行。

4. 钻孔取岩芯、开挖竖井或平洞检查

除上述各项试验检查方法外，还可利用检查孔所采取的岩芯，观察水泥结石充填及胶结情况。根据需要，也可对岩芯进行必要的物理力学性能试验。

大坝基础深部若有危及坝基安全的软弱破碎带，经灌浆处理后，为确定灌浆效果，必要时也可开挖井洞或钻设大口径钻孔，由专业人员进行实地直观检查。同时，在井、洞内还可做岩石力学性能试验，如测定岩石的弹性模量等。

3.2.5 固结灌浆施工质量验收标准

岩石地基固结灌浆单孔施工质量标准见表 3.2.1。

表 3.2.1 岩石地基固结灌浆单孔施工质量标准

项次		检验项目	质量要求	施工单位自检		监理单位检验	
				检验方法	检验数量	检验（工作）方式	检验数量
主控项目	1	水泥、掺合料、外加剂等原材料质量	符合设计及 C.0.1 条要求	观察，查阅质量证明文件和检验报告	全部	平行检验	全部
	2	孔深	不小于设计孔深	量测	逐孔	平行检验	逐孔
	3	孔序	符合设计要求	观察	逐孔	现场巡视	—
	4	灌浆压力	符合设计要求	量测	逐孔	旁站	逐孔
	5	浆液及变换	符合设计要求	量测	逐孔	旁站	逐孔
	6	结束标准	符合设计要求	量测	逐孔	旁站	逐孔
	7	抬动观测值	符合设计要求	量测	逐段	现场巡视	—
	8	施工记录	齐全、准确、清晰	查阅	全部	平行检验	全部
一般项目	1	孔位偏差	不大于 100mm	量测	逐孔	平行检验	逐孔
	2	钻孔冲洗	沉积厚度不大于 200mm	量测	逐段	现场巡视	—
	3	裂隙冲洗或压水	符合设计要求	量测	逐段	见证检验	逐段
	4	封孔	密实，不渗水	观察	逐孔	现场巡视	—
	5	特殊情况处理	处理后不影响质量	观察	逐段	见证检验	逐段

注 本表适用于入岩深度不大于 15m 的基岩固结灌浆，深孔固结和高压固结灌浆按《水利水电工程单元工程施工质量验收标准 第 3 部分：地基处理与基础工程》(SL/T 631.3—2025) 中表 4.2.3 执行。

任务3.3 帷幕灌浆施工技术

学习导向

知识目标： 掌握帷幕灌浆施工技术内容

能力目标： 能对帷幕灌浆进行质量控制

素质目标： 培养钻研精神和认真态度

执行规范：《水工建筑物水泥灌浆施工技术规范》(SL/T 62—2020)

参考规范：《水工建筑物水泥灌浆施工技术规范》(DL/T 5148—2012)

3.3.1 大坝帷幕灌浆（三维动画）

在岩石地基上建坝，为了防止坝基渗漏，常采用帷幕灌浆。灌浆结合排水是减少坝基渗漏、降低坝基扬压力的有效方法。

基岩透水性强，灌浆帷幕防渗效果显著，宜以“阻”为主；基岩透水性弱，宜以“排”为主。在断层、挤压破碎带、泥化夹层等部位仍宜以“阻”为主，在幕后主排水孔中还应采取措施，防止细颗粒土流出。

根据多年实践经验，在透水性较大地段，防渗帷幕常能使坝基幕后扬压力降低到 $0.5H$（H 为水头）左右；防渗帷幕再结合排水则可降低到 $(0.2\sim0.3)H$；若再采取抽排措施。扬压力将会更小。

3.3.1 帷幕灌浆的几个重要问题

(1) 帷幕灌浆时机。水库蓄水之前一定要完成帷幕灌浆，另外考虑不同水工建筑物的施工条件，土石坝、面板堆石坝下的帷幕灌浆宜在一定盖重混凝土保护之下进行；混凝土坝应在灌浆廊道内进行，当重力坝工程筑起一定高度时，对地面的应力作用达到稳定时实施。

(2) 认真查明地质情况。

(3) 做好灌浆试验。

(4) 根据帷幕线上各部位不同的地质条件以及该部位水工建筑物对防渗帷幕的具体要求，分地段进行帷幕设计，在排数和孔距方面应有所差别。

(5) 在帷幕灌浆施工中，还应分地段布设必要数量先导孔，据以验证设计的正确性和合理性，必要时应对灌浆孔的孔距和孔深进行修改和调整。

3.3.2 帷幕灌浆

3.3.2 灌浆帷幕的主要参数

1. 灌浆帷幕的形式和深度

(1) 接地式帷幕。灌浆帷幕深入基岩中的相对不透水岩层，基本上全部截断渗流，这种帷幕的防渗效果好。帷幕深度由相对不透水岩层的位置确定。高坝在河床及左右坝肩近河床地段均宜采用这种形式。

(2) 悬挂式帷幕。在相对不透水岩层埋藏深的地段，帷幕深度难以达到相对不透水岩层，这种帷幕的防渗效果相对较差。

国内一些大坝，悬挂式帷幕深度一般约为坝高的 50%，其变化范围多在 30%～

70%之间。喀斯特发育地区有时达到1倍坝高或以上。

帷幕的形式和深度应根据大坝基岩地质条件和对基岩防渗的要求以及其他一些因素综合确定。同一座坝由于各个地段具体条件不同，帷幕的形式和深度也不完全相同。例如朱庄水库浆砌块石重力坝，坝高100m，在河床部位帷幕深度进入相对不透水岩层5m，而在左岸坝肩部位，坝高自该处岩面算起仅20～35m，虽基岩岩石破碎，透水性大，但由于相对不透水岩层埋藏很深，所以选用悬挂式帷幕，幕深定为该地段坝高的1倍左右。

高坝基岩灌浆帷幕常深入两岸坝肩，为不使钻孔深度增大，常在两岸分层开挖灌浆平洞，在平洞内进行钻孔灌浆。

2. 灌浆帷幕的厚度和灌浆孔的排数

灌浆帷幕厚度和灌浆孔排数的确定，至今尚未有一个统一的准则，实际上这个问题与地质条件、灌浆压力和防渗标准密切相关。

对高坝帷幕灌浆或遇到复杂情况难于确定排数和孔距时，宜进行现场灌浆试验或施工初期的试验性灌浆确定。

依据规范：灌浆时应先灌下游排再灌上游排，如果有三排，最后灌中间排，单排内应按照分序加密的原则钻灌布置，一般可分三序施工（图3.3.1）。先布置先导孔，先导孔是在众多Ⅰ序孔中选取，间距为16～24m一个，或按该排孔数的10%布置，先导孔的施工目的是验证地质条件，初步判断地下裂隙吸浆情况，在岩溶、断裂等地质条件差的位置应加密布置。

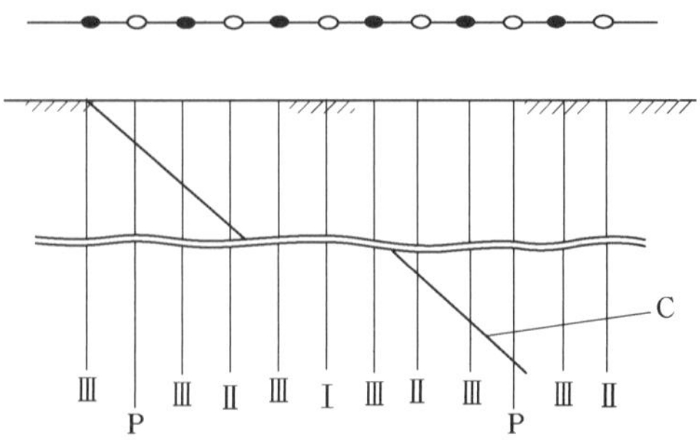

图3.3.1 帷幕灌浆孔的施工工序

P—先导孔；Ⅰ、Ⅱ、Ⅲ—第一、二、三次序孔；C—检查孔

钻孔孔位偏差不应大于10cm，孔深不得小于设计，孔斜率不小于10%的帷幕灌浆孔，孔底偏差不应大于表3.3.1。

表3.3.1 孔底偏差允许值

孔深/m	20	30	40	50	60	80	100
允许偏差/m	0.25	0.50	0.80	1.15	1.50	2.00	2.50

钻孔时，必须严格控制孔斜和孔深，以确保帷幕质量，如果钻孔方向发生偏斜，钻孔深度达不到要求，由各钻孔灌注的浆液扩散范围就不能互相搭接，会有漏水通道，如图3.3.2所示。

3.3.3 清孔和压水试验

自上而下灌浆和孔口封闭法在各段应进行冲洗孔道，冲洗压力为灌浆压力的80%，且不大于1MPa。冲洗回水变清或达到20min即可。单孔冲洗示意图如图3.3.3所示。压水试验按照规范《水工建筑物水泥灌浆施工技术规范》（SL/T 62—2020）附录B操作。

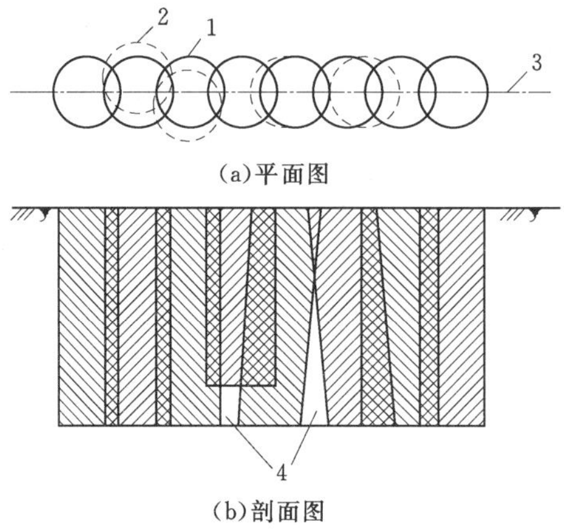

图 3.3.2 孔向孔深不合要求时所形成的帷幕

1—孔顶灌浆范围；2—孔底灌浆范围；3—帷幕轴线；4—漏水通路

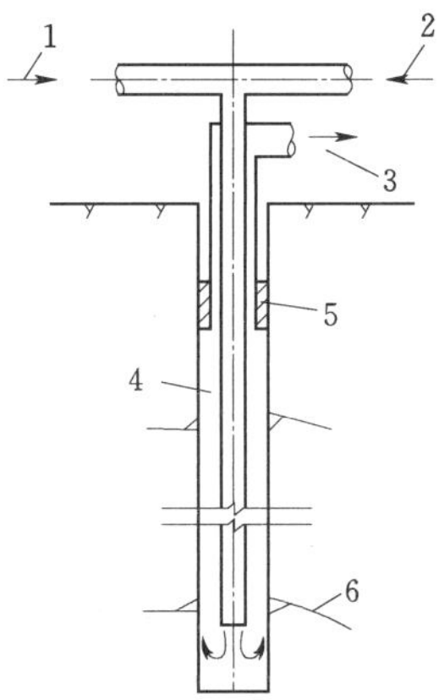

图 3.3.3 单孔冲洗示意图

1—压力水进口；2—压缩空气进口；3—出口；4—灌浆孔；5—阻塞器；6—岩石裂隙

3.3.4 灌浆技术

1. 灌浆设备

灌浆设备主要有水泥浆搅拌桶、灌浆机（泵）、管路、灌浆塞等。有的灌浆机附有水泥浆搅拌桶，有的搅拌桶由工地自行制造。搅拌桶由上下两个桶体及拌灰装置、传动装置组成，容量一般在100～200L之间。对搅拌桶的要求是连续地进行高速搅拌，保证灌浆不间断地工作，桶内水泥浆不会分离和沉淀。

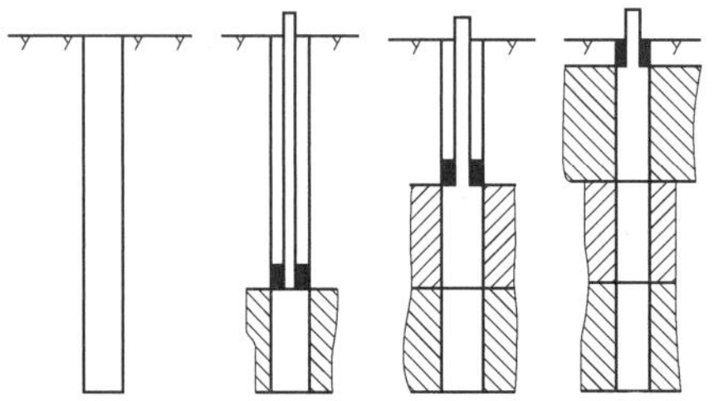

(a)钻孔 (b)第三段灌浆 (c)第二段灌浆 (d)第一段灌浆

图 3.3.4 自下而上分段灌浆

灌浆管路有内外管、返浆管及高压输浆管，要求管子有足够的耐压强度，便于拆装。

灌浆塞是水泥灌浆孔的一种堵塞装置，装在灌浆管的头部，其作用在于能分隔密封灌浆孔，进行分段灌浆。

2. 灌浆操作

自下而上分段灌浆的灌浆孔，可一次钻到设计深度。用灌浆塞按规定段长由下而上依次塞孔、灌浆，直到孔口（图3.3.4）。此法允许上段灌浆紧接在下段结束时进行，这样可不用搬动灌浆设备，比较方便。

自上而下分段灌浆法的施工步骤如图3.3.5所示。这种方法的灌浆孔只钻到第一孔段深度后，即进行该段的冲洗、压水试验和灌浆工作。经过待凝规定时间后，再钻开孔内水泥结石，继续向下钻第二孔段，进行第二孔段的冲洗、压水试验和灌浆工作。依次反复，直到设计深度。此法的缺点是钻机需多次移动，每次钻孔要多钻一段水泥结石，同时必须等上一段水泥浆凝固后方能进行下一段的工作。其优点是：从第二孔段以下各段灌浆时可避免沿裂隙冒浆；不会出现堵塞事故；上部岩石经灌浆提高了强度，下段灌浆压力可逐步加大，从而扩大灌浆有效半径，进一步保证了质量；此外，也可避免孔壁坍塌。

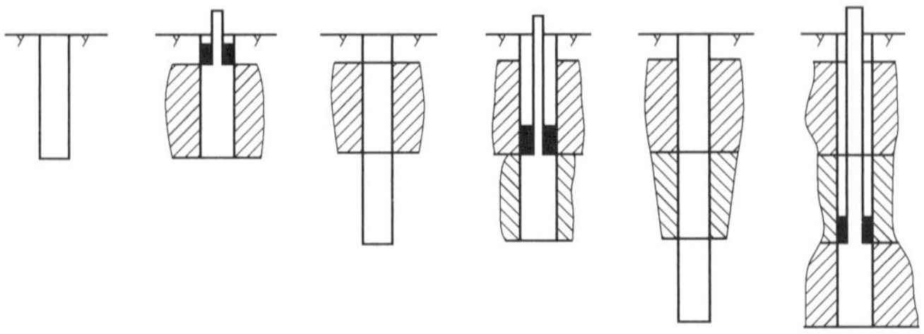

图 3.3.5 自上而下分段灌浆法的施工步骤

上述分段灌浆的两种方法，如果遇到地表岩层比较破碎，下部岩层比较完整时，在一个孔位可将两种方法混合使用，即上部采用自上而下、下部采用自下而上的方法来进行灌浆。

帷幕灌浆段宜为 5～6m 一段，混凝土与基岩接触段宜为 1～3m，混凝土与基岩接触段宜待凝不少于 24h。

3. 灌浆材料的选择和浆液浓度的控制

岩石地基的灌浆一般都采用水泥灌浆。水泥灌浆的主要材料是由水泥和水拌制而成的水泥浆。

水泥品种的选择及其质量要求：对无侵蚀性地下水的岩层多选用普通硅酸盐水泥；如遇有侵蚀性地下水的岩层，以采用抗硫酸盐水泥或矾土水泥为宜。水泥的标号应大于 32.5 号。为提高岩基灌浆的早期强度，我国坝基帷幕灌浆一般多用 42.5 号水泥。对水泥细度的要求为水泥颗粒的粒径要小于 1/3 岩石裂隙宽度，灌浆才易生效；一般规定，灌浆用的水泥细度，应能保证通过 0.08mm 孔径标准筛孔的颗粒重量不小于 90%。

灌浆过程中，必须根据吸浆量的变化情况，适时调整浆液的浓度，使岩层的大小裂隙既能灌满又不浪费。开始时用最稀一级浆液，在灌入一定的浆量没有明显减少时，即改为用浓一级的浆液进行灌注，如此下去，逐级变浓直到结束。

水泥灌浆一般使用循环式灌浆法，普通水泥灌浆水灰比从 5∶1、3∶1、2∶1、1∶1、0.7∶1、0.5∶1 六级逐级提升浓度，细水泥可采用水灰比 3∶1、2∶1、1∶1、0.5∶1 灌注；采用纯压式开关比可采用单一比级。当压力不变注入率下降时或保持注入率不变压力升高时，不得变换浓度，直到稳定后可提升一级浓度，当注入率达到 30L/min 时可考虑越级提升浓度。

4. 灌浆压力及其控制方法

灌浆压力通常是指作用在灌浆段中部的压力。确定灌浆压力的原则是：在不致破坏基岩和坝体的前提下，尽可能采用比较高的压力。因为压力高，可以使浆液更好地压入细小的缝隙内，增大浆液的扩散半径，析出多余的水分，提高灌注材料的密实度。但是，灌浆压力也不能过高，否则会使裂隙扩大，引起岩层或坝体的抬动变形。

灌浆压力的大小与孔深、岩层性质和灌浆段上有无压重等因素有关，国内工程上目前常用式（3.1）进行计算

$$P=P_0+MD+9.807J\gamma h \qquad (3.1)$$

式中 P——灌浆压力，Pa；

P_0——基岩表层的允许压力，Pa，可由表3.3.2查得；

D——灌浆段以上岩层的厚度，m；

M——灌浆段以上岩层每增加一米所能增加的压力，Pa/m，可由表3.3.2查得；

h——灌浆孔以上压重的厚度，m；

γ——压重的容重，kg/m^2；

J——系数，可选用1～3。

表3.3.2　P_0 和 M 值选用表

岩石分类	岩　性	M /($\times10^5$ Pa/m)	P_0 /($\times10^5$ Pa)	常用压力 /($\times10^5$ Pa)
Ⅰ	具有陡倾斜裂隙、透水性低的坚固大块结晶岩、岩浆岩	2～5	3～5	40～100
Ⅱ	风化的中等坚固的块状结晶岩、变质岩或大块体弱裂缝的沉积岩	1～2	2～3	15～40
Ⅲ	坚固的半岩性岩石、砂岩、黏土页岩、凝灰岩、强或中等裂隙的成层的岩浆岩	0.5～1	1.5～2	5～15
Ⅳ	坚固性差的半岩性岩石、软质石灰岩、胶结弱的砂岩及泥灰岩、裂隙发育的较坚固的岩石	0.25～0.5	0.5～1.5	2.5～5
Ⅴ	松软的未胶结的泥沙土壤、砾石、砂、砂质黏土	0.15～0.25	0	0.5～2.5

注 1. 采用自下而上分段灌浆时，M 应选范围内的较小值；

2. Ⅴ类岩石在外加压重情况下，才能有效地灌浆。

根据公式或以往类似工程经验所确定的灌浆压力，只能作为事先估算的一种依据。在实际工程中，由于具体条件千变万化，灌浆压力往往需要通过试验来确定，并在灌浆施工中进一步检验和调整。

灌浆的结束条件是用两个批标来控制：一个是残余吸浆量，又称最终吸浆量，即灌到最后的限定吸浆量；另一个是闭浆时间，即在残余吸浆量的情况下，保持设计规定压力的延续时间。

国内帷幕灌浆工程中，大多规定：在设计规定的压力之下，灌浆孔段的单位吸浆量小于0.2～0.4L/min，延续30～60min以后，就可结束灌浆。

《水工建筑物水泥灌浆施工技术规范》（SL/T 62—2020）规定：在设计规定的压力之下，灌浆孔段的单位吸浆量小于1L/min，延续30min可结束灌浆。

有的工程，由于岩层的细小裂隙过多，在高压作用下，后期吸浆量虽不大，但延续时间很长，仍达不到结束标准，且回浆有逐段变浓的现象。这说明受灌的细小裂隙只进水不进浆，或只有细水泥颗粒灌入而粗颗粒灌不进。在这种情况下，应改变水泥细度，或者经过两次稀释浓浆而仍达不到结束标准确认只进水不进浆时，再延续

10～30min，就结束灌浆。

压力变换：可以选用一次升压法或分级升压法，当裂隙较多、容易出现抬动现象时宜采用分级升压法。灌浆压力与单位吸浆量关系如图3.3.6所示。

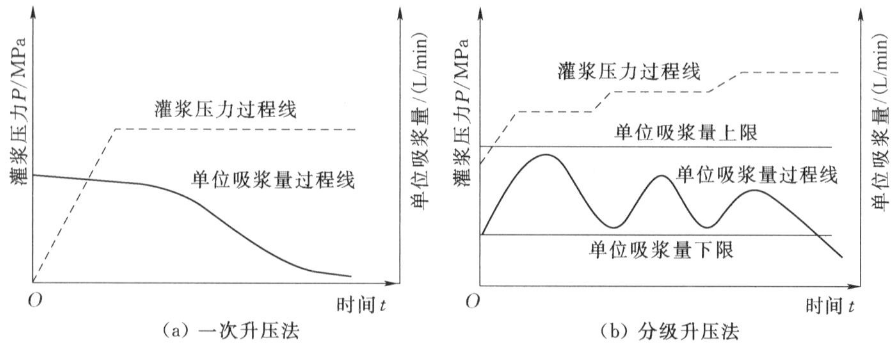

图3.3.6　灌浆压力与单位吸浆量关系图

3.3.5　封孔

在各孔灌完后，均应很好地封孔，将钻孔严密填实。

全孔灌浆结束后，应以水灰比0.5的新鲜普通浆液置换孔内吸浆或积水，采用2MPa或平均灌浆压力封孔。封孔灌浆可为1h。

3.3.6　特殊情况的处理方法

1. 灌浆中断

(1) 因机械、管路、仪表等出现故障而造成灌浆中断时，应尽快排除故障，立即恢复灌浆。否则应冲洗钻孔，重新灌浆。

(2) 恢复灌浆时，如注入量较中断前减少较多，应使用开灌比级的浆液进行灌注。按依次换比的规定重新灌注。

(3) 恢复灌浆后，若停止吸浆，可用高于灌浆压力0.14MPa的高压水进行冲洗而后恢复灌浆。

2. 串浆

(1) 相邻两孔段均具备灌浆条件时，可同时灌浆。

(2) 相邻两孔段有一孔段不具备灌浆条件，首先给被串孔段充满清水，以防水泥浆堵塞凝固，影响未灌浆孔段的灌浆质量。用大于孔口管的实心胶塞放在孔口管上，并用钻机立轴钻杆压紧。

3. 冒浆

(1) 混凝土地板面裂缝处冒浆，可暂停灌浆，用清水冲洗干净冒浆处，再用棉纱堵塞。

(2) 冲洗后用快干地勘水泥加氯化钙捣压封堵，再进行低压、限流、限量灌注。

4. 漏浆

(1) 浆液在延伸较远的大裂隙通道渗漏在山体周围，可采取长时间间歇（一般在24h以上）待凝灌浆方法灌注。如一次不行，再进行二次间歇灌注。

(2) 浆液在大裂隙通道渗漏，但不渗漏到山体周围，可采用限压、限流与短时间间歇（数十分钟）灌浆。如达不到要求，可采取长时间间歇待凝，然后限流逐渐升压灌注。一般反复1～2次即可达到结束标准。

5. 固管

灌注水灰比为1∶1以下的浓浆时，容易发生固管现象。如采用小口径孔口封闭自上而下分段循环灌浆法施工，可解决固管问题。

6. 溶洞和暗河

（1）溶洞内如有黏土填充且稳定性较好，可不必清除，按常规浆液灌注即可，如填充物不密实、不稳定，应冲洗清除，然后投砂、砾石骨料回填再灌注水泥浆液。

（2）溶洞、暗河通道、漏浆量很大，可采用布袋法灌注。将浓浆灌入布袋内封好袋口丢入孔内。边投砂、砾石骨料，边投布袋浓浆，边灌双液浆（加速凝剂的浆液）。待通道基本堵塞，待凝48h后再扫孔，按常规方法灌注水泥浆液。

3.3.7 质量检查

1. 检查孔位置的布设

（1）一般布设在岩石破碎、断层、裂隙、溶洞等地质条件复杂的部位，注入量较大的孔段附近，灌浆情况不正常以及经分析资料认为对灌浆质量有影响的部位。

（2）在灌浆结束14d后就可对该部位的检查孔进行检查。采用自上而下分段进行压水试验，压水压力为相应段灌浆压力的80%。检查孔数量为灌浆孔总数的10%，每一个单元至少应布设一个检查孔。

2. 压水试验检查

压水试验检查，坝体混凝土和基岩接触段及其下一段的合格率应为100%，以下各段的合格率应在90%以上，不合格段透水率值不得超过设计规定值的150%，且不集中，灌浆质量可认为合格。

3.3.8 岩基帷幕灌浆施工质量验收标准

基岩帷幕灌浆施工质量应符合表3.3.3的要求。

表3.3.3　　基岩帷幕灌浆施工质量标准

项次		检验项目	质量要求	施工单位自检		监理单位检验	
				检验方法	检验数量	检验（工作）方式	检验数量
主控项目	1	水泥、掺合料、外加剂等原材料质量	符合设计及C.0.1条要求	观察，查阅质量证明文件和检验报告	全部	平行检验	全部
	2	孔深	不小于设计孔深	量测	逐孔	平行检验	逐孔
	3	孔底偏距	符合设计要求	量测（测斜仪）	逐孔	平行检验	逐孔
	4	孔序	符合设计要求	观察	逐段	现场巡视	—
	5	灌浆压力	符合设计要求	量测	逐段	旁站	逐段

续表

项次		检验项目	质 量 要 求	施工单位自检		监理单位检验	
				检验方法	检验数量	检验（工作）方式	检验数量
主控项目	6	浆液及变换	符合设计要求	量测	逐段	旁站	逐段
	7	结束标准	符合设计要求	量测	逐段	旁站	逐段
	8	施工记录	齐全、准确、清晰	查阅	全部	平行检验	全部
一般项目	1	孔位偏差	不大于 100mm	量测	逐孔	平行检验	逐孔
	2	钻孔冲洗	沉积厚度不大于 200mm	量测	逐段	现场巡视	—
	3	裂隙冲洗或压水	符合设计要求	量测	逐段	见证检验	逐段
	4	灌浆段位置及段长	符合设计要求	量测	逐段	平行检验	逐段
	5	灌浆管口距段底距离	不大于 500mm	量测	逐段	见证检验	逐段
	6	抬动观测值	符合设计要求	量测	逐段	现场巡视	—
	7	封孔	密实，不渗水	观察	逐孔	现场巡视	—
	8	灌浆特殊情况处理	处理后不影响质量	观察	逐段	见证检验	逐段

注 本表适用于自上而下循环式灌浆和孔口封闭灌浆法，其他灌浆方法参照《水利水电工程单元工程施工质量验收标准 第 3 部分：地基处理与基础工程》（SL/T 631.3—2025）中表 4.2.3 执行。

任务 3.4 灌 浆 施 工 组 织

学习导向

知识目标：了解灌浆施工的布置和组织

能力目标：能理解灌浆布置

素质目标：培养钻研精神和认真态度

执行规范：《水工建筑物水泥灌浆施工技术规范》（SL/T 62—2020）

参考规范：《水工建筑物水泥灌浆施工技术规范》（DL/T 5148—2021）

钻孔灌浆工程初步设计阶段的施工组织设计是把钻孔灌浆工程量按施工总进度安排，在保证质量和满足设计要求的前提下，研究确定施工方法、施工手段（采用机械设备）、工效、年施工强度和工程造价等，使建设管理单位对组织本项工程施工有较全面的了解，便于在投标中对投标单位进行资格审查和必要的准备工作（如人员生活的安置、设备订货等）。

3.4.1 设计依据

地基处理灌浆工程施工组织设计编制的依据一般为以下几点：

(1) 国家和主管部门颁布的有关规程规范。

(2) 水工建筑物地基处理工程的设计图纸、工程量、质量要求及检查标准等。

(3) 地基处理工程所在地区及工程部位的地形、水文气象、工程地质、水文地质资料及有关工程施工协调配合等技术资料。

(4) 枢纽工程施工总进度计划确定的地基处理工程的起讫施工时间以及施工导流和拦洪度汛等有关设计资料。

(5) 工程所在地区的当地建筑材料，风、水、电和劳动力供应等条件的调查分析资料，以及施工场区内外交通运输条件。

(6) 国内外先进的施工经验。

3.4.2 施工布置

水泥灌浆材料，需经搅拌机械拌制均匀，然后通过灌浆机压入钻孔。这一套制浆与灌浆系统，需建立较为固定的机房。

制浆可以分为与灌浆机配套进行分散制浆和制浆作业独立进行集中制浆两种形式。分散制浆可根据灌浆孔灌注情况进行配浆，比较灵活方便；集中制浆是把制浆作业专业化，只生产最浓一级的浆液，由各机组直接从作业面上的浆液循环管路中放浆，再加水稀释配成所需要的水灰比。集中制浆的好处是：①减少制浆设备，可使用散装水泥储料罐，实现制浆机械化一条龙；②节约劳动力，减轻工人的劳动强度；③减少弃浆，降低工程造价；④灌浆作业面没有粉尘损害，改善了工作条件。

从储灰罐到制浆机，需通过喂料器（螺旋输送机或刮板输送机）和计量器（称水泥的电子秤或电子皮带秤，量水箱）称量两项中间环节来达到，制浆是批量式制出的，一个制浆厂，一般由储灰罐、喂料器、计量器、制浆机、储浆搅拌桶、输浆泵和管路等组成。制浆厂的机械设备大小和数量、布置形式，将根据工程规模、设计制浆能力、地形情况等进行设计。

制浆厂应布置在汽车能抵达，风、水、电接线方便，与大坝施工作业无干扰的地段。为便于浆液输送，制浆厂宜布置在坝肩两岸较高的地方。

灌浆机房一般布置在钻孔作业面附近，沿坝轴线方向或帷幕轴线方向，以 80m 左右布置一个为好，便于机房与孔口联系，同时避免管路过长，浆液在管路中摩阻大而发生颗粒沉降，或者为浆液输送而加大压力造成管路受压过大而发生爆管事故。

制浆厂向灌浆机供浆是通过输浆中转站实现的。制浆厂把制好的浓浆送往工作面上的输浆中转站，各机组从输浆站上的浆液循环管路中放浆、加水稀释，配成所需水灰比的浆液使用。输浆循环管路如图 3.4.1 所示。

有些施工部位，如大坝河床部位基岩的固结灌浆，与开挖爆破和混凝土浇筑之间的施工干扰大，没有条件布置输浆管道，制浆机就只能与灌浆机布置在同一机房内。分散性的制浆都是使用的袋装水泥。为减轻制浆工人的体力劳动，机房应布置成楼式结构，如图 3.4.2 所示。其楼板与制浆机进料口齐平，制浆机的出浆口与储浆搅拌桶的上口相衔接，使浆液自然流放。

机房位置只能根据现场情况和所担负的灌浆范围选定。一个工地，机房往往要拆迁数次。为了省工（节省拆建时间）省料（避免拆迁建房材料损耗），可以将机房设

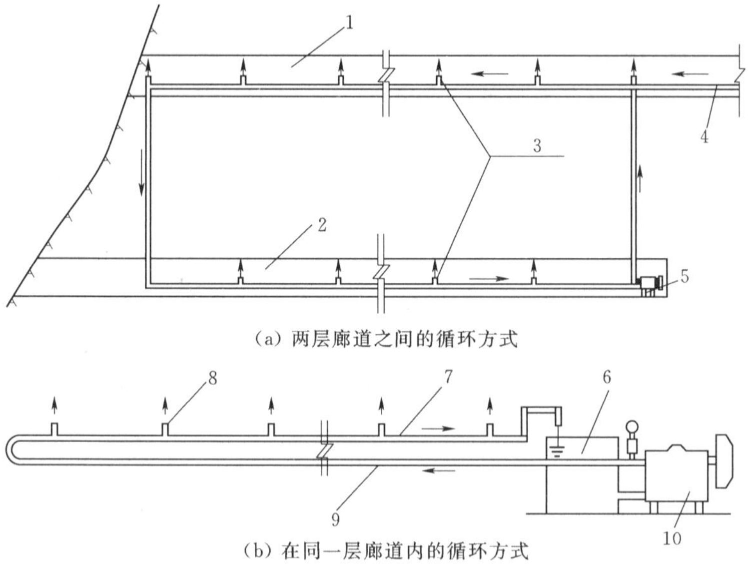

(a) 两层廊道之间的循环方式

(b) 在同一层廊道内的循环方式

图 3.4.1 输浆循环管路示意图

1—上层廊道；2—下层廊道；3、8—机组用浆；4—输浆站来浆；5、10—输浆泵；6—储浆搅拌桶；7—回浆管；9—输浆管

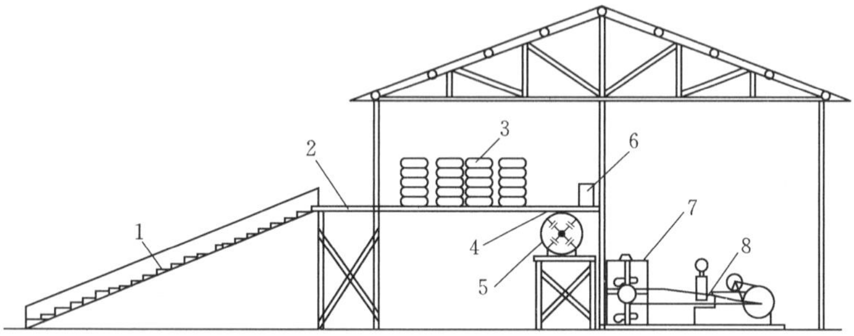

图 3.4.2 制浆与灌浆机械同机房的布置形式

1—楼梯；2—水泥堆平台；3—水泥；4—进料口；5—制浆机；6—量水桶；7—搅拌桶；8—灌浆泵

计成装配式结构。

如钻孔要灌注化学材料，一般都将制浆和灌浆设备放在孔口附近，以减少管路占浆损耗。

3.4.3 进度计划

灌浆同岩石开挖和混凝土浇筑有密切关系，在总进度控制下，根据建筑物各部位的岩石开挖和混凝土浇筑施工进度来编制灌浆进度计划，验证在总进度计划里留给灌浆作业的时间内，安排实施灌浆作业的可能性及其灌浆作业进度计划。

固结灌浆的施工进度是根据所确定的有压重或无压重的灌浆方法，逐个坝块地按开挖和混凝土浇筑的施工进度编制的。它受开挖和混凝土浇筑施工的制约，生产强度的波动性较大。

帷幕灌浆一般是在廊道内施工，它不受其他工种干扰和影响，能进行均衡生产，只要廊道形成，大坝达到一定高度，基岩面以上的压重足够承受灌浆设计压力，不会发生抬动，便可开展帷幕灌浆。

在水库开始蓄水前，必须完成水库初期蓄水位以下的帷幕灌浆和排水孔的钻孔。高于初期蓄水位以上的帷幕灌浆和排水孔，可以在初期蓄水以后、水库达到正常蓄水位以前完成。

基础各种灌浆的施工程序是：先固结，后帷幕；帷幕灌浆全部完成（或某个范围内），经检查合格后，才能钻排水孔。

各建筑物的工程量按年分类累计，得到分年的固结、帷幕和排水孔的施工进度计划。

任务3.5 防渗墙施工技术措施

学习导向

知识目标：掌握水工防渗墙施工技术
能力目标：能控制防渗墙施工质量
素质目标：培养钻研精神和认真态度
执行规范：《水利水电工程混凝土防渗墙施工技术规范》(SL 174—2014)

3.5.1 防渗墙形式

3.5.2 施工方法动画演示-喷射灌浆-三重流体

3.5.3 施工方法动画演示-桩柱型防渗墙

防渗墙是修建在挡水建筑物透水地层中的地下连续墙，用来控制渗流，减少渗透流量，保证建筑物和地基的渗流稳定，它是解决深厚覆盖层中渗流问题的有效措施。防渗墙应用广泛发展迅速，它与其他同类工程措施，如打设板桩、灌浆等相比，具有结构可靠，防渗效果好，能适应各种不同的地层条件等优点，同时，施工时几乎不受地下水位的影响，它的修建深度较大，可以在已有建筑物邻近的地方施工，施工速度快，工程造价低廉。

在水利工程建设中，防渗墙的应用有以下几个方面：①控制闸坝基础的渗流；②坝体防渗和加固处理；③控制围堰堰体和基础的渗流；④防止泄水建筑物下游基础的冲刷；⑤作一般水工建筑物基础的承重结构等。

3.5.1 施工工艺

防渗墙可用来解决防渗、防冲、加固、承重等多方面的工程问题。地下连续墙的施工方法主要有两种：一是排桩成墙，二是开槽筑墙。目前国内外应用最多的是开槽筑墙。

开槽筑墙的施工工艺是在地面上用一种特殊的挖槽设备，沿着铺设好的导墙工程，在泥浆护壁的情况下，开挖一条窄长的深槽，在槽中浇筑混凝土（有的在浇筑前放置钢筋笼、预制构件）或其他材料筑成地下连续墙体。地下连续墙按其材料可分为土质墙、混凝土墙、钢筋混凝土墙和组合墙。

混凝土防渗墙的基本形式是槽孔型，它是由一段段槽孔套接而成的地下连续墙，槽孔型防渗墙的施工是分段分期进行的。先建造单号槽段的墙壁，称为一期槽段；再建造双号槽段的墙壁，称为二期槽段。一、二期槽段接成一道连续墙，如图 3.5.1 所示。

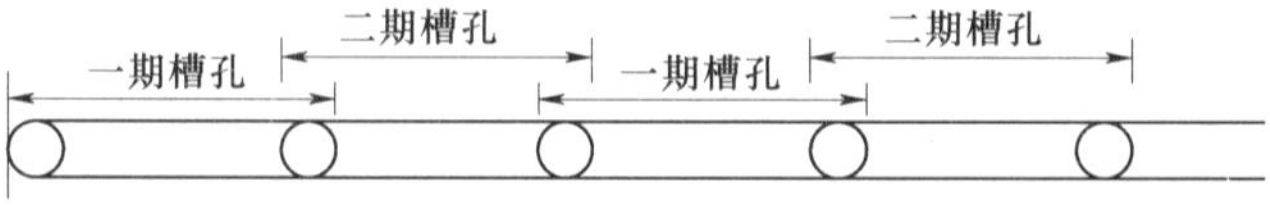

图 3.5.1　槽孔型防渗墙

槽段的宽度，即防渗墙的有效厚度，视筑墙材料和造孔方法而定。

在一般情况下，防渗墙的施工程序为：①成槽前的准备工作；②用泥浆固壁进行成槽；③终槽验收和清槽换浆；④防渗墙浇筑前的准备工作；⑤防渗墙的浇筑；⑥成墙质量验收等。

3.5.2　防渗墙施工作业

混凝土防渗墙在坝剖面中的典型位置如图 3.5.2 所示。

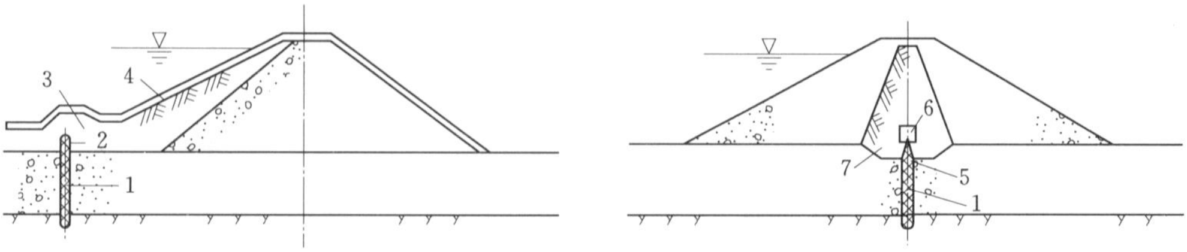

(a)黏土斜墙式土坝　　(b)黏土心墙式土坝

图 3.5.2　混凝土防渗墙在坝剖面中的典型位置图

1—防渗墙；2—钢板；3—黏土斜墙；4—护坡；5—止水；6—灌浆廊道；7—黏土心墙

3.5.2.1　造孔前的准备工作

3.5.4　防渗墙施工

根据防渗墙的设计要求和槽孔长度的划分做好槽孔的测量定位工作，并在此基础上，设置导向槽。

1. 槽段的宽度及长度

槽段的宽度即防渗墙的有效厚度，视筑墙材料和造孔方法而定。一般钢板桩水泥砂浆和水泥黏土砂浆灌注的防渗墙，厚度为 10～20cm；混凝土及钢筋混凝土防渗墙，厚度为 40～80cm。

槽段长度的划分，原则上为减少槽段间的接头，尽可能采用比较长的槽段。但由于墙基地形地质条件的限制，以及施工能力、施工机具等因素的影响，槽孔又不能太长。故槽孔长度必须满足下述条件：

$$L \leqslant \frac{Q}{kBV} \tag{3.2}$$

式中　L——槽段长度，m，一般槽段长度为 10～20cm；

Q——混凝土生产能力，m^3/h；

B——防渗墙厚度，m；

V——槽段混凝土面的上升速度（一般要求小于 2m/h）；

k——墙厚扩大系数，可取 1.2～1.3。

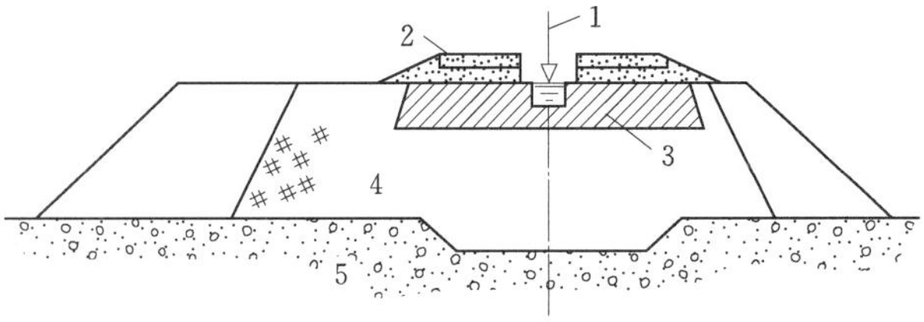

图 3.5.3　灰拌土导墙

1—防渗墙轴线；2—钻机轨枕；3—灰拌土；4—黏土心墙；5—透水砂卵石

2. 导向槽

导向槽沿防渗墙轴线设在槽孔上方，支撑上部孔壁；其净宽一般等于或略大于防渗墙的设计厚度，深度以 1.5～2.0m 为宜。导向槽可用木料、条石、灰拌土或混凝土做成；灰拌土导墙如图 3.5.3 所示。

为了维持槽孔的稳定，要求向槽底部应高出地下水位 0.5m 以上。为防止地表积水倒流和便于自流排浆，其顶部高程要高于两侧地面高程。

导向槽安设好后，在槽侧铺设钻机轨道，安装钻机，修筑运输道路，架设动力和照明线路及供水浆管路，做好排水排浆系统，并向槽内灌泥浆，保持液面在槽顶以下 30～50cm，即可开始造孔。

3.5.2.2　造孔

槽孔开挖通常采用冲击式钻机（图 3.5.4）；钻头重 1.5～3.0t。开挖是借偏心工作轮的回转通过连杆带动活动滑轮使钻头作上下运动，冲击地层。开挖过程采用泥浆固壁，凭借泥浆循环将孔中的渣料带出。

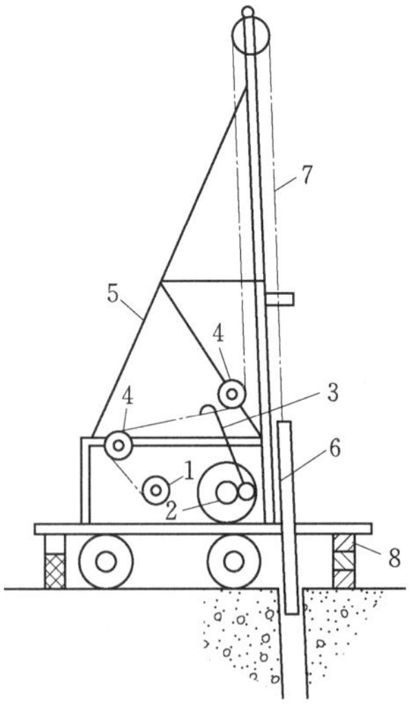

图 3.5.4　冲击式钻机

1—卷扬机；2—偏心工作轮；3—连杆；4—滑轮；5—钻架；6—钻头；7—钢丝绳；8—垫木

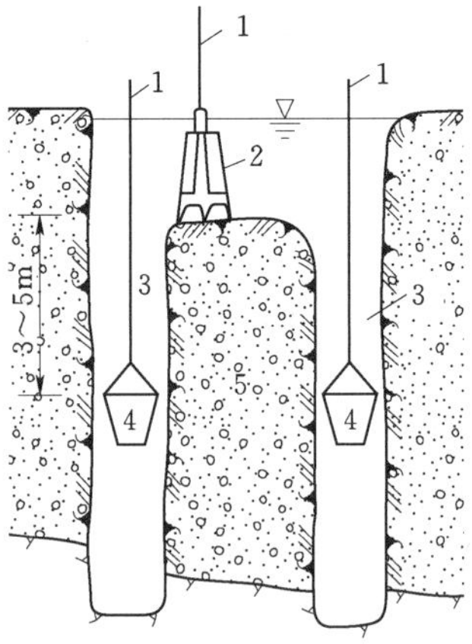

图 3.5.5　主孔钻进副孔劈打法（钻劈法）

1—钢丝绳；2—钻头；3—主孔；4—接渣斗；5—副孔

1. 造孔方法

用冲击式钻机开挖槽孔时，一般采用钻劈法（图 3.5.5）即“主孔钻进、副孔劈打”，先将一个槽段划分为主孔和副孔，利用钻击钻头自重，冲击钻凿主孔，然后用同样的钻头劈打副孔两侧，用抽砂筒或接渣斗出渣。

2. 泥浆固壁

3.5.5
水利工程防渗墙施工

泥浆在造孔中主要起大壁作用，其具有较大的比重（一般为 1.1～1.2），以静压力作用于槽壁借以抵抗槽壁土压力及地下水压力。此外，泥浆还起到钻头冷却、护壁防渗及辅助出渣等作用；它直接影响墙底与基岩，墙间结合质量。一般槽内泥浆面应高出地下水位 0.6～2.0m。

对制浆黏土的基本要求是：含砂量大于 50%塑性指数大于 20，含砂量小于 5%，二氧化硅与三氧化二铝含量的比值为 3～4。

3.5.2.3　终孔验收和清孔换浆

造孔结束后，应进行终孔验收，其验收项目和质量要求可参考表 3.5.1。

表 3.5.1　　终孔验收项目和质量要求

验收项目	验收要求	验收项目	验收要求
孔位允许偏差	±3cm	一、二期槽孔搭接孔位中心偏差	≤1/3 设计墙厚
孔宽	≥设计墙厚	槽孔水平断面上	没有梅花孔、小墙
孔斜	≤4%	槽孔嵌入基岩深度	满足设计深度

造孔完毕后的孔内泥浆，常含有过量的土石渣，影响混凝土与基岩的连接，因此，必须清孔换浆，以保证混凝土浇筑的质量。清孔换浆的要求为孔底淤积厚度不大于 10cm，泥浆比重不大于 1.3，黏度不大于 30s（指体积为 500cm^3 的浆液从一标准漏斗中流出来的时间），含砂量不大于 15%；且清孔换浆后 4h 内应开始浇筑混凝土。

3.5.2.4　混凝土浇筑

1. 泥浆下浇筑混凝土的主要特点

（1）不允许泥浆和混凝土掺混成泥浆夹层。

（2）确保混凝土与基础以及一、二期混凝土间的结合。

（3）连续浇筑，一气呵成。

2. 泥浆下浇筑混凝土的方法

泥浆下浇筑混凝土常采用导管提升法，导管由若干根 ϕ20～25cm 的钢管用法兰盘连接成，导管顶部为受料斗；每根钢管长 2m 左右；整个导管悬挂在导向槽上，并通过提升设升降。导管布置如图 3.5.6 所示。由于防渗墙混凝土坍

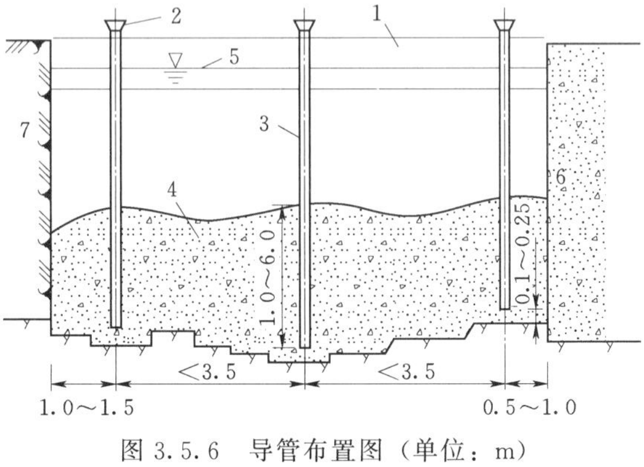

图 3.5.6　导管布置图（单位：m）
1—导向槽；2—受料斗；3—导管；4—混凝土；5—泥浆液面；6—已浇槽孔；7—未挖槽孔

落度一般为 180～220mm，其扩散半径为 1.5～2.0m，导管间距小于 4m 为宜。

3. 浇筑前的准备工作

泥浆下混凝土浇筑前准备工作的内容包括：制定浇筑方案，准备好导管及孔口用具并下设导管，检查混凝土搅拌与运输机械及提升导管机械的完好情况，检查运输道路情况，搭设孔口料台，准备好孔内混凝土顶面深度测量用具及混凝土顶面上升指示图，制定好孔内泥浆排放与回收方案等。

浇筑前，应仔细检查导管的形状、接头和焊缝的质量，检查是否有过度变形和破损的不能使用，并按预定长度在地面进行分段组装和编号，然后安装布置到槽段中。

导管的开浇顺序应严格遵循先深后浅的原则；即从最深的导管开始，由深到浅一个个依次开浇，直到全槽混凝土面浇平以后，再全槽均衡上升。相邻混凝土面高差控制在 0.5m 范围以内。

孔口料台的结构应当即稳固又简单，能够方便地均匀分料给每一根导管，并应在清孔验收合格后 2h 内搭设完毕；一般使用钢管装配式孔口料台。孔内混凝土顶面常用钢丝芯测绳或细钢丝绳起吊测锤测量，测锤绳索上的刻度标记应准确并应经常校核。

4. 泥浆下混凝土的浇筑

每个导管开浇时，将导管下至距槽底 10～25cm 处管内放一直径略小于导管内径的、能漂浮在浆面上的木球，以便在开浇时把混凝土与泥浆隔开；开浇时，先用坍落度为 18～20cm 的水泥砂浆，再用稍大于整根导管容积，同样坍落度的混凝土，一次把木球压至管底；混凝土满管后，提管 20～30cm 使球体跑出管外，混凝土流入槽内，再立即把导管放回原处，使导管底孔插入已浇入的混凝土中；然后迅速检查导管连接处是否漏浆，若不漏浆，立即开始连续浇筑凝土，维持全槽混凝土面均衡上升，其上升速度不小于 2m/h，随着混凝土顶面的不断上升，继续拆管，始终使导管底口埋入混凝土内 1～6m 的深度，直至将混凝土顶面浇筑至规定高程。如图 3.5.7 所示，其施工要点可归纳为：压球、满管、提管排球、理管、查管、连续浇筑、终浇等工序。

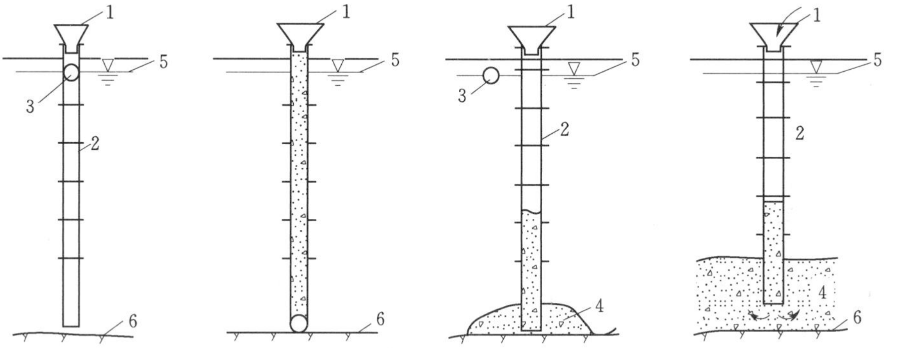

图 3.5.7 泥浆下混凝土浇筑施工要点示意图

1—浇筑漏斗；2—导管；3—木制或塑料制球体；4—已浇入孔内的混凝土；5—泥浆液面；6—基岩面

当混凝土面上升到距槽口 4～5m 时，由于混凝土柱压力减小，槽内泥浆浓度增加，混凝土扩散能力相对减弱，易发生堵管和夹泥等，可采取加强排浆、稀释泥浆、抬高漏斗、增加起拔次数、经常提动导管以及控制混凝土坍落度等措施来解决。

图3.5.8是几种不同的导墙形式。

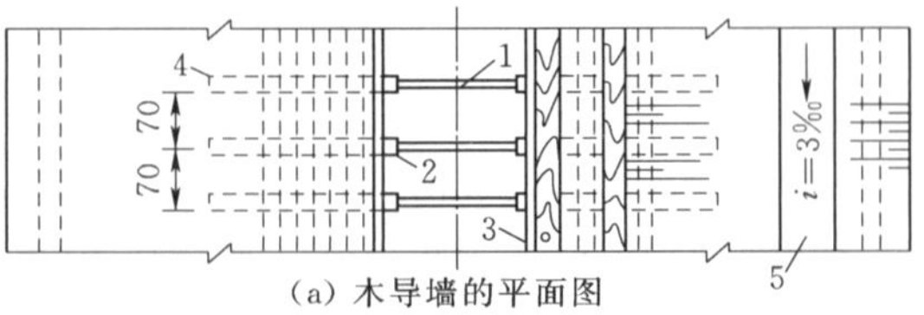

(a) 木导墙的平面图

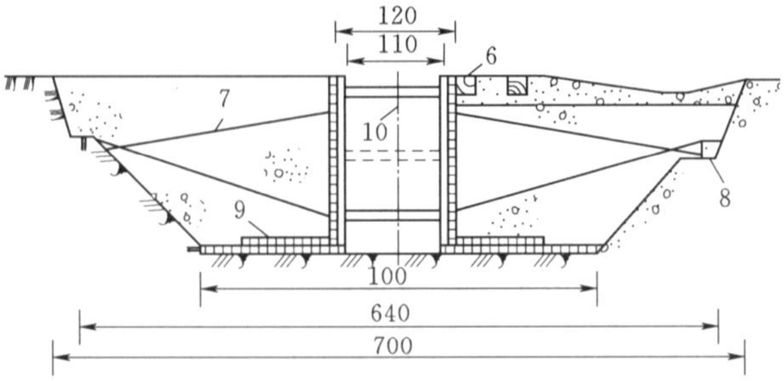

(b) 木导墙的剖面图

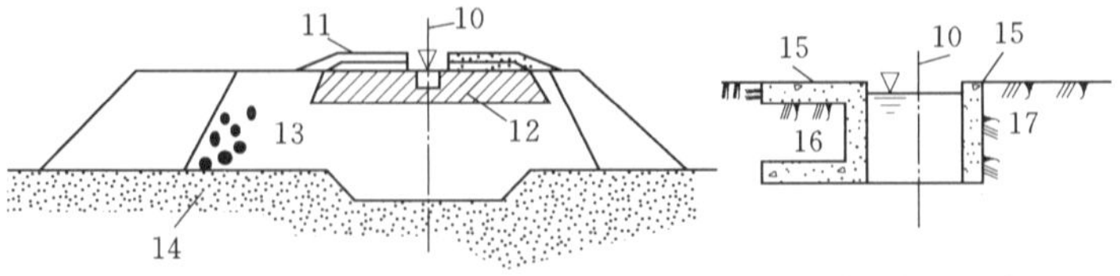

(c) 灰拌土导墙　(d) 钢筋混凝土导墙

图3.5.8　几种不同的导墙形式示意图（单位：cm）

1—对撑；2—立带；3—边板；4—挑木；5—排浆沟；6—承重木；7—锚缆；8—15×15方木或ϕ15圆木；9—板皮；10—防渗墙轴线；11—钻机轨枕；12—灰拌土；13—黏土心墙；14—透水砂卵石层；15—混凝土和少筋混凝土；16—表土（较差）；17—表土（较好）

在成槽过程中，泥浆所起的作用，除固壁作用外，尚有携砂作用、冷却作用和润滑作用。由于泥浆具有较大的比重，对槽壁施加的静压力相当于一种液体支撑，当泥浆渗入槽壁，胶结成一层致密的泥皮，产生一种特殊的护壁作用，亦有助于维持槽壁的稳定。根据施工规范，新制黏土浆宜达到表3.5.2所示指标。

表3.5.2　新制黏土浆性能指标

项　目	性能指标	试验仪器
密度/(g/cm³)	1.15～1.25	泥浆比重秤
漏斗黏度/s	18～25	500/700漏斗
含砂量/%	≤5	含砂量测定仪
胶体率/%	≥96	量筒
稳定性/(g/cm³)	≤0.03	量筒、泥浆比重秤
失水量/(mL/30min)	<30	失水量仪

续表

项　　目	性能指标	试验仪器
泥饼厚/mm	2～4	失水量仪
1min 静切力/Pa	2.0～5.0	静切力仪
pH 值	7.0～9.5	pH 试纸或电子 pH 计

混凝土浇筑前，泥浆性能指标应达到表 3.5.3 所示要求。

表 3.5.3　　混凝土浇筑前膨润土泥浆、黏土泥浆主要性能指标

项　目	漏斗黏度/s	密度/(g/cm³)	含砂量/%
膨润土泥浆	32～50（马氏漏斗）	≤1.15	≤4
黏土泥浆	≤35（500/700mL）	≤1.3	≤8

在施工过程中，必须加强泥浆生产过程中各个环节的管理和控制。一方面在施工现场要定时测定泥浆的比重、黏度和含砂量，在试验室内还要进行胶体率、失水量（泥皮厚）、静切力等项试验，以全面评价泥浆的质量和控制泥浆的技术指标；另一方面要防止一切违章操作，如严禁砂卵石和其他杂质与制浆土料相混；不允许随便往槽段中倾注清水；未经试验的两种泥浆不许混合使用；槽壁严重漏浆时，要抛投与制浆土料性质一样的泥球等。

为了保质保量供应泥浆，工地必须设置泥浆系统。泥浆系统中主要包括：土料仓库、供水管路、量水设备、泥浆搅拌机、储浆池、泥浆泵以废浆池、振动筛、旋流器、沉淀池、排渣槽等泥浆再生净化设施。

泥浆的再生净化和回收利用，不仅能够降低成本，而且可以改善环境，防止泥浆污染。

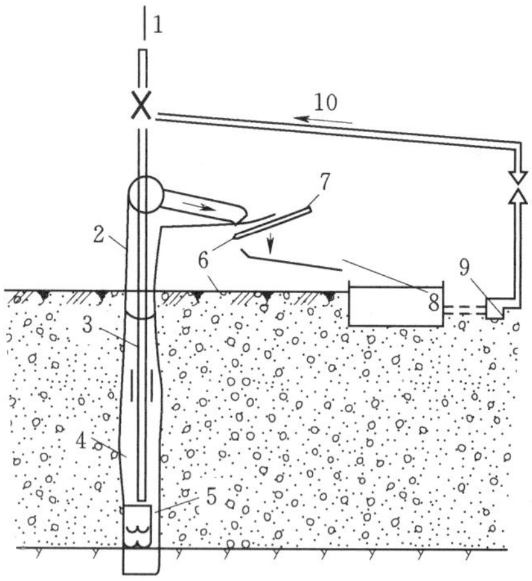

图 3.5.9　泥浆物理再生净化处理工艺流程图

1—新鲜泥浆；2—孔口管；3—钻杆；4—钻孔；5—钻头；6—弃渣皮带；7—振动筛；8—泥浆池；9—泥浆泵；10—净化泥浆

根据统计，如果泥浆不回收利用，则其费用约占防渗墙总造价的 15%。而根据国外经验，在黏土、淤泥中成槽，泥浆可回收利用 2～3 次；在砂砾石中成槽，可回收利用 6～8。由此可见泥浆回收利用的经济价值。

回收利用泥浆就必须对准备废弃的泥浆进行再生净化处理；泥浆的再生净化处理有物理处理和化学处理。

所谓物理再生净化处理，主要是将成槽过程中含有土渣的泥浆通过振动筛；旋流器和沉淀池，利用筛分作用、离心分离作用和重力沉淀作用，分别将粗细颗粒的土渣从泥浆中分离出去，以恢复泥浆的物理性能，如图 3.5.9 所示。

项目4 混凝土施工

混凝土是利用胶凝材料黏接的人工石，具备较高的耐久性和稳定性，是一种耐压不耐拉的材料，工程上常与钢筋配合成为钢筋混凝土作为承重、受弯或抗剪构件。根据填筑规模是否短边大于 1m，可划分大体积混凝土和结构混凝土；根据施工工艺不同，又有碾压混凝土、喷射混凝土、泵送混凝土、水下混凝土等；根据流动性不同，又有干硬性混凝土、塑性混凝土、流动性和大流动性混凝土；根据等级和功能不同又有抗渗、抗冻、抗磨、高强混凝土等。混凝土的施工，跟其钢筋、模板、原材、生产运输以及成型、养护工艺密切相关，任何改变带来的都是混凝土施工技术的革新。

任务4.1 钢 筋 工 程

学习导向

知识目标：掌握钢筋材料施工要求

能力目标：能控制钢筋原材质量

素质目标：培养钻研精神和认真态度

执行规范：《钢筋混凝土用钢　第 1 部分：热轧光圆钢筋》(GB/T 1499.1—2024)
《钢筋混凝土用钢　第 2 部分：热轧带肋钢筋》(GB/T 1499.2—2024)
《水工混凝土施工规范》(SL 677—2014)
《钢筋机械连接技术规程》(JGJ 107—2016)
《钢筋焊接及验收规程》(JGJ 18—2012)
《水利水电工程单元工程施工质量验收标准　第 2 部分：混凝土工程》(SL/T 631.2—2025)

参考规范：《水工混凝土钢筋施工规范》(DL/T 5169—2013)
《水工混凝土施工规范》(DL/T 5144—2015)

4.1.1 钢筋的品种及品质要求

1. 常用钢筋品种

水工混凝土用钢筋必须符合国家标准规范指标和质量检验相关规定方可使用。根据《水工混凝土施工规范》(SL 677—2014)，可用于水工混凝土结构的钢筋材料牌号为 HPB300、HRB335、HRB400、CRB500、KL400、CBR550 和冷拉Ⅰ级钢筋等。且 HRB335 在工程实际应用中已逐步不被使用，开始应用 HRB400、HRB500、HRB600。

2. 钢筋的机械性能检验要求

钢筋应分批试验，以同一炉（批）号、同一截面尺寸的制筋为一批，每批重量不大于60t；根据原附钢筋质量证明书或试验报告单检验每批钢筋的外观质量（如裂缝、结疤、麻坑、气泡、砸碰伤痕及锈蚀程度等），并测量本批钢筋的代表直径；钢筋取样时，钢筋端部应先截去50cm，每组试样分别标记，不应混淆；每批钢筋选取经表面检查和尺寸测量合格的2根钢筋，各取1个拉力试件和1个冷弯试件，按《金属材料　拉伸试验　第1部分：室温试验方法》（GB/T 228.1—2021）和《金属材料弯曲试验方法》（GB/T 232—2024）的规定进行试验。如有1个试验项目的1个试件不符合《钢筋混凝土用钢　第1部分：热轧光圆钢筋》（GB/T 1499.1—2024）和《钢筋混凝土用钢　第2部分：热轧带肋钢筋》（GB/T 1499.2—2024）所规定的数值时，则另取两倍数量的试件，对不合格的项目进行复验，如仍有1个试件不合格，则该批钢筋即为不合格；拉力试验项目中，应包括屈服点、抗拉强度和伸长率，如果有1个指标不符合规定，即判定拉力试验项目不合格。

4.1.2 钢筋配料

钢筋配料包括阅读设计图纸、下料长度计算和编制钢筋配料单。由于同一结构物同一编号的钢筋长度有时相当大，需要通过几个浇筑块，需要分几次安装并计划各段钢筋的接头。即使在同一浇筑块内，长度过大的钢筋也需要考虑接头问题。所以，在钢筋配料时，除了详细阅读设计图纸和修改通知外，还应仔细考虑混凝土浇筑分块图、月浇筑计划、入仓方式和钢筋加工、运输、安装方法、接头形式等问题。如工地到货的钢筋品种和材质与设计图纸不符合时，还须经设计部门同意，进行钢筋代换。

4.1.2.1 钢筋下料长度

1. 钢筋长度

施工图（钢筋图）中所指的钢筋长度是钢筋外缘至外缘之间的长度，即外包尺寸。

2. 混凝土保护层厚度

混凝土保护层厚度是指钢筋骨架最外层钢筋外缘至混凝土表面的距离，其作用是保护钢筋在混凝土中不被锈蚀。

3. 钢筋接头增加值

由于钢筋直条的供货长度一般为6～10m，而有的钢筋混凝土结构的尺寸很大，需要对钢筋进行接长。钢筋接头增加值见表4.1.1～表4.1.3。

表4.1.1　钢筋绑扎接头的最小搭接长度

项次	钢筋类型		混凝土设计龄期抗压强度标准值/MPa									
			15		20		25		30、35		≥40	
			受拉	受压	受拉	受压	受拉	受压	受拉	受压	受拉	受压
1	Ⅰ级		$50d$	$35d$	$40d$	$25d$	$30d$	$20d$	$25d$	$20d$	$25d$	$20d$
2	月牙纹	Ⅱ级	$60d$	$45d$	$50d$	$35d$	$40d$	$30d$	$40d$	$25d$	$30d$	$20d$
		Ⅲ级	—	—	$55d$	$40d$	$50d$	$35d$	$40d$	$30d$	$35d$	$25d$

注　d为钢筋直径。

表4.1.2　　钢筋对焊长度损失值

单位：mm

钢筋直径	<16	16～25	>25
损失值	20	25	30

表4.1.3　　钢筋搭接焊最小搭接长度

焊接类型	Ⅰ级钢筋	Ⅱ、Ⅲ级及5号钢筋
双面焊	$4d$	$5d$
单面焊	$8d$	$10d$

注　d 为钢筋直径。

4. 钢筋弯曲调整长度

钢筋有弯曲时，在弯曲处的内侧发生收缩，而外皮却出现延伸，而中心线则保持原有尺寸。一般量取钢筋尺寸时，对于架立筋和受力筋量外皮、箍筋量内皮、下料则量中心线。这样，对于弯曲钢筋计算长度和下料长度均存在差异。

(1) 弯钩增加长度。

根据规定，Ⅰ级钢筋两端做180°弯钩，其弯曲直径 $D=2.5d$，平直部分为 $3d$（手工弯钩为 $1.75d$），如图4.1.1所示。量度方法以外包尺寸度量，其每个弯钩的增加长度为

$$\begin{aligned} EF &= ABC+EC-AF=1/2\pi(D+d)+3d-(1/2D+d) \\ &=0.5\pi(2.5d+d)+3d-(0.5\times2.5d+d) \\ &=6.25d \end{aligned}$$

同理可得135°斜弯钩每个弯钩的增加长度为 $5d$。

(2) 弯曲减少长度。

90°弯曲时按施工规范有两种情况：Ⅰ级钢筋弯曲直径 $D=2.5d$，Ⅱ级钢筋弯曲直径 $D=4d$，如图4.1.2所示。其每个弯曲的减少长度为

$$ABC-A'C'-C'B'=1/4\pi(D+d)-2(0.5D+d)=-(0.215D+1.215d)$$

当弯曲直径 $D=2.5d$ 时，其值为 $-1.75d$；

当弯曲直径 $D=4d$ 时，其值为 $-2.07d$。

为计算方便，两者都取其近似值 $-2d$。

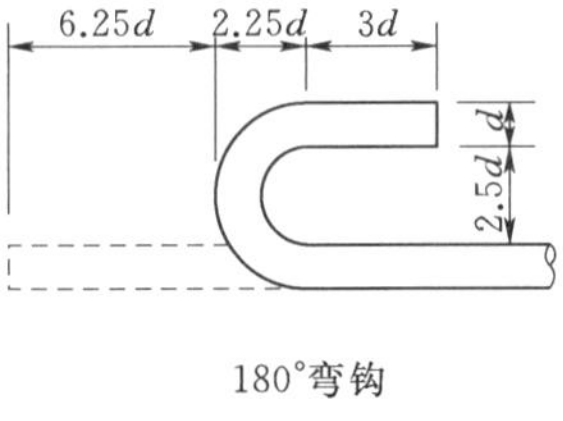

图4.1.1　钢筋弯曲180°尺寸图

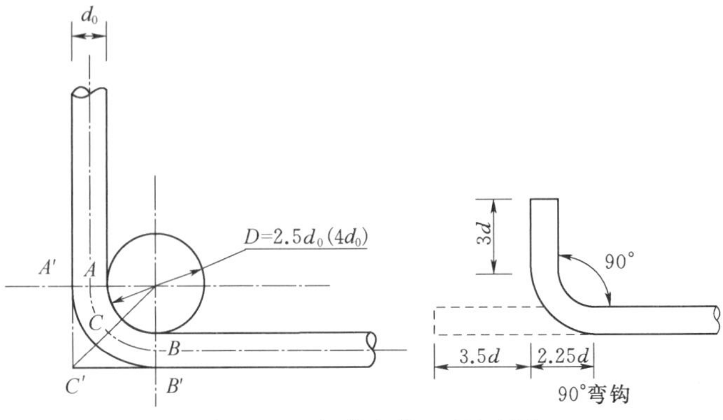

图4.1.2　钢筋弯曲90°尺寸图

同理可得45°、60°、135°弯曲的减少长度分别为 $-0.5d$、$-0.85d$、$-2.5d$。将上述结果整理成表4.1.4。

表 4.1.4 钢筋弯曲调整长度

弯曲类型	弯钩			弯折				
	180°	135°	90°	30°	45°	60°	90°	135°
调整长度	$6.25d$	$5d$	$3.2d$	$-0.35d$	$-0.5d$	$-0.85d$	$-2d$	$-2.5d$

为了箍筋计算方便，一般将箍筋的弯钩增加长度、弯折减少长度两项合并成一箍筋调整值，如表 4.1.5。计算时将箍筋外包尺寸或内皮尺寸加上箍筋调整值即为箍筋下料长度。

表 4.1.5 箍筋调整值 单位：mm

箍筋量度方法	箍筋直径			
	4～5	6	8	10～12
量外包尺寸	40	50	60	70
量内皮尺寸	80	100	120	150～170

（3）钢筋下料长度计算。

直筋下料长度＝构件长度＋搭接长度－保护层厚度＋弯钩增加长度

弯起筋下料长度＝直段长度＋斜段长度＋搭接长度－弯折减少长度＋弯钩增加长度

箍筋下料长度＝直段长度＋弯钩增加长度－弯折减少长度

＝箍筋周长＋箍筋调整值

4.1.2.2 钢筋配料

1. 配料原则

钢筋配料是钢筋加工中的一项重要工作，合理地配料能使钢筋得到最大限度的利用，并使钢筋的安装和绑扎工作简单化。钢筋配料是依据钢筋表合理安排同规格、同品种的下料，使钢筋的出厂规格长度能够得以充分利用，或库存各种规格和长度的钢筋得以充分利用。

下料长度计算完毕后，把相同规格和材质的钢筋进行归整和组合，同时根据现有钢筋的长度和能够及时采购到的钢筋的长度进行合理组合加工。

对有接头的配料，在满足构件中接头的对焊或搭接长度、接头错开的前提下，必须根据钢筋原材料的长度来考虑接头的布置。要充分考虑原材料被截下来的一段长度的合理使用，如果能够使一根钢筋正好分成几段钢筋的下料长度，则是最佳方案。但往往难以做到，所以在配料时要尽量地使用被截下的一段能够长一些，这样才不致使余料成为废料，使钢筋能得到充分利用。

2. 钢筋配料应注意的事项

（1）配料计算时，要考虑钢筋的形状和尺寸在满足设计要求的前提下，有利于加工安装。

（2）配料时，要考虑施工需要的附加钢筋。如板双层钢筋中保证上层钢筋位置的撑脚、墩墙双层钢筋中固定钢筋间距的撑铁、柱钢筋骨架增加四面斜撑等。

根据钢筋下料长度计算结果和配料选择后，汇总编制钢筋配单。在钢筋配料单中必须反映出工程部位、构件名称、钢筋编号、钢筋简图及尺寸、钢筋直径、钢号、数量、下料长度、钢筋重量等。

3. 列入加工计划的配料单

将每一编号的钢筋制作一块料牌作为钢筋加工的依据，并在安装中作为区别各工程部位、构件和各种编号钢筋的标志。钢筋配料单和料牌（图 4.1.3）应严格校核，必须准确无误，以免返工浪费。

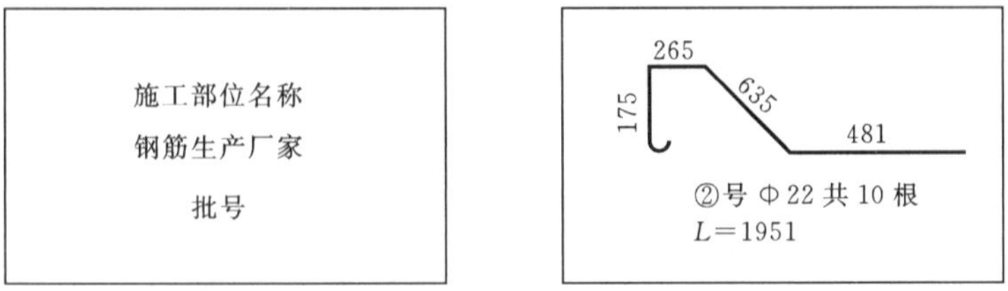

正面　　反面

图 4.1.3　钢筋配料牌

4.1.3　钢筋代换

钢筋加工时，由于工地现有钢筋的种类、钢号和直径与设计不符，应在不影响使用的条件下进行代换。但代换必须征得工程监理人员的同意。

1. 钢筋代换的基本原则

（1）等强度代换。不同种类的钢筋代换，按抗拉设计值相等的原则进行代换。

（2）等截面代换。相同种类和级别的钢筋代换，按截面相等的原则进行代换。

2. 钢筋代换方法

（1）等强度代换。

如施工图中所用的钢筋设计强度为 f_{y1}，钢筋总面积为 A_{s1}，代换后的钢筋设计强度为 f_{y2}，钢筋总面积为 A_{s2}，则应使：

$$A_{s1}f_{y1} \leqslant A_{s2}f_{y2} \tag{4.1}$$

即

$$\frac{n_1 \pi d_1^2 f_{y1}}{4} \leqslant \frac{n_2 \pi d_2^2 f_{y2}}{4} \tag{4.2}$$

$$n_2 \geqslant \frac{n_1 d_1^2 f_{y1}}{d_2^2 f_{f2}} \tag{4.3}$$

式中　n_1——施工图钢筋根数；

n_2——代换钢筋根数；

d_1——施工图钢筋直径；

d_2——代换钢筋直径。

（2）等截面代换。

如代换后的钢筋与设计钢筋级别相同，则应使：

$$A_{s1} \leqslant A_{s2} \tag{4.4}$$

$$n_2 \geqslant \frac{n_1 d_1^2}{d_2^2} \tag{4.5}$$

式中符号意义同前。

3. 钢筋代换注意事项

在水利工程施工中进行钢筋代换时，应注意以下事项：

（1）以一种钢号钢筋代替施工图中规定钢号的钢筋时，应按设计所用钢筋计算强度和实际使用的钢筋计算强度，经计算后，对截面面积做相应的改变。

（2）某种直径的钢筋以钢号相同的另一种钢筋代替时，其直径变更范围不宜超过4mm，变更后的钢筋总截面积较设计规定的总截面积不得小于2%或超过3%。

（3）如用冷处理钢筋代替设计中的热轧钢筋时，宜采用改变钢筋直径的方法而不宜采用改变钢筋根数的方法来减少钢筋截面积。

（4）以较粗钢筋代替较细钢筋时，部分构件（如预制构件、受挠构件等）应校核钢筋握裹力。

（5）要遵守钢筋代换的基本原则：①当构件受强度控制时，钢筋可按等强度代换；②当构件按最小配筋率配筋时，钢筋可按等截面代换；③当构件受裂缝宽度或挠度控制时，代换后应进行裂缝宽度或挠度验算。

（6）对一些重要构件，凡不宜用Ⅰ级光面钢筋代替其他钢筋的，不得轻易代用，以免受拉部位的裂缝开展过大。

（7）在钢筋代换中不允许改变构件的有效高度，否则就会降低构件的承载能力。

（8）对于在施工图中明确不能以其他钢筋进行代换的构件和结构的某些部位，均不得擅自进行代换。

（9）钢筋代换后，应满足钢筋构造要求，如钢筋的根数、间距、直径、锚固长度。

4.1.4　钢筋加工技术

钢筋的加工工艺流程如图4.1.4所示。

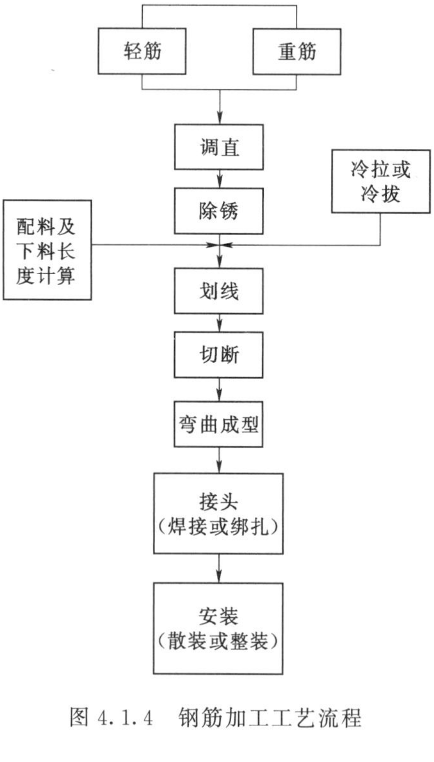

图4.1.4　钢筋加工工艺流程

4.1.4.1　调直

钢筋应平直，局部无弯折，钢筋中心线同在线的偏差不应超过其全长的1%。弯曲的钢筋经调直后方可使用。调直的钢筋不应出现死弯，否则应剔除不用。钢筋调直后如有劈裂现象，应作为不合格品，并应重新鉴定该批钢筋的质量。

钢筋调直后表面不应有明显的伤痕。

钢筋的调直宜采用机械调直或冷拉方法调直。如用冷拉方法调直钢筋，则其矫直冷拉率不应大于1%。对于Ⅰ级钢筋，为了能在冷拉调直的同时去锈皮，冷拉率可加大，但不用大于2%。

在构件中的钢筋必须直顺，否则会在受力时使构件开裂，且影响构件的受力性能。调直方法分人工和机械两种。

4.1.1　钢筋加工视频

1. 人工调直

10mm 以下的钢筋采用绞磨的办法人工调直。粗钢筋放在工作台上，用手动调直器校直，把弯曲处放在板柱之间，用卡口扳手扳平或者是放在铁钻上用大锤敲直。人工调直用于工程量小又无机械的情况下。

2. 机械调直

（1）钢筋调直机。

（2）数控电子钢筋调直切断机：可以完成调直、剪断、准确控制断料长度，其误差控制在 1～2mm。

（3）钢筋弯曲机回直。对直径大于 30mm 的钢筋可以用钢筋弯曲机（弯筋机）回直。

4.1.4.2 除锈

钢筋的表面应洁净，使用前应将表面油渍、漆污、锈皮、鳞锈等清除干净。钢筋除锈宜采用除锈机、风砂枪等机械除锈，钢筋数量较少时，可采用人工除锈。除锈后的钢筋应尽快使用。钢筋由于堆存时间过长或受潮后，表面形成锈蚀和污染。铁锈由于锈蚀程度不同，可分为初期锈蚀，呈黄色或淡褐色，并且附着在钢筋上的薄层铁锈不易去掉，一般称为色锈。锈蚀较重的成为一层氧铁表皮，呈红色或红褐色，用手触摸有微粒感，受碰撞或锤击有锈皮剥落，此种称之为陈锈，对钢筋的握裹力有较大的影响，必须予以清除。

4.1.2 机械除锈

（1）手工除锈：工作量不大或在工地设置的临时工棚中操作时，可用麻袋布擦或钢刷子刷；对于较粗的钢筋，可用砂盘除锈法，即制作钢槽或木槽，槽盘内放置干燥的粗砂和细石子，将有锈的钢筋穿入砂盘中来回抽拉。

（2）机械除锈：常用电动圆盘钢丝刷、固定式或移动电动除锈机，最简便的方法用喷砂枪除锈。可根据工地条件自行选用。

此外如需冷拉的钢筋，则可通过冷拉和调直的过程自动除锈。

4.1.4.3 钢筋切断

1. 划线切割

按配料单规定，用粉笔在钢筋上划出需要的长度、划线后进行切断。

钢筋的切断方法有手工切断和机械切断。手工切断钢筋劳动强度大、工效低，只是在切断量小或缺少动力设备的情况下才采用；一般也只用来切断直径 20mm 以下的钢筋。但在一些特殊场合，例如在长线台座上放松预应力钢丝时，亦采用手工切断方法。

机械切断采用电动或液压的钢筋切断机两种专用机械，目前广泛采用的是电动钢筋切断机，可以切断直径在 40mm 以下的钢筋，大于 40mm 的适合火焰、电弧切断或锯断。

2. 钢筋接头的切割

钢筋接头的切割应遵守下列规定：

4.1.3 钢筋切断

（1）绑扎接头、帮条焊、单面（或双面）搭接焊的接头宜采用机械切割，当加工量小或不具备机械切割条件时，经论证后可选用其他方式切割。

（2）电渣压力焊接头，应采用砂轮锯或气焊切割。

（3）冷挤压连接和螺纹连接的机械连接钢筋端头宜采用砂轮锯或钢锯片切割。切剖后钢筋端头有毛边、弯折或纵肋尺寸过大者，用砂轮机修磨。冷挤压接头不应打磨钢筋横肋。

（4）熔槽焊、窄间隙焊和气压焊连接的钢筋端头宜采用砂轮锯切剖，能够保证钢筋端头切而与轴线垂直和端头断面尺寸时也可选用其他方式。

4.1.4.4 钢筋的弯曲成型

钢筋的弯曲成型是一道比较复杂的工序。水工建筑物中要求的成型钢筋式样繁多。常见的就有直筋、箍筋、圆弧筋、牛腿筋、弯起筋（也称元宝筋）、弯钩、门筋及螺旋筋等，如图 4.1.5 所示。

4.1.4 钢筋的机械弯曲成型

4.1.5 钢筋手工弯曲成型

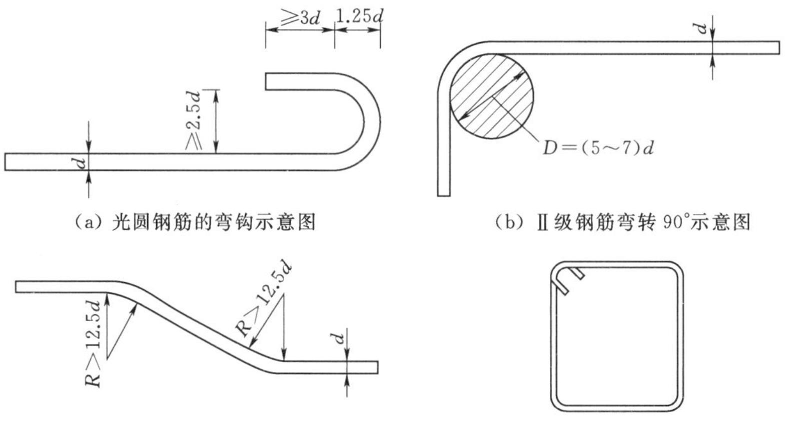

（a）光圆钢筋的弯钩示意图 （b）Ⅱ级钢筋弯转 90°示意图

（c）弯起钢筋弯折处圆弧内半径示意图 （d）箍筋形式示意图

图 4.1.5 钢筋弯曲成型的常见形式

弯曲成型的方法同样有手工操作和机械操作两种。

1. 手工弯曲成型

手工弯曲成型所用的工具设备主要有：工作台、板柱铁板、扒钉、扳子或套筒扳子等。弯曲成型的操作步骤有弯曲前的准备、划线、试弯、弯曲成型。成型顺序要以操作方便，减少钢筋调头数为原则。弯曲形状比较复杂的钢筋，可以首先在工作台上放出实样，用扒钉在工作台上控制钢筋的各个弯转角。

2. 机械弯曲成型

机械弯曲钢筋是采用钢筋弯曲机和钢筋弯箍机。弯曲机可弯曲 40mm 以下的钢筋；当钢筋直径小于 25mm 时，可根据弯曲机的性能，同时弯制 4～10 根。

钢筋弯曲机的操作顺序和手工操作方法有很多相似之处，所以使用弯曲机的人员也应熟悉手工弯曲的方法与步骤。

4.1.4.5 钢筋焊接方法

钢筋焊接的方法，有手工电弧焊和接触电焊两类。手工电弧焊又称为“电焊”，是利用焊接件与焊条之间的接触电阻，在通过变压器输出的低压高电流时（工作电压 30～50V，焊接电流 80～250A），即在接触处产生电弧和高温（可达 6000℃），迅速熔化焊件表面和焊条末端，并使二者熔成一体而形成焊缝。

接触焊是利用焊接件之间的接触电阻，在通过低电压高电流时，即在焊件间产生电弧和高温，待接触处开始熔化时再加压熔成一体，从而达到熔接的目的。

1. 手工电弧焊

电弧焊主要用于钢筋骨架焊接，其主要设备是电焊机，按电源不同分为交流电焊机和直流电焊机两种。

电弧焊的接头形式有搭接焊、绑条焊和熔槽焊等。当钢筋直径小于 28mm 时，宜采用搭接焊；直径大于 28mm 时，宜采用熔槽焊或绑条焊。焊缝质量均应符合施工规范的要求。焊接钢筋时，应合理选择焊条和调整焊接电流。搭接焊与帮条焊焊接长度要求如图 4.1.6 所示。熔槽焊质量要求如图 4.1.7 所示。

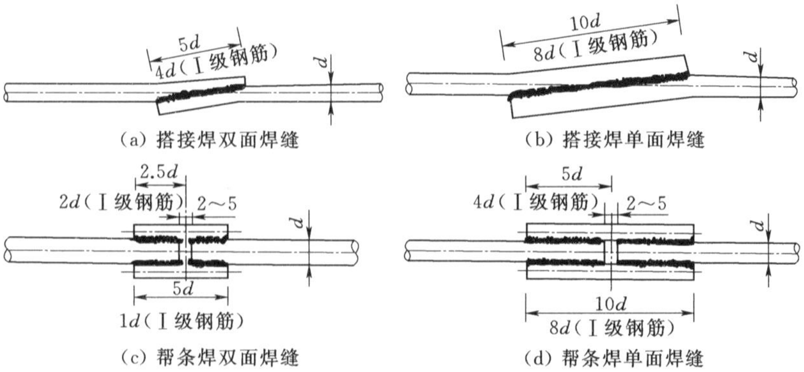

(a) 搭接焊双面焊缝　(b) 搭接焊单面焊缝

(c) 帮条焊双面焊缝　(d) 帮条焊单面焊缝

图 4.1.6　搭接焊与帮条焊焊接长度要求

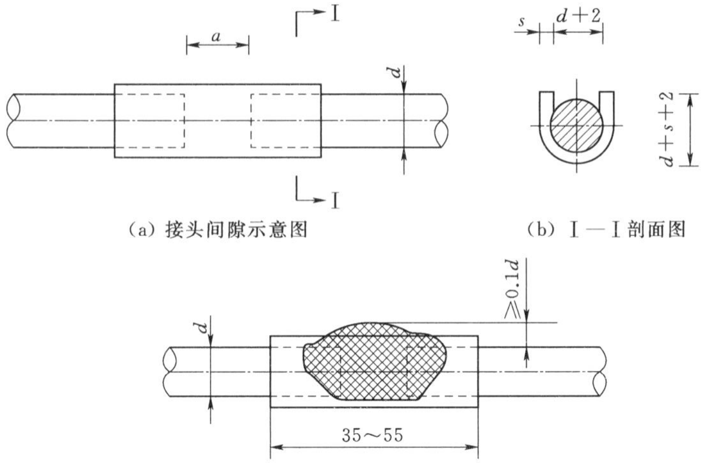

(a) 接头间隙示意图　(b) Ⅰ—Ⅰ剖面图

(c) 焊接效果示意图

图 4.1.7　熔槽焊质量要求

(1) 手工电弧焊接头的外观检查应满足下列要求：

1）焊缝表面平整，没有明显的咬边、凹陷、焊瘤、气孔和裂纹。

2）焊缝余高不大于 3mm。

3）用小锤敲击接头时，发出清脆声。

（2）对手工电弧焊接头抗拉试验应符合下列要求：

1）以300个同牌号钢筋、同形式接头作为一批，随机切取3个接头。

2）3个接头的抗拉强度均不应小于规定的抗拉强度；至少有2个试件断于焊缝外，并应呈延性断裂。满足上述2项要求，该批接头抗拉强度合格。

3）有2个接头抗拉强度小于规定的抗拉强度，或3个试件均在焊缝或热影响区发生脆性断裂时，判定该批接头不合格。

4）有1个试件的抗拉强度小于规定的抗拉强度，或2个试件在焊缝或热影响区发生脆性断裂，其抗拉强度均小于规定抗拉强度的1.10倍，应进行复验。复验时，切取6个试件。试验结果仍有1个试件的抗拉强度小于规定的抗拉强度，或有3个试件断于焊缝或在热影响区呈脆性断裂且抗拉强度小于规定抗拉强度的1.10倍，判定该批接头不合格。

2. 接触焊

接触焊按焊接工艺分，有闪光对焊、接触电渣焊和接触点焊等。闪光对焊用于加工厂内接长钢筋，可在对焊机（图4.1.8）上进行。冷拉钢筋的对焊，应在冷拉前进行，以免失去经冷拉所提高的强度。两根钢熔接时加压的方法是用加压杆使可动夹具移近固定夹具，从而使焊件端部受挤压。

4.1.6 闪光对焊

电渣焊适用于施工现场垂直向上接长的钢筋，如图4.1.9所示。

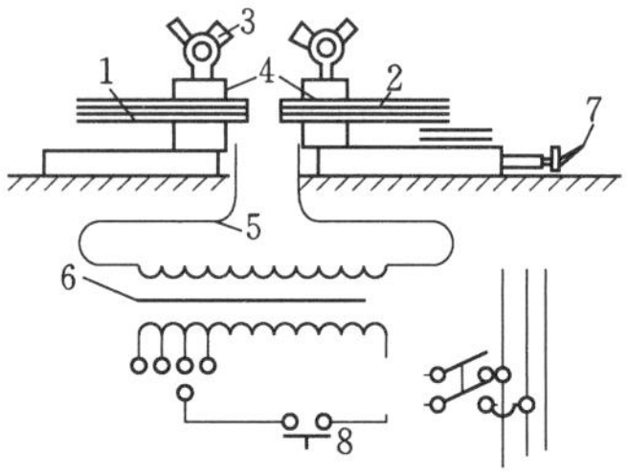

图4.1.8 对焊机示意图

1、2—钢筋；3—夹紧装置；4—夹具；5—线路；6—变压器；7—加压杆；8—开关

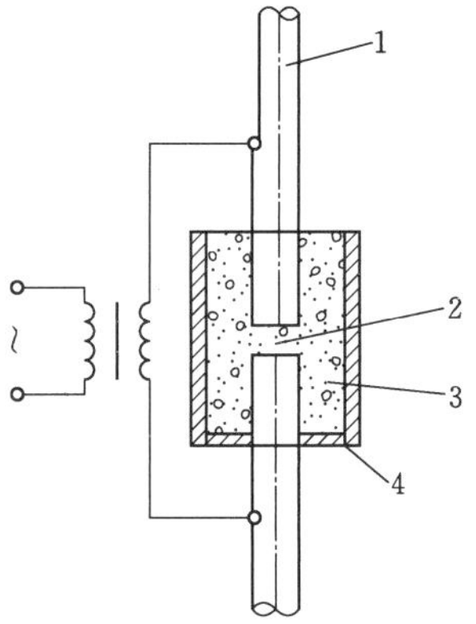

图4.1.9 电渣焊示意图（铁丝圈引燃法）

1—钢筋；2—铁丝圈；3—焊剂；4—焊剂盒

4.1.7 电渣焊

（1）焊接前，先将钢筋端部100mm范围内的铁锈、杂质除净。夹具钳口应夹紧钢筋，并使其轴线在同一直线上。两钢筋端部间隙宜为5～10mm。宜采用铁丝圈引燃法及431号焊剂进行焊接。

（2）接触电渣焊之前，采用同牌号、同直径的钢筋和相同的焊接参数，制作5个试件进行抗拉试验，合格后方可按确定的焊接参数施焊。焊接参数参考《水工混凝土施工规范》(SL 677—2014) 中表 4.4.4。

(3) 接触电渣焊接头应全部进行外观检查。对焊接质量有怀疑时，应视实际情况抽样进行抗拉试验。

(4) 接触电渣焊接头外观检查要求：接头四周铁浆饱满均匀，没有裂缝，上下钢筋的轴线应齐整，其最大的偏移不应超过 0.1d，同时不大于 2mm。外观检查不合格者应断开重焊。

4.1.4.6　钢筋机械连接

市场上常用的钢筋机械连接接头类型有挤压套筒、锥螺纹套筒、直螺纹套筒，目前已逐步被直螺纹套筒连接所取代，直螺纹套筒对钢筋头部的处理以钢筋的镦粗为主。机械连接示意如图 4.1.10 所示。

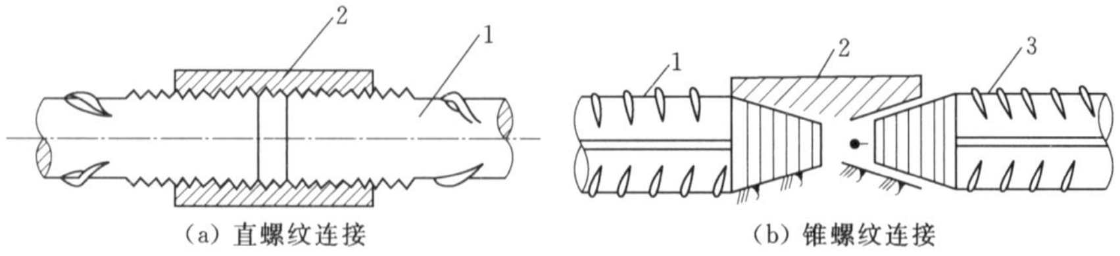

图 4.1.10　机械连接示意图

1、3—钢筋；2—套筒

1. 连接形式

套筒挤压连接接头：通过挤压力使连接件钢套筒塑性变形与带肋钢筋紧密咬合形成的接头。有两种形式：径向挤压连接和轴向挤压连接。由于轴向挤压连接现场施工不方便及接头质量不够稳定，没有得到推广；而径向挤压连接技术，连接接头得到了大面积推广使用。工程中使用的套筒挤压连接接头都是径向挤压连接。由于其优良的质量，套筒挤压连接接头在我国从 20 世纪 90 年代初至今被广泛应用于建筑工程中。挤压连接示意如图 4.1.11 所示。

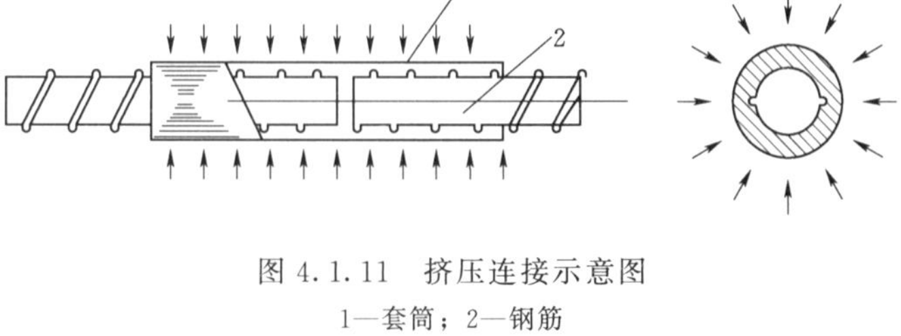

图 4.1.11　挤压连接示意图

1—套筒；2—钢筋

直螺纹连接接头：等强度直螺纹连接接头是 20 世纪 90 年代钢筋连接的国际最新潮流，接头质量稳定可靠，连接强度高。

镦粗直螺纹连接接头：通过钢筋端头镦粗后制作的直螺纹和连接件螺纹咬合形成的接头。其工艺是：

先将钢筋端头通过镦粗设备镦粗，再加工出螺纹，其螺纹小径不小于钢筋母材直径，使接头与母材达到等强。国外镦粗直螺纹连接接头，其钢筋端头有热镦粗又有冷镦粗。热镦粗主要是消除镦粗过程中产生的内应力，但加热设备投入费用高。我国的镦粗直螺纹连接接头，其钢筋端头主要是冷镦粗，对钢筋的延性要求高，对延性较低的钢筋，镦粗质量较难控制，易产生脆断现象。

直螺纹镦粗直螺纹连接接头优点是强度高，现场施工速度快，工人劳动强度低，钢筋直螺纹丝头全部提前预制，现场连接为装配作业。

2. 机械连接应遵守的规定

钢筋采用机械连接时，应由厂家提交有效的机械连接形式检验报告。每批进场钢筋进行接头工艺检验，工艺检验应符合下列要求，如图 4.1.12 所示。

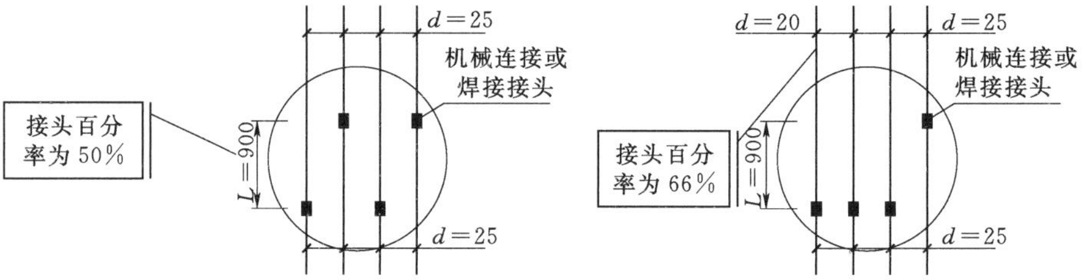

图 4.1.12　接头率定义

(1) 每种规格钢筋的接头试件不少于 3 个。

(2) 接头试件的钢筋母材抗拉强度试件不少于 3 个，且应取自接头试件的同一根钢筋。

(3) Ⅰ级接头试件抗拉强度应不小于 0.95 倍钢筋母材的实际抗拉强度。Ⅱ级接头试件抗拉强度应不小于 0.9 倍钢筋母材的实际抗拉强度。计算实际抗拉强度时，所采用钢筋的实际横截面面积。

机械连接接头宜避开有抗层要求的框架梁端和柱端的箍筋加密区；当无法避开时，应采用Ⅰ级接头，且接头数不应超过此截面钢筋根数的 75%。

应进行外观质量检查和单拉伸试验。设计有特殊要求时按设计要求项目进行检验。以 500 个同一批材料的同等级、同形式、同规格接头为一批，不足 500 个按一个验收批次。接头均应有现场连接施工记录。

单向拉伸试验要求：每一验收批随机切取 3 个试件做单向拉伸试验，试验结果均符合要求时，该验收批为合格；如有 1 个试件的强度不符合要求，应再取 6 个试件进行复验，复验中如仍有 1 个试件试验结果不符合要求，则该验收批为不合格。试验标准参考《钢筋机械连接通用技术规程》(JGJ 107—2016)。

4.1.8

钢筋冷拉加工工艺动画演示

4.1.9

钢筋冷拔加工工艺动画演示

4.1.5　冷拉钢筋方法

钢筋冷加工的方法有冷拉、冷拔和冷压三种。目前由于加工成品质量不均匀，和施工管理的加强，已不再大量使用，其中冷拉应用最多，如图 4.1.13 所示。这里要执行《水工混凝土施工规范》(SL 677—2014)：

可用于水工混凝土结构的钢筋材料牌号为 PB300、HRB335、HRB400、HRB500、KL400、CBR550 和冷拉Ⅰ级钢筋等。

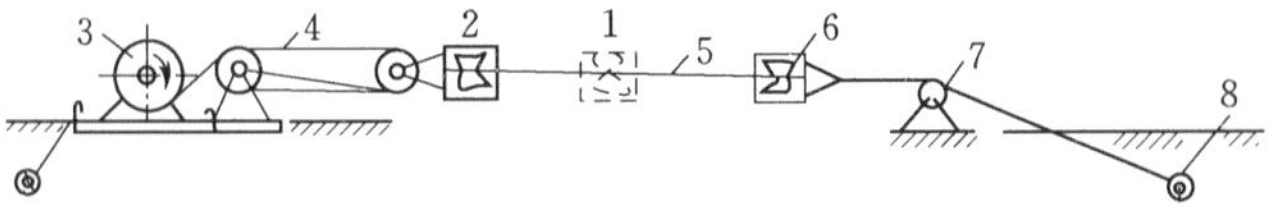

图 4.1.13 钢筋单控冷拉示意图

1—冷拉前夹具位置；2—冷拉后夹具位置；3—卷扬机；4—轮滑组；
5—钢筋；6—夹具；7—导向滑轮；8—地锚

预应力水工混凝土不应采用牌号为PB300的热轧光圆钢筋、牌号为BR550（$d=4\sim12$mm）的冷轧带肋钢筋和冷拉Ⅰ级（$d<12$mm）钢筋。非预应力混凝土不应采用冷拉Ⅱ级及以上钢筋。

4.1.6 钢筋安装方法

1. 钢筋安装

钢筋安装方法有整装法和散装法两种。整装法是在工厂内将钢筋骨架焊好，再运到现场安装。此法有利于提高工效和质量，但吊运过程中要防止钢筋骨架过大变形和破坏。

散装法使用较多，是将加工成型的单根钢筋，成批运到工地逐根安装。

安装前的准备工作。准备工作包括熟悉图纸、测量点线高程、清理仓面和清理钢筋、机具准备等。还要考虑施工顺序、劳动组合、安全措施和有关工序的配合。其中熟悉图纸的工作应首先进行，结合结构图和配料单，逐号核对安装部位所需钢筋的位置、间距、保护层及形状、尺寸等。必要时可绘制各片钢筋网的安装草图。

散装法安装钢筋。散装法的施工程序有焊接架立筋、划线排筋、绑扎焊接、垫保护层、固定预埋件、检查校正等。

焊接架立筋是施工的需要，用于支撑和固定设计图中钢筋网的位置。架立筋在设计图中一般不标注，实际施工根据支撑重量和支撑高度由经验确定。一般采用直径25～28mm的圆钢作为支撑立柱，纵横间距约1.5～2m，并用斜拉条固定。

划线从中心点开始，向两侧按钢筋间距放点，最后用根数核对。排筋绑扎时，应注意钢筋接头要分散布置，两端应留有足够的锚固长度或搭接长度。相邻两个绑扎点丝扣的方向需要交错90°。

2. 钢筋的绑扎接头

（1）根据施工规范规定：直径在25mm以下的钢筋接头，可采用绑扎接头。轴心受压、小偏心受拉构件和承受振动荷载的构件中，钢筋接头不得采用绑扎接头。

（2）钢筋绑扎采用应遵守以下规定：

搭接长度不得小于表4.1.1规定的数值。

受拉区域内的光面钢筋绑扎接头的末端应做弯钩。

（3）梁、柱钢筋的接头，如采用绑扎接头，则在绑扎接头的搭接长度范围内应加密钢箍。当搭接钢筋为受拉钢筋时，箍筋间距不应大于$5d$（d为两搭接钢筋中较小的直径）；当搭接钢筋为受压钢筋时，箍筋间距不应大于$10d$。

钢筋接头应分散布置，配置在同一截面内的受力钢筋，其接头的截面积占受力钢筋总截面积的比例应符合下列要求：

绑扎接头在构件的受拉区中不超过25%，在受压区中不超过50%。

焊接与绑扎接头距钢筋弯起点不小于10d，也不位于最大弯矩处。

在施工中如分辨不清受拉、受压区时，其接头设置应按受拉区的规定。

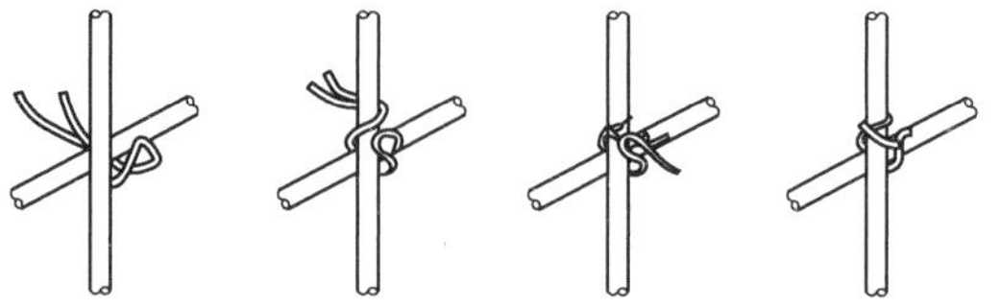

(a) 缠扣绑扎

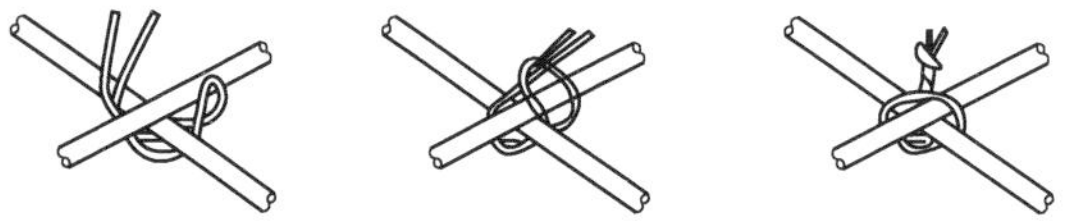

(b) 顺扣绑扎

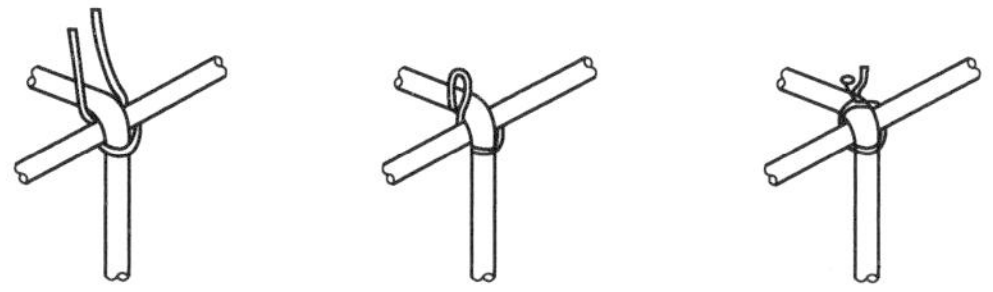

(c) 套扣绑扎

图 4.1.14 常见钢筋绑扎方法

4.1.10 钢筋绑扎视频

(4) 两根钢筋相距在30d或50cm以内，两绑扎接头的中距在绑扎搭接长度以内，均作同一截面。

直径等于和小于12mm的受压Ⅰ级钢筋的末端，以及轴心受压构件中任意直径的受力钢筋的末端，可不做弯钩，但搭接长度不应小于30d。常见钢筋绑扎方法如图4.1.14所示。

3. 安装偏差要求

为了保证混凝土保护层的必要厚度，可采用以下几种方法控制：用架立筋支撑和焊接在钢筋与模板之间设置带铅丝的水泥垫块，垫块绑扎在钢盘上；在多排钢筋之间用短钢筋点焊支垫或垫铁支垫。

安装好的钢筋，应经过检查校正。检查内容有，钢筋排列位置及保护层厚度；绑扎和焊接的接头位置和质量，特别是受力钢筋的重要接头，必须有足够的强度。同时，安装后的钢筋网，应有足够的刚性和稳定性，以避免变形。钢筋安装偏差标准见表4.1.6，引自《水工混凝土施工规范》(SL 677—2014)。

表 4.1.6 钢筋安装偏差标准

项次	偏差名称		允许偏差
1	钢筋长度方向偏差		1/2倍净保护层
2	同一排受力钢筋间距的局部偏差	柱、梁	0.5d
		板、墙	0.1倍间距
3	双排钢筋排与排之间的局部偏差		0.1倍排距
4	梁与柱中箍筋间距偏差		0.1倍箍筋间距
5	保护层厚度的局部偏差		1/4倍净保护层

4.1.7 钢筋施工及验收标准

钢筋制作及安装施工质量要符合表4.1.7的要求。

表 4.1.7　　钢筋制作及安装施工质量标准

项次		检验项目		质量要求	施工单位自检		监理单位检验	
					检验方法	检验数量	检验（工作）方式	检验数量
主控项目	1	钢筋及连接材料质量		符合设计及C.0.1条的要求	观察，查阅质量证明文件和检验报告	全部	平行检验	全部
主控项目	2	钢筋数量、规格尺寸、安装位置		符合设计要求	对照设计文件检查、量测	全部	平行检验	全部
主控项目	3	钢筋接头力学性能		钢筋接头应进行相应工艺试验，并符合设计及C.0.1条的要求	查阅检验报告	全部	平行检验	全部
主控项目	4	钢筋连接	电弧焊	接头处钢筋轴线允许偏差为4°，焊缝长度允许偏差为$-0.5d$；焊缝表面气孔、夹渣直径不大于3mm，气孔、夹渣数量每$2d$长度不多于2个；焊缝饱满，无明显咬边、凹陷	观察、量测	每项不少于10个点	平行检验	施工单位自检数量的10%
			对焊	接头处钢筋中心线位移允许偏差为$0.1d$且不大于2mm，钢筋表面无裂纹和明显烧伤	观察、量测	每项不少于10个点	平行检验	施工单位自检数量的10%
			绑扎	缺扣、松扣不大于20%且不集中，搭接长度符合设计要求	观察、量测	全部且每项不少于10个点	平行检验	施工单位自检数量的10%
			带肋钢筋冷挤压机械	符合JGJ 107相关规定，挤压后套筒长度应为原套筒长度的1.10～1.15倍，或压痕处套筒的外径波动范围为原套筒外径的0.8～0.9倍；挤压道次符合型式检验结果；接头无裂纹或肉眼可见缺陷	观察、量测	全部且每项不少于10个点	平行检验	施工单位自检数量的10%
			直（锥）螺纹	符合JGJ 107相关规定，丝头加工长度偏差不大于1扣，连接后无明显松动，无1扣以上完整丝扣外漏	观察、量测	全部且每项不少于10个点	平行检验	施工单位自检数量的10%

续表

项次		检验项目	质 量 要 求	施工单位自检		监理单位检验	
				检验方法	检验数量	检验（工作）方式	检验数量
一般项目	1	钢筋外观	平直、无损伤，表面无裂纹、无油污、无颗粒状锈蚀或片状锈蚀现象	观察	全部	平行检验	全部
	2	钢筋保护层厚度	局部尺寸的最大允许偏差为±1/4 净保护层厚度	观察、量测	不少于 5 个点	平行检验	施工单位自检数量的 10%
	3	钢筋长度	尺寸的最大允许偏差为±1/2 净保护层厚度	量测	不少于 5 个点	平行检验	施工单位自检数量的 10%
	4	钢筋间距	分布均匀，无明显过大过小的现象	观察	全部	平行检验	全部
	5	观排钢筋，其排与排间距	尺寸的最大允许偏差为±0.1 倍排距	观察、量测	不少于 5 个点	平行检验	施工单位自检数量的 10%

任务 4.2 模 板 工 程 施 工

学习导向

知识目标： 掌握模板施工要求

能力目标： 能检查模板加固质量

素质目标： 培养钻研精神和认真态度

执行规范：《水工混凝土施工规范》(SL 677—2014)
《水利水电工程单元工程施工质量验收标准 第 2 部分：混凝土工程》(SL/T 631.2—2025)
《水工建筑物滑动模板施工技术规范》(SL 32—2014)

参考规范：《水工混凝土施工规范》(DL/T 5144—2015)

4.2.1 模板的基本形式

大体积混凝土模板的基本形式有以下几种。

4.2.1.1 平面木模板

平面模板由面板、加劲肋和支架三个基本部分组成。加劲肋（板墙筋），把面板连接起来，并由支架安装在混凝土浇筑块土。

为使模板适用于侧面为平面的浇筑块，可做成定型的平面标准木模板，如图 4.2.1 所示。

小型标准木模板，宽×高为（75～100)cm×150cm，面板厚 2.5～3cm。加劲肋断面 5cm×13cm，每块模板重 40～50kg，人力可以搬运。大型标准木模板，宽×高

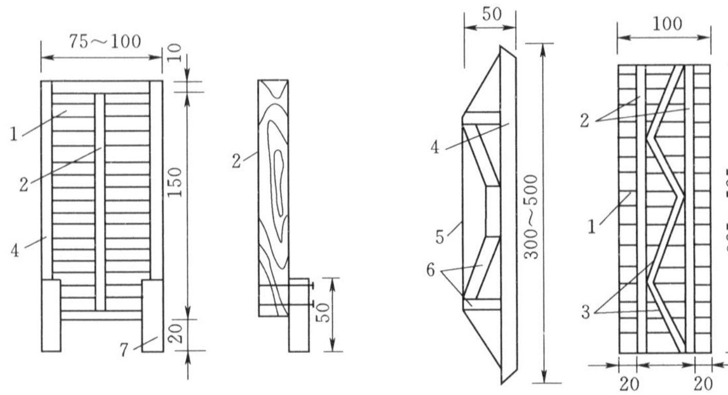

(a) 小型的　　(b) 大型的

图 4.2.1　平面标准木模板（单位：cm）

1—面板；2—肋木；3—加劲肋；4—方木；5—拉条；6—桁架；7—支撑木

为 100cm×(325～525)cm，面板厚 4cm 加劲肋断面 6cm×4cm～8cm×15cm，用于 3～5m 高的浇筑块。需小型机具吊装。

架立模板的支架，常用围图或桁架梁，如图 4.2.2 所示，围图多用断面为 10cm×10cm 和 10cm×15cm 的方木制作，按其架立方向有模向围图和纵向围图之分。桁架梁多用方木和钢筋制作，重要部位则由型钢焊接而成。立模时，将支架下端与预埋在下层混凝土内的锚栓连接，或插入预埋的 U 形铁件中。支架上端用斜拉条固定，或用对拉条拉紧。钢筋拉条直径为 6～16mm，间距为 1～2m，余拉角度为 30°～45°。对拉条适用于浇筑块断面较薄的结构，如墩、墙、柱等。

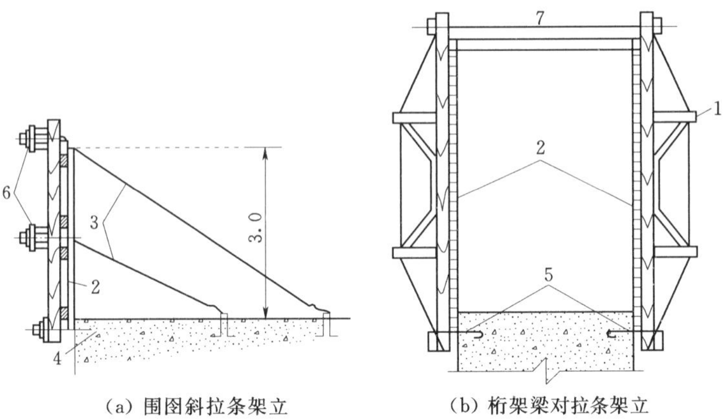

(a) 围图斜拉条架立　　(b) 桁架梁对拉条架立

图 4.2.2　平面木模板架立图（单位：m）

1—钢木桁架；2—木面板；3—斜拉条；4—预埋锚栓；
5—U 形埋件；6—横向围图；7—对拉条

在混凝土浇筑前，为防止模板向仓内倾倒，需用预制混凝土柱支撑。

木模板具有制作方便，重量轻，保温性能好等优点。但重复使用次数少（5～10

次），木材耗用量大，正逐渐被钢模板所代替。

4.2.1.2 组合钢模板

组合钢模板是一种工具式模板；由钢模板和配件两部分组成，配件包括连接件和支承件两部分。组合钢模板优点是通用性强，组装灵活、装拆方便、节省用工、浇筑的构件尺寸准确、棱角整齐、表面光滑；模板周转次数多；大量节约木材。缺点是一次投资大，浇筑成型的混凝土表面过于光滑，不利于表面装修等。

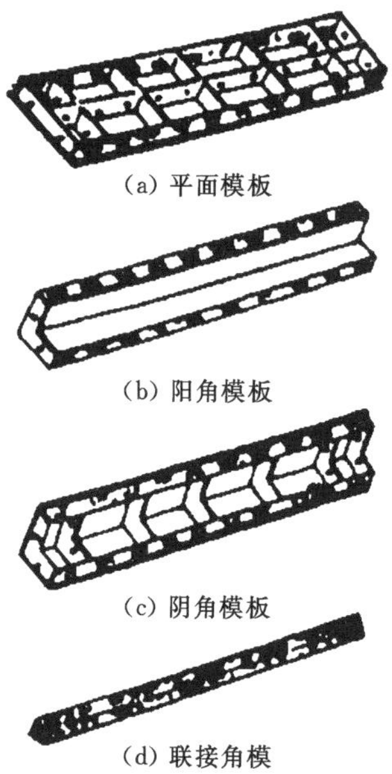
(a) 平面模板
(b) 阳角模板
(c) 阴角模板
(d) 联接角模
图 4.2.3 钢模板类型

1. 钢模板的类型及规格

钢模板类型有平面模板、阴角模板、阳角模板及联接角模四种，如图 4.2.3 所示。钢模板面板厚度一般为 2.3mm 或 2.5mm；封头横肋板中间加肋板的厚度一般为 2.8mm。钢模板采用模数制设计，宽度以 100mm 为基础，以 50mm 为模数进级；长度以 450mm 为基础，以 150mm 为模数进级；肋高 55mm。

2. 组合钢模板的连接配件

组合钢模板的连接配件包括：U 形卡、L 形插销、钩头螺栓、对拉螺栓、紧固螺栓扣件等。

U 形卡用于钢模板与钢模板间的拼接，其安装间距一般不大于 300mm，即每隔一孔卡插一个，安装方向一顺一倒相互错开，如图 4.2.4（a）所示。

L 形插销用于两个钢模板端肋相互联接，将 L 形插销插入钢模板端部横肋的插销孔内，以增加两相邻模板接头处联接刚度和保证接头处板面平整。如图 4.2.4（b）所示。

当需将钢模板拼接成大块模板时，除了用 U 形卡及 L 形插销外，在钢模板外侧要用钢楞（圆形钢管矩形钢管、内卷边槽钢等）加固，钢楞与钢模板间用钩头螺栓（图 4.2.5）及“3”形扣件、蝶形扣件连接。

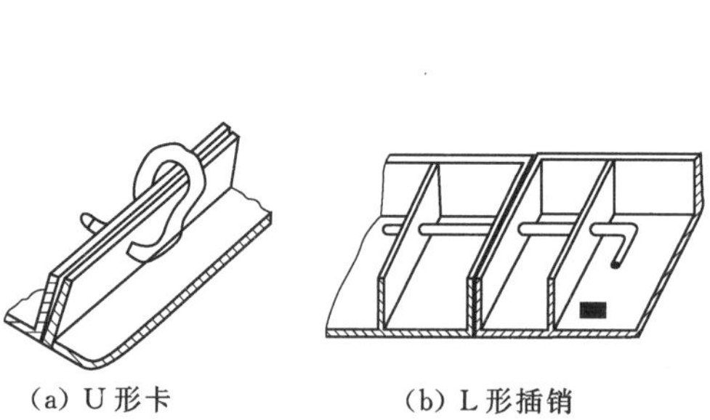
(a) U 形卡　(b) L 形插销
图 4.2.4 组合钢模板

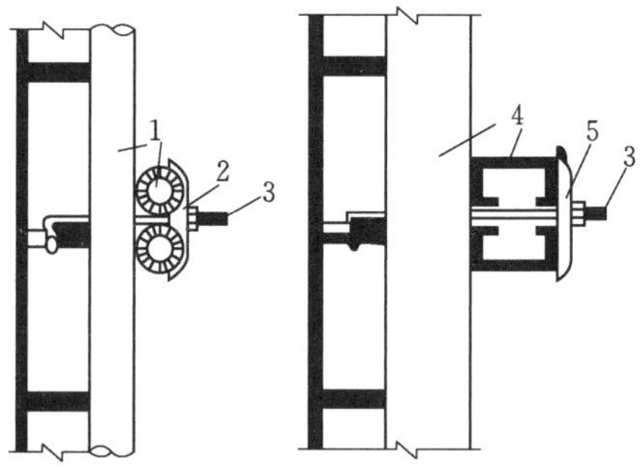

图 4.2.5 钩头螺栓
1—圆形钢管；2—“3” 形扣件；3—钩头螺栓；4—内卷边桥钢；5—蝶形扣件

浇筑钢筋混凝土墙体时，墙体两侧模板间用对拉螺栓连接，如图 4.2.6 所示，对拉螺栓截面应保证安全承受混凝土的侧压力。

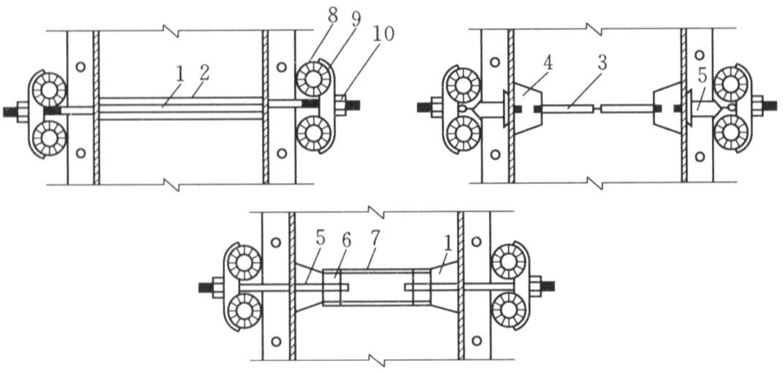

图 4.2.6　对拉螺栓

1—钢拉杆；2—塑料套管；3—内拉杆；4—顶帽；5—外拉杆；
6—2～4 根钢筋；7—螺母；8—钢楞；9—扣件；10—螺母

3. 组合钢模板的支承工具

组合钢模板的支承件包括柱箍、钢楞、支柱、卡具、斜撑、钢桁架等。

(1) 钢管卡具及柱箍。

图 4.2.7 所示钢管卡具适用于矩形梁，用于固定侧模板。卡具可用于把侧模固定在底模板上，此时卡具安装在梁下部；卡具也可用于梁侧模上口的卡固定位，此时卡具安装在梁上方。

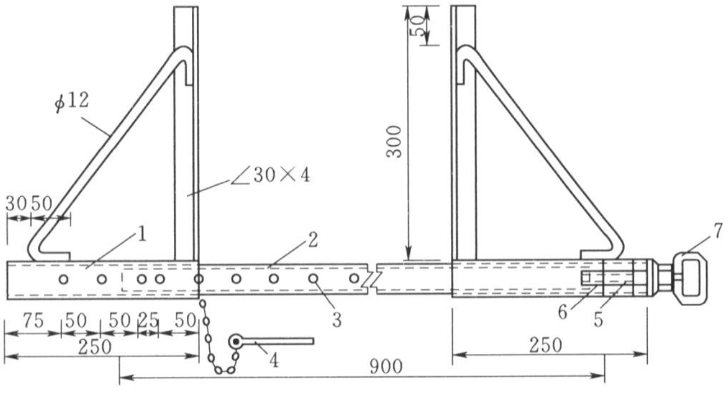

图 4.2.7　梁钢管卡具

1—ϕ29 钢管；2—ϕ25 钢管；3—ϕ10 圆孔；4—ϕ9 钢销；5—螺栓；6—螺母；7—钢筋环

柱模板四周设角钢柱箍，角钢柱箍由两根互焊相成直角的角钢组成，用弯角螺栓及螺母拉紧。如图 4.2.8 (a) 所示；也可用 60mm×5mm 扁钢制成扁钢柱箍，如图 4.2.8 (b) 所示；或槽钢柱箍，如图 4.2.8 (c) 所示。

(2) 钢管支柱。

钢管支柱由内外两节钢管组成，可以伸缩以调节支柱高度。在内外钢管上每隔 100mm 钻一个 ϕ14 销孔，调整好高度以后用 ϕ12 销子固定，支座底部垫木板，100mm 以内的高度调整可在垫板处加木楔调整，如图 4.2.9 所示。也可在钢管支柱

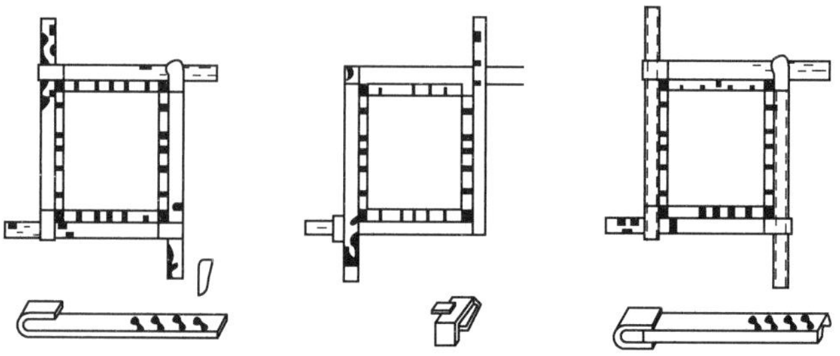

(a) 扁钢柱箍　　(b) 角钢柱箍　　(c) 槽钢柱箍

图 4.2.8　柱箍

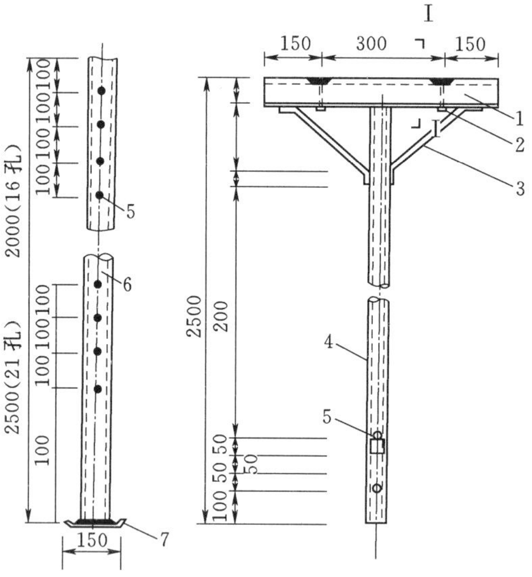

图 4.2.9　钢管支柱

1—垫木；2—ϕ12 螺栓；3—ϕ16 钢筋；4—内径管；5—ϕ14 孔；6—50mm 内径钢管；7—150mm×80mm 钢板

下端装调节螺杆，用以调节 100mm 以内的高度。

（3）钢桁架。

钢桁架作为梁模板的支撑工具可取代梁模板下的立柱，跨度小、荷载小时桁架可用钢筋焊成；跨度或荷重较大时可用角钢或钢管制成；也可制成两个半榀，再拼装成整体，如图 4.2.10 所示。每根梁下边设一组（两榀）桁架。梁的跨度较大时，可以连接安装桁架，中间加支柱。

桁架两端可以支承在墙上、工具式立柱上或钢管支架上。

桁架支承在墙上时，可用钢筋托具，托具用 ϕ8～12 钢筋制成。托具可预先砌入或砌完墙后 2～3d 打入墙内，如图 4.2.11 所示。

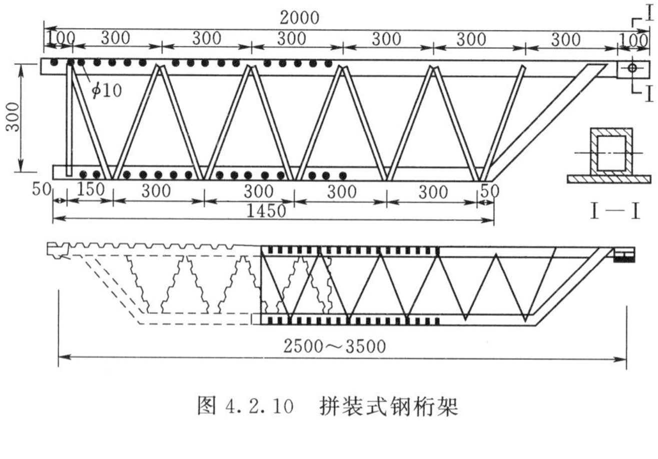

图 4.2.10　拼装式钢桁架

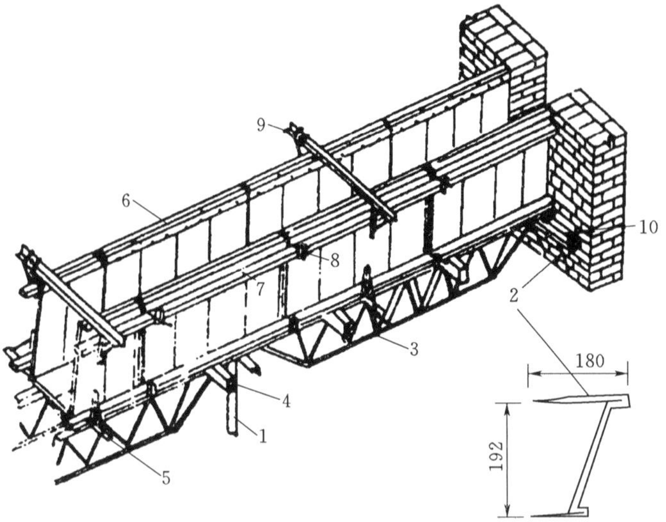

图 4.2.11 钢筋托具

1—钢管支柱；2—托具；3—桁架；4—垫楞木；5—钢桁架；6—定型模板；7—50mm×100mm 方木；8—钢钩；9—卡具；10—楔形垫木

4.2.1.3 悬臂钢模板

悬臂钢模板由面板支承柱和预埋连接件组成。面板采用定型组合钢模板拼装或直接用钢板焊制。支承模板的立柱有型钢梁和钢桁架两种，视浇筑块高度而定。预埋在下层混凝土内的连接件有螺栓式和插座式（U 形铁件）两种。

图 4.2.12 所示为悬臂钢模板的一种结构形式。其支承柱由型钢制作，长 3.8m，下端伸出较长，并用两个接点锚固在预埋螺栓上，可视为固结，立柱上部不用拉条，以悬臂作用支承混凝土侧压力及面板自重。

混凝土模板分素混凝土模板和钢筋混凝土模板两种。素混凝土模板靠自重维持稳定，模板后面有 1～2 个外伸的护腿（肋墙），以维持其稳定性。这种模板可作成直壁式或倒悬式，分别用于大坝垂直部位和反坡部位，模板安装时，必须将护腿上的预埋铁件与仓内预埋环用电焊固定，模板与新浇混凝土结合面则需要进行凿毛处理，相邻模板的铅直接缝采用半圆槽拼装，立模后用砂浆嵌缝。

钢筋混凝土预制模板多作为承重模板，用于廊道顶部、空腹坝顶拱、厂房承重板梁等结构部位，这种承重模板可节省大量支撑材料，还可以避免高空立模的困难。

采用预制模板，可以节约大量木材和钢材。由于模板作为建筑物表面部分，可提高其强度和耐久性，且简化了施工程序，加快了工程进度。但预制模板重量较大，需要起重设备吊装，设计时单块模板重最不宜超过 10t。

4.2.1.4 大模板

1. 大模板建筑体系

(1) 全现浇的大模板建筑。

这种建筑的内墙、外墙全部采用大模板现浇钢筋混凝土墙体，结构的整体性好、

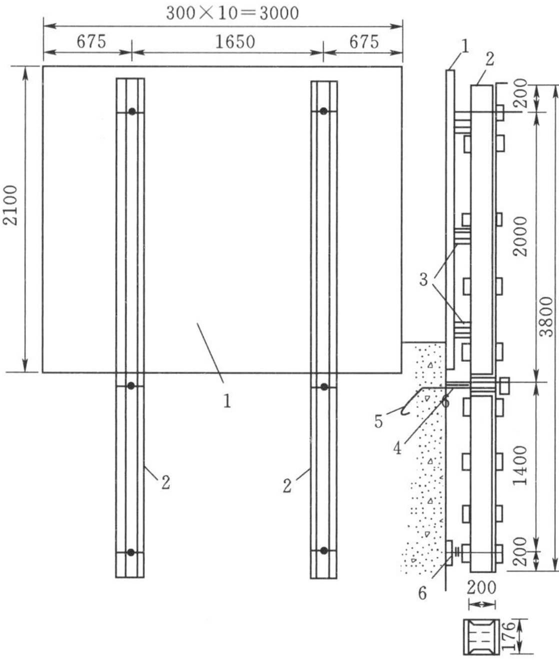

图 4.2.12　悬臂钢模板

1—面板；2—支承柱；3—型钢楞；4—紧固螺母；5—预埋螺栓；6—千斤顶螺栓

抗震性强但施工时外墙模板支设复杂，高空作业工序较多、工期较长。

（2）现浇与预制相结合的大模板建筑。

建筑的内墙采用大模板现浇钢筋混凝土墙体，外墙采用预制装配式大型墙板，即“内浇外持”施工工艺。这种结构的整体性好、抗震性强，简化了施工工序，减少了高空作业和外墙板的装饰工程量，缩短了工期。

（3）现浇与砌筑相结合的大模板建筑。

建筑的内墙采用大模板现浇钢筋混凝土墙体，外墙采用普通黏土墙。这种结构适用于建造 6 层以下的民用建筑，较砖混结构的整体性好，内装饰工程量小，工期较短。

2. 大模板的构造

大模板由面板、加劲肋、竖楞、支撑桁架、稳定机构和操作平台、穿墙螺栓等组成，是一种现浇钢筋混凝土墙体的大型工具式模板，如图 4.2.13 所示。

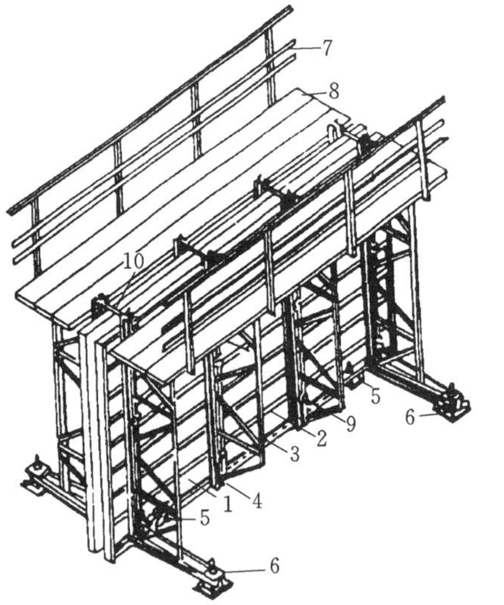

图 4.2.13　大模板构造示意图

1—面板；2—水平加劲肋；3—支撑桁架；4—竖楞；5—调整水平螺旋千斤顶；6—调整垂直度螺旋千斤顶；7—栏杆；8—脚手板；9—穿墙螺栓；10—固定卡具

(1) 面板。

面板是直接与混凝土接触的部分，通常采用钢面板（用 3～5mm 厚的钢板制成）或胶合板面板（用 7～9 层胶合板）。面板要求板面平整、拼缝严密、具有足够的刚度。

(2) 加劲肋。

加劲肋的作用是固定面板，可做成水平肋或垂直肋，加劲肋把混凝土传给面板的侧压力传递到竖楞上去，加劲肋与金属面板焊接固定，与胶合板面板可用螺栓固定。加劲助一般采用［65 或∠65 制作，肋的间距根据面板的大小、厚度及墙体厚度确定，一般为 300～500mm。

(3) 竖楞。

竖楞作用是加强大模板的整体刚度，承受模板传来的混凝土侧压力和垂直力并作为穿墙螺栓的支点，竖楞一般采用［65 或［80 制作，间距一般为 1.0～1.2m。

(4) 支撑桁架与稳定机构。

支撑桁架用螺栓或焊接与竖楞连接在一起，其作用是承受风荷载等水平力，防止大模板倾覆。桁架上部可搭设操作平台。

稳定机构为在大模板两端的桁架底部伸出支腿上设置的可调整螺旋千斤顶。在模板使用阶段，用以调整模板的垂直度，并把作用力传递到地面或轴板上，在模板堆放时，用来调整模板的倾斜度，以保证模板的稳定。

(5) 操作平台。

操作平台是施工人员操作场所有两种做法：

1）将脚手板直接铺在支撑桁架的水平弦杆上形成操作平台，外侧设栏杆。这种操作平台工作面较小，但投资少，装拆方便。

2）在两道横墙之间的大模板的边框上用角钢连接成为搁栅，在其上满铺脚手板。优点是施工安全，但耗钢量大。

(6) 穿墙螺栓。

穿墙螺栓作用是控制模板间距，承受新浇混凝土的侧压力，并能加强模板刚度。为了避免穿墙螺栓与混凝土黏结，在穿墙螺栓外边套一根硬塑料管或穿孔的混凝土垫块，其长度为墙体宽度。穿墙螺栓一般设置在大模板的上、中、下三个部位，上穿墙螺栓距模板顶部 250mm 左右，下穿墙螺栓距模板底部 200mm 左右。

3. 大模板平面组合方案

采用大模板浇筑混凝土墙体，模板尺寸不仅要和房间的开间、进深、层高相适应，而且模板规格要少。尽可能做到定型统一；在施工中模板要便于组装和拆卸；保证墙面平整，减少修补工作量。大模板的平面组合方案有平模、小角模、大角模和筒形模方案等。

(1) 平模方案。

平模的尺寸与房间每面墙大小相适应，一个墙面采用一块模板。采用平模方案纵横墙混凝土一般要分开浇筑，模板接缝均在纵横墙交接的阴角处，墙面平整；模板加工量少，通用性强，周转次数多，装拆方便。但由于纵横墙分开浇筑，施工缝多，施

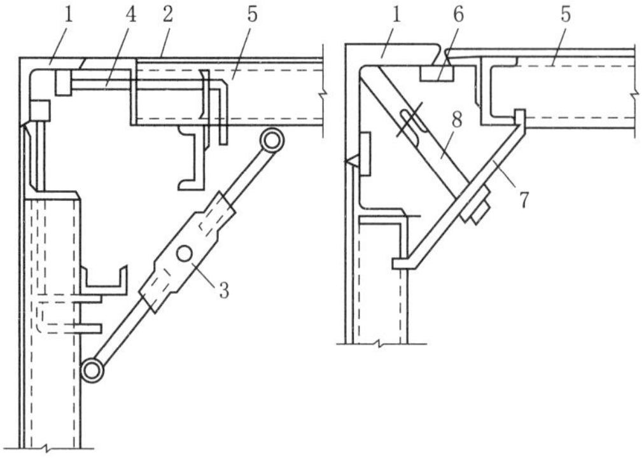

图 4.2.14 小角模构造示意图

1—小角模；2—合页；3—花篮螺栓；4—转动铁拐；5—平模；6—肩铁；7—压板；8—螺栓

工组织较麻烦。

(2) 小角模方案。

一个房间的模板由四块平模和四根∠100×100×8 角钢组成。∠100×100×8 的角钢称为小角模。小角模方案在相邻的平模转角处设置角钢，如图 4.2.14 所示，使每个房间墙体的内模形成封闭的支撑体系。小角模方案纵横墙混凝土可以同时浇筑，房屋整体性好，墙面平整，模板装拆方便。但浇筑的混凝土墙面接缝多，阴角不够平整。

小角模有带合页式和不带合页式两种。

带合页式小角模，图 4.2.14 (a)：平模上带合页，角钢能自由转动和装拆。安装模板时，角钢有偏心压杆固定，并用花篮螺栓调整。模板上设转动铁拐可将角模压住，使角模稳定。

不带合页式小角模，图 4.2.14 (b)：采用以平模压住小角模的方法，拆模时先拆平模后拆小角模。

(3) 大角模方案。

大角模是由两块平模组成的 L 形大模板。在组成大角模的两块平模连接部分装置大合页，使一侧平模以另一侧平模为支点，以合页为轴可以转动，其构造如图 4.2.15 所示。

大角模方案是在房屋四角设四个大角模使之形成封闭体系。如房屋进深较大，四角采用大角模后，较长的墙体中间可配以小平模，采用大角模方案时，纵横墙混凝土可以同时浇筑，房屋整体性好大角模拆装方便，且可保证自身稳定采用大角模墙体阴角方整，施工质量好，但模板接缝在墙体中部，影响墙体平整度。

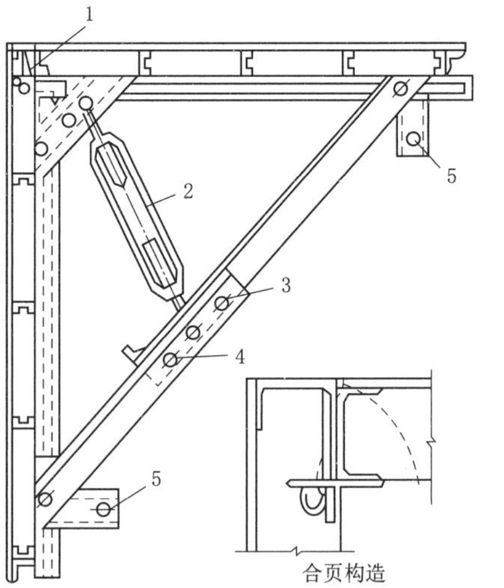

图 4.2.15 大角模构造

1—合页；2—花篮螺栓；3—固定销子；4—活动销子；5—调整用螺旋千斤顶

大角模的装拆装置由斜撑及花篮螺丝组成、余撑为两根叠合的∠90×9 的角钢，组装模板时使斜撑角钢叠合成一直线，大角模的两平模呈 90°插上活动销子，将模板支好。拆模时，先拔掉活动销子，再收紧花篮螺丝，角模两侧的平模内收，模板与墙面脱离。

(4) 筒形模方案。

筒形模是将房间内各墙面的独立的大模板通

过挂轴悬挂在钢架上，墙角用小角钢拼接起来形成一个整体，如图4.2.16所示。采用筒形模时，外墙面常采用大型预制墙板。

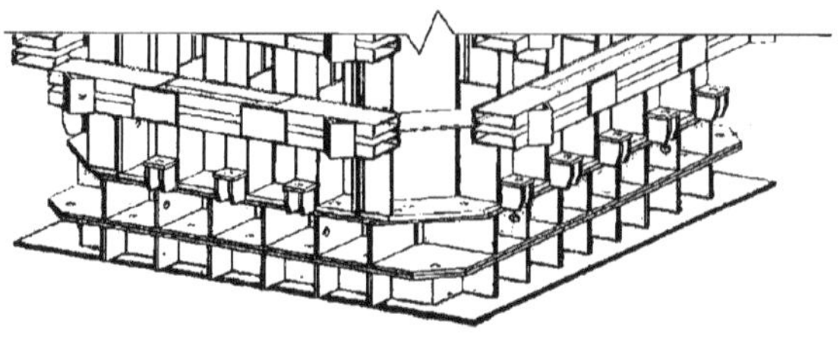

图4.2.16 筒形模示意图

筒形模方案模板稳定性好，可整间吊装减少模板吊装次数，有整间大操作平台，施工条件较好，但模板自重大，且不如平模灵活。

4.2.1.5 *滑动模板*

滑动模板（滑模）是在混凝土连续浇筑的过程中，可使模板面紧贴混凝土面滑动的模板。滑模按动力可分为液压滑模和牵引滑模两种。液压滑模的滑升，是由空心式千斤顶带动模板沿爬杯向上滑升来完成的，所以这种模板又称为“滑升模板”。它常用于高度较大、截面变化不大的整体结构的施工。如闸墩、桥墩、井筒等。牵引滑模的滑升，是由卷扬机或千斤顶等设备带动模板沿导轨滑动来完成的，所以这种模板又称为“拉模”，它常用于溢流坝面、隧洞底板等结构的施工。

1. *滑升模板*

图4.2.17为浇筑墩堵结构的一种滑升模板，它主要由模板系统和液压系统两部分组成。其中模板系统包括钢模板提升架、操作平台及吊架等。液压系统包括油压千斤顶、油管、液压操作机等设备。

滑升模板是以建筑物为基础，每隔一定距离埋设金属爬杆一根，将液压千斤顶套在每根爬杆上，并用螺栓将千斤顶的底座和提升架的横梁连接在一起。提升架采用型钢焊接成“开”字形，中间为横梁，两端为立柱。在立柱内侧装配围囹、悬挂模板；立柱外侧连接操作台和吊架。施工用的操作平台上设有液压操作机，它主要由油泵、电动机、油箱、调节装置等组成，可通过输油管路将高压油均匀分配给每台千斤顶，并使所有千斤顶能同步工作。

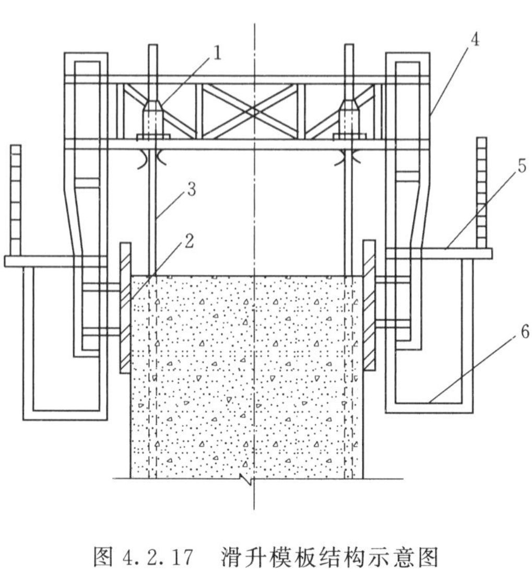

图4.2.17 滑升模板结构示意图
1—液压千斤顶；2—钢模板；3—金属爬杆；4—提升架；5—操作平台；6—吊架

这样，随着底部混凝土的凝固，千斤顶可进行一次进油、排油的工作过程，并带动整个滑升模板装置沿着爬杆向上滑升。如此反复连续进行，一直爬升到建筑物顶部为止。

滑升工艺的关键是正确掌握滑升时间和滑升速度。滑升早了，混凝土尚未凝固，脱模后将会坍塌；晚了混凝土与模板凝结，会将混凝土拉裂。

故滑升时，要求新浇混凝土达到初凝，并具有 1.5×10^5Pa 的强度。实际施工是在模板固定的情况下，分层浇筑 60～70cm 的混凝土。浇筑完毕后 3～4h，即可将模板试升 5cm（不允许模板滑升与混凝土浇筑同时进行）。如试升脱模的混凝土用手按时有指纹，但砂浆不黏手，则说明模板可以正式滑升。

模板滑升速度受气温影响较大，一般气温为 20～25℃时，平均滑升速度为 20～30cm/h，若因事故中途停止浇筑，应每隔 1h 滑升 1 次，每次滑升 3cm。当混凝土掺有速凝剂或采用的坍落度时，均有利于提高滑升速度。

2. 牵引滑模

溢流面采用的牵引滑模（拉模）（图 4.2.18），主要由钢面板及其支承的钢桁架、导轨和牵引设备等组成。钢桁架由型钢焊制。必要时可在桁架上加设配重、以承受新浇混凝土的浮托力。导轨采用工字钢制作，其形态应与溢流面表面轮廓完全一致。牵引设备可采用慢速卷扬机或千斤顶。施工时，应先将下层凝土浇成 1～1.5m 高的台阶形，并预埋固定导轨用的螺栓新浇混凝土厚度一般不小于 0.8m，以保证溢流表面的设计强度和新、老混凝土结合，拉模沿导轨滑动的工艺要求与滑升模板相同。

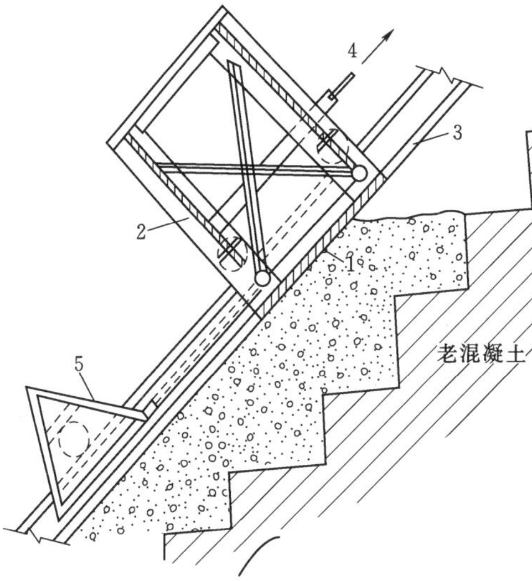

图 4.2.18 牵引滑模

1—钢面板；2—钢桁架及配重；3—导轨；4—拉杆；5—抹面平台

滑动模板的优点是适应混凝土连续浇筑的要求，仅一次立模，可连续滑动，既避免了重复的模板装拆工作，又大大减少了施工缝。因此，可以加快工程进度，节省大量材料，并使建筑物表面平整光洁，整体性增强。但对于大体积混凝土，由于散热要求，不宜连续浇筑，同时尺寸太厚，单面滑行有困难，故目前处于试验之中。

4.2.1.6 隧道模

隧道模是将楼板和墙体一次支模的一种工具式模板，相当于将台模和大模板组合起来，隧道模有断面呈 Π 字形的整体式隧道模和断面呈 Γ 形的双拼式隧道模两种。

整体式隧道模自重大、多层建筑中应用较多。

双拼式隧道模由两个半隧道模和一道独立的插入模板组成，如图4.2.19所示。在两个上半隧道模之间加一道独立的模板用其宽度的变化，使隧道模适应于不同的开间；在不拆除中间模板的情况下，半隧道模可提早拆除；增加周转次数，半隧道模的竖向墙模板和水平楼板模板间用斜撑连接。在半隧道模下部设行走装置，在模板长度方向，沿墙模板设两个行走轮，在模板宽度方向设一个行走轮。在墙模板的两个上行走轮附近设置两个千斤顶，模板就位后，这两个千斤顶将模板顶起，使行走轮离开楼板，施工荷载全部由千斤顶承担。脱模时，松动两个上千斤顶，半隧道模在自重作用下，下降脱模，行走轮落到楼板上。

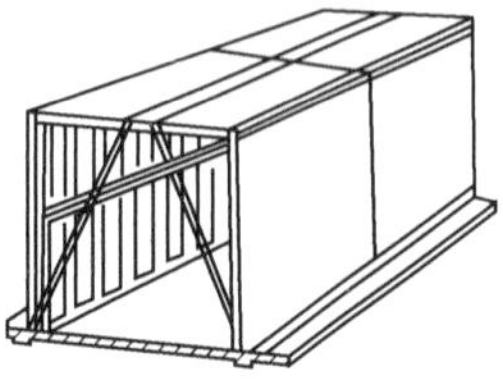

图4.2.19　隧道模

半隧道模脱模后，用专用吊架吊出，吊升至上一楼层。将吊架从半隧模的一端插入墙模板与斜撑之间，吊钩慢慢起钩，将半隧道模托起，托挂在吊架上，吊到上一楼层。

4.2.1.7　混凝土及钢筋混凝土模板

混凝土及钢筋混凝土模板，它们既是模板，也是建筑物的护面结构，浇筑后作为建筑物的外壳，不拆除。素混凝土模板靠自重稳定，可作直壁模板，也可作倒悬模板。直壁模板除面板外，还靠两肢等厚的肋墙维持其稳定。若将此模板反向安装，让肋墙置于仓外，在面板上涂以隔离剂，待新浇混凝土达到一定强度后，可拆除重复使用，这时，相邻仓位高程大体一致。例如，可在浇筑廊道的侧壁或将坝的下游面浇筑成阶梯时使用倒悬式混凝土预制模板可取代传统的倒悬木模板，一次埋入现浇混凝土内不再拆除，既省工又省木材。

钢筋混凝土模板既可作建筑物表面的镶面板，也可作厂房，空腹坝空腹和廊道顶拱的承重模板，如图4.2.20所示。这样避免了高架立模，既有利于施工安全，又有利于加快施工进度，节约材料，降低成本。

图4.2.20　钢筋混凝土承重模板

预制混凝土和钢筋混凝土模板重量均较大，常需起重设备起吊，所以在模板预制时都应预埋吊环供起吊用。对于不拆除的预制模板，对模板与新浇混凝土的接合面需进行凿毛处理。

4.2.2　模板安装

模板安装的工艺程序：放线、立模、支撑、校核、调正加固、仓内整理、检查等。模板安装必须按设计图纸测量放样，对重要结构应多投控制点，以利检查校正。且应经常保持足够的固定设施，以防模板倾覆。支架必须支承在稳固的地基或已凝固的混凝土上，并有足够的支承面积，防止滑动。支架的立柱必须在两个互相垂直的方向上，用撑拉杆固定，以确保稳定。对于大体积混凝土浇筑块，成型后的偏差不应超过木模安装允许偏差的 50%～100%，取值大小视结构物的重要性而定。

4.2.1 组合钢模板结构

4.2.2 仓面及模板施工

1. 一般要求和准备条件

尽量采用大型整体钢模板和定型钢模板。

模板面板和支撑系统的强度、刚度和稳定性必须经过计算校核，能够可靠地承受新浇混凝土的重量、侧压力及施工荷载。

模板定位要准确，以保证混凝土结构物的形状、尺寸与相互位置符合要求。

模板面板表面要光洁平整，接缝严密不漏浆，以保证混凝土外观质量。

模板施工前技术人员应向操作人员进行技术交底，内容包括模板种类、立模方式方法及注意事项等。

安装前必须由测量人员按设计图纸测量放样，重要结构应多设控制点，以利检查校核。

模板进场前必须检验，不合格模板不得进场，施工中损坏、变形的模板须及时拆下送厂修复。

立模前须将模板与混凝土面搭接处的杂物清理干净，凸起的部分打磨平整，使模板下口与混凝土面贴合严密。

模板安装前必须用铲刀、冲毛枪将混凝土面上的灰浆等杂物清理干净。

现浇梁、板跨度不小于 4m 时，模板应按设计要求起拱；当设计无具体要求时，起拱高度宜为跨长的 1/1000～3/1000。

2. 涂刷脱模剂

混凝土开仓前必须在面板上涂刷脱模剂。

(1) 脱模剂质量要合乎标准。

(2) 涂刷前模板表面要清理干净。

(3) 涂刷前脱模剂要搅拌均匀。

(4) 涂刷要均匀成膜、不漏刷、不积存。

(5) 如已涂刷的脱模剂薄膜因故脱落，应补刷。

(6) 避免脱模剂污染或侵蚀钢筋和混凝土。

3. 安装固定

常规模板用于永久外露面（含过流面）不得有钢筋头外露，必须采用定位锥或接安螺栓。使用接安螺栓时应事先标出丝扣旋入的深度，并且接安螺栓应贴紧模板。

(1) 止水与模板关系。

止水定型钢模板必须采用定型围囹加固，并且在安装过程中应保证止水片不被损坏。安装位置关系如图 4.2.21 和图 4.2.22 所示。

(2) 拉条固定。

一般情况下应采用Ⅰ级钢作模板拉条。拉条应顺直，不得弯曲。拉条纵、横向间距应与纵、横向围囹的间距相同。

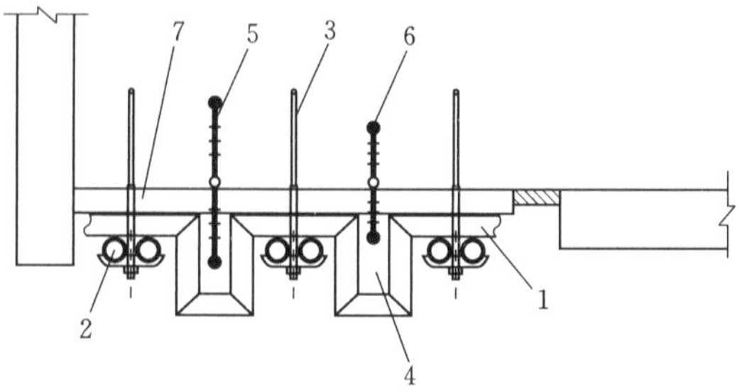

图 4.2.21 止水模板安装示意图

1—止水定型围图；2—围图钢管；3—预埋锚固件；4—容纳槽；
5—第一道橡胶止水片；6—第二道橡胶止水片；7—模板

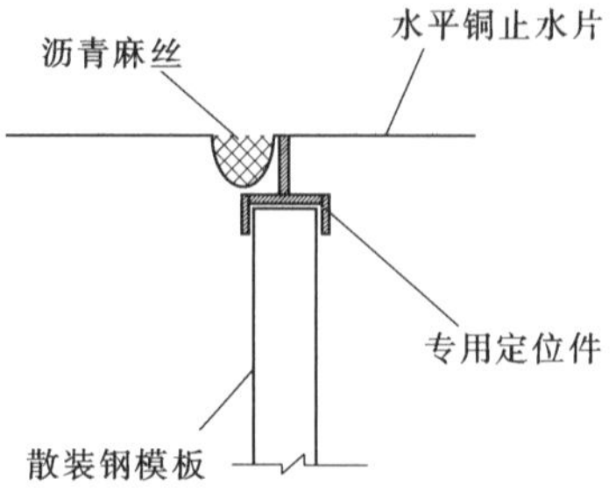

图 4.2.22 铜止水模板安装示意图

4.2.3

大坝横缝止水

4.2.4

止水施工

垂直面模板拉条的坡度以 1∶1.5～1∶1.0 为宜。拉条与锚筋等采用环、钩连接时钩口应采取封口措施。模板拉条必须焊接在预埋锚筋上，不得焊接到设计受力钢筋上。一根预埋上一般只能连接一根拉条，只有在拐角部位可以连接两根拉条。模板调整完毕后应及时固定，以防止模板发生位移和偏斜。模板支撑应稳固，焊接要牢固，在混凝土浇筑过程中不能发生移位和变形。严禁在模板上使用电焊开孔，需要时应采用钻孔，以孔径比拉杆头直径大 1mm 为宜。调整模板位置时不得直接使用铁件敲砸面板。模板的钢拉杆不应弯曲，拉杆直径宜大于 8mm，拉杆与锚固头应连接牢固。预埋在下层混凝土中的锚固件（螺栓、钢筋环等），承受荷载时，应有足够的锚固强度。模板固定布置如图 4.2.23～图 4.2.25 所示。

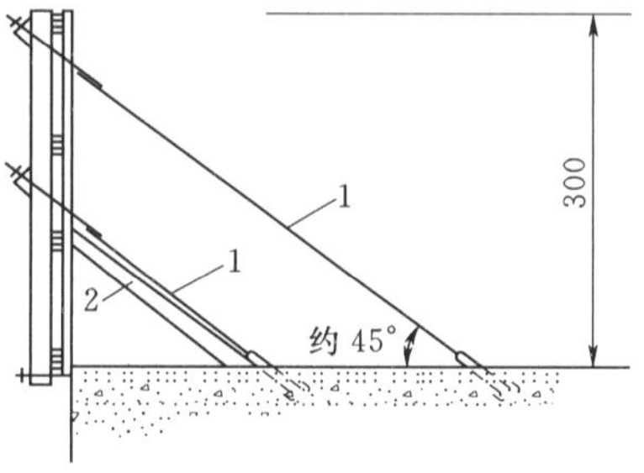

图 4.2.23 拉条固定式模板（单位：cm）

1—拉条；2—内支撑

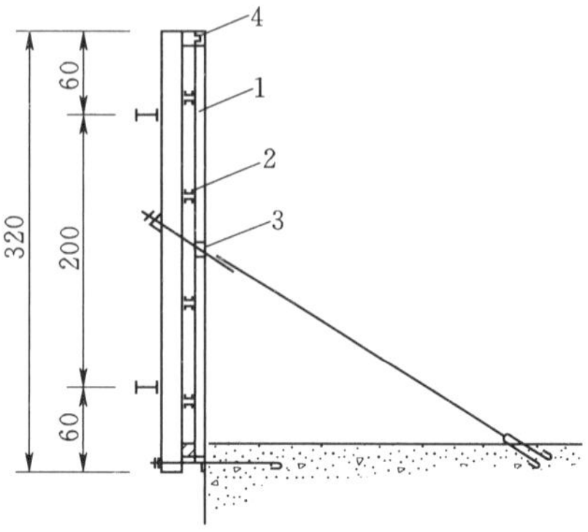

图 4.2.24 简单悬臂模板固定

1—组合钢模板；2、4—槽钢围图；3—小木板

（3）支撑固定。

大体积混凝土模板支撑一般采用 ϕ28 以上的钢筋作仓内斜撑，支撑间距以 2～3m 为宜（当采用 3m 浇筑层厚时支撑间距应适当加密）。宽度小于 3m 的墩、墙、柱模板宜采用 ϕ48 钢管或方木等作仓外支撑。不具备打外支撑条件的墩、墙、柱模板可采用对撑。廊道侧墙等对称浇筑的仓号宜采用 ϕ48 钢管或方木作剪刀对撑。支撑固定如图 4.2.26 所示。

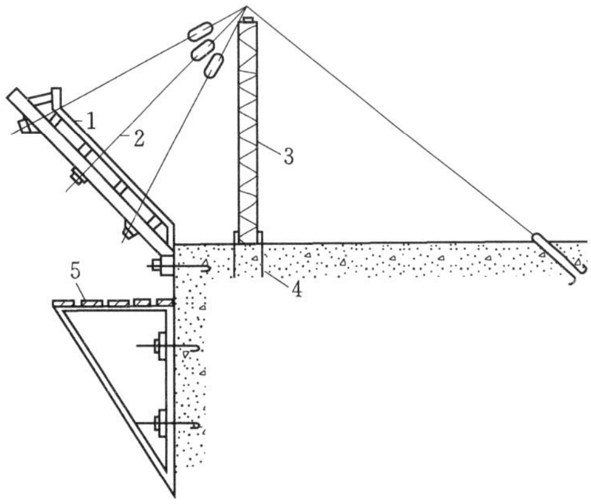

图 4.2.25 内拉式模板支撑

1—模板；2—拉条；3—钢筋柱；4—预埋插筋；5—简易平台

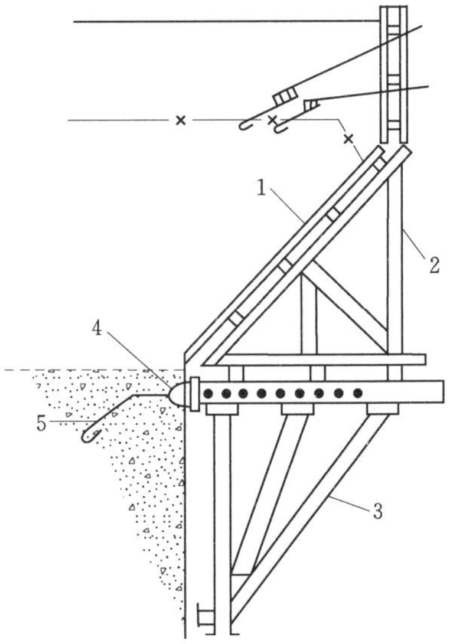

图 4.2.26 外撑式模板支撑

1—模板；2—三角桁架；3—三角支撑；4—定位锥；5—锚筋

(4) 连接件施工。

面板与纵、横向围图之间宜采用 M12 钩头螺栓和“3”形卡连接。钩头螺栓间距应不大于 0.6m，纵、横围图上的紧固螺栓间距应不大于 2m。连接件连接必须到位、牢固。地脚螺栓必须上紧，并且紧固力要均匀。

(5) 基岩锚固。

基岩首仓模板的拉条应焊接在 ϕ25 锚筋上。锚筋应采用Ⅱ级钢，其埋设可选用“先注浆后插筋”法或“先插筋后注浆”法。锚筋孔的位置应选在比较完整的岩石上或密实的混凝土上，孔位应按测量放样点用红油漆标出。可采用手风钻造孔，钻孔位置应准确，柱子锚筋位置允许偏差 2cm，钢筋网锚筋 5cm。钻孔孔径应大于锚筋直径 20mm 以上，钻孔应向模板倾斜 15°～30°，孔深应满足设计要求。拉条与锚筋采用环、钩连接时，钩口应采取封口措施。基岩锚固安装要求如图 4.2.27 所示。

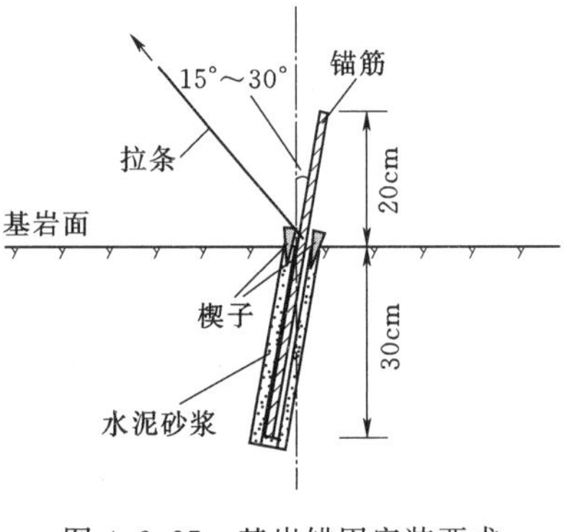

图 4.2.27 基岩锚固安装要求

(6) 仓面锚固件。

非基岩仓模板的拉条焊接在预埋于已浇混凝土仓面的插筋上，插筋规格与拉条相同。插筋埋深 20cm，外露 15～20cm，埋入一端带弯钩。事先用红油漆将拉条位置标示在收仓模板的顶部，将各排预埋插筋距模板的相对位置标识在木尺或铁尺上。仓面锚固如图 4.2.28 所示。

在收仓的同时，根据标识在模板顶部和木尺（或铁尺）上标记准确定位插筋位置，沿模

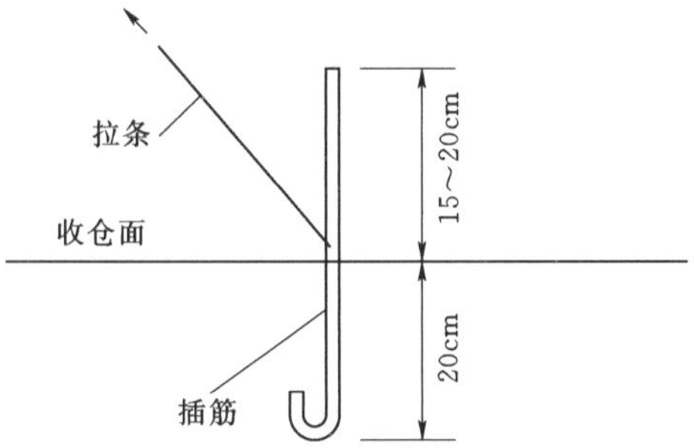

图 4.2.28 仓面锚固要求

板边行进边插入各排插筋。插筋垂直插入，直到深度标志到达混凝土收仓面。如果插筋插入过程中碰到大骨料，应通过晃动插筋将其移开或微调插筋位置避开。仓内插筋如图 4.2.29 所示。

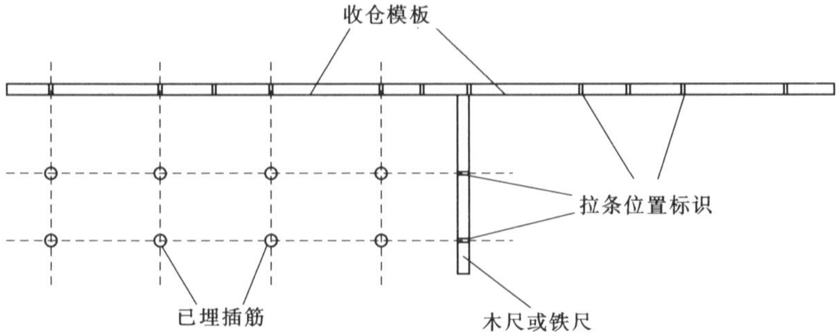

图 4.2.29 仓内插筋预埋施工工艺指示图

当牛腿反斜面等侧面混凝土浇筑时，无法利用仓内拉条固定，应采用预埋定位锥的方式，布置如图 4.2.30 所示。

锚筋旋入定位锥的深度应不小于 65mm。定位锥与模板定位锥孔的中心偏差不超过±1mm。安装好后的定位锥必须保持在同一水平线上，定位锥的水平共面度应控制在±2.5mm 以内，垂直共面度应控制在±5mm 以内。定位锥安装如图 4.2.31 所示。

需要接缝灌浆的灌浆缝，例如竖缝，要采用键槽模板，如图 4.2.32 所示。

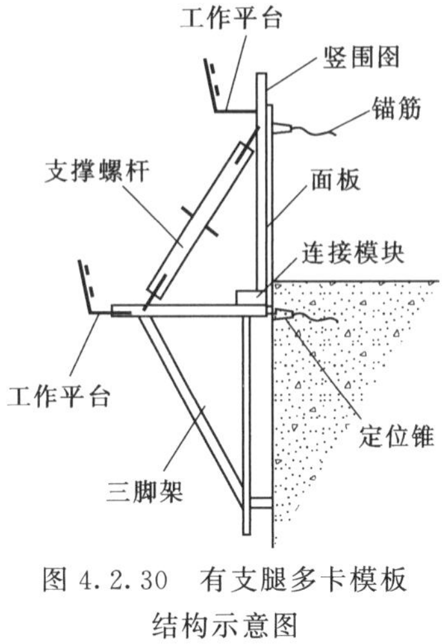

图 4.2.30 有支腿多卡模板结构示意图

4. 安装允许偏差

建筑物分层施工时，应逐层矫正下层偏差：即当下层已存在偏差的情况下，上层模板支模时要与下层相衔接，在上层模板顶部将偏差的一部分或者全部矫正过来，而不是在上层模板的下口矫正模板偏差，以免出现错台，模板顶端应紧贴混凝土面。模板制作及安装允许偏差见表 4.2.1～表 4.2.4。

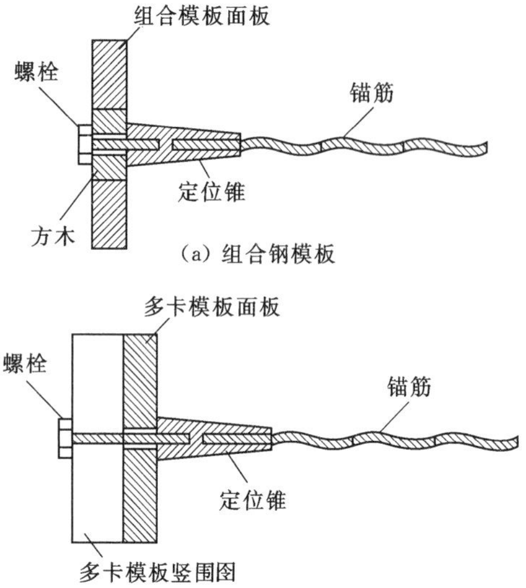

(a) 组合钢模板

(b) 有支腿多卡模板

图 4.2.31 定位锥预埋结构示意图

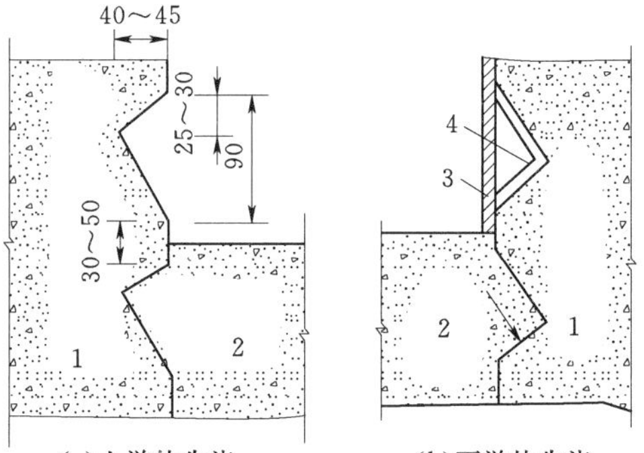

(a)上游块先浇　(b)下游块先浇

图 4.2.32 键槽模板图（单位：cm）

1—先浇块；2—后浇块；3—模板；4—键槽模板

表 4.2.1　　模 板 制 作 允 许 偏 差　　单位：mm

项次	偏 差 名 称	允许偏差
钢模、胶合模板及竹胶合模板		
1	小型模板：长和宽	±2
2	大型模板（长、宽大于 3m）：长和宽	±1，－2
3	大型模板对角线	±3
4	相邻两板面高差	1
5	两块模板间的拼缝宽度	1
6	模板侧面不平整度	1.5
7	模板局部不平（2m 靠尺检查）	2
8	连接配件的孔眼位置	±1
木 模 板		
1	小型模板：长和宽	±3
2	大型模板（长、宽大于 3m）：长和宽	±5
3	大型模板对角线	±5
4	相邻两板面高差	1
5	模板局部不平（2m 靠尺检查）	5
6	板面缝隙	2

注　不包括异形模板、滑动模板、移置模板、永久性模板。

表 4.2.2　　大体积混凝土模板的安装允许偏差　　单位：mm

项次	偏 差 名 称		混凝土结构部位	
			外露表面	隐藏内面
1	面板平整度	相邻两板高差	钢模，2； 木模，3	5
		局部不平（2m 靠尺检查）	钢模，3； 木模，5	10
2	结构物边线与设计边线		内模板，－10～0； 外模板，0～＋10	15
3	结构物水平截面内部尺寸		±20	
4	承重模板标高		0～＋5	
5	预留孔洞	中心线位置	±10	
		截面内部尺寸	－10	

注　外露表面、隐蔽内部指相应模板的混凝土结构表面最终所处的位置。

表 4.2.3　　现浇结构模板安装的允许偏差　　单位：mm

项次	偏 差 项 目		允许偏差
1	轴线位置		5
	底模上表面标高		＋5，0
2	截面内部尺寸	基础	±10
		柱、梁、墙	＋4，－5
3	局部垂直	全高≤5m	6
		全高＞5m	8
4	相邻两板高差		2
	表面局部不平（2m 靠尺检查）		5

表 4.2.4　　预制结构模板安装的允许偏差　　单位：mm

项次	偏 差 项 目		允许偏差
1	长度	板、梁	±5
		柱	0，－10
		墙、板	0，－5
2	宽度	板、墙板	0，－5
		梁、柱	＋2，－5
3	高度	板	＋2，－3
		墙板	0，－5
		梁、柱	＋2，－5
4	板的对角线差		7
	墙的对角线差		5
	相邻两板的高差		1
	板的表面平整（20m 长度上）		3
5	局部垂直	全高≤5m	L/1000 且≤15
		全高＞5m	L/1500 且≤15

注　L 为构件长度。

4.2.3 模板的拆除

模板的拆除工作是模板工程中一个重要环节，拆除工作对工程进度，混凝土工程质量和模板的周转都有直接的影响，拆模工作应按一定程序进行，要本着先装后拆，后装先拆，先拆除非承重部分，后拆除承重部分的原则，有步骤地拆除，并做到不损伤构件或模板，对拱形或跨度较大的梁、模板的拆卸应特别注意，要先将支柱下的木模缓慢放松，使拱架徐徐下降、避免新浇拱因模板突然大幅度下沉而承担全部自重，并应从跨中向两端同时对称拆卸。

例如施工“3”形卡和钢管围图的拆除顺序：从下至上逐层松开“3”形卡，除顶层横围图只松不拆外，将其余横围图拆至仓内；提起竖围图，使其底部与上口模板的下口平齐，并拧紧下一仓模板的地脚螺栓；上一仓次的上口模板不拆，作为下一仓次的下口地脚模板；除上口模板外，从上至下逐层拆除其余各层模板，并用绳吊至仓内；从下至上逐层安装面板、横围图、拉条和支撑。

一般规定：对于不承重的直立侧面模板，在混凝土凝固的强度已能保证其表面和棱角不致因拆模而损坏时，或混凝土已经达到 250kN/m^2 以上的强度时，即可拆卸。但应注意，对于边墙、柱等细长薄壁结构的直立模，因具有保护混凝土结构不致倾倒的作用，或因要负担上部结构的自重和活荷重，所以其拆卸时间与底板、大梁等的侧模板并非一样，而应根据其承重程度不同，分别延长拆模时间。

按有关规定：对于承重模板，应使混凝土达到表 4.2.5 所列强度百分数的天数时才能够拆模。对于大体积混凝土，为防止拆模后混凝土表面温度突然下降而产生表面裂缝，应考虑外界气温变化（如是否有霜冻、寒流等）再确定拆模时间，前应避免早晚或夜间拆模。对水下和水位变动区混凝土的拆模时间，应适当延长。

表 4.2.5　　承重模板拆模时间参考表

<table>
<tr><th rowspan="3">结构类别</th><th rowspan="3">混凝土拆模时需要强度（设计强度的百分数）</th><th colspan="2">水　泥</th><th colspan="6">硬化昼夜的平均温度/℃</th></tr>
<tr><th rowspan="2">品种</th><th rowspan="2">标号</th><th>5</th><th>10</th><th>15</th><th>20</th><th>25</th><th>30</th></tr>
<tr><th colspan="6">混凝土达到拆模强度需要的天数/d</th></tr>
<tr><td rowspan="3">跨度在 2m 及 2m 以下的板及拱的模板</td><td rowspan="3">50%</td><td>普通水泥</td><td>425</td><td>10</td><td>7</td><td>6</td><td>5</td><td>4</td><td>3</td></tr>
<tr><td rowspan="2">火山灰质及矿渣水泥</td><td>325</td><td>18</td><td>12</td><td>10</td><td>8</td><td>7</td><td>6</td></tr>
<tr><td>425</td><td>16</td><td>11</td><td>9</td><td>8</td><td>7</td><td>6</td></tr>
<tr><td rowspan="3">跨度为 2m 以上至 8m 的板及拱的模板；跨度在 8m 及 8m 以下的梁的底模板；跨度在 2m 及 2m 以下的悬臂梁及板</td><td rowspan="3">75%</td><td>普通水泥</td><td>425</td><td>20</td><td>14</td><td>11</td><td>8</td><td>7</td><td>6</td></tr>
<tr><td rowspan="2">火山灰质及矿渣水泥</td><td>325</td><td>32</td><td>25</td><td>17</td><td>14</td><td>12</td><td>10</td></tr>
<tr><td>425</td><td>20</td><td>20</td><td>15</td><td>13</td><td>12</td><td>10</td></tr>
<tr><td rowspan="3">跨度在 8m 以上的承重结构的模板；跨度在 2m 以上的悬臂梁和板</td><td rowspan="3">100%</td><td>普通水泥</td><td>425</td><td>50</td><td>40</td><td>30</td><td>28</td><td>20</td><td>18</td></tr>
<tr><td rowspan="2">火山灰质及矿渣水泥</td><td>325</td><td>60</td><td>50</td><td>40</td><td>28</td><td>24</td><td>20</td></tr>
<tr><td>425</td><td>60</td><td>50</td><td>40</td><td>28</td><td>24</td><td>20</td></tr>
</table>

4.2.4 滑动模板施工

滑动模板施工技术由于其施工连续高效，有利于曲面浇筑等特点，在水工混凝土施工的应用多为大坝溢流面混凝土浇筑、混凝土面板堆石坝的浇筑、渠道衬砌面对浇筑。滑动模板滑升的速度应适应混凝土强度增长的速度。例如混凝土溢流面的滑升，应确定混凝土初凝终凝时间，混凝土在脱模时应不明塌，不拉裂。模板沿竖直方向滑升时，混凝土的脱模强度应控制在0.2～0.4MPa，模板沿倾斜或水平方向滑动混凝土脱模强度应经过计算和试验确定。面板混凝土滑动模板滑升前，必须清除前沿超填混凝土。平均滑升速度宜为1～2m/h，最大滑升速度不宜超过4m/h。浇筑时应分层、平起、对称、均匀地浇筑混凝土，各层浇筑的间隔时间不应超过允许间歇时间。振捣混凝土时，不应将振捣器触及支承杆、预埋件、钢筋和模板，振捣器插入下层混凝土的深度，宜为5cm左右，无轨滑膜施工时，振捣器与模板的距离不应小于15cm。模板滑动时严禁卸料和振捣混凝土，振捣混凝土时严禁卸料。滑动模板安装质量标准见表4.2.6。

4.2.5 溢流面动画

表4.2.6　滑动模板安装质量标准

序号	内　容		允许偏差/mm
1	模板装置中线与结构物轴线		3
2	主梁中线		2
3	连接梁、横梁中线		5
4	模板边线与结构物轴线	外露	5
		隐蔽	10
5	围圈位置	垂直方向	5
		水平方向	3
6	提升架的垂直度		≤2
7	模板倾角度	上口	+0，-1
		下口	+2
8	千斤顶的位置		5
9	圆模直径、方模边长		5
10	相邻模板的平整度		≤2
11	操作平台水平度		10

任务4.3　混凝土原材料技术要求

学习导向

知识目标：掌握混凝土原材料施工要求

能力目标：能分析质量问题，能监督检查原材料工程质量

素质目标：培养钻研精神和认真态度

执行规范：《水工混凝土施工规范》(SL 677—2014)

《水泥细度检验方法筛析法》(GB/T 1345—2005)

《水泥标准稠度用水量、凝结时间、安定性检验方法》(GB/T 1346—2024)

《通用硅酸盐水泥》(GB 175—2023)
《水泥密度测定方法》(GB/T 208—2014)
《水泥比表面积测定方法 勃氏法》(GB/T 8074—2008)
《水泥胶砂强度检验方法 (ISO 法)》(GB/T 17671—2021)
《水泥化学分析方法》(GB/T 176—2017)
《用于水泥和混凝土中的粉煤灰》(GB/T 1596—2017)
《矿物掺合料应用技术规范》(GB/T 51003—2014)
《混凝土外加剂》(GB/T 8076—2025)
《混凝土外加剂匀质性试验方法》(GB/T 8077—2023)
《用于水泥、砂浆和混凝土中的粒化高炉矿渣粉》(GB/T 18046—2017)
《建设用砂》(GB/T 14684—2022)
《建设用卵石、碎石》(GB/T 14685—2022)
参考规范:《水工混凝土施工规范》(DL/T 5144—2015)
《水工混凝土掺用粉煤灰技术规范》(DL/T 5055—2024)

4.3.1 水泥施工要求

1. 水工混凝土常用水泥品种及主要特性

我国水电工程常用的水泥主要有:硅酸盐水泥、普通硅酸盐水泥、矿渣硅酸盐水泥、粉煤灰硅酸盐水泥、中热硅酸盐水泥和低热矿渣硅酸盐水泥。当混凝土所用骨料为碱活性骨料时,必须使用控制水泥熟料含碱量的中热硅酸盐水泥或低热矿渣硅酸盐水泥。上述水泥矿物成分以硅酸钙为主(占75%左右),并含有一定数量的铝酸盐和铁铝酸盐。

2. 水工混凝土选用水泥的原则

水工混凝土技术要求复杂,工程量大,水泥用量也大,选择水泥时必须从技术、经济和管理上全面考虑。每个工程要求由固定厂家供应水泥,水泥的品种和标号也应尽量少。

中、低热水泥适用于闸坝工程,但是不一定所有闸坝工程都必须应用中、低热水泥。所用骨料没有碱活性反应时,包括大坝内部混凝土,原则上也可应用现场掺用掺合料的硅酸盐水泥以及其他品种的硅酸盐水泥。除个别部位外,大坝混凝土强度要求并不高,通常遇到的问题是用高标号水泥配制低标号混凝土,为了解决好这个矛盾,应在施工现场掺适量的掺合料。水工建筑物外部水位变化区的混凝土、大坝溢流面及受冻融作用部位的混凝土,所用的水泥标号以52.5号为宜,宜用中热硅酸盐水泥,也可用在现场掺优质粉煤灰的硅酸盐水泥和普通硅酸盐水泥。有硫酸盐侵蚀的部位,应用抗硫酸盐水泥和铁铝酸盐水泥,也可用中、低热水泥。有溶出性侵蚀部位应用矿渣硅酸盐水泥、火山灰质硅酸盐水泥、粉煤灰水泥或在施工现场掺粉煤灰。概括起来,选择水泥取决于下列条件:

(1) 工程部位所处的环境条件。

(2) 环境水有无侵蚀。

(3) 有无活性骨料。

(4) 供应厂家和品种尽可能减少，运距尽可能短。

3. 规范要求

水泥的品质要求执行的规范是国家标准，没有行业标准和其他地方标准，不满足国标要求的水泥为不合格水泥，在工程上禁止使用。其规范包括如下，内容不予赘述。

在施工过程中应遵守《水工混凝土施工规范》的规定：

4.3.1 混凝土原材料质量检查方法

(1) 工程所用同种类水泥宜选择1～2个厂商供应。

(2) 水位变化区外部、监流面及经常受水流冲刷、有抗冻要求的部位，宜选用中热硅酸盐水泥或低热硅酸盐水泥，也可选用硅酸盐水泥和普通硅酸盐水泥。

(3) 内部混凝土、水下混凝土和基础混凝土，宜选用中热硅酸盐水泥、低热硅酸盐水泥和普通硅酸盐水泥，也可选用低热微膨胀水泥、低热矿渣硅酸盐水泥、矿渣硅酸盐水泥、火山灰质硅酸盐水泥、粉煤灰硅酸盐水泥。

(4) 环境水对混凝土有硫酸盐侵蚀性时，宜选用抗硫酸盐硅酸盐水泥。

(5) 受海水、盐雾作用的混凝土，宜选用矿渣硅酸盐水泥。

(6) 选用的水泥强度等级应与混凝土设计强度等级相适应。

水位变化区外部、溢流面及经常受水流冲刷、抗冻要求较高的部位，宜选用较高强度等级的水泥。

(7) 根据工程的特殊需要，可对水泥的化学成分、矿物组成、细度等指标提出专门要求。

(8) 水泥的运输、保管及使用应遵守下列规定：

1) 优先使用散装水泥。

2) 进场的水泥应按生产厂家、品种和强度等级，分别储存到有明显标志的储罐或仓库中，不应混装。水泥在运输和储存过程中应防水防潮。

3) 罐储水泥宜1个月倒罐1次。

4) 袋装水泥仓库应有排水、通风措施，保持干燥。堆放袋装水泥时，应有防潮层，距地面、边墙不少于30cm，堆放高度不应超过15袋，并留有运输通道。

5) 散装水泥运至工地的入罐温度不宜高于65℃。

6) 先出厂的水泥应先用。袋装水泥储运时间超过3个月，散装水泥超过6个月，使用前应重新检验。不应使用结块水泥，已受潮结块的水泥应经处理并检验合格方可使用。

7) 防止水泥的散失浪费、污染环境。

4.3.2 掺合料、水、外加剂的使用

1. 掺合料

为改善混凝土的性能，合理降低水泥用量，宜在混凝土中掺入适量的活性掺合料，掺用部位及最优掺量应通过试验决定。掺合料可选用粉煤灰、矿渣粉、磷渣粉、硅粉、石灰石粉、火山灰等。掺合料可单掺也可复掺，其品种和掺量应根据工程的技术要求、掺合料品质和资源条件，经试验确定，检验内容及频次见附录。

掺合料应储存到有明显标志的储罐或仓库中，在运输和储存过程中应防水防潮，

并不应混入杂物。

粉煤灰宜选用Ⅰ级或Ⅱ级粉煤灰。粉煤灰的质量要求要符合《用于水泥和混凝土中的粉煤灰》(GB/T 1596—2017),其他矿物掺合料要符合规范《矿物掺合料应用技术规范》(GB/T 51003—2014)。

2. 水的使用

凡适于饮用的水,均可用以拌制和养护混凝土。未经处理的工业污水和沼泽水,不得用以拌制和养护混凝土。

天然矿化水如果化学成分符合表 4.3.1 的规定,可以用来拌制和养护混凝土。

表 4.3.1 拌制和养护混凝土的天然矿化水的物质含量限值

项　目	钢筋混凝土	素混凝土
pH 值	≥4.5	≥4.5
不溶物/(mg/L)	≤2000	≤5000
可溶物/(mg/L)	≤5000	≤10000
氯化物 (Cl 计)/(mg/L)	≤1200	≤3500
硫酸盐 (SO_4^{2-}/L)/(mg/L)	≤2700	≤2700
碱含量/(mg/L)	≤1500	≤1500

地表水、地下水和其他类型水在首次用于拌和混凝土时,应经检验合格方可使用。检验项目和标准应同时符合下列要求:

(1) 混凝土拌和用水与饮用水样进行水泥凝结时间对比试验。

对比试验的水泥初凝时间差及终凝时间差均不应大于 30min,且初凝和终凝时间应符合《通用硅酸盐水泥》(GB 175—2023) 的规定。

(2) 混凝土拌和用水与饮用水样进行水泥胶砂强度对比试验。

被检验水样配制的水泥胶砂 3d 和 28d 龄期强度不应低于饮用水配制的水泥胶砂 3d 和 28d 龄期强度的 90%。

一些地区的地下水或地表水指标会随季节发生变动,如桓仁大雅河每逢汛期可能会导致硫酸盐超标,依照规范应每半年检测一次施工用水。

3. 外加剂

外加剂可单掺也可复掺,其品种和掺量应根据工程的技术要求、环境条件,经试验确定。工程所用同种类外加剂以 1～2 种为宜。常用于混凝土的外加剂有:减水剂、引气剂、缓凝剂、速凝剂、泵送剂、防冻剂等,目前国内外加剂厂生产质量良莠不齐,且外加剂经常多种混合使用,导致各组分不一定比例适当,一些外加剂由母液勾兑而成,如减水剂母液碱水率可达 50%以上,再兑水调配成 8%、15%、25%的各级减水剂,一些商家为了降低成本,减水剂可能被掺假,因此除在抽检频率之外,当发现怀疑时应对其质量进行检测,检测规范为:《混凝土外加剂》(GB/T 8076—2025),《混凝土外加剂匀质性试验方法》(GB/T 8077—2023)。

有抗冻要求的混凝土,应掺用引气剂,其掺量应根据混凝土的含气量要求通过试验确定。大中型水利工程,混凝土的最小含气量应通过试验确定;没有试验资料时,混凝土的含气量可参照表 4.3.2 选用。混凝土的含气量不宜超过 7%。

表 4.3.2　　抗冻混凝土适宜含气量

骨料最大粒径/mm		20	40	80	150（120）
抗冻等级	≥F200	6.0±1.0%	5.5±1.0%	4.5±1.0%	4.0±1.0%
	≤F150	5.0±1.0%	4.5±1.0%	3.5±1.0%	3.0±1.0%

外加剂宜配成水溶液使用，并搅拌均匀。当外加剂复合使用时，应通过试验论证，并应分别配制使用。

不同厂家和不同品种的外加剂应储存到有明显标志的储罐或仓库中，不应混装。粉状外加剂在运输和储存过程中应防水防潮。外加剂储存时间过长，对其品质有怀疑时，使用前应重新检验。

4.3.3　砂石的选用

首先确定需要开采原料的数量，然后根据料场的情况，选择合适的方法。

1. *砂、石原料的开采量*

4.3.2　料场规划

为避免砂石料在天然料、松散料、混合料和分级料之间反复的换算以及换算时所引起的误差，砂石料的计量应用重量单位。

全工程所需砂石料的开采量可按下式确定。

$$V_d=(V_cA+V_o)K_s$$

其中
$$K_s=K_3K_4K_5K_6K_7K_8K_9[1+\beta_s(K_1K_2-1)]$$

式中　V_d——砂石原料的总开采量，t；

V_c——全工程混凝土总量，m^3；

A——每立方米混凝土的骨料用量，在无试验资料时，一般可取 2.15～2.2t/m^3；

V_o——其他工程砂石用量，t；

K_s——包括级配不平衡弃料在内的运输、堆存、加工、浇筑的总损耗补偿系数，与原料的种类、采运加工工艺以及生产管理水平等因素有关，可按所列数值依上式逐项进行计算；

K_1——石粉或细砂流失补偿系数，对人工骨料：原料为灰岩的人工砂，石粉含量较多时，可取较大值，花岗岩等火成岩制成的人工砂，石粉较少时取较小值；砂内允许有 6%～12%的石粉时可适当减小 K_1 值。对天然骨料：含泥量大，砂料偏细，须废弃一部分细砂以改善级配时取较大值；粗砂改细或制砂补充粗砂者取较小值；

K_2、K_4、K_6——均包括运输、堆储中的损耗；

K_3——骨料加工损耗，对工人骨料，系指有石屑回收利用设施者；对天然骨料，原料较干净的取较小值，中等难洗的或含泥量大、砂子偏细时取较大值；

K_5——无预洗工艺取1.0；有预洗时取较大值，但应适当减小K_3的取值；

K_7——级配不平衡的弃料补偿系数，视工程具体条件由级配平衡计算确定，一般不应超过1.2；级配偏粗采取粒度调整措施时可取1.0；

K_8——包括成品料的堆储和运输损耗补偿系数；

K_9——混凝土的运输、浇筑、废料损耗补偿系数；

β_s——平均砂率，以小数计。

一般大体积混凝土工程的平均砂率β_s为0.25～0.30，薄壁和地下工程的平均砂率为0.30～0.35，表4.3.3中所列的K_s值系按大体积混凝土考虑的。

表4.3.3　　砂石运输加工损耗补偿系数

项目		代号	骨料		
制砂和洗沙	石粉或细砂流失	K_1	1.1～1.25		
	储运	K_2	1.01～1.02		
	小计		1.16～1.28		
晒洗或中细碎	冲洗	K_3	1.02～1.03		
	储运	K_4	1.01～1.02		
	小计		1.03～1.05		
粗碎或超径处理	预洗	K_5	1.02～1.05		
	储运	K_6	1.01～1.02		
	小计		1.01～1.07		
级配不平衡		K_7	1.0	由级配平衡计算确定	
成品骨料储运		K_8	1.00～1.03		
混凝土运输浇筑		K_9	1.01～1.02		
合计		K_s	1.13～1.30	(1.14～1.25)K_7	(1.10～1.27)K_7

2. 砂石料的开采方法

由于料场的位置高低不同，如前所述，天然料场分为三种，其开采方法也不同。

(1) 陆上料场。大中型工程多用挖掘机、正向铲、反向铲、斗轮式挖掘机等采装。中小型工程也有用装载机、推土机等进行采装。

(2) 河滩料场。有修建围堰排干料坑开采和陆基水下开采两种方法。

1) 围堰排水开采法在建成围堰、排干料坑后，其开采与陆上料场相同。

2) 陆基水下开采法常用的设备有反铲、大型索铲、链斗式挖掘机、索耙和索道式扒运机等。此外反铲还有较强的切削力，可用来开采水下结构紧密较难开采有砂砾石。

此外，与河滩邻近的水下料场，水深不大时，可以采用填土法进行陆基水下开采，即用砂石将浅水料场推出水面后再行开采。河难料场也可采用采砂船开采。

(3) 水下料场。常用的开采设备为采砂船，以水上运输为主。国外有用索耙、索道式扒运机等。

1) 砂料应质地坚硬、清洁、级配良好；使用山砂、特细砂，应经过试验论证。

2）砂的细度模数宜在 2.4～2.8 范围内。天然砂料宜按料径分成两级，人工砂可不分级。

3）砂料中有活性骨料时，必须进行专门试验论证。

4）其他质量技术要求应符合表 4.3.4 中的规定。检验内容及频次见附录。

表 4.3.4　　细骨料（砂）的质量技术要求

项目		指标	
		天然砂	人工砂
表观密度/(kg/m³)		≥2500	
细度模式		2.2～3.0	2.4～2.8
石粉含量/%		—	6～2.8
表面含水率/%		≤6	
含泥量/%	设计龄期强度等级≥30MPa 和有抗冻要求的混凝土	≤3	—
	设计龄期强度等级<30MPa	≤5	
坚固性/%	有抗冻和抗侵蚀要求的混凝土	≤8	
	无抗冻要求的混凝土	≤10	
泥块含量/%		不允许	
硫化物及硫酸盐含量/%		≤1	
云母含量/%		≤2	
轻物质含量/%		≤1	—
有机质含量/%		浅于标准色	不允许

4.3.4　粗骨料的质量技术要求

粗骨料检验内容及频次见附录。粗骨料的最大粒径：不应超过钢筋净间距的 2/3 及构件断面最小边长的 1/4，素混凝土板厚的 1/2。对少筋或无筋结构，应选用较大的粗骨料径。

施工中，宜将粗骨料按粒径分成下列几个粒径级：

（1）当最大粒径为 40mm 时，分成 5～20mm 和 20～40mm 两级。

（2）当最大粒径为 80mm 时，分成 5～20mm、20～40mm 和 40～80mm 三级。

（3）当最大粒径为 150（或 120）mm 时，分成 5～20mm、20～40mm、40～80mm、80～150mm（或 120mm）四级。

应严格控制各级骨料的超、逊径含量。以原孔筛检验，其控制标准：超径小于 5%，逊径小于 10%。当以超、逊径筛检验时，其控制标准：超径为零，逊径小于 2%。

采用连续级配或间断级配，应由试验确定，如采用间断级配，应注意混凝土运输中骨料的分离问题。

粗骨料中含有活性骨料、黄锈等，必须进行专门试验论证。

粗骨料力学性能的要求和检验，可按《建设用碎石、卵石》（GB/T 14685—

2022）中的有关规定进行。

其他质量技术要求应符合表4.3.5、表4.3.6中的规定。

级配应良好，但国标建设用《建设用卵石、碎石》（GB/T 14685—2022）没有对40以上的级配做定义，根据《水工混凝土施工规范》（SL 677—2014），分别采用孔径为10mm、30mm、60mm和115(100)mm的中径筛（方孔）检验，中径筛余率宜在40%～70%范围内，避免粒径分离。

表4.3.5　　粗骨料压碎指标要求

骨料类别		设计龄期混凝土抗压强度等级	
		≥30MPa	<30MPa
碎石	沉积岩	≤10	≤16
	变质岩	≤12	≤20
	岩浆岩	≤13	≤30
卵石		≤12	≤16

表4.3.6　　粗骨料其他品质要求

项目指标		指标
表观密度/(kg/m^3)		≥2550
吸水率/%	有抗冻要求和侵蚀作用的混凝土	≤1.5
	无抗冻要求的混凝土	≤2.5
含泥量/%	D_{20}、D_{40}粒径级	≤1
	D_{80}、D_{150}（D_{150}）粒径级	≤0.5
坚固性/%	有抗冻要求和侵蚀作用的混凝土	≤5
	无抗冻要求的混凝土	≤12
软弱颗粒含量/%	设计龄期强度等级≥30MPa和有抗冻要求的混凝土	≤5
	设计龄期强度等级<30MPa	≤10
针片状含量/%	设计龄期强度等级≥30MPa和有抗冻要求的混凝土	≤15
	设计龄期强度等级<30MPa	≤25
泥块含量/%		不允许
硫化物及硫酸盐含量/%		≤0.5
有机质含量		浅于标准色

堆存场地应有良好的排水设施，宜设遮阳防雨棚。各级骨料仓之间应采取设置隔墙等措施，不应混料和混入泥土等杂物。

储料仓应有足够的容积，堆料厚度不宜小于6m。细骨料仓的数量和容积应满足脱水要求。

减少转运次数。粒径大于40mm骨料的卸料自由落差大于3m时，应设置缓降设施。

在粗骨料成品堆场取料时，同一级料应在料堆不同部位同时取料。

任务4.4 骨料生产与堆存

学习导向

知识目标：掌握骨料规划原则、骨料生产加工作业内容、骨料堆存方式及要求
能力目标：能设计布置骨料生产与堆存
素质目标：培养钻研精神和认真态度
执行规范：《水工混凝土施工规范》(SL 677—2014)
参考规范：《水工混凝土施工规范》(DL/T 5144—2015)

4.4.1 料场规划

1. 骨料料场规划的原则

(1) 满足水工混凝土对骨料的各项质量要求、其储量应满足各设计级配的需要，有必要的富余量。

(2) 选用的料场，应场地开阔，高程适宜，储量大，质量好，开采季节长，主辅料场应能兼顾洪枯季节互为备用的要求。

(3) 选择可采率高，天然级配与设计级配较为接近，用人工骨料调整级配数量少的料场。

(4) 料场附近有足够的回车和堆料场地，且占用农田少。

(5) 选择开采准备工作量小，施工简便的料场。

2. 采料场

在水利工程开工前都要对建筑材料料源进行和优选，一般在河流中、下游的工程大多有天然砂砾石料场可以利用（如葛洲坝、小浪底），有时内陆的工程有陆上天然砂砾石料场（如刘家峡、龙羊峡）。采用人工骨料方案，需勘查合适的料场，此外，在地基或地下洞室开挖时，常可利用一部分质量符合要求的开挖料作为人工骨料的料源。

4.4.1 ▶ 采石场

选择料源时要重视砂石料质量，控制标准为国家颁发的建材规范和水工混凝土规范，我国已建水电工程的一些天然砂砾石料场中，其级配、软弱颗粒含量、碱活性骨料、云母含量等项指标有时不符合要求，其中，级配不良常采用人工破碎调整或充料解决；软弱颗粒如严重超标，则划为无用区；碱活性骨料一般不宜采用，如有可凝骨料，应控制水泥含碱量并在混凝土中掺加粉煤灰加以抑制，例如葛洲坝工程骨料有碱硅酸盐反应，控制水泥含碱量不超过0.6%。三峡工程开挖石料中闪云斜长石花岗岩的游离云母含量高达10%～15%，加工成成品砂后游离云母含量仍达7%～8%，因此不宜用作人工砂料源，另在下游下岸溪开辟料场，其矿物成分中云母含量为2%～5%，用其生产人工砂，质量符合要求。

人工骨料料源有时在含泥量上超标，需在加工工艺流程中设法解决，如乌江渡工程，因含泥量偏大，并存在黏土结团颗粒，在加工系统中设置了洗衣机，效果良好，

含泥量从3%降到1%以下。湖南江垭工程则在一破单元中专设筛子剔除泥块。

少数水电工程由于对料源的勘探深度未达到要求，在开工之后曾发生料场不符合要求的情况。例如漫湾水电站的田坝沟流纹岩石料场，在开挖后地发现1号和2号山头剥离量过大，不得不将其放弃，改以3号山头作为采区。

对于水下采砂石，20世纪70年代之前，大型工程一般多用采砂船，但由于专用设备周转不便，之后开始普遍使用索铲和液压反铲。

随着我国中西部一批大型水电站混凝土坝的兴建，很多工程都建立起相应规模的人工骨料系统，工程实践证明，由于新鲜灰岩具有较好的强度和变形性能，且便于开采和加工，被公认为最佳的骨料料源，其次为正长岩、玄武岩、花岗岩和砂岩。流纹岩、石英砂岩和石英岩由于硬度较高，虽也可作料源，但加工困难并加大生产成本，有些工程还利用主体工程开挖料作为骨料料源。

二滩工程混凝土骨料用正长岩生产砂石料，采石场位于大则上游左岸金龙沟，规划开采总量470万m^3。开采梯段高度12.5m。用6台液压履带钻车钻孔，使用微差挤压爆破技术，使石料块度适宜，1.6m以上的大块率可控制在5%～8%左右。平均单位耗药量0.5～0.6kg/m^3。石料用2台推土机和1台装载机配合4辆30t自卸式汽车运至集料平台，向预初碎的颚式破碎机供料；辅助运料方式是用自卸车直接向旋回破碎机供料。采石场开采后形成高255m的边坡，按照边坡长期稳定和环保要求，采用钢丝网喷混凝土和预应力锚索等综合支护措施。采石场实际月生产能力可达20万m^3以上。

4.4.2 骨料生产

天然骨料需要通过筛分分级，人工骨料需要通过破碎、筛分加工，其生产流程有：将采集的毛料加工，一般需通过破碎、筛选和冲洗，制成符合级配，除去杂质的碎石和人工砂。根据骨料加工工艺流程，组成骨料加工厂。骨料生产基本过程如图4.4.1所示。

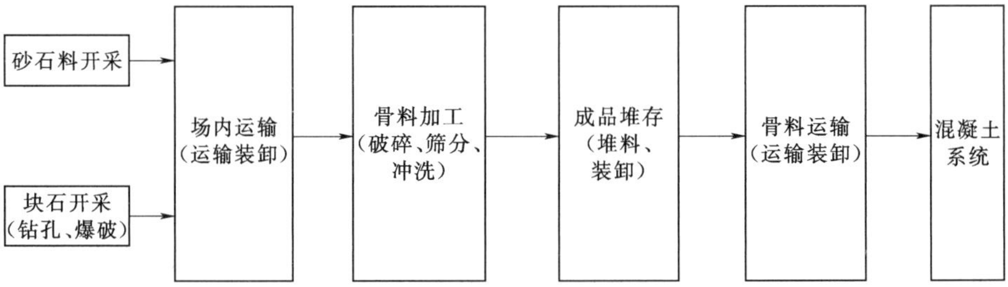

图4.4.1 骨料生产基本过程

骨料生产系统的布置以运距短、少占地为原则。其中骨料加工厂位置的选择力求做到：附近有适当的堆料场地；尽可能接近料源和混凝土拌和系统以简化运输；若生产期长，应不受洪水威胁及蓄水影响；高程合适，便于利用地形，土建工作少，材料转运少，地基要稳固。骨料加工厂多数情况下设在主料场附近，也有的设在混凝土拌和系统附近。骨料运输常用胶带机、自卸汽车、铁路和水道。场内运输及运输距离不太长（3～5km以内）的毛、净料运输常采用胶带机。

骨料生产必须注重质量。骨料质量指标包括：强度、抗冻性、化学稳定性等，为此，要选用质地优良、储量丰富的料场，而颗粒级配和杂质含量方面的要求则主要靠加工工艺来解决。水工混凝土的石子常用四级配，即5～20mm小石、20～40mm中石、40～80mm大石、80～120（150）mm特大石。

4.4.3　骨料的加工作业

当开采的天然骨料或人工骨料的粒径组成不能满足混凝土骨料的级配要求时，必须进行加工。骨料的加工包括破碎、筛分、冲洗等加工过程，一般在专门的骨料加工厂加工，其工艺流程及使用的机械设备分述如下。

1. *破碎*

破碎作业用于制造人工骨料。常用碎石机（破碎机）对已开采的块石或弃渣及超径石进行破碎作业，为了将开采的石料破碎到规定的粒径，往往需要经过几次破碎才能完成。因此，通常将骨料破碎过程分为粗碎（将原石破碎到300～700mm）、中碎（破碎到70～20mm）和细碎（破碎到200mm以下）三种。

碎石机的类型有夹板式（颚式）、锥式、旋回式、辊式和锤式（反击式）等，其中夹板式和锥式在大型工程中应用较多，颚式、反击式在中小型工程应用较多，这是由于机械规模和周转运行维护等级的不同所决定的。

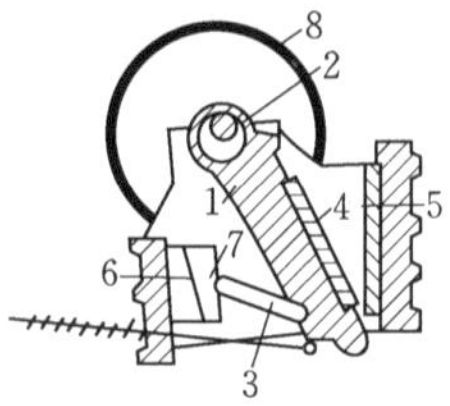

图4.4.2　复杂摆动夹板式碎石机
1、4—活动夹板；2—偏心轴；3—撑板；5—固定夹板；6、7—调节用楔形机构；8—偏心轮

（1）夹板式碎石机。夹板式碎石机分简单摆动式和复杂摆动式两类。其中复杂摆动式碎石机座、破碎槽和传动装置等主要部分组成，如图4.4.2所示。破碎槽中有两块夹板（一块固定，另一块可以摆动）构成，夹板上装有可以更换的齿状夹板（牙板）。工作时，由偏心轴作用带动活动夹板周期地压向固定夹板，把由进料口送入的块石压碎，压碎后由出料口出料。

夹板式碎石机的规格，常用进料口尺寸（宽×长）表示。例如规格为250mm×400mm的夹板式碎石机，能轧碎直径为200mm的块石（约为进料口宽度的85%）。调整出料口宽度，可调整粉碎率（即进料与出料间平均粒径之比），粉碎率一般为6～8。当第一次破碎不合要求时，应进行第二次破碎。

夹板式碎石机在运用中应注意调整活动夹板与固定夹板之间的夹角，以防止块石在两块夹板作用下跳出。夹角越大，石块越容易跳出，一般使夹角$\alpha \leqslant 2\varphi$（$\varphi$为石块与颚板之间的摩擦角，约为10°），并在装料口加设防护罩。

夹板式碎石机结构简单、工作可靠、维修方便、土建量小，缺点是产品料中针片状较多，活动板需要经常更换，适用于坚硬石料粗碎或中碎，因此经常使用反击式破碎机作为二破或三破。

（2）锥式碎石机。锥式碎石机的破碎室由内、外两锥体之间的空隙构成，如图4.4.3所示。活动的内锥体装在偏心主轴上，外锥体固定在机架上，内锥体作偏心转动时，将石料挤压并碾碎，破碎后，碎石借自重落至出料口出料。

4.4.2　颚式破碎机

4.4.3　颚式破碎机动画

4.4.4　圆锥式碎石机动画

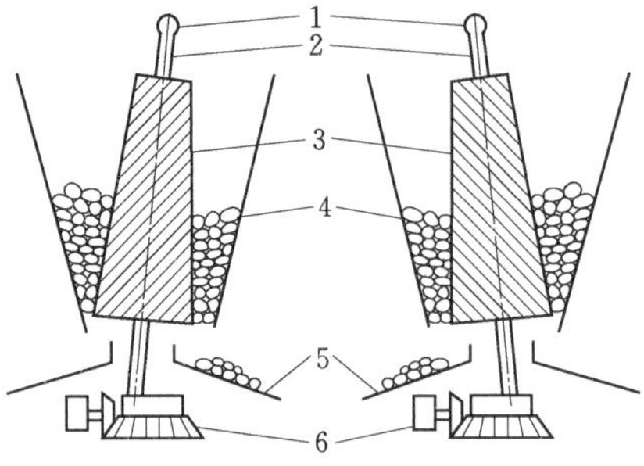

图 4.4.3 锥式碎石机

1—球形铰；2—偏心主轴；3—锥体；4—外锥体；5—出料滑板；6—伞齿及传动装置

(3) 反击式破碎机。反击式破碎机利用击锤和隔板击打和撞击使骨料碎裂，粒形较好针片状含量少，效率高，但反击力量有限，适合于中碎和细碎。

2. 筛分

筛分就是把砂砾料或人工骨料按混凝土设计级配的需要分成粒径等级。

(1) 偏心轴振动筛。它主要由固定机架、活动筛架、筛网、偏心轴及电动机等组成，其构造如图 4.4.4 所示。筛网的振动是利用偏心旋转时的惯性作用。偏心轴安装在固定机架上的一对滚珠轴承中，由电动机通过胶带机带动，可在轴承中旋转。活动筛架通过另一对滚珠承悬装在偏心轴上，筛架上装有两层不同筛孔的筛网，可筛分三级不同粒径的骨料。当偏心轴旋转时，由于偏心作用，筛架和筛网也就跟着振动，从而使筛网上的石块向前移动，并且向上跳动和向下筛落。

4.4.5 反击式破碎机动画

4.4.6 混凝土骨料筛分

4.4.7 机筛分机

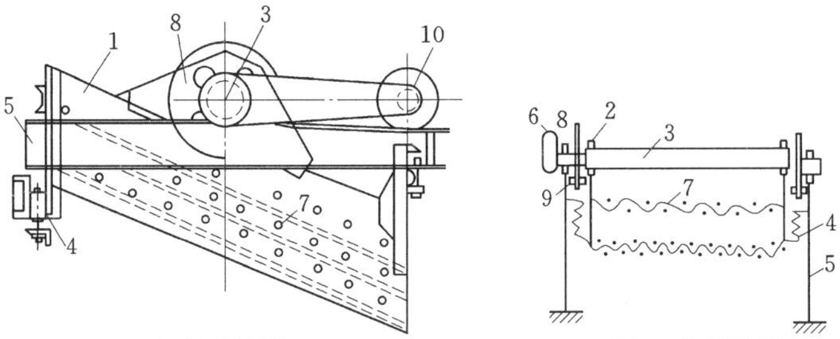

(a) 构造简图　　(b) 工作原理图

图 4.4.4 偏心轴振动筛

1—活动筛架；2—筛架上的轴承；3—偏心轴；4—弹簧；5—固定机架；6—皮带轮；7—筛网；8—平衡轮；9—平衡块；10—电动机

(2) 惯性振动筛。它的偏心轴（或带偏心块的旋转轴）安装在活动筛架上，筛架与固定机架之间没有刚性联系，而是用板簧相联，其构造如图 4.4.5 所示。筛网的振动靠的是筛架上偏心轴的惯性作用。

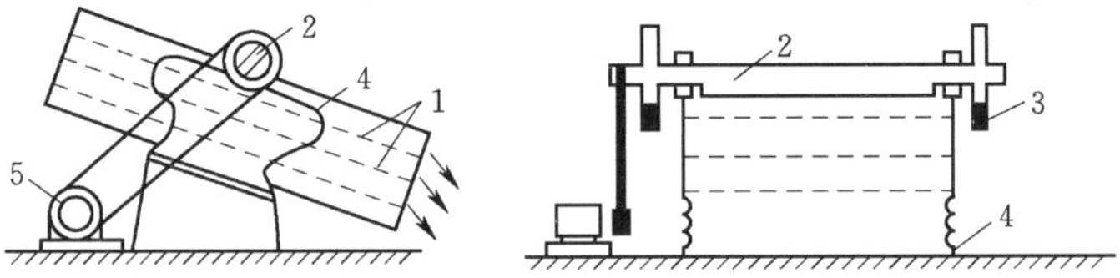

(a) 构造简图　　(b) 工作原理图

图 4.4.5 惯性振动筛

1—筛网；2—筛架上的偏心轴；3—调整振幅用的配重盘；4—清振板簧；5—电动机

(3) 自定中心筛。它是惯性振动的一种改进形式。它在偏心轴上配偏心块，使之与轴偏心距方向相差180°，还在筛架上另设胶带机工作轴（中心线）。工作时，向上和向下的离心力保持动力平衡，工作轴位置基本不变。胶带机只作回转运动，传给固定机架的振动力较小，皮带轮也不容易打滑和损坏。

理论上，筛分时所有小于和等于筛孔的颗料均应筛下，而在实际生产中，由于过筛时间较短，或非标准筛孔，不可能把材料完全过筛选。上一级材料中常含有下一级料径，称为逊径；下一级材料中也常含有上一级料径，称为超径。超、逊径百分率（重量计）是筛分作业的质量指标，称为筛分效率（或筛分精度）。产生超径的原因多是筛网孔径偏大，筛网制造不良，以及筛网磨损、破裂、维护不善所致，产生逊径的原因多是喂料过多、筛孔堵塞或筛网孔径偏小；此外，筛网倾角过大也容易导致逊径，一般规定，采用超逊径筛试验，超径石不大于0，逊径石不大于2%。

3. 冲洗

冲洗就是清除骨料中夹杂的泥土。

粗骨料（石子）的冲洗是与筛分一起进行的，在振动筛网上面安装喷水管嘴，供以压力水喷洒冲洗。筛分、冲洗两工序合而为一，这样可以提高筛分生产率50%以上，并能降低筛分机运转时的温升和减轻筛网磨损。

清洗细骨料（砂子），采用沉砂箱和螺旋洗砂机。沉砂箱构造如图4.4.6所示，为一漏斗形料箱，是由两刀形支承和平衡杆悬吊在支架上进行工作的。它用来洗去砂中污泥和0.15mm以下的废砂。其工作原理是由于不同料径的砂料在水中的沉降速度不同，控制沉砂箱中水的上溢速度，使0.15mm以下的废砂和泥土等随水悬浮溢出，而0.15mm以上的合格砂在箱中沉降下来，当箱内砂料沉积一定数量时，阀门自动开启排料，排出的砂料再进入螺旋洗砂机进行洗涤和分级，筛分楼常用8m³容积的沉砂箱。

螺旋洗砂机如图4.4.7所示。它分为单螺旋和双螺旋两种，即在半圆形洗砂槽内装一个或一对相对旋转的螺旋。螺旋叶片推动砂料在水中淘洗后由上端出料口卸到皮带上，浑水则从下端溢出。螺旋洗砂机构造简单，工作可靠，应用较广。螺旋洗砂机

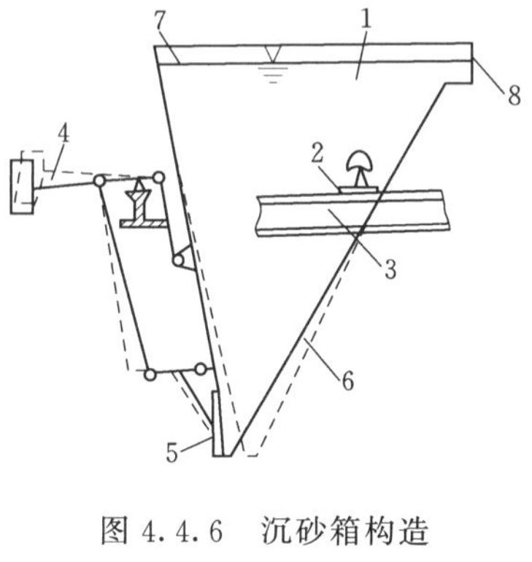

图4.4.6　沉砂箱构造

1—料箱；2—刀形支承；3—支架；4—平衡杆；5—出料门；6—出料位置；7—进料；8—溢水

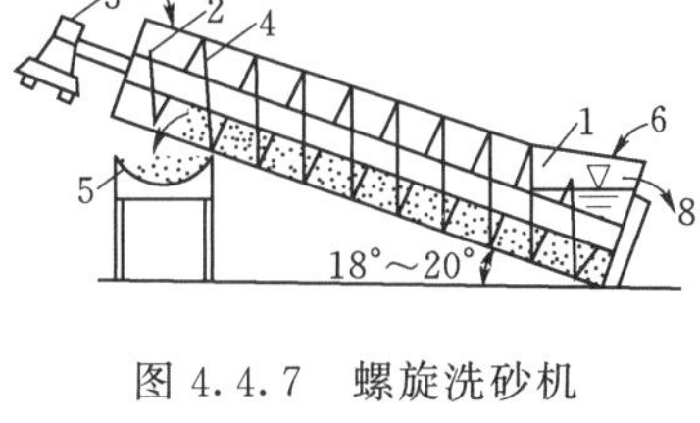

图4.4.7　螺旋洗砂机

1—洗砂槽；2—螺旋轴；3—电动机；4—叶片；5—胶带机；6—进料；7—清水；8—浑水

的给料最大粒径为15mm，产品含水量一般为15%～18%。洗砂之后的砂子应堆存静置，达到表面含水量6%以下方可使用，经含水量测定和施工现场配合比调整计算，再配料使用。砂子的含水量变化大，对按配合比施工配料的水灰比影响很大，砂子含水率过高时，强行配料很难保证施工质量。

骨料加工工艺和体系应经过系统设计并由图纸体现，以便对施工进行控制，骨料加工工艺和体系举例如图4.4.8、图4.4.9所示。

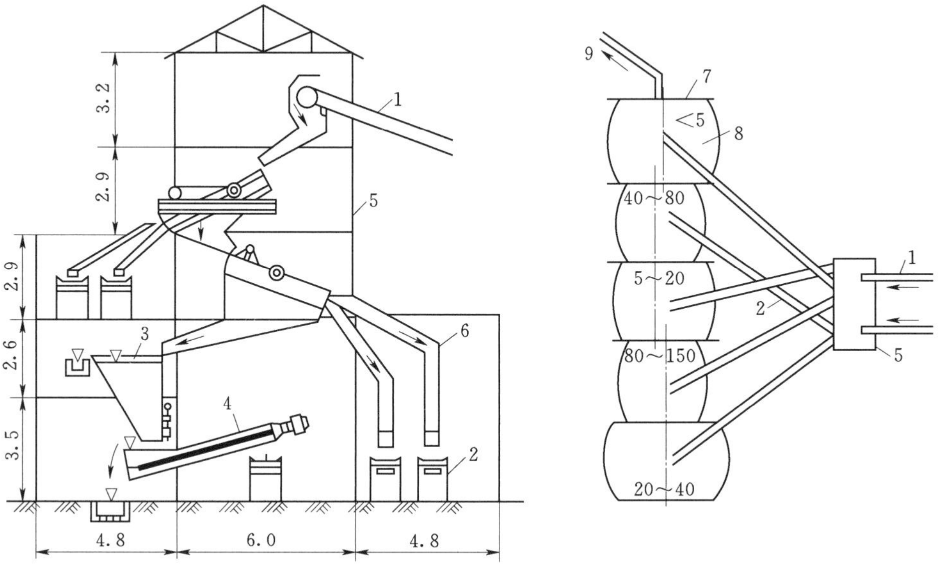

(a)筛分楼分层布置图（单位：m）　　(b)筛分系统进出料平面布置（单位：mm）

图4.4.8　骨料加工厂示意图

1—进料胶带机；2—出料胶带机；3—沉砂箱；4—洗砂机；5—筛分楼；
6—溜槽；7—隔墙；8—成品料堆；9—成品运出

4.4.8
中小型骨料筛分系统

4.4.9
大型骨料筛分系统

4.4.4　骨料的储存

1. 骨料堆场的任务和种类

设置骨料堆场（储料场）以储存一部分砂石料，是骨料生产中必不可少的一环。其作用是解决骨料生产与骨料供求之间的不协调和不均衡。骨料储存分毛料堆存与净料（成品）堆存两种。毛料堆存是为调节砂砾料或块石开采、运输与加工之间的不均衡性，净料堆存是为调节成品生产、运输与混凝土拌和浇筑之间的不平衡性，按时、按质、按量地确保混凝土拌和对骨料的需要。此外还有降低和稳定骨料含水量（特别是砂料脱水）以及降低或稳定骨料温度的作用。

骨料堆场（毛料或净料）按其作用和规模分为以下两类：

（1）调节堆场。作用是调节实际施工过程中由于暂时的、偶然的或不可预见的因素造成的工序之间的不均衡，如为保证间歇作业和连续作业，两类工序之间的协调而设的调节料场，又如为避免某一工序的短暂故障而导致全线停产而设的调节料堆等。

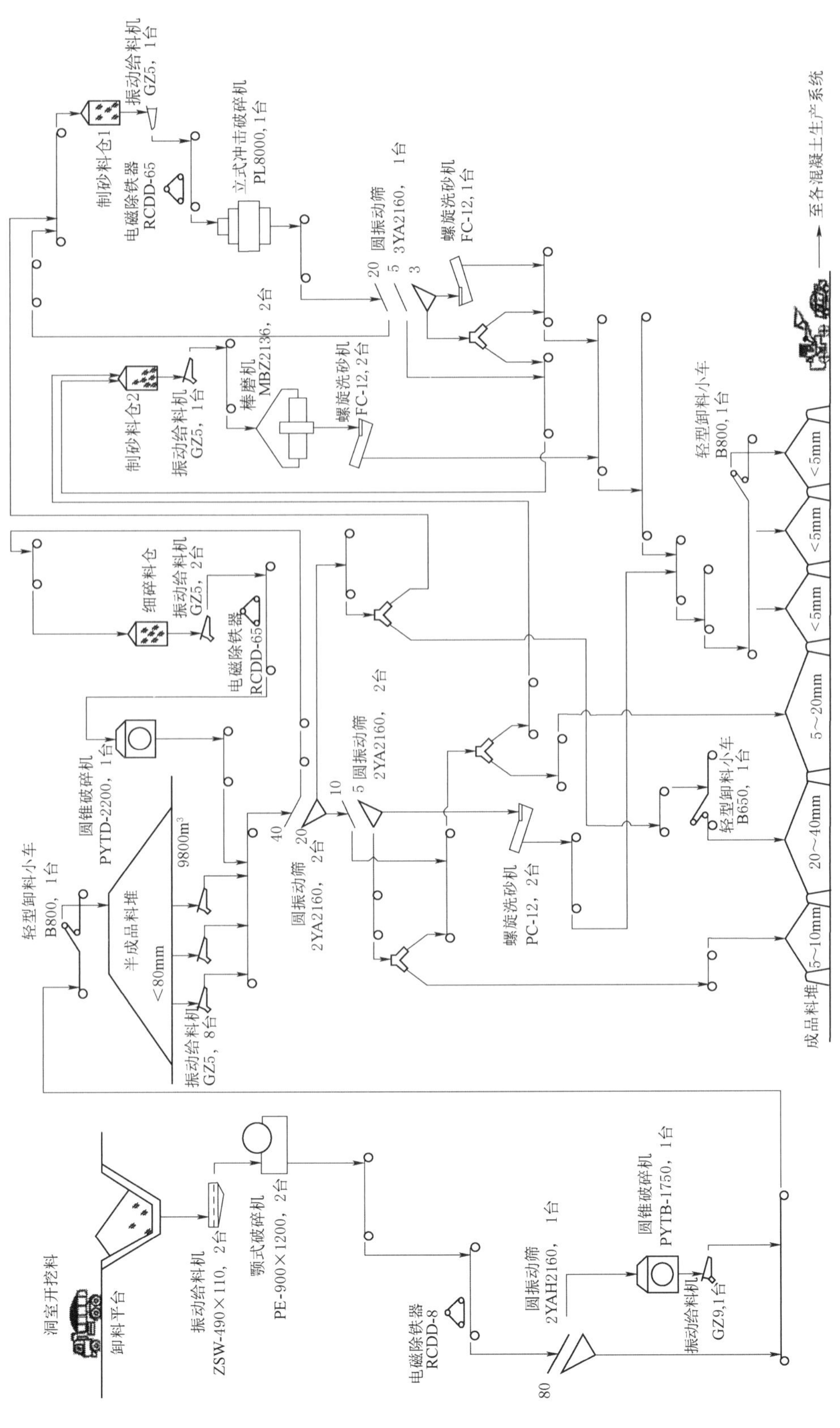

图 4.4.9　葛洲坝工程砂石生产系统工艺流程图

相应的储存容量称为生产调节容量。调节堆场规模较小，属于“零存零取”。

（2）储备堆场（主要堆场）。一些可以预见的重大因素造成的骨料产、运、用之间的差别，决定了主要堆场必须有大量储备容量。这些因素有：砂石骨料生产系统的投产和完工日期与混凝土浇筑的开工和完工日期不同；天然料场受洪水威胁，汛期不便开采，冬季气候严寒、冰冻期不便开采；料场或加工厂在水库区，必须在坝体拦洪或蓄水之前完成任务；施工导流、冬夏季施工、基础开挖处理等，使混凝土强度不均衡；砂砾料天然级配的变化，某些料径需要储存以备后期调配使用。储备料场规模较大，属于“整存整取”。

2. 骨料堆场形式

骨料堆场形式与运输、堆存和出料有密切的关系，大中型工地上有以下几种：

（1）台阶式，如图 4.4.10 所示，骨料由汽车运来，卸在台阶下面，再经弧形阀门控制，借廊道胶带机出料。为扩大料堆容积，可用推土机散料或集料。

（2）栈桥式，如图 4.4.11 所示，料堆中央修有栈桥，进料胶带机安装在栈桥顶，经卸料小车向两边卸料，堆成长条形料堆。处于两自然休止角斜线中的空间属于自卸容积，由廊道胶带机出料。

（3）堆料机式，堆料机是可行走的皮带装置。双悬臂堆料机如图 4.4.12 所示，动臂堆料机如图 4.4.13 所示，其胶带机能回旋俯仰，可避免骨料跌落过高，有利于保证质量。通常修土堤路轨供堆料机行驶，以增大料堆高度。出料廊道建于土堤两侧。

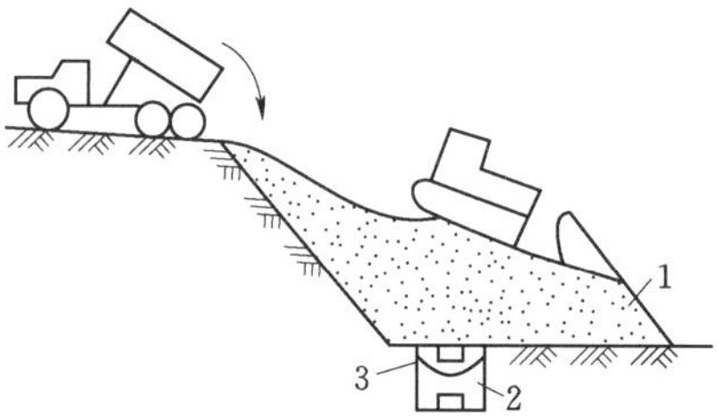

图 4.4.10 台阶式骨料堆

1—料堆；2—廊道；3—出料皮带

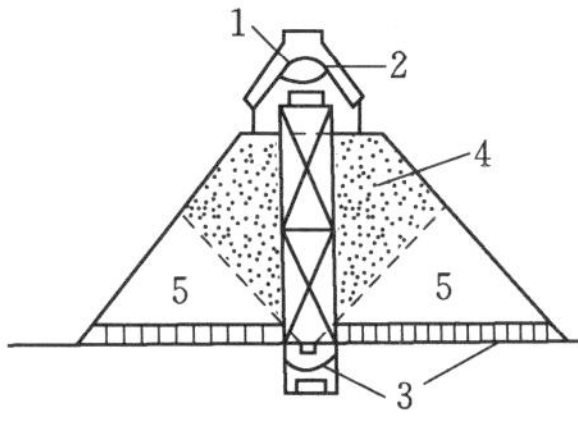

图 4.4.11 栈桥式内料堆

1—来料皮带；2—卸料小车；3—出料皮带；4—自卸容积；5—死容积

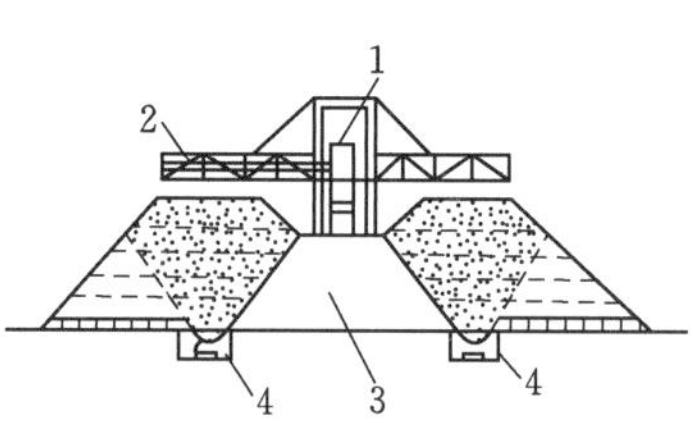

图 4.4.12 双悬臂堆料机的堆场

1—进料皮带；2—格式皮带；3—地堤；4—出料皮带

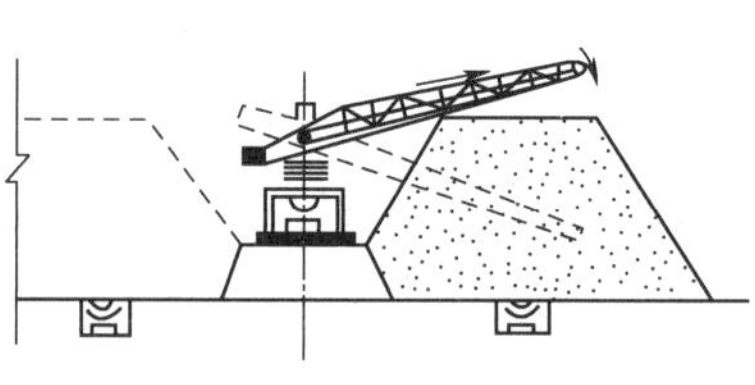

图 4.4.13 动臂料机的堆场

当有台阶地形可供利用时，台阶式堆料是经济的。大型料堆常使用堆料机，其中动臂皮带是较先进的形式。扩大自卸容积是个重要问题。因为要在死容积内出料，必须有辅助作业，例如用推土机集料，这势必增加工序，也难保持堆料的级配和纯净。

3. 骨料堆存中的质量问题

工程实践证明，堆存作业中不能轻视质量问题。为此首先要注意防止破碎和分离，其次要保持洁净。

成品骨料在堆存、转运中自由跌落高度过大和装卸次数过多是产生破碎的主要原因。料堆堆集过高的锥体，卸料时极易造成分离。故应在一切进料、出料、装卸、堆存等环节中，把自由跌落差控制在3m以下，堆料厚度不宜小于6m，堆存场地应有良好的排水设施，宜设遮阳雨棚。动臂堆料机可调整卸料高度是较好的堆料机械；而其他抛投高度较大的设备，应有缓降设施，如梯式和螺旋式缓降器，以消减跌落冲击能量。胶带机接头处自由落差宜限制在1.5m以下。

运行中应分层堆料，逐层上升。胶带机上料厚度不宜太薄（20～30mm以上）。砂的湿度以3%～6%为宜，过干易于分离。卸料时需注意防风。力求避免推土机作业，以免弄脏（油污）、压碎骨料。堆场设计中应认真考虑排水措施。场地须平整，并设排水系统，地下廊道应有止水设施，并有集水井、排水沟和冲洗胶带机污泥的水管。

4. 骨料堆场的容量

调节料场容量：进筛分楼前的毛料节料场约为0.5～1d开采量；出筛分楼后的净料调节料堆约为0.5～1d加工产量，以调节生产，并便于砂料脱水。

主要堆场的储存总量，在骨料生产不因冰冻和洪水而中断的情况下，约为混凝土高峰浇筑月的需要量。当骨料生产的冰冻期中断时，则主要堆场应具有季节调节性质，容量需2～3倍的混凝土高峰浇筑月需要量。

4.4.5　混凝土施工配合比调整

在混凝土施工过程中，严格按照设计配合比进行，现场施工配合比控制是保证混凝土内在质量的重要环节之一。虽然施工规范对混凝土施工及现场施工配合比控制制定了详细的要求，但在实际施工中，不考虑其他因素对混凝土施工质量的影响，仅在对现场混凝土施工配合比的控制要求来说，就存在着一些错误，导致实际现场混凝土配合比控制没有完全满足设计要求，甚至影响了混凝土的内在质量。

4.4.10 施工配合比调整

1. 混凝土配合比的设计与采用程序

理论配合比的确定。水工混凝土按设计要求及施工地域、施工部位、施工设备等情况分为不同标号和级配。施工前首先应根据施工技术图纸要求的混凝土设计标号及确定的施工工艺等，由具有试验资质的试验室按不同设计标号、级配分别进行混凝土配合比配比试验，根据试验确定出满足设计要求的配合比。因为混凝土配合比试验（特别是具有抗冻要求的混凝土）试验周期较长，应在施工准备阶段提前计划安排进行试验，以满足现场施工进度控制需要。配合比试验必须选送施工中指定砂石骨料场的砂石骨料、指定生产厂家的水泥及外加剂进行试验。根据试验确定理论配合比，并出具正式的试验报告。当采用的砂石骨料的料源或水泥、外加剂品种等发生变化，经检验与原配合比要求参数不一致并确认会影响到设计标号要求时，必须重新进行配合比试验。施工单位应以正式《试验报告》的推荐配合比，选择确定施工理论配合比并报经现场专业监理工程师审核批准后作为现场施工理论配合比。

2. 施工配合比调整目的

现场施工配合比的确定。混凝土理论配合比确定以后，还必须在混凝土拌和施工前，按规范要求进行砂石骨料的检验、检测，并根据检验、检测数据计算调整确定施工配合比。有些施工技术人员不知道有调整施工配合比的要求，现场施工过程中只是按提供的理论配合比进行计量控制；有些只知道要进行调整，但不知道怎样调整计算或只针对砂石骨料的含水率进行调整；还有些施工和监理单位人员错误地认为，只有当砂石骨料的超、逊径超出标准要求才进行调整，只要砂石骨料检验在合格的范围之内，就不用进行实际配合比的调整。砂石骨料确定合格的标准通常是超径率不大于5%、逊径率不大于10%，与规范确定的各种级配料称量误差为2%的要求相比，若不考虑合格砂石骨料的超、逊径，那么要求控制各种级配料的称量误差就失去了意义。因此，必须根据现场检验、检测的各种级配料的超、逊径及含水率等数值，计算调整确定施工配合比，使现场施工配合比首先在设定的控制量上与理论配合比相符。

3. 施工配合比的调整计算方法

计算方法说明如下：

（1）试验室进行混凝土配合比配比试验时，采用的砂石骨料通常为经过筛分后，无超、逊径及在饱和面干状态下各种级配料，而现场多采用烘干法进行含水率测定，因此，必须首先进行现场砂石骨料饱和面干吸水率的试验测定。根据检验测定结果将试验理论配合比换算为干燥料状态下的理论配合比。

（2）根据现场实测的各类砂石骨料含水率及超、逊径率计算确定施工配合比。各种参数的计算方法如下：

$$\text{理论配合比质量}=\text{试验配合比质量}\div(1+\text{饱和面干吸水率})$$

$$\text{超径质量}=\text{理论质量}\div(1-\text{超径率})\times\text{超径率}$$

$$\text{逊径质量}=\text{理论质量}\div(1-\text{逊径率})\times\text{逊径率}$$

$$\text{水质量}=\text{理论质量}\div(1-\text{含水率})\times\text{含水率}$$

$$\text{调整质量}_1=\text{本级超、逊径量及含水量之和}$$

$$\text{调整质量}_2=-(\text{前一级超径量与后一级逊径量之和})$$

$$\text{施工配合比量}=\text{理论质量}+\text{调整质量}_1+\text{调整质量}_2$$

注意：外加剂如果配制成溶液，每盘的水用量还应减去每盘添加溶液的含水量。

4. 施工配合比现场控制措施

（1）为了使现场混凝土配合比符合确定理论配合比的要求，在混凝土施工开仓前，施工单位必须由具有试验资质的现场试验人员，按规范要求的检验、检测方法和检验频次，对混凝土拌和用的砂石骨料等进行检验、检测，根据检测结果计算调整确定并申报现场施工配合比通知单。经现场监理工程师对检验过程及结果进行检查确认后，作为现场施工控制配合比。施工过程中，当按规范要求的检验、检测方法和检验频次或气候变化，对混凝土拌和用的砂石骨料等进行检验、检测，若检验、检测数据发生变化，应及时根据实际检验、检测数据调整现场施工配合比，以确保现场配合比控制量与理论配合比相符。任何情况下的配合比调整，必须首先征得现场监理工程师的同意。

（2）现场施工配合比确定以后，在混凝土拌和施工过程中，现场施工员及监理要严格按施工配合比进行称量，将误差控制在规范之内，尽可能采用电子称量设备进行称量，并按要求定时、定期对称量设备检查、校验。特别要加强对加水量的准确计量控制、检查，以确保称、计量准确。

（3）对于使用外加剂的混凝土，外加剂的添加量相对较少，对混凝土的前期或最终质量影响不可小视，必须保证添加量的准确。对于固体的外加剂应提前按每盘用量称量包装，需要配制为液体的外加剂应按每盘用量及确定的添加容器调配成一定浓度的液体，这样便于现场添加和控制，确保计量准确，使施工配合比最大限度地与理论配合比相符。

实际应用中，宜把计算公式编辑成计算表或使用软件计算。例如实例表4.4.1所示。

表4.4.1　　　　混凝土施工配合比计算单

浇筑部位			水灰比	0.53				水泥品种及标号		P·O42.5	
设计标号	C20		砂率	0.36				粗骨料级配		二级配	
项　　目	水泥/kg	砂/kg（超径8.00%）	水/kg	碎石重				塑化剂/%	加气剂/%	氯化钙/%	SK引气剂/%
				规格/mm	5～20	20～40	40～80				
				超径	4.30%	0.00%	0.00%				
				本径	88.60%	92.10%	100.00%				
				逊径	7.10%	7.90%	0.00%				
实验室配合比/(kg/m^3)	300	657.00	159		465	696	0				1.08
施工配合比理论用量	300	647.29			460.85	691.85	0				
超径调整用量/(kg/m^3)		56.29			20.71	0.00	0				1.08
逊径调整用量/(kg/m^3)		0.00			35.22	59.34	0				
饱和面干吸水率/%		0.02			0.01	0.01	0				
含水率/%		0.04			0.02	0.01	0				
水的质量		27.67			8.45	8.40	0				
调整质量$_1$		83.96			64.38	67.75	0				
调整质量$_2$		−35.22			−115.63	−20.71	0				1.08
实际拌和量/(kg/罐)	300	696	148		410	739	0				1.08

注　以上含水率的参数由试验确定，实际含水率即骨料在自然状态下进行烘干后得到的含水率，饱和面干含水率由饱和面干测定仪测定。

根据施工规范，关于超逊径的合格指标：以原孔筛检验，其控制标准，超径小于

5%，逊径小于10%；当以超、逊径筛检验时，其控制标准，超径为0，逊径小于2%。但用于超、逊径调整计算时，应采用原孔筛检测，原孔筛和超逊径筛孔尺寸引自《水工混凝土试验规程》(SL/T 352—2020)，见表4.4.2，试验方法也应遵照《水工混凝土试验规程》(SL/T 352—2020)。

表4.4.2　　超逊径筛孔尺寸表　　单位：mm

骨料粒径	5～20		20～40		40～80		80～150 (120)	
	下限	上限	下限	上限	下限	上限	下限	上限
粒级试验筛尺寸	5	20	20	40	40	80	80	150 (120)
超逊径筛尺寸	4	23	17	47	33	93	67	175 (140)
中径筛尺寸	10		30		60		115 (100)	

在实际应用过程中，配合比容易失效：实验室设计配合比未经试验而作假；实验室采用的取料与施工现场不一致；实验室配合比的原材料未以制作成饱和面干状态；施工现场没有条件采取规范化储料，静置时间短，或没有地下廊道取料，而造成骨料含水率过高，或不稳定；施工现场超逊径超标，或存在混料；施工现场未调整施工配合比；施工现场乱加水导致强度偏低，或由于施工规模有限、设备有限，中小型工程对配合比以及原材料质量的控制较大型工程要差。

任务4.5　混凝土生产系统

学习导向

知识目标：掌握混凝土生产施工要求
能力目标：能控制混凝土生产质量
素质目标：培养钻研精神和认真态度
执行规范：《水工混凝土施工规范》(SL 677—2014)
参考规范：《水工混凝土施工规范》(DL/T 5144—2015)

混凝土生产是按照混凝土配合比设计的要求，将混凝土的各种材料（水泥、骨料、水、外加剂、掺合料等）均匀地搅拌成为可供浇筑的混凝土。混凝土的生产过程和作业内容如下：

(1) 储料：把混凝土的各种组成材料运到拌和地点附近，放在堆场或仓库中储存起来，以备随时取用。

(2) 供料：由储料料堆和仓库向配料设备及时足量运送各种材料。

(3) 配料：将混凝土的各种材料按配合比规定准确称量。

(4) 拌和：将配好的一次拌和所需的料进行均匀搅拌，制成新鲜混凝土。混凝土施工流程如图 4.5.1 所示。

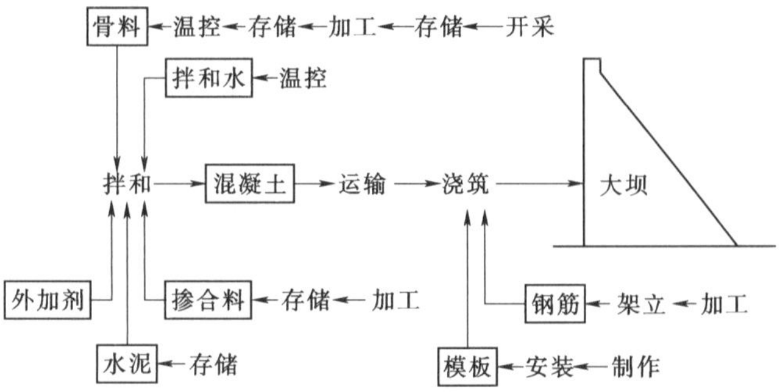

图 4.5.1 混凝土施工流程

4.5.1 混凝土储料

为了保证生产的连续性，调节材料供求的不平衡，混凝土生产需要的各种材料（粗细骨料、水泥、掺合料、外加剂等）都应按不同规格、品种，根据实际供求情况，生产水平，分别储存一定数量。储存方式取决于材料特性、生产规模和设备条件。例如规模较小的拌和站，骨料多为露天堆存，水泥多用袋装堆栈储存。大型高效的拌和楼，骨料除露天堆存外，在拌和楼顶部还有金属料仓储料，以供配料的急需；骨料储存量最少应能满足 3～5d 混凝土连续生产的需要量，散装水泥用水泥罐储存。水泥粉煤灰罐装储存如图 4.5.2 所示。

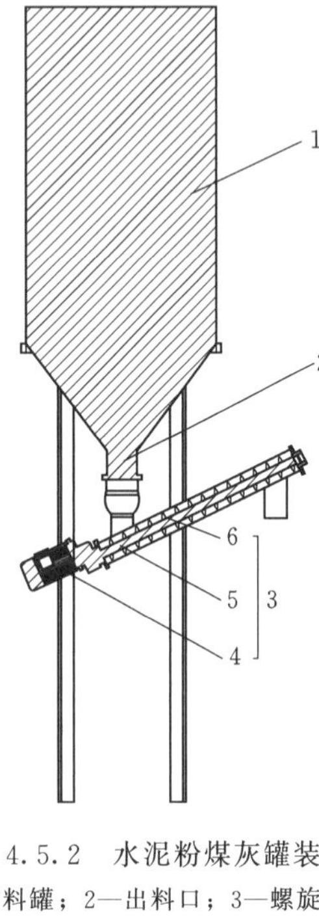

图 4.5.2 水泥粉煤灰罐装储存

1—储料罐；2—出料口；3—螺旋给料器；4—电机；5—螺杆；6—螺旋旋叶

4.5.2 混凝土供料

从料堆或水泥仓库至配料地点的供料，要根据不同材料特性，采用不同的运输方式。粗细骨料通常用胶带机供料。水泥多用螺旋运输机和斗式提升机分别完成水平和垂直运输。也可以采用风动泵进行风力运输，水平运距可达 200m，垂直输送高 30m，小时运输量可达 160t。但耗风量每小时高达 1700～3600m^3，耗电多，运行费高。采用机械运输，设备费较高，而运行费却低。大型工地多使用风力运输，或二者配合使用。采用风动泵运输，应加油水分离器，严格过滤压风中的油水，保护水泥质量，避免水泥结硬堵塞管道，同时采用风压低、风量大的回转式空压机，以节约电力消耗。

4.5.3 混凝土配料

按混凝土的设计配合比，称准一次拌和的各种材料数量。配料准确是混凝土质量控制的关键。通常骨料、水泥、掺合料按重量称量，水和外加剂按体积配料。为了保证称量精度，在拌和楼中，都是用自动的杠杆和电子秤称料。前者应用较普遍；后者结构简单、安装方便、称量精度可达 99.5%，用于较先进的设备系统，完全能达到规范中对称量精度的要求，即：砂石骨料为±2%，外加剂溶液为±1%，水泥、掺合料和水为±1%。配料加水量根据水灰比计算确定，但同时要扣除骨料的含水量，为此要求称量前能迅速测定骨料的含水量，随时调节加水量。国外有用 γ 射线含水量测定仪进行骨料含水量的快速测定。

中小工程的拌和站，可以用普通的台秤或专门的配料器配料。将按配合比称量好的一次拌和用的各种料，送入拌和机，拌够时间，成为符合质量要求的混凝土。

4.5.4 混凝土拌和

1. 拌和机

混凝土拌和机按拌和作用原理的不同分为自落式和强制式两大类，见表 4.5.1。

表 4.5.1 拌 和 机 分 类

自落式			强制式			
鼓筒式	双锥式		立轴式			卧轴式（单轴、多轴）
	反转出料	倾斜出料	漩涡式	行星式		
				定盘式	盘转式	
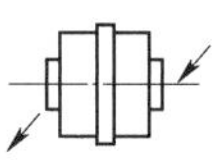	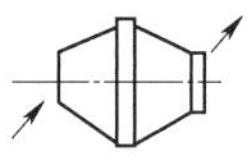	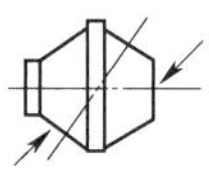		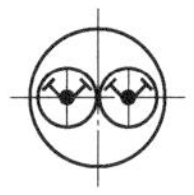	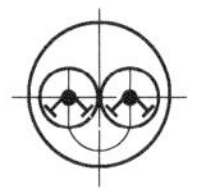	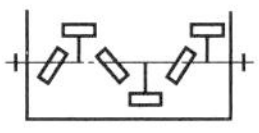

(1) 自落式拌和机：拌和筒内壁焊有弧形拌叶，当拌和筒绕水平轴旋转时，叶片不断将拌和料升高，然后拌和料借自重从高处落下，如此反复作用，使拌和料拌和均匀。拌和筒内壁另焊有一组斜向拌叶，它的作用是使拌和料移近出料口。

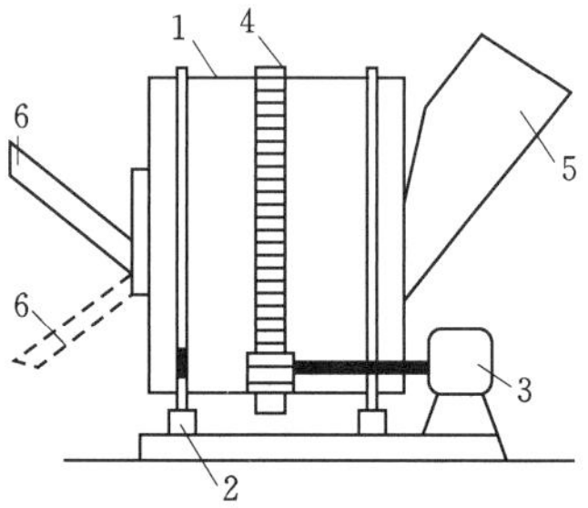

图 4.5.3 鼓筒式拌和机
1—鼓筒；2—托辊；3—电机；4—齿环；5—进料斗；6—出料槽

自落式拌和机又分鼓形拌和机、锥形拌和机及连续式拌和机。

常用的拌和机是鼓筒式和双锥式两种。前者有圆柱形鼓筒，两端开口，一端进料，一端出料。由主动齿轮带动在托辊上的鼓筒旋转。筒内装有固定叶片，随筒旋转将混凝土料带上，而后自由跌落，如此反复拌和，用可倾出料槽出料，如图 4.5.3 所示。

双锥式拌和机的拌和筒为双锥形，筒内装固定叶片。叶片拌和混凝土的原理同鼓筒式。由于叶片的形状能使拌和料交叉翻动，增强了拌和效果。出料时利用活塞推动拌和筒倾斜成 60°，拌和料即全部卸出，如图 4.5.4 所示。

拌和混凝土的工作循环是装料、拌和、出料。拌和机的主要性能指标是其工作容量，以 L 或 m^3 计。如 800L 拌和机，每次拌出混凝土约 0.8m^3，相应要求进料总体积约 1.2m^3。通常拌和筒的几何容积为进料体积的 2.5～3 倍。有些国家拌和机的铭牌容量是指进料体积，计算出料体积时就需乘以出料系数，它就是出料和进料的体积

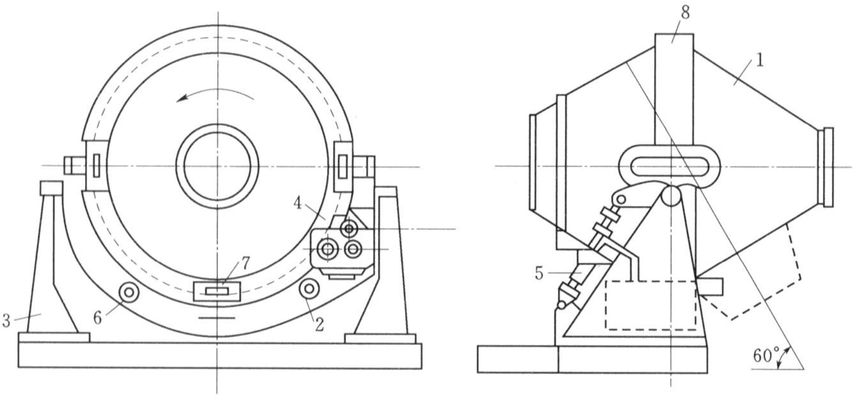

图 4.5.4　双锥式拌和机
1—拌和鼓筒；2—机架（1）；3—机架（2）；4—电动机和减速装置齿环；
5—气缸；6—支撑滚轮；7—夹持滚轮；8—齿环及轮箍

比，其值约为 0.6～0.7。

为了在拌和过程中不严重损伤拌和筒内的叶片，要求拌和机的容量与允许拌制的最大骨料粒径之间保持一定关系。容量越大，允许的骨料最大粒径越大；反之，则越小。

鼓筒式拌和机构造简单，装拆方便，容量 400～800L，生产效率不高，可装在架上，做成移动式的，多用于小型工程或大中型工程中分散少量拌和混凝土；双锥式拌和机容量较大，有 800L、1000L、1600L、3000L 等。容量 1000L 以上者，常用于固定的自动化拌和楼，进料出料快，技术间歇时间短，生产效率高。

（2）强制式拌和机。

这种拌和机通常为盘式，又称涡轮式。由拌和筒和搅拌叶片轴承组成。搅拌叶片轴承上按不同角度和半径位置有 4 个合金钢叶片，用以翻动筒内的物料，使其形成交叉的物料流，进行强制搅拌。在筒的内外壁处各装刮板一块。可刮除黏在壁上的拌和物。转动方式有拌和叶片固定不动，拌和筒旋转，或者筒固定不动而筒内拌和叶片旋转。另外目前也有筒与拌和叶片同时做反向运动的。强制式拌和机拌和时，使拌和料的运动完全限制在水平位移范围内，所以可致拌和短、质量好、效率高。强制式混凝土拌和机的拌和铲在拌和筒的底面上进行强制拌和，它的转速比自落式拌和机高一倍以上，因此拌和筒衬里钢板及拌和铲磨耗较快，目前国内改用铸石衬板，效果较好。

（3）拌和楼。

现代化混凝土生产中常把配料、拌和、出料及其辅助设备组成定型的、自动化的、装配式的混凝土工厂，即所谓拌和楼。拌和楼常由上而下垂直排列，依次进行进料、配料、拌和以及出料全部工艺过程。相应地分设进料层、储料层、拌和层与出料层，如图 4.5.5 所示。其中配料层（装有全楼自动控制或程序控制主操纵台）是其核心。

各种材料由砂石料堆和水泥罐用胶带机和提升机运送提升到楼顶，分别装入水泥

4.5.1

混凝土搅拌站工作原理

4.5.2

混凝土搅拌站

4.5.3

混凝土拌和站现场

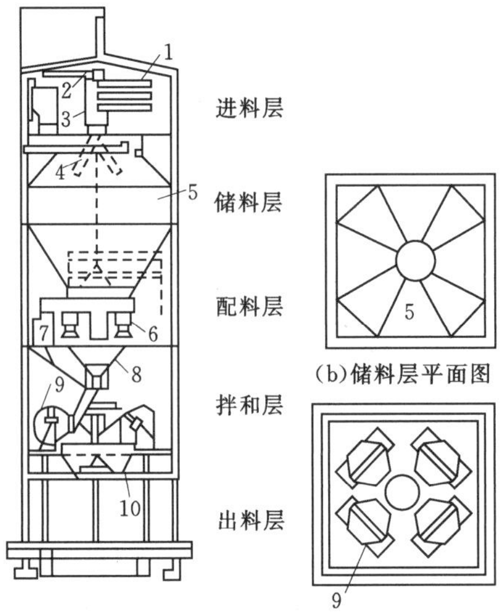

(a)立面图　(b)储料层平面图　(c)拌和层平面图

图 4.5.5　混凝土拌和楼

1—进料胶带机；2—水泥螺旋运输机；3—受料斗；4—分料器；5—储料仓；6—配料斗；7—量水器；8—集料斗；9—拌和机；10—混凝土出料斗

料仓和砂石料仓。料仓常为 6～8 格，其中 5～6 格分装各组骨料，其余装水泥和掺合料。每格料仓下装有配料斗和自动秤。称好的每次拌和用水泥和骨料，送进集料斗，装入等待进料的拌和机。水由自动量水器量好后，直接流入拌和机。拌和机装料拌和后，把混凝土料倒入混凝土料斗，以备运去浇筑。一个拌和楼中常设 1000L 以上的双锥拌和机 2～4 台，呈巢式布置，其出料口集中对着混凝土料斗，各拌和机在自动控制下，依次协调地工作。

(4) 拌和站。

在中小型工地和分散的工程以及大型工地的施工初期或扫尾工程，常采用拌和站生产混凝土。这时以拌和机为中心，配置相应的供料、称料设备，组成半机械化（人工配料）或机械化的（半自动配料）拌和站。按生产能力可以配置多台拌和机，常呈一字排列，共用一条混凝土运输线。如图 4.5.6 所示。

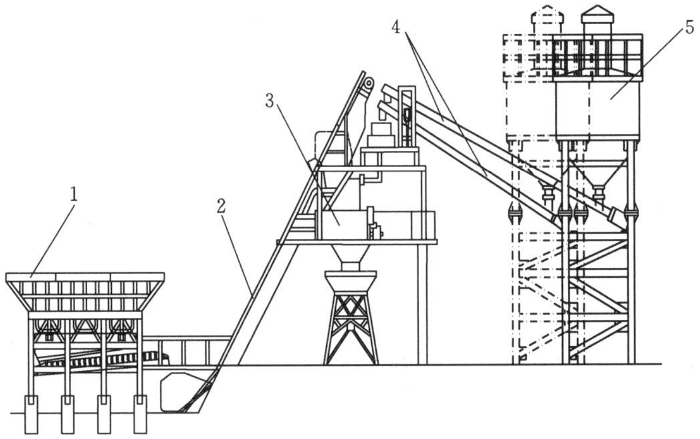

图 4.5.6　简易拌和站示意图

1—骨料配料机；2—机架；3—搅拌机；4—螺旋输送机；5—水泥仓

(5) 拌和设备的容量和选用。

拌和楼和拌和站中的拌和机是整个混凝土生产系统的主要机械，其他机械设备都以它为准进行配套。因而拌和机的类型和台数决定了混凝土系统的生产能力。

拌和设备的容量应以满足工程的浇筑需要为依据。即混凝土的小时生产率应大于计算小时浇筑强度。若容量定得过大，将有部分拌和设备空闲不用，造成人力、物力、财力和时间的浪费。反之，容量定小了，将无法满足浇筑需要，可能造成整个工期的拖延，也是不能容许的。

设施工总进度计划确定的混凝土浇筑高峰月强度为 Q_{max}（m^3/月），则计算浇筑强度为

$$P=K\frac{Q_{max}}{nm} \tag{4.6}$$

式中 P——浇筑强度，m^3/h；

n——高峰月期间每天有效工作时间，h，可取为21h；

m——高峰月内有效工作时间，d，可取为25d；

K——浇筑强度的日不均衡系数，即高峰月内实际最高小时强度与按全月总工作小时计的平均强度之比。一般 K 值为1.2～1.5。当施工管理组织水平较高，施工条件较好，浇筑场面大，坝体大而结构简单时，K 值可取为1.2～1.4。

根据浇筑强度，并考虑适当的备用容量，可得拌和楼（或拌和站）内的拌和机总台数。

2. 投料方法

正常投料为砂子、水泥、石子、水，将所有配料一次加入拌和，外加剂要先溶于水再拌和，称为一次投料法。但改变投料顺序可以使骨料表面包裹水泥浆浓度发生微弱变化，例如一些研究认为，采用图4.5.7的全造壳法拌制混凝土，可节约水泥15%；在水灰比不变的情况下，可提高强度10%～30%。

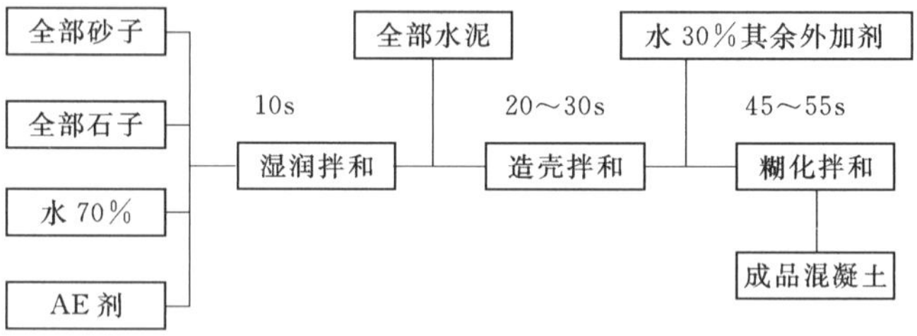

图4.5.7 全造壳法工艺流程图

具体工艺流程可归纳为：先拌水泥砂浆法、先拌水泥净浆法、水泥裹砂法、净浆裹石法、粗细骨料全造壳法。

但不管如何改变投料顺序，投料应尽快完成，否则分批加水的时间越长，对流动性的发挥作用会减弱，在拌和过程中发现混凝土和易性不良时，不可采用随意加水的办法达到和易性而牺牲强度安全。

3. 拌和要求

混凝土要满足《水工混凝土施工规范》(SL 677—2014) 中规定的最小拌和时间，如果其时间不能满足浇筑需求，需要扩大混凝土生产设施规模或制定紧密的生产时间，不允许少拌和以追赶工期。拌和时间要符合表4.5.2的要求。

表 4.5.2 混凝土最少拌和时间

拌和机容量 Q/m^3	最大骨料粒径/mm	最少拌和时间/min	
		自落式拌和机	强制式拌和机
$0.75 \leqslant Q \leqslant 1$	80	90	60
$1 < Q \leqslant 3$	150	120	75
$Q > 3$	150	150	90

注 1. 入机拌和量在拌和机额定容量的110%以内。
2. 掺加掺合料、外加剂、加冰时简易延长拌和时间，出机口的混凝土拌和物中不要有冰块。
3. 掺纤维、硅粉的混凝土其拌和时间根据试验确定。

（1）混凝土拌和物出现下列情况之一者，应按不合格料处理：

1）错用配料单配料。

2）混凝土任意一种组成材料计量失控或漏配。

3）出机口混凝土拌和物拌和不均匀或夹带生料，或温度、含气量和坍落度不符合要求。

（2）混凝土拌和完毕出机时，必须检测该批混凝土的流动性、温度，如有抗冻需求时检测含气量，并做好施工记录。

1）拌和物含气量控制允许偏差为±1%。

2）混凝土水胶比允许偏差为±0.03。

3）拌和物外观颜色应一致，不应有离析和泌水现象。

4）混凝土拌和物流动性不应超出允许偏差，见表4.5.3。

表 4.5.3 混凝土拌和物出机口坍落度允许偏差

出机口坍落度控制值/mm	允许偏差/mm	出机口坍落度控制值/mm	允许偏差/mm
<30	±10	>90	±30
30～90	±20		

任务4.6 混 凝 土 运 输

学习导向

知识目标： 掌握混凝土运输方式及设备及施工要求

能力目标： 能分析混凝土运输方案

素质目标： 培养钻研精神和认真态度

执行规范：《水工混凝土施工规范》（SL 677—2014）

参考规范：《水工混凝土施工规范》（DL/T 5144—2015）

4.6.1 基本要求

选择的混凝土运输设备和运输能力应与拌和、浇筑能力、仓面具体情况及钢筋、模板吊运的需要相适应，以保证混凝土运输的质量，充分发挥设备效率。

所用的运输设备，应使混凝土在运输过程中不致发生分离、漏浆、严重泌水及过多温度回升和降低坍落度等现象。

同时运输两种以上标号、级配或其他特征不同的混凝土时，应在运输设备上设置标志，以免混淆。

混凝土在运输过程中，应尽量缩短运输时间及减少转运次数。掺普通减水剂的混凝土的运输时间，不宜超过表 4.6.1 的规定。因故停歇过久，混凝土产生初凝时，应作废料处理。在任何情况下，严禁中途加水后运入仓内。

表 4.6.1　　混 凝 土 运 输 时 间

气温/℃	混凝土运输时间/min	气温/℃	混凝土运输时间/min
20～30	30	5～10	60
10～20	45		

注　本表数值未考虑外加剂、掺合料及其他特殊施工措施的影响。

混凝土运输工具及浇筑地点，必要时应有遮盖或保温设施，以避免因日晒、雨淋、受冻而影响混凝土的质量。

对大体积水工混凝土应优先采用吊罐直接入仓的运输方式。当采用其他运输设备时，应采取措施避免砂浆损失和混凝土分离。

不论采用何种运输设备，混凝土自由下落高度以不大于 2m 为宜，超过此界限时应采取缓降措施。

4.6.2　混凝土水平运输布置

混凝土水平运输方案的选择，主要与浇筑方案，拌和楼高程和位置、起正机取料方式、地形条件等因素有关，如何依据工程的具体情况进行选择，是混凝土能否保证质量实现快速施工的重要环节之一。

1. 混凝土的水平运输要求

(1) 运输过程中应保持混凝土的均匀性及和易性，不发生漏浆、分离和严重泌水等现象，并使坍落度损失较少。

(2) 运输配套设备总的生产能力，应满足施工进度计划中不同施工时期和不同浇筑部位的浇筑强度要求，并考虑适当的备用量。

(3) 水平运输的效率，应与垂直运输、仓面浇筑等要求的小时生产能力相适应，以充分发挥设备的效率和保证混凝土的浇筑质量。

(4) 混凝土的运输工具（如储料斗、车厢以及胶带输送机等），应设置遮阳和保温设施，避免暴晒、雨淋、受冻而影响混凝土的质量，尽量使制冷混凝土在运输过程中的温度回升值最小。

(5) 运输线路要与施工总布置相结合，运距尽量短，布置要通畅，施工干扰小，运输的循环时间短。

2. 混凝土的水平运输方式

(1) 有轨运输。一般有机车拖平板车立罐和机车拖侧卸罐车两种。机车拖平板车立罐运输方式，在我国水电建设工程中被广泛应用，尤其适用工程最大、浇筑强度高的工程，这种运输方式运输能力大，运输过程中震动小，管理方便。其主要缺点是：要求混凝土工厂与混凝土浇筑供料点之间高差小、线路的纵坡小、转弯半径大、对复杂的地形变化适应性差。土建工程量大，修建工期长，造价较高。

大型工程一般多采用1435mm的准轨线路，中、小型工程多用1000mm窄轨线路，机车轨距主要取决于混凝土运输的强度、构件运输要求和现场布置条件。机车的牵引力应根据牵引的重量和道路特性通过计算确定。如果机车拖平板车在门，塔机的门架内穿过，机车及平板车与起重机门架之间，应有净空1m以上的安全距离。有机侧卸运输车在美国许多工程中得到应用，我国已在广西岩滩等工程施工中使用，运行时吊罐停在侧卸运输车的侧面，不摘钩，启动侧卸斗门将混凝土卸入吊罐内，一台机车一般拖两个装混凝土的料罐。

(2) 无轨运输。一般指汽车运输，主要有混凝土搅拌车，后卸式自卸汽车、汽车运立罐及无轨侧卸料罐车等。

汽车运输混凝土机动灵活，对地形变化适应性强，道路修建的工程量小且费用较低，进行施工规划时，应尽量考虑运输混凝土的道路与基坑开挖出渣道路相结合，在基坑开挖结束后，利用出渣道路运输混凝土，以缩短混凝土浇筑的准备工期。汽车运输混凝土几乎可以同所有人仓设备配套使用，但运距不宜太长。为减少运输过程中过大震动，路面质量要求高。缺点是能源消耗大，运输费用较高，不易管理，事故率较高。

国外一些工程采用无轨侧卸罐车运输混凝土，牵引车与装混凝土的料斗用铰接方式连接，转弯半径仅8m，运行灵活，适应水利工地地形变化大且复杂的特点，道路布置容易，修建费用较小。此外，无轨侧卸料罐车操作方便，容易对准吊罐，起重机上的吊罐不脱钩，辅助工作时间少，缩短了起重机的浇筑循环时间，提高了工效。三峡工程混凝土水平运输部分采用无轨侧卸料罐车的运输方式。

(3) 架空单轨运输。架空单轨运输于20世纪70年代后期首次在巴西伊泰普工程成功应用，类似于矿山的架空索道，采用钢桁架和钢柱架设环行的架空运输单轨道，轨道上悬挂用电动小车牵引行驶的混凝土料斗，小车经过拌和楼装料后，驶至卸料后，将混凝土卸入中间转运车，空料斗沿环行单轨驶回拌和楼，如此往复进行。中间转运车将混凝土卸入起重机的吊罐内。

伊泰普工程两岸各设置一套单轨系统，单轨道架设在离地12m高空处。每台小车自重3.5t，电动机功率为14.71kW，环形轨道上共有27台小车，每台小车的料斗可装6m^3 混凝土，运输能力达540m^3/h，环形轨道总长度为2000m。该运输系统的轨道是平坡，自动化程度高，小车运行不影响地面交通，工作时无噪声，工作安全可靠，轨道系统构造简单维修方便，所需备件少，运输效率高，但操作现代化要求管理水平高，线路布置不适合爬坡，布置上要求尽可能少转弯，这种运输方式较适合于缆机浇筑方案。

(4) 胶带机运输。胶带机运输混凝土可将混凝土运送直接入仓，也可作为转料设备。直接入仓浇筑混凝土主要有固定式和移动两种。固定式即用钢排架支撑多条胶带通过仓面，每条胶带控制浇筑宽度5～6m，每隔几米设置刮板，混凝土经过溜筒垂直下卸。移动式为仓面上的移动梭式胶带布料机与供应混凝土的固定胶带正交布置，混凝土经过梭式胶带布料机分料入仓。

国内工程以前使用胶带机，由于某些原因砂浆损失较多，骨料分离严重，影响混凝土质量。三峡和小浪底工程引进国外集水平与垂直运输为一体的专用混凝土胶带机运输混凝土砂浆损失少，骨料分离亦好于国内制造的胶带机。

在混凝土浇筑方案中，胶带运输机的生产率较高，如762mm宽胶带，带速190～230m/min，生产率240～450m/h，一般为专用槽形皮带。国外工程为扩大起重机浇筑范围，采用胶带机悬挂在起重机的臂杆上，其生产率和浇筑半径与起重机配吊罐浇筑混凝土相比大大提高。胶带运输机运输混凝土是一种连续作业，生产效率高，适用于地形高差大的工程部位，动力消耗小，操作管理人员相对少，平仓振捣一定要跟上，且一旦发生故障，全线停运，停留在胶带上的大量混凝土难以处理，同时一次只能运送一种品种的混凝土料，夏季使用时预冷混凝土温度回升大，满足设计要求难度大。

采用胶带机运送混凝土时，混凝土的垂直下落高度要严格控制，一般应控制不大于1.5m，适用于浇筑品种较单一的大体积混凝土，对有水平钢筋部位应慎用。

三峡主体工程采用了缆机、塔带机、门塔机等几种类型的施工机械。

4.6.3 混凝土垂直运输

与水平运输相对应，从起吊点至仓面之间的运输称为混凝土垂直运输。传统的垂直运输机械可以分为两大类：一类是门塔机配栈桥方式。当工程规模不大、施工强度较小时，使用普通的门机即可满足要求，甚至可以省略栈桥，是一种较为经济的垂直运输方案。当河谷较宽阔、工程规模较大时，也常采用门、塔机配，但通常需要架设施工栈桥。另一类是缆机，在河谷较窄，特别在V形河谷处使用广泛。近二十年来，各种机械的性能和参数如臂长跨度、吊重量、运行速度及自动化水平方面，均有了长足的进步。

1. 门机

因行走支撑大架为“门”字形而称为门式起重机，简称门机，门机造价低，机械性能和生产效率稳定，小型门机拆装方便，准备工程量小，因而在水电工程施工中应用普遍。门机最大优势是起重能力强，可移动，在中小型工程中一般设置在上游垂直面附近，解决大坝直线段的大部分浇筑工作。门式起重机示意图如图4.6.1所示。

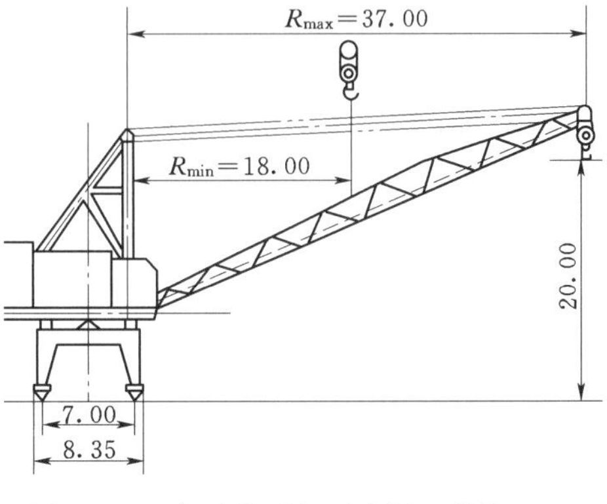

图4.6.1 门式起重机示意图（单位：m）

2. 塔机

塔机以固定式居多，塔基起重能力有限，但由于自身可以提升，浇筑高度较大，造价较门机节省，一般配合门机完成门机无法覆盖的浇筑区域，例如下游浇筑区域。塔机起重机示意图如图4.6.2所示。

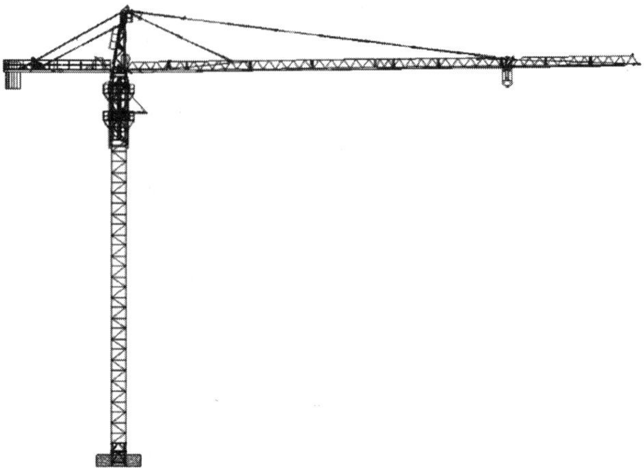

图 4.6.2　塔式起重机示意图

3. 缆机

缆机是浇筑混凝土的理想设备，与门塔机相比，具有以下特点：

(1) 缆机的工作与施工导流方案无关，可以在基坑混凝土浇筑之前安装完毕，及早形成生产能力。

(2) 缆机从工程初期投入使用后，一般可以一直工作到工程完工，且不需在汛期停工或撤出。

(3) 缆机可采用较高的提升下降及小车横移速度，因而其工效较高。

(4) 缆机覆盖范围大，运行灵活，不仅对混凝土施工，甚至对防汛、基坑出渣（如地质缺陷引起的局部探挖）等都会起到意想不到的作用。因此，只要地形条件合适，缆机方案常是最佳的选择。

4.6.4　综合性运输方式

1. 带式输送机（亦称胶带机）

带式输送机是一种连续、高效的运输方式，有利于混凝土大坝快速施工，但是由于混凝土运输有各种要求加上胶带机在大面积布置上的复杂性，因此一直未能在主体工程上大范围使用。胶带机卸料装置如图 4.6.3 所示。

用胶带机浇筑大坝混凝土需要解决以下问题。

(1) 如何解决骨料分离、砂浆损失问题，特别是在运输距离较长、坡度较陡的情况下运送三级配以上的混凝土时。

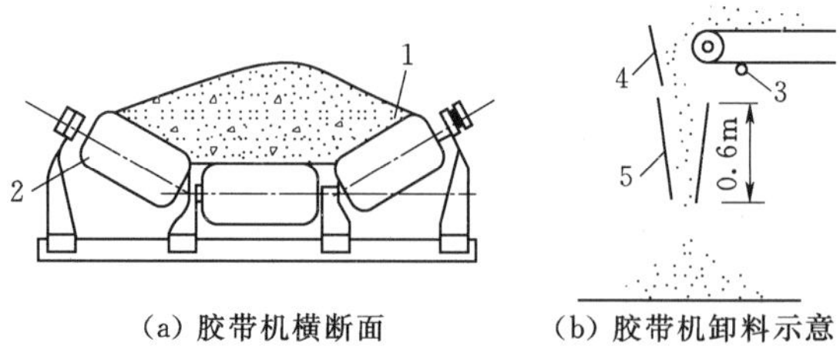

(a) 胶带机横断面　　(b) 胶带机卸料示意

图 4.6.3　胶带机卸料装置

1—皮带；2—支承滚轴；3—刮板；4—挡板；5—溜筒

(2) 从拌和楼（或受料点）至浇筑仓面的整个胶带机系统在布置上如何适应混凝土大坝不断升高的要求，如何灵活地变换浇筑地点，以覆盖整个大坝浇筑范围。

经过不断的研究改进，胶带机运送混凝土的主要技术问题有了根本的突破，特别是塔带机的出现，使上述问题得到了较好的解决。在二滩、小浪底和三峡工程中，均引进和使用了塔带机或胎带机，用带式输送机或混凝土运输车供料，使从拌和楼至浇筑仓面的运输变成一个连续的过程，将水平运输和垂直运输融为一体的综合性运输方式。

2. 塔带机

塔带机是塔机和带式输送机的有机组合，它主要由塔式起重机和带式输送机系统两个部分组成，如图 4.6.4 所示。带式输送机系统由四条胶带机组成，即喂料胶带，转料胶带和内、外布料胶带。转料平台可沿塔柱不断爬升，满足混凝土大坝不断升高的要求。通过塔机的旋转和小车的变幅运动，可以不断变换卸料点的位置，实现仓面均匀布料。布料胶带的覆盖范围较小，布料半径可达 80～100m。

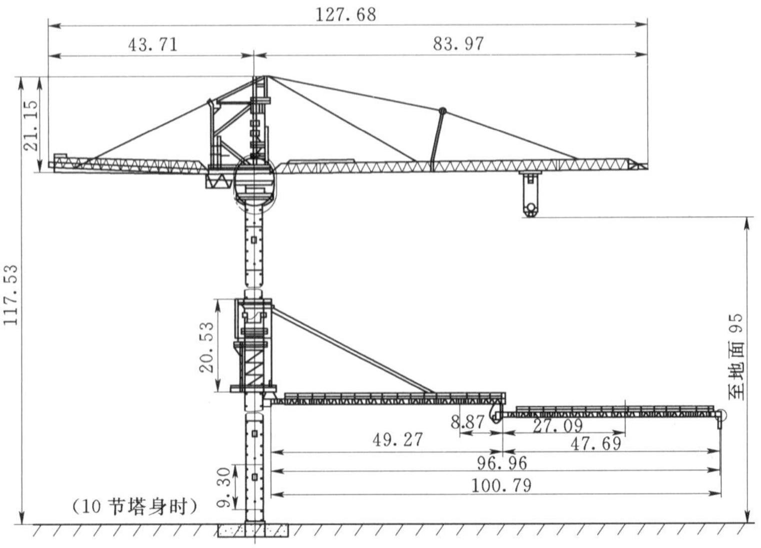

图 4.6.4 塔带机示意图（单位：m）

与塔带机连接的胶带机，可以一直延伸至拌和楼，每隔一定距离，设支撑柱，胶带机可以通过柱上的液压顶升装置上升或下降，适应混凝土大坝的施工要求。

现代运送混凝土的胶带机具有以下特点：一是带速较高，达 3～4m/s；二是胶带机的槽角较大（≥45°），可以比较有效地防止在坡度较大的情况下混凝土下滑；三是采用硬质合金材料整体刮刀，刮刀与胶带机采用可调压紧装置，确保刮净水泥浆；四是转料点的设计要能使混凝土再混合；五是卸料象鼻管约束作用，可使混凝土在下料过程中避免分离。

三峡一期纵向围堰施工使用了一台 TC2400－84 型塔带机。由于离拌和楼较远，混凝土供料采用汽车送料至受料斗，然后由两条跨度分别为 90m 和 120m 胶带机喂料，最大坡角达 26.3°，现场测试输送能力曾达至 6.38m^3/min。塔带机可以用来运送干硬性及坍落度较大的常态混凝土，并可运送最大骨料粒径为 150mm 的混凝土。而且试验表明，在混凝土运输和布料过程中，混凝土的骨料分离、坍落度（或 VC 值）损失以及温度回升等方面均良好。三峡二期工程正在施工中，大坝共安装了 6 台塔带机（或顶带机），预期月高峰浇筑强度 34 万～40 万 m^3。

3．胎带机

在三峡、小浪底及二滩工程中，均使用了胎带机，它是由重型汽车底盘，可伸缩的布料胶带机桁架和一节转料胶带组成。由汽车向受料斗供料，然后经过布料胶带机的伸缩、俯仰和旋转，向浇筑仓内均匀布料。

胎带机布料臂仰角可达 30°，俯角可达 15°，具有操作方便、移位灵活、效率高等特点，实测浇筑能力曾达到 $140m^3/h$。二滩工程使用的胎带机是用汽车吊改装而成，从使用效果来讲，可能比商用胎带机略差，但是价格却便宜得多，值得效仿。

无论塔带机还是胎带机，要充分发挥其生产能力，关键是要保证施工一条龙所有设备的配套，包括拌和楼的生产能力、供料线的输送能力，仓面平仓振捣设备等，此外要保证塔带机和胎带机长期稳定的运行，必须做好设备的维护和保养。

4．混凝土泵

对于断面较小、钢筋较密的薄壁结构，或者孔洞回填等一般混凝土设备不易到达而且混凝土量又较小的部位的混凝土浇筑，常采用混凝土泵输送混凝土。系送混凝土的坍落度一般为 8～14cm，混凝土级配一般不超过二级配，最大骨料粒径不超过 40mm，并控制在管径的 1/3 以下，对超径控制要求较严。混凝土泵结构如图 4.6.5 所示。

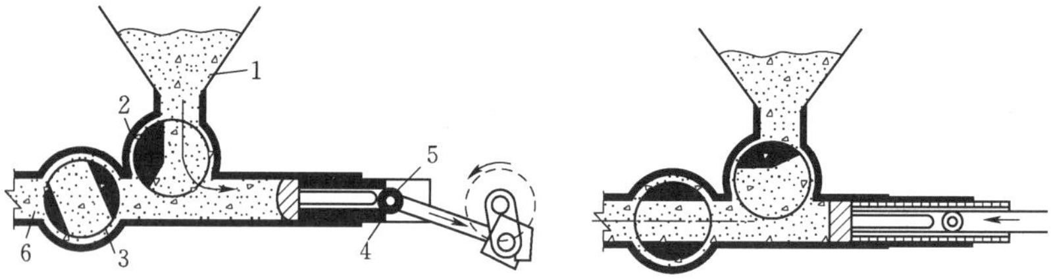

(a) 活塞吸进　　(b) 活塞泵出

图 4.6.5 混凝土泵结构

1—进料斗；2—进料阀；3—送料阀；4—活塞连杆；5—活塞缸；6—钢管

5．其他方式

对于中小型工程或者大型工程的基础部位垂直运输手段可以多种多样，如利用岸坡修建山坡路面汽车配合仓内反铲浇筑，或在两岸附近堆坡入仓是最经济的方法。利用溜槽、流管等辅助设施将混凝土输送至低处或狭小的空间内，也是常用办法。

4.6.2 ▶
反铲阶梯浇筑法

4.6.5 常用运输设备要求

（1）用胶带机运输混凝土时，应遵守下列规定：

1）混凝土的配合比设计应适当增加砂率，骨料最大粒径不宜大于 80mm。

2）宜选用槽形胶带机，皮带接头宜胶结，并应严格控制安装质量，力求运行平稳。

3）胶带机运行速度一般宜在 1.2m/s 以内。胶带机的倾角应根据所用机型经试测确定。表 4.6.2 的数值可参考使用。

4）混凝土不应直接从皮带卸入仓内，以防分离或堆料集中，影响质量。

5）胶带机卸料处应设置挡板、溜管和刮板，以避免骨料分离和砂浆损失。同时，还应设置储料、分料设施，以适应平仓振捣能力。

表 4.6.2　　胶带机的倾角

混凝土坍落度/cm	倾　角/(°)	
	向上输送	向下输送
5 以下	16	8
5～10	14	6

6）混凝土运输中的砂浆损失应控制在 1.5%以内。

7）应装置冲洗设备，以保证能在卸料后及时清洗皮带上所黏附的水泥砂浆，并须采取措施，防止冲洗的水流入新浇的混凝土中。

8）胶带机上应搭设盖棚，以免混凝土受日照、风、雨等影响。低温季节施工时，并应有适当的保湿措施。

（2）用自卸汽车机车、侧翻车、料罐车、搅拌车运输混凝土时，应遵守下列规定：

1）运输道路应保持平整，以避免混凝土受振后发生严重泌水现象。

2）装载混凝土的厚度不应小于 40cm，车厢应严密平滑；砂浆损失应控制在 1%以内。

3）每次卸料，应将所载混凝土卸净，并应及时清洗车厢，以免混凝土黏附。

4）当以汽车运输混凝土直接入仓，应取得监理工程师同意，并应有确保混凝土质量的措施。

（3）用混凝土泵运输混凝土时，应遵守下列规定：

1）混凝土应加外加剂，并应符合泵送的要求，进泵的坍落度一般宜在 8～18cm 之间。

2）最大骨料粒径应不大于导管管径的 1/3，并不应有超径骨料进入混凝土泵。

3）安装导管前，应彻底清除管内污物及水泥砂浆，并用压力水冲洗。安装后要注意检查，防止漏浆。在泵送混凝土之前，应先在导管内通过水泥砂浆。

4）应保持泵送混凝土工作的连续性，如因故中断时，则应经常使混凝土泵转动，以免导管堵塞。在正常温度下，如间歇时间过久（超过 45min），应将存留在导管内的混凝土排出，并加以清洗。

5）混凝土泵送混凝土工作告一段落后，应及时用压力水将进料斗和导管冲洗干净。

（4）用溜筒、溜槽运输混凝土时，应遵守下列规定：

1）溜槽（筒）内壁应光滑，开始浇筑混凝土前应用砂浆润滑槽（筒）内壁；当用水润滑时仓面应有排水措施；浇筑结束时要将槽（筒）内混凝土残料清理干净。

2）溜槽（筒）内必须平直，每节之间要连接牢固，要有防脱落的保护措施。

3）溜筒运输混凝土适用于竖井、斜管段混凝土运输，施工倾角 30°～90°。溜筒落料口要有缓冲装置，连接串筒下料至仓面，最大骨料粒径不应大于溜筒直径的 1/3。

4）垂直运输混凝土，溜筒高度宜在150m以内；倾斜运输混凝土，溜筒长度宜在250m以内；溜筒适宜二级配粒径以下混凝土施工，需三级配时可经过试验确定；混凝土的坍落度要根据试验确定，一般8～12cm。施工要根据进入仓面的混凝土的和易性情况调整坍落度，必要时要二次搅拌后再行浇筑。

5）注意及时更换磨损严重的溜筒，要有专用卷扬吊篮处理堵管，堵料不严重时宜敲击，严重时要换管处理。

6）溜槽运输混凝土适用于倾角30°～50°施工范围，运输长度在100m以内。

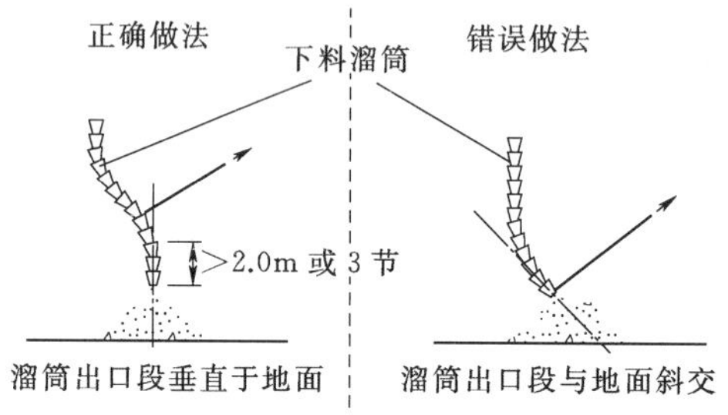

图4.6.6 溜筒的操作要求

7）溜槽上部要设保护盖，防止骨料溅出伤人。槽内要设缓冲挡板，控制混凝土的下溜速度。混凝土宜用二级配以下混凝土，需要三级配时可经过试验确定。要根据施工试验确定混凝土坍落度，并在施工中适时调整，一般坍落度宜在14～16cm。

8）溜筒出口段应与混凝土面垂直，且垂直段长度不得小于2m或3节，以减少混凝土离析。溜筒操作要求如图4.6.6所示。

任务4.7 混凝土浇筑技术

学习导向

知识目标： 掌握混凝土浇筑方法及施工要求

能力目标： 能控制混凝土浇筑质量

素质目标： 培养钻研精神和认真态度

执行规范：《水工混凝土施工规范》（SL 677—2014）

《水利水电工程单元工程施工质量验收标准 第2部分：混凝土工程》（SL/T 631.2—2025）

参考规范：《水工混凝土施工规范》（DL/T 5144—2015）

混凝土浇筑由仓面准备，混凝土入仓、铺筑、平仓、振捣等工序组成。各施工工序根据浇筑仓位及施工手段的不同又有其各自不同的施工方式、方法，因而不同工程或同一工程不同部位的混凝土浇筑施工方法均有所差异。我国水工混凝土工程施工中，大体归结为以下几种基本施工方式的组合。

4.7.1 入仓技术

混凝土浇筑通常采用的入仓方式主要有汽车转溜槽（溜筒）入仓、汽车栈桥入仓、吊罐入仓、自卸汽车直接入仓、布料胶带机入仓和泵送入仓等施工方式。

1. 汽车转溜槽（溜筒）入仓

汽车转溜槽（溜筒）入仓主要是利用现场有利地形，利用进料线与浇筑仓位的高差，采用溜槽分料布料，溜筒缓降方式进行混凝土施工的一种入仓方式，该方式是一种比较陈旧，但仍在采用的混凝土入仓方式，但近年来较少采用自卸汽车运料，而改用搅拌车运料。这主要由于搅拌车运送的混凝土骨料分离少、质量好，而且卸料速度可以控制，又无须转接料斗。这种入仓方式只在一些小仓位施工中采用。在采用此方式入仓时，主要需注意溜槽的坡度，既要下料通畅，又需避免溜槽坡度过陡引起骨料分离。

2. 汽车栈桥入仓

汽车栈桥入仓早年曾在三门峡、丹江口水利工程中采用，因该方式准备工作量大、成本较高，机动性和适应性差，现已极少采用。

3. 吊罐入仓

吊罐入仓是最普遍采用的一种入仓方式，与之配套的起重机械有缆机、门机、塔机、履带吊及汽车吊等，其优点是方便灵活、效率高、布料均匀、质量易保证。吊罐分立罐和卧罐两种，由于开罐方式不同又可分为蓄能罐、手动罐、电磁罐、气动罐等罐种。由各工程使用情况看，以不摘钩蓄能吊罐性能最优，曾在水口、李家峡、二滩、三峡等大型水电工程中广泛采用。各式吊罐的容积有 $1.0m^3$、$3.0m^3$、$6.0m^3$、$9.0m^3$ 几种。目前立罐以 $6.0m^3$、$9.0m^3$ 居多，卧罐以 $3.0m^3$、$6.0m^3$ 居多。

4. 自卸汽车直接入仓

具有机动灵活、工效高、费用低等优点。随着干硬性混凝土和低陷度混凝土在水电工程中推广应用，汽车直接入仓方式也得到延续和发展。如万家寨工程纵向导墙低陷度混凝土施工和水口水电站大坝下部的碾压混凝土施工就采用了这种施工方式。入仓自卸汽车吨位一般为20t和30t。

5. 布料胶带机入仓

随着混凝土胶带输送布料系统的使用，人们对胶带机入仓方式有了新的认识，多种形式的高速布料胶带机先后被用于石塘、水口、二滩、小浪底和三峡工程中。实践证明，布料胶带机入仓方式具有机动灵活、布料均匀、平仓工作量少、浇筑强度大等优点，今后将在我国更多的水电工程中推广应用。

4.7.2 开仓前准备

用高压水将仓内冲洗干净，积水要清除，不能舀走的用抹布吸干。开仓前仓面不得留有任何沉积物，缝面应保持潮湿而无积水，必须保证在无水而湿润的情况下浇筑混凝土。仓面冲洗干净后闲杂人等不得入仓，如需入仓，必须先将鞋底清洗干净。夏季高温时段开仓之前，应先对仓面进行喷雾降温。夏季抹面仓号开仓之前，应搭建临时防晒/防雨篷。

对照仓面设计检查如下几项资源配置情况：

（1）施工质检员资质及到位情况。

（2）施工作业班组、仓面指挥调度员以及仓内设备操作人员到位与资质情况。

（3）仓内辅助作业人员配置及到位情况。

(4) 仓内浇筑所必需的供料、平仓、振捣等机械的到位及完好情况。

(5) 仓内辅助作业设备设施（含排水、防雨等设备设施）配置及完好情况。

(6) 施工通信联络的畅通情况。

(7) 文明施工与作业安全准备情况。

仓面检查合格并经批准后，应及时开仓浇筑混凝土，延后时间宜控制在24h之内。若开仓时间延后超过24h且仓面污染时，应重新检查批准。

4.7.1

混凝土的浇筑与养护

4.7.2

坝体混凝土浇筑

4.7.3　铺筑技术

基岩面和混凝土施工缝面浇筑第一坯混凝土前，宜先铺一层2～3cm厚的水泥砂浆，或同等强度的小级配混凝土或富砂浆混凝土。砂浆自由下落高度以0.5～0.7m为宜。砂浆铺设后应在30min内被混凝土覆盖。砂浆铺设应均匀平整，不得漏铺。

1. 铺料方法

混凝土浇筑可采用平铺法或台阶法。浇筑时应按一定厚度、次序、方向，分层进行，且浇筑层面应保持平整。

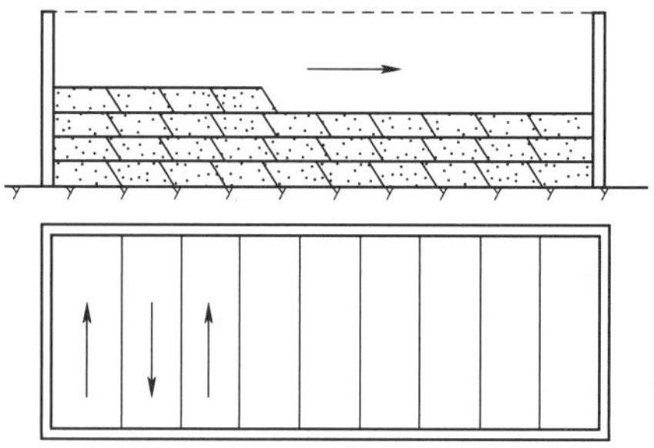

图4.7.1　平铺法浇筑示意图

(1) 平铺法。平铺法是混凝土施工中最常用的一种铺筑方式，由于层次分明，不易漏振，便于机械化施工，而且便于多台机械共同浇筑一个仓位，因此被广泛采用，如水口、李家峡、二滩等大型水电工程坝体混凝土基本上全部采用此法进施工。采用平铺法施工，主要需注意控制层厚，应根据混凝土入仓强度，仓面面积大小、铺筑层间允许间隔时间，平仓振捣能力及混凝土和易性等予以确定，一般铺层厚为30～50cm。如图4.7.1所示。

(2) 台阶法。当浇筑仓面面积较大，混凝土拌和运输入仓等生产能力相对较低，采用平铺法施工无法满足铺筑层间允许间隔时间时，可采用台阶法铺筑。此外由于台阶法铺筑方式可使新浇筑混凝土较快的将下一仓混凝土覆盖，从而使浇筑层面与大气接触面积较小，接触时间较短，因此采用台阶法铺筑还对防止夏季预冷混凝土热量倒灌有利。采用台阶法时，台阶层次要分明，铺料宽度不得小于4.0m，台阶宽度不应小于2.0m，坡度不大于1∶2。如图4.7.2所示。

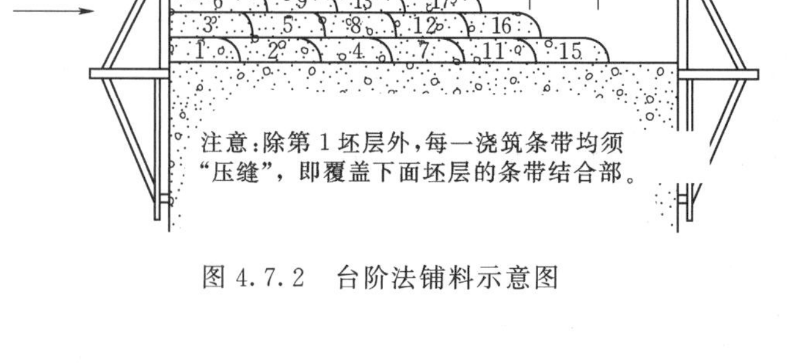

图4.7.2　台阶法铺料示意图

混凝土拌和物自由下落高度以不超过1.5m为宜，有水平钢筋网时不得大于1.0m。采用吊罐在墩墙仓号布料时，吊罐下面应挂1～3m长的下料皮筒。铺料要压鱼鳞状，不要留出沟槽而使骨料集中，如图4.7.3（a）所示。下料位置不要距离模板过近，以免大骨料堆积在模板附近。如图4.7.3（b）所示。

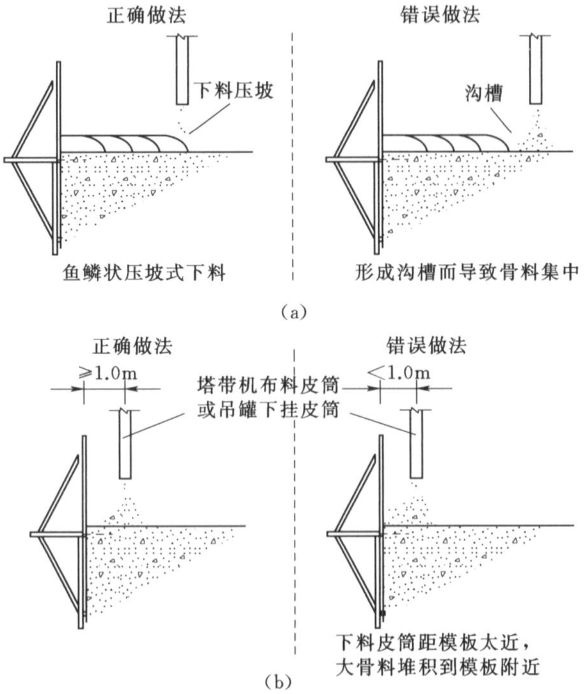

图4.7.3 下料位置注意事项

2. 布料顺序

（1）原则上应“先下高标号料、后下低标号料”，以保证高标号区达到设计宽度要求。

（2）对于大坝迎水面仓号，必须平行于坝轴线方向布料。

（3）采用平铺法布料时，大坝上游迎水面仓号要从上游到下游逐条布料，大坝下游迎水面仓号要从下游到上游逐条布料。

（4）台阶法布料时，应尽量平行于仓号短边方向布料。

（5）斜坡仓号，应由低到高布料。

（6）凹凸不平的基岩仓号，应先填塘再按顺序布料。

3. 允许间歇时间

混凝土浇筑的间歇时间包括混凝土生产、运输、入仓、检测以及其他意外停歇的时间，当一次运输上料所铺筑的体积小于生产运输能力×允许间歇时间时，先浇筑的混凝土表面就要发生局部初凝，当初凝现象普遍发生时，会在两层混凝土之间发生裂缝，称之为冷缝。因此为了避免冷缝的产生，可首先初步核实生产能力与一层浇筑量的关系，如果可能发生冷缝，可改为台阶法浇筑，或提升生产或运输强度。允许间歇时间要满足表4.7.1的要求。

表4.7.1 混凝土浇筑允许间歇时间

混凝土浇筑时的气温/℃	允许间歇时间/min	
	普通硅酸盐水泥、中热硅酸盐水泥、硅酸盐水泥	低热矿渣硅酸盐水泥、矿渣硅酸盐水泥、火山灰质硅酸盐水泥
20～30	90	120
10～20	135	180
5～10	195	—

考虑施工混凝土供应施工能力和混凝土温度裂缝控制，水工坝体的混凝土浇筑常考虑四种分缝分块形式，即竖缝分块、斜缝分块、错缝分块和通仓浇筑，如图 4.7.4 所示。竖缝分块是考虑坝体体积较大，在上下游方向上沿纵向设置分缝，为了保证运行整体性，施工时要预留灌浆键槽进行接缝灌浆；斜缝分块是考虑有利于坝体受力情况，从上游至下游先后施工浇筑仓，形成斜缝并对施工缝面进行处理，但分缝不能向上游贯通；错缝分块是考虑软弱缝面不贯通，有利于保持结构整体性；通仓不分缝是考虑小仓面放热影响不大或碾压混凝土施工的工艺要求，可采用薄层缓解混凝土放热带来的不利影响。

4.7.3 ▶
混凝土分缝分块

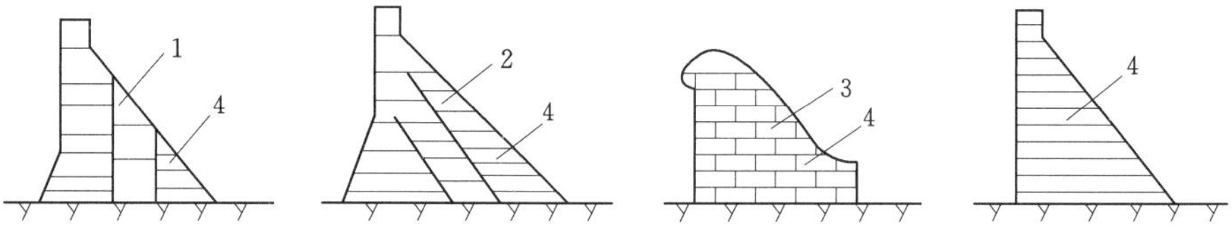

(a) 竖缝分块　(b) 斜缝分块　(c) 错缝分块　(d) 通仓浇筑

图 4.7.4　坝体浇筑分块基本形式

1—竖缝；2—斜缝；3—错缝；4—水平施工缝

4.7.4　平仓技术

平仓的目的就是要使浇筑仓面平整、铺层厚薄均匀，以防漏振，并对一些不宜直接下料冲击的部位进行保护性平仓。根据实践经验，平仓方式和平仓操作的正确与否，以及平仓质量的优劣对混凝土浇筑质量和浇筑强度影响很大。因此，所采用的平仓方式一定要与仓面面积、铺筑方式、浇筑强度及入仓手段等相匹配。平仓工作也应从铺筑下料工序抓起，即下料应根据仓面铺层原高等均匀布料，尽量减少平仓工作量。同时，应避免集中下料和高落差下料，以防止混凝土分离。

平仓方式主要有人工平仓、振捣器平仓、平仓振捣机平仓和平仓机平仓四种方式。

人工平仓劳动强度大，效率低，一般只宜作为其他平仓方式的补充，或用于特殊部位的平仓以及处理分离骨料。

平仓机。随着近年来大型水电工程浇筑仓面面积增大及浇筑强度提高，平仓及振捣机械趋于分离。平仓主要采用平仓机（小型湿地推土机），振捣则采用成组振捣器。其优点一是铺层厚度均匀，有利于提高混凝土的均质性；二是扩大了入仓机械的控制范围，并可减少一些入仓死角的人工平仓工作量；三是提高了振捣效率，以适应高强度浇筑的需要。二滩水电站工程就采用了此种平仓方式。

入仓混凝土应及时平仓振捣，不应堆积。仓内若有粗骨料堆叠时，应均匀地分散至砂浆较多处，但不应用水泥砂浆覆盖。倾斜面上浇筑混凝土，应从低处开始浇筑，浇筑面宜保持水平，收仓面与倾斜面接触处宜与倾斜面垂直。浇筑混凝土坝时不应产生斜向下游的斜坡。

4.7.5　振捣技术

混凝土浇灌到模板中后，由于骨料间的摩阻力和水泥浆的黏结作用，不能自动充满模板，内部还存在很多孔隙，不能达到要求的密实度。而混凝土的密实性直接影响其强度和耐久性。所以在混凝土浇灌到模板内后，必须进行捣实，使之具有设计要求的结构形状、尺寸和设计的强度等级。

混凝土捣实的方法有人工捣实和机械振捣。机械振捣在施工现场主要用振捣棒。

1. 混凝土机械振捣原理

混凝土振捣机械振动时，将具有一定频率和振幅的振动力传给混凝土，使混凝土发生强迫振动，新浇筑的混凝土在振动力作用下，颗粒之间的黏着力和摩阻力大大减小，流动性增加。在振捣时粗骨料在重力作用下下沉，水泥浆均匀分布填充骨料空隙，气泡逸出，孔隙减小，游离水分被挤压上升，使原来松散堆积的混凝土充满模型，提高密实度振动停止，混凝土重新恢复基凝聚状态，逐渐凝结硬化。机械振捣比人工振捣效果好，混凝土密实度提高，水灰比可以减小。

2. 混凝土振捣设备

混凝土振捣机械按其传递振动的方式分为内部振动器表面振动器、附着式振动器和振动台，在施工工地主要使用内部振动器和表面振动器。

混凝土在浇筑过程中，不应在仓内加水。如发现混凝土和易性较差时，应采取加强振捣等措施，仓内泌水应及时排除，避免外来水进入仓内，不应在模板上开孔赶水，带走灰浆。黏附在模板、钢筋和预埋件表面的灰浆应及时清除。

混凝土浇筑坯层厚度，应根据拌和能力、运输能力、浇筑速度、气温及振捣能力等确定。坯层允许最大浇筑厚度应符合表4.7.2的规定。如果用低塑性、混凝土及大型强力振捣设备时，其浇筑坯层厚度应根据试验确定。

表4.7.2　　混凝土坯层允许最大浇筑厚度

振捣设备类别		浇筑坯层的允许最大厚度
插入式	振捣机	振捣棒（头）工作长度的1.0倍
	电动或风动振捣器	振捣棒（头）工作长度的0.8倍
	软轴式振捣器	振捣棒（头）工作长度的1.25倍
平板式振捣器		200mm

3. 振捣要求

（1）混凝土振捣应遵守下列规定：

1）振捣设备的振捣能力与入仓强度、仓面大小等相适应，合理选择振捣设备。混凝土入仓后先平仓后振捣，不应以振捣代替平仓。

2）每一位置的振捣时间以混凝土粗骨料不再显著下沉，并开始泛浆为准，防止欠振、漏振或过振。

3）浇筑块第一层、卸料接触带和台阶边坡混凝土应加强振捣。

4）振捣作业时，振捣器棒头距模板的距离应不小于振捣器有效半径的1/2。振捣器不应直接碰撞模板、钢筋及预埋件等。

（2）手持式振捣器振捣应遵守下列规定：

1）振捣器插入混凝土的间距，不超过振捣器有效半径的1.5倍。振捣器有效半径根据试验确定。振捣器振捣位置操作如图 4.7.5 所示。

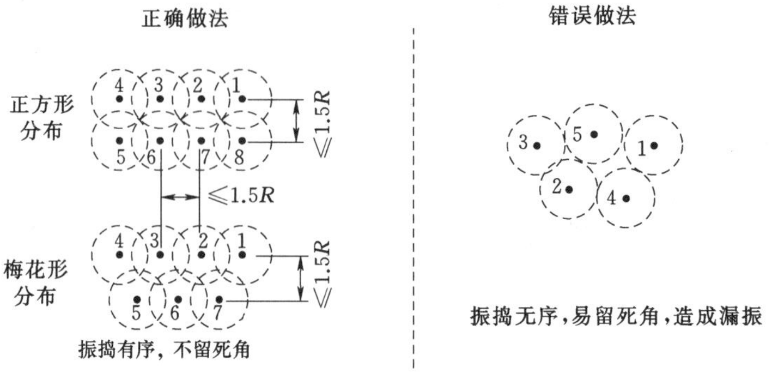

图 4.7.5 振捣器振捣位置操作

1～7—振捣顺序

2）振捣器垂直插入混凝土中，按顺序依次振捣，每次振捣时间 30s。如略有倾斜，倾斜方向保持一致，防止漏振、过振。

3）振捣上层混凝土时，振捣器插入下层混凝土 5cm 左右，以加强上、下层混凝土的结合，如图 4.7.6 所示。

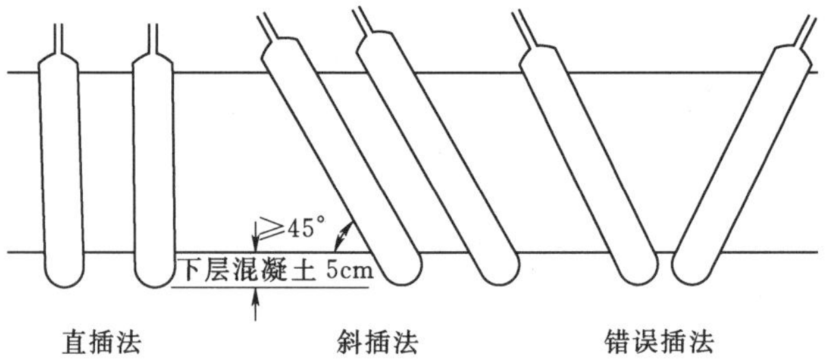

图 4.7.6 振捣器插入方法

4）在止水片、止浆片、钢筋密集处等细心振捣，必要时辅以人工捣固密实。

（3）振捣机振捣应遵守下列规定：

1）振捣棒组垂直插入混凝土中，振捣密实后缓慢拔出。

2）移动振捣棒组的间距根据试验确定。

3）振捣上层混凝土时，振捣棒头插入下层混凝土 5～10cm。

（4）平板式振捣器振捣应遵守下列规定：

1）平板式振捣器缓慢、均匀、连续不断地作业，不随意停机等待。

2）坡面上从坡底向坡顶振捣，并采取有效措施防止混凝土下滑和骨料集中。

3）根据混凝土坍落度的大小，调整振捣频率或移动速度。

4. 问题混凝土的处理

砂浆窝的处理：如在振捣过程中出现砂浆窝，应将砂浆窝中的砂浆铲出，用脚或振捣棒从旁将混凝土压送至该处填补，不可将别处石子移来填补，以免重新出现砂浆窝。

石子窝的处理：如在振捣过程中出现石子窝，先将松散石子铲出，再用脚或振捣棒从旁将混凝土压送至该处填补，不可将别处砂浆移来填补。

尽量减少平仓振捣机械在浇筑台阶上下频繁调动，避免造成漏振。

当出现“混凝土初凝并超过允许面积”“混凝土平均浇筑温度超过允许值，并在1h内无法调整至允许温度范围内”时，应停止浇筑。

当出现“不合格料”“低等级混凝土料混入高等级混凝土浇筑部位”“混凝土无法振捣密实或对结构物带来不利影响的级配错误混凝土料”“未足时平仓振捣且已初凝的混凝土料”“长时间不凝固的混凝土料”应进行挖除。

4.7.6 收仓面的处理

严格按照收仓线收仓，收仓面的不平整度应控制在±3cm以内。竖向止水片周围的混凝土要高于收仓面10cm左右。仓面上不能留有脚印、振捣坑等坑洞，已收好的仓面上禁止人员任意走动。收仓面上的脚印和平仓机履带印迹必须用振捣棒振捣收平，不得直接抹平。收仓后应有专人看护收仓面，直至混凝土初凝。拔管周围混凝土要高于收仓面5～8cm，以防仓面积水或冲渣流入坝体排水孔。收仓面上下50cm范围内不宜设置水平止水（浆）片，如无法避免，则应采取如图4.7.7所示措施把止水（浆）片埋入或留出。

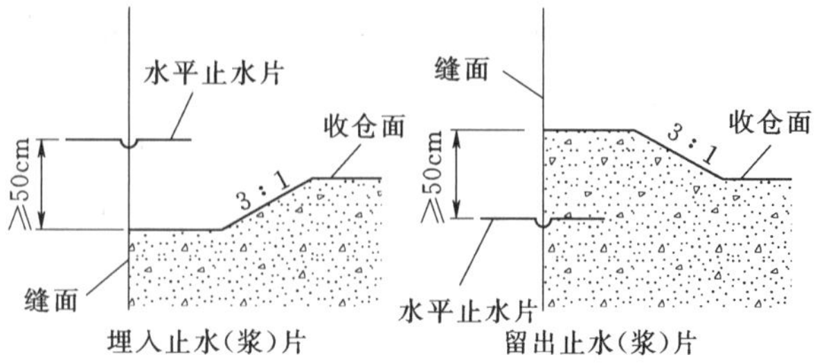

图4.7.7 止水与收仓面位置关系

振捣中发现泌水现象或因降雨形成积水时，应经常保持仓面平整，使泌（积）水自动流向集水地点，并用人工排除。集水地点不能固定在一处，应逐坯层变换集水点位置，以防弱点集中在一处。迎水面仓号，应先把泌（积）水赶到背水面，然后进行处理。在混凝土浇筑期间，应及时用瓢、桶或吸管将表面泌（积）水清除，混凝土即将覆盖处不得有积水。要特别注意止水（浆）片等预埋件周边不得有积水和骨料集中。泌（积）水未引走或排除前不得继续铺料、振捣，严禁以混凝土赶水。严禁在模板上开孔赶水，以防带走灰浆而导致麻面。混凝土收仓面浇筑平整，抗压强度未达到2.5MPa前，不应进行下个仓面的准备工作。

4.7.7 施工缝处理技术

混凝土工程施工缝处理主要是清除表面乳皮，形成糙面，铺设砂浆或富浆混凝土，以使新老混凝紧密结合。

1. 施工缝处理方法

清除表层乳皮的主要方法有人工凿毛、机械凿毛、机械刷毛、压力水冲毛、风砂枪冲毛、高压水冲毛机冲毛和喷洒缓凝剂等，其中人工凿毛、机械凿毛、压力水冲毛和高压水冲毛机冲毛最常采用。

（1）人工凿毛主要用于小结构面、立面及预制模板内侧表面处理，工效较低。

（2）机械凿毛是利用风镐或凿毛专用工具进行缝面处理，此方法在北方地区冬季施工时仍普遍采用。凿毛专用工具有手气锤、手推式多头凿毛机（在其腹部设有8个冲击锤，交替冲凿缝面）等。专用工具既改善了传统凿毛机具冲击力大的缺点，提高了凿毛效率，也减少了工人的劳动强度。

(3) 压力水冲毛的水压力一般为0.4～0.6MPa。冲毛时间一般控制在混凝土初凝后至终凝前。压力水冲毛简便易行，效率较高。由于混凝土的初凝、终凝时间，受气温等影响有所变化，采用压力水冲毛不易掌握好冲毛时间，难以保证冲毛质量，且混凝土损耗较大，不宜在大型工程中重要部位使用。

(4) 高压水冲毛机冲毛是一种高效、经济、优质的缝面处理设备，冲毛压力一般为25～35MPa，最大为50MPa，冲毛时间在初凝和终凝之间，三峡工程的经验是混凝土浇筑后24～36h之间效果最好，每平方米冲毛时间以0.75～1.25min为宜。一般根据混凝土强度、气温及冲毛压力通过试验选定，适用于大中型工程。

(5) 风砂枪喷毛可以处理混凝土强度较高的缝面，且喷毛质量好、效率高，宜用于需要灌浆的纵、横缝面。

2. 缝面处理标准

混凝土施工缝面无乳皮，微露粗砂，有特殊要求的部位微露小石。

4.7.8 混凝土养护与保护

混凝土的养护与保护都是混凝土施工中十分重要的施工程序及主要防裂措施，养护重在保湿，保护则重在保温，其目的均是为混凝土成熟发展创造一个良好的外部环境，提高混凝土耐久性，防止裂缝发生、发展。

1. 混凝土养护

在混凝土浇筑完毕后的一段相当长的时间内，应及时进行混凝土养护工作，使其连续保持适当的温度和足够的湿度，以防因水分蒸发而使水泥水化作用不能充分地进行，混凝土强度增长受阻，甚至导致产生干缩裂缝。

多年来水电工程混凝土养护基本沿用洒水和覆盖两类传统的养护法，其中洒水养护方法使用最为普遍，常采用人工喷洒和排管喷淋两种方法。人工喷洒多用于平面和斜面的养护，但由于喷洒难以连续进行，时干时湿，不能保证养护质量，不利于温控防裂。排管喷淋主要用于斜面和竖直面的养护。覆盖养护方法通常用于过流面、永久结构面和长间歇施工缝面等处的养护、覆盖材料多采用草袋、锯末和湿砂。除上述两类基本养护方法外，有些工程还采用了蓄水养护、化学养护、喷雾养护和塑膜保湿养护等养护方式，各种养护方式各有其特点及适用性，其中喷雾养护，节水且养护效果好，并可对有特殊要求的部位提前进行养护，但管理要求严格。在水口水电站工程中曾采用可调节喷嘴造雾，喷嘴按一定间距布置在钢管上，通过旋转喷嘴上的调节装置，形成需要粒度的水雾。

混凝土初凝后应该及时养护，根据现场气温，一般是从混凝土浇筑完毕后12～18h开始，持续养护28d或更长。具体养护期的长短，应根据水泥品种、混凝土性能、气候条件以及建筑物结构形式和部位等确定。养护期间，要保持混凝土面湿润、当气温低于5℃时，宜暂停洒水养护但需加强表面保护。

2. 混凝土保护

根据混凝土坝施工实践和观测资料的分析，混凝土坝的裂缝除少数是基础贯穿性裂缝和深层裂缝以外，绝大部分属于表面裂缝。虽表面裂缝的深度和长度不大，宽度也较细微，但有可能进一步发展，影响混凝土的耐久性。表面裂缝成因十分复杂，但温度、湿度的变化是其主要成因。低温季节对大体积混凝土进行表面保护是混凝土防冻、防裂的必要措施，应予以高度重视。

（1）表面保护的分类。

表面保护分短期保护、长期保护和冬季保护三类。短期保护也称初期表面保护，其保护目的是防止混凝土早期由于日气温变幅较大，或寒潮袭击时突然降温而产生表面裂缝，重点是5～15d龄期混凝土的保护。长期保护除防止表面裂缝以外，一方面是防止已经产生的表面裂缝向不利的方向转化；另一方面是防止坝体温度超冷而引发贯穿性裂缝，防护期长达数月以至数年。冬季保护的目的则主要是防裂和防冻。

（2）表面保护所用材料及保护施工方法。

表面保护所用材料品种繁多，随地域、气候及年代不同而有所区别。近年来随着我国化学工业的发展，以往传统多采用的草帘、毛毡、刨花板、岩棉板等材料，逐步被泡沫塑料板、EPE片材等保温新材料所取代。新材料最显著的特点是重量轻、吸水率低，保温隔热效果好，施工方便。现介绍几种有代表性的材料及施工方法。

1）硬质泡沫塑料板。硬质泡沫塑料板板厚一般为5cm，主要用于有长期保护要求的坝体上游面，并应采用内贴方式。如李家峡水电站坝体的上游面，就采用了此种表面保护方法，硬质泡沫塑料板表面保护层的施工方法比较简便，主要采用内贴，即将硬质泡沫塑料板贴压在上游模板上，拆模后硬质泡沫塑料板与模板脱离，而与混凝土侧表面牢固的贴合，经久不脱（有意剥离也很难），从而达到长期保护的效果。

2）聚乙烯气垫薄膜。聚乙烯气垫薄膜一般分单膜单泡和双膜单泡两种，幅面宽度为50cm，单膜单泡厚5mm，双膜单泡厚8mm，该材料先后在葛洲坝工程、东江工程和安康工程中采用，施工方法主要有内贴和外贴两种，内贴即贴于模板内侧，拆模后，气垫膜结合于混凝土面上；外贴即是拆模后，采用SEA型水乳胶或聚氨酯类改性溶液将气垫膜粘贴在混凝土面上。

3）EPE片材。EPE片材是泡沫塑料毡的一种，幅面宽105cm，厚度0.5～12mm，密度$0.035g/cm^3$，吸水率$0.01g/cm^3$，导热系数0.02kcal/(m·h·℃)，是一种优质的混凝土保护材料，广泛用于三峡工程中。施工方法主要采用外贴和覆盖。外贴保护一般直接采用0.5～1.0mm的EPE片材或采用EPE片材与彩色防水编织布，复合卷材外贴于拆模后的混凝土侧面进行保护，加固方式多采用钢筋压条和木压条，利用模板拉杆将保温卷材压贴于混凝土外表面上。覆盖保护则多采用EPE片材和彩色防水编织布的复合卷材，对混凝土顶面进行覆盖保护。该方式主要用于混凝土顶面保护及混凝土浇筑过程中的仓面隔热保温。

如前所述，表面保护材料品种繁多，但无论采用何种材料，其施工方法及工艺十分重要，如何能将表面保护材料严密贴护在混凝土外表面是取得良好保护效果的关键，否则性能再优异的材料也不能达到良好的保护效果。

4.7.9　接缝灌浆技术措施

混凝土坝体积大，结构复杂，一般多采用柱状分缝的浇筑方法，块体间就出现垂直施工缝即纵缝和横缝。为使其形成整体，保证大坝的安全稳定，需要在施工缝面（横缝及纵缝）预埋灌浆系统进行接缝灌浆。混凝土坝接缝灌浆的工艺流程如图4.7.8所示。

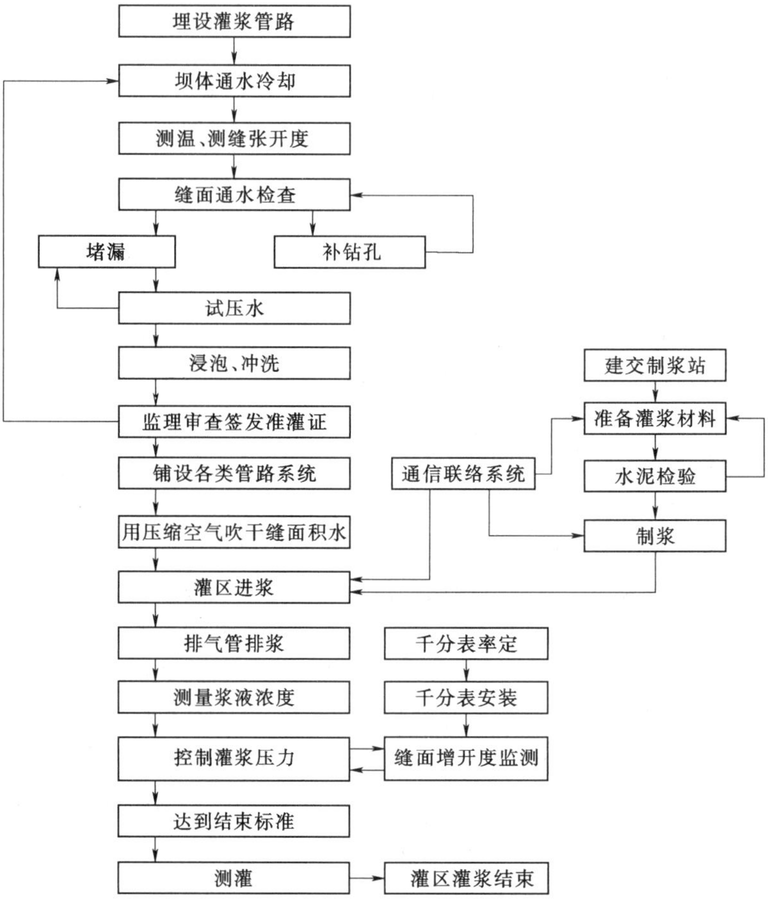

图4.7.8　混凝土坝接缝灌浆工艺流程图

4.7.4　坝体分区

接缝灌浆必须一次成功，二次补灌是难以取得好效果的，所以每个环节应严格控制施工质量。

1. 接缝灌浆的次序

(1) 同一接缝的灌区，应自基础灌区开始，逐层向上灌注。上层灌区的灌浆，应待下层和下层相邻灌区灌好后才能进行。

(2) 为了避免各坝块沿一个方向灌注形成累加变形，影响后灌接缝的张开度，横缝灌浆应自河床中部向两岸进展，或自两岸向河床中部进展，纵缝灌浆宜自下游向上游推进，主要是考虑到接缝灌浆的附加应力与坝体蓄水后的应力叠加，不致造成下游坝趾出现较大的压应力，同时还可抵消一部分上游坝踵在蓄水后的拉应力。但有时也可选灌上游纵缝，然后再自上游向下游顺次灌注，预先改善上游坝踵应力状态。

(3) 当条件可能时，同一坝段、同一高程的纵缝，或相邻坝段同一高程的横缝最好同时进行灌注。此外，对已查明张开度较小的接缝，最好先行灌注。

(4) 在同一坝段或同一坝块中，如同时有接触灌浆纵缝及横缝灌浆，应先进行接触灌浆。其好处可以提高坝块的稳定性，对于陡峭岩坡的接触灌浆，则宜安排在相邻纵缝或横缝灌浆后进行，以利于提高接触灌浆时坝块的稳定性。

(5) 纵缝及横缝灌浆的先后顺序，一般是先灌横缝，后灌纵缝。但也有的工程考虑到坝块的侧向稳定，先灌纵缝，后灌横缝。

(6) 同一接缝的上、下层灌区的间歇时间，不应少于14d，并要求下层灌浆后的水泥结石具有70%的强度，才能进行上层灌区的灌浆。同一高程的相邻纵缝或横缝的间歇时间应不少于7d。同一坝块同一高程的纵、横缝间隔时间，如果属于水平键槽的纵直缝先灌浆，须待14d后方可灌注横缝。

(7) 在靠近基础的接触灌区，如基础有中、高压帷幕灌浆，接缝灌浆最好是在帷幕灌浆之前进行。此外，如接触灌区两侧的坝块存在架空、冷缝或裂缝等缺陷时，应先处理缺陷，然后再进行接触灌浆。

2. 通水检查及灌区事故的处理

(1) 通水检查。

通水检查主要目的是查明灌浆管道及缝面的通畅情况，以及灌区是否外满，从而为灌浆前的事故处理方法提供依据。其步骤及要求如下。

1) 单开式通水检查。

分别从两进浆管进水，随即将其他管口关闭，依次有一个管口开放，在进水管口达到设计压力的情况下，测定各个管口的单开出水率，其通畅标准是，进水量大于70L/min，单开出水率大于50L/min。若管口出水量大于50L/min，可结束单开式通水检查，若管口通水率小于50L/min，则应从该管口进水，测定其余管口出水量和关闭压力，以便查清管道和缝面情况。

2) 封闭式通水检查。

从一通畅进浆管口进水，其他管口关闭，待排水管口达到设计压力（或设计压力的70%），测定各项漏水量，并观察外漏部位，灌区封闭标准为稳定漏水量应小于15L/min（不是集中渗漏），串层漏水量及串块漏水量应分别小于5L/min。

3) 缝面充水浸泡及冲洗。

每一接缝灌浆前应对缝面进行浸泡，浸泡时间一般不少于24h，然后用风水轮换冲洗各管道及缝面，直至排气管回清水，当水质清洁无悬浮或沉淀物，方能灌浆。

4) 灌浆前预习性压水检查。

采用灌浆压力压水检查，其目的是，选择与缝面排气管较为通畅的进浆管与回浆管循环线路，核实接缝容积，各管口单开出水量与压力，以及漏水量等效值，同时检查灌浆机运行可靠性。

(2) 灌区事故及其处理。

经过通水检查，可基本判明灌区事故部位及事故类型，灌区事故类型及处理方法分述如下。

1）灌浆管道不通的处理。

进回浆管道不通的处理。处理前，先将灌区充分浸泡7d左右，再用风和水轮换冲洗，风压限制为0.2MPa，水压不超过0.8MPa（逐级加压，每0.05MPa为一级），风和水轮换冲洗时，应将所有管口敞开，以免一旦疏通后缝面压力骤增。如堵塞部位距表面较近，可凿开混凝土，割除管道堵塞段，恢复进回浆管。当上述措施无效时，可视具体情况采用骑缝钻孔或斜穿钻孔代替进回浆管。

排气系统不通的处理。当排气管不互通或排气管与进回浆管不互通时，可初步判断为排气系统不通（也存在缝面不通的可能性），如经疏通无效，一般采用风钻孔或机钻孔穿过灌区顶层，代替原管道，一侧排气管至少布置三个风钻孔或一个机钻孔，机钻孔单孔出水率大于50L/min，风钻孔单孔出水率大于25L/min时，可认为畅通。

2）缝面不通的处理。

当进回浆管互通，排气管本身也互通，但进回浆管与排气管之间不互通时，可判断为缝面不通。缝面不通的原因有三种可能：缝面被杂物堵塞细缝或压缝。如是前者，可以用反复浸泡、风和水轮换冲洗的办法：如为压缝，则可打风钻孔或机钻孔代替出浆盒，用联孔形成新的灌浆系统；如为细缝，则只能采取细缝灌浆措施。

3）止浆片失效引起外漏的处理。

一般采用嵌缝堵漏的方法，根据外漏部位及漏量大小，可沿外漏接缝凿槽，再用水泥砂浆、环氧砂浆或棉絮等材料嵌堵，能比较有效地阻止浆液外漏。

4）特殊情况的灌浆方法。

灌区与混凝土内部架空区串漏时的灌浆，当灌区与混凝土内部架区互串时，由于漏最大，灌浆时间必然延续较长，若管道及缝面又不太通畅，则不宜采取降压沉淀的方法，否则，缝面由下至上泌水，阻力增大，最终可能导致梗塞。通常在变换至最终级浓浆，缝面起压正常后，保持50%～70%的设计压力灌注，当吸浆量急剧下降时，再升到设计压力灌注，直至达到正常标准时结束。

止浆片失效引起外漏的灌浆，灌区由于止浆片失效而引起的外漏，一般先嵌缝堵漏，再进行温浆。当灌浆过程中发现外漏严重时，如缝面处于充填初级浆液阶段可及时冲掉，嵌缝再灌。如缝面处于充填中级或终级浆液时，可边嵌边灌，同时在灌浆工艺上采取间沉淀或降压循环的措施，迅速增大缝面浆液黏度，促使缝面尽早形成塑性状态，当吸浆率明显减少时，在设计压力下正常灌注至结束。

止浆片失效引起相邻灌区串漏的灌浆。一般处理方法有两种：一种是先将表面外漏外嵌缝，然后多区同灌，每个灌区配一台灌浆机，可灌性差或漏量大的灌区先进浆，以利于各灌区同时达到在设计压力下灌注，当某一灌区先具备结束条件时，须待串漏区的吸浆率在设计压力下明显减小，才能先行并浆，互串区先后结束间隔时间，一般控制不超过3h；另一种是当不允许互串灌区同灌时，也可采取下层灌浆，上层通水平压防止下层浆液串入上层的措施，上层通水时的层底压力，应与下层灌浆的层顶压力相等。

进回浆管道全部失效时的灌浆。布置条件许可，可作骑缝钻孔代替进回浆管（孔距一般 3m)，风钻孔代替排气管，灌浆方法与正常条件下的灌浆方法基本相同。如无条件布置骑缝机钻孔时，可采用风钻斜穿孔，一般 3～6m 布置一孔，各孔均设内管（进浆管)，孔口设回浆管，从灌区下层至上层将进、回浆管分别并联成若干孔组，并留出排气孔，灌浆时，下层孔组进浆，上层孔组回浆，中层孔组放浆，灌至达到结束条件时停止。

细缝灌浆。细缝一般指冷却至灌浆温度后，张开度仅为 0.3～0.5mm 的灌区，在灌浆施工中，一般采取下列措施：

a. 用细度为通过 6400 孔/cm 的筛余量在 2%以下的 525 号硅酸盐磨细水泥。

b. 在灌浆初始阶段，提高进浆管口压力，尽快使排气管口升压，有利于细缝张开，其张开度应严格控制在 0.5mm 以内。

c. 采取四级水灰比，即 4∶1、2∶1、1∶1、0.6∶1 浆液灌注。先用 4∶1 浆液润滑管道与缝面，2∶1 浆液过渡，尽快以 1∶1 浆液灌注，尽可能按终级浆液结束，最后从排气管倒灌补填。浆液中可掺用塑化剂（掺量不超过水泥重量的 3%为宜)，以改善浆液流动性。

d. 灌浆过程中，当变浆后排气管放出稀浆时，即从两侧进浆，或与排气管同时进浆，以改善缝面浆压分布（因缝面出浆盒有时局部阻塞)。

e. 在经过论证的情况下，采用坝块超冷（即比灌浆温度低 2～4℃)，力求改善缝面张开状况。

f. 化学灌浆（使用不多)，必须谨慎选用化学灌浆材料和施工工艺。

3. 接缝灌浆的基本条件

(1) 灌区两侧混凝土温度必须达到设计规定的接缝灌浆温度。

(2) 除结构上不具备条件外，灌区上部应有 9m 厚混凝土压重，且其温度也应达到设计规定的接缝灌浆温度。

(3) 灌区两侧坝块混凝土龄期应大于 6 个月，对少数特殊灌区混凝土龄期少于 6 个月，应采取补偿混凝土变形等措施，但混凝土龄期不得少于 4 个月。

(4) 小于 0.5mm 的缝，应做细缝处理，可采用湿磨细水泥灌浆或化学灌浆；灌浆管道系统和缝面畅通，灌区止浆封闭完好。

(5) 灌浆一般安排在 12 月至次年 3 月低温季节进行。

4. 接缝灌浆的质量检查

灌区的接缝灌浆质量，应以分析灌浆资料为主，结合钻孔取芯、槽检等质检成果，进行综合评定。主要评定项目有：

(1) 灌浆时坝块混凝土的温度。

(2) 灌浆管路通畅，缝面通畅以及灌区密封情况。

(3) 灌浆施工情况。

(4) 灌浆结束时排气的出浆密度和压力。

(5) 灌浆过程中有无中断、串浆、漏浆和管路堵塞等情况。

(6) 灌浆前、后接缝张开度的大小及变化。

(7) 灌浆材料的性能。

(8) 缝面注入水泥量。

(9) 钻孔取芯、缝面槽检和压力检查成果以及孔内探缝，孔内电视等测试的成果。

5. 接缝灌浆管路埋设技术

(1) 灌浆管路布置原则。

1) 管路短，平顺。

2) 施工工艺简单，减少与混凝土浇筑的干扰。

3) 在设置灌区时，应考虑灌区所在位置与管头位置间的浆柱压力。

4) 灌区高度应利于冷却及进度安排。灌区高度与缝面压力损失见表 4.7.3。

表 4.7.3　　灌区高度与缝面压力损失关系表

灌区高度/m	浆柱压力/($\times10^5$Pa)	缝面阻力/($\times10^5$Pa)	压力损失之和/($\times10^5$Pa)
8	1.44	0.432～0.864	1.872～2.304
12	2.16	0.648～1.296	2.808～3.456

由表 4.7.3 可以看出，每个灌区的控制高度为 8～15m，灌区面积以不大于 300～500m^2 为宜。

(2) 出浆形式。

出浆形式有盒式出浆、塑料拔管的孔洞式出浆及槽式出浆，它们的特点见表 4.7.4。

表 4.7.4　　各类出浆形式特点表

出浆形式	特　　点
盒式出浆	1. 点出浆。出浆盒应布置在先浇块键槽的倒坡上； 2. 出浆可靠性略差，施工中宜堵塞管路； 3. 工序多，与混凝土浇筑干扰大，不利于混凝土的快速浇筑； 4. 成本较高，劳动强度大
孔洞式出浆	1. 线出来，升浆管垂直布置； 2. 出浆均匀，扩散快，管路畅通性好； 3. 施工工序少，与混凝土浇筑干扰少，能快速施工； 4. 成本低、工人劳动强度低
预留出浆槽	1. 面出浆，升浆均匀，扩散快，畅通性好； 2. 施工干扰少，有利于混凝土的快速施工； 3. 安装容易，成本低，工人劳动强度低； 4. 因无出浆管，灌浆时缝面阻力大

从我国各个大型工程接缝灌浆实践来看，凡采用塑料拔管的孔洞式出浆的，其缝面畅通和排气情况均较好，灌浆质量好，应优先采用。出浆槽首次应用于二滩水电站，其布置形式如图 4.7.9 所示。

(3) 管路布置形式。

采用塑料拔管工艺，进回浆管、排气管除引入廊道或坝外部分为铁管外，其余为塑料硬管，排气槽及升浆管为软塑料拔管，其布置为纵、横缝的进回浆管均为卧式回路系统，升浆管为等距的垂直分布，间距以 1.5m 为宜，其顶部终止在排气拔管以下

1.0～1.5m 处，如图 4.7.10、图 4.7.11 所示。

(4) 管路埋设程序。

1) 埋设条件。

管路埋设前要求结束仓面混凝土的冲毛清理，缝面要冲毛并冲洗干净，割除锚筋头，做好止浆片的整理、补焊工作，最后经验收合格后立即浇筑混凝土。

2) 管路埋设。

a. 在先浇块上预埋短钢筋、半圆条及铁钉。

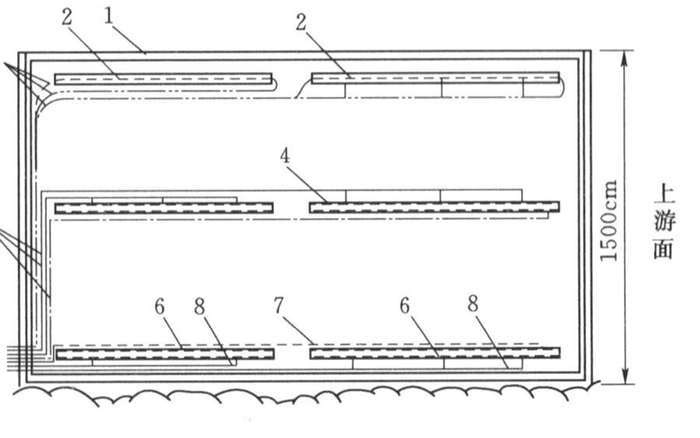

图 4.7.9　预留出浆槽布置示意图

1—止浆片；2—排气槽拔管；3—回浆钢管；4，6—进浆V形槽；5—进浆钢管；7—排气管；8—灌浆管

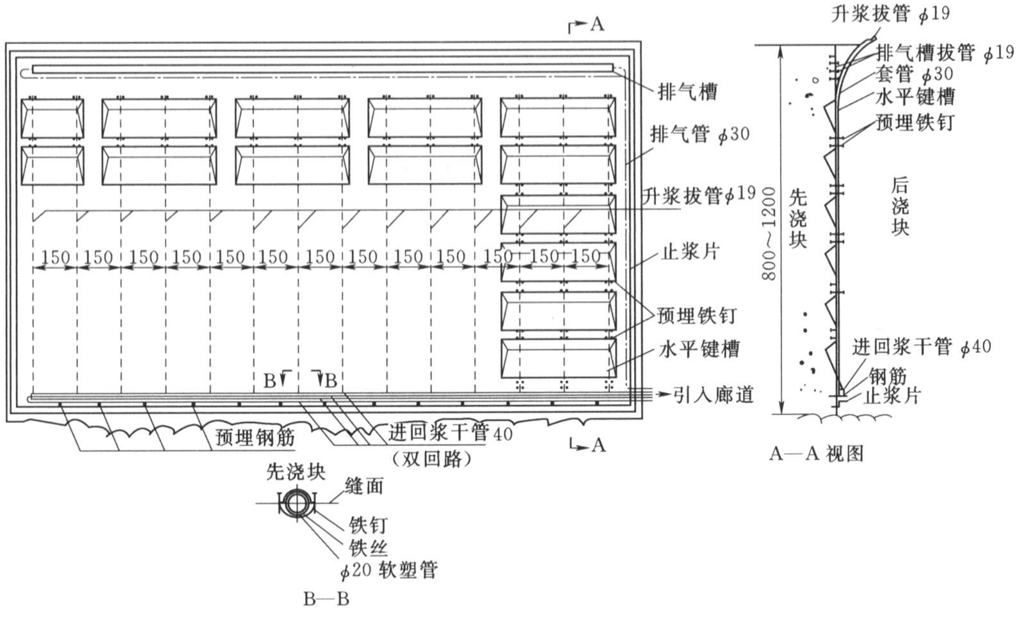

图 4.7.10　纵缝灌浆管路布置示意图（单位：cm）

b. 在后浇块上安装进回浆干管，将塑料软管呈锥形封闭端插入进浆干管的三通管内，顺直地将它嵌入先浇块的半圆槽内，用细铁丝捆扎牢靠，然后充气使其膨胀ϕ30，并与三通管连接紧密（当气温较低时，应将软塑料管置入盆中用热水浸泡至软化为止）。待该层混凝土浇筑收仓 48h 后进行放气拔管，用木塞临时封堵好孔洞，防止污物落入。再浇筑混凝土时，取出孔口保护塞，逐孔逐段通水检查，并将沉积在管路内的污物冲洗干净，然后将塑料软管插入骑缝预留孔洞内，如图 4.7.12 所示。按起始层的安装要求进行固定与充气，依此循环，随混凝土浇筑的逐层升高，进行逐层拔管，逐层通水检查，逐层安装，直至该灌区安装结束。

c. 水平排气槽孔安装。在先浇筑块的水平止浆片下，沿水平方向钉两根ϕ30 的

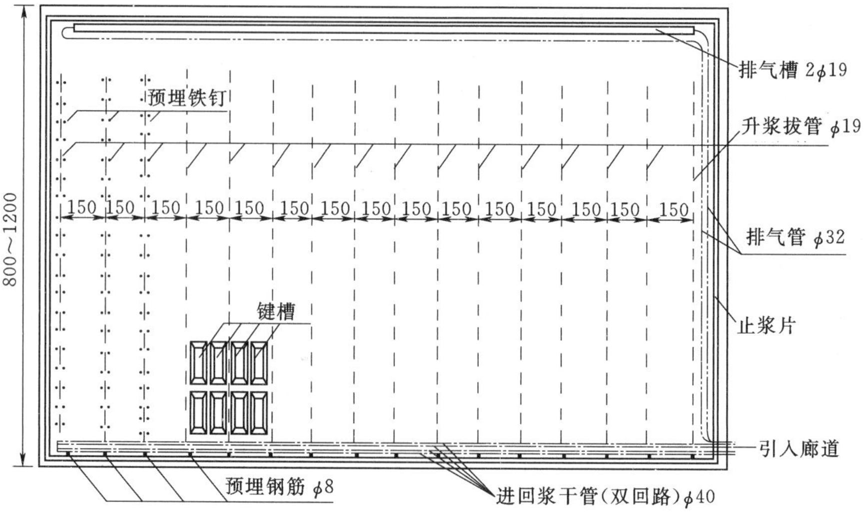

图 4.7.11 横缝灌浆管路布置示意图（单位：cm）

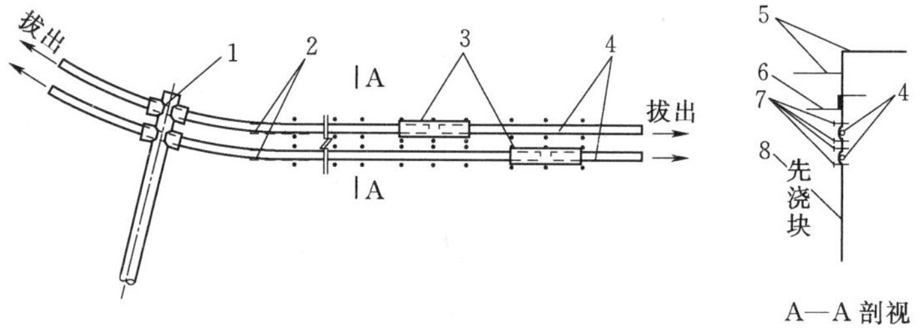

图 4.7.12 水平排气管埋设与拔出示意图

1—排气干管 ϕ32；2—ϕ30 半圆凹槽；3—ϕ25 硬塑料套管；4—ϕ20 软塑料管；5—浇筑分层线；6—止浆片；7—预埋铁钉；8—缝面

半圆条和铁钉，拆模后形成两水平状的半圆槽，在半圆槽内安装两根 ϕ20 的塑料软管。若灌区的长度较大，塑料软管须分段拔出，段与段之间用 ϕ25 硬塑料套管连接。塑料软管拔出后，将混凝土面上的孔洞严密封堵。

4.7.10 混凝土裂缝的检查与处理

裂缝是混凝土最常见的缺陷之一，严重的裂缝会破坏建筑物的整体性，构成渗水通道，改变荷载图形，致使建筑物混凝土易受剥蚀，钢筋易遭锈蚀，降低建筑物耐久性。对影响建筑物安全的裂缝，必须认真进行检查和补强处理。

4.7.10.1 裂缝分类

水工混凝土体积庞大，受自身和周围介质的影响易产生裂缝。只要缝宽超过 0.1mm 的裂缝，均可用肉眼查到，但要查更细的裂缝比较困难。在仓面上先洒水再用风吹干或晒干，可查到比头发丝还细的裂缝。缺乏经验的裂缝检查员往往较难找到裂缝，或者发现一部分明显的而漏掉一些细微裂缝。如果了解裂缝发生的机理和规律，对查裂缝是有帮助的。

1. 裂缝产生的主要规律

(1) 裂缝一般多在浇筑块长边方向发生，尤其是长宽比较大时更是如此。

(2) 裂缝多发生浇筑仓长边1/2或1/3处。

(3) 结构形状突变处（如孔洞、棱角、断面突变等），高低标号级差大的结合面都容易出现裂缝。

(4) 基础混凝土，长期停歇的老混凝土及受约束的新混凝土易出现裂缝，尤其是夏季浇筑的混凝土到秋冬季降温时，由于内外温差过大而易产生裂缝。

(5) 浇筑后5～10d，如不及时保温，遇到寒潮袭击（2～3日平均气温下降6℃以上）易产生裂缝。

(6) 高标号混凝土或掺有某些掺合料，养护不好时也易开裂。

2. 混凝土裂缝检查手段

(1) 普查，用肉眼观察裂缝宽度、走向，并绘制成裂缝图加以说明。

(2) 超声波探查，对认为可能为深层或贯穿裂缝的一些少数裂缝，在裂缝两侧打垂直风钻孔。插入探头，进行超声波探查判明裂缝深度。

(3) 钻孔压水（压风）检查，采用机钻（$\phi 91$）或风钻（$\phi 55$、$\phi 60$）打孔压水（压风）检查裂缝的深度。孔深穿过缝面0.5m左右。

3. 大体积混凝土裂缝分类

根据裂缝的宽度、长度、深度，所在部位及裂缝原因等因素进行分类：

Ⅰ类：缝宽$\delta<0.2$mm，缝深$h\leqslant30$cm，外观为龟裂状或呈细微而不规则裂缝，对结构应力耐久性和结构物安全本无影响；缝宽0.2mm$\leqslant\delta<$0.3mm或缝深30cm$<h\leqslant$100cm，数量较少，呈规则状，且缝平面长度不大于坝块宽度的1/3，若该缝不在迎水面上，也未位于强约束区，对结构应力、耐久性和结构物安全基本无影响。

Ⅱ类：缝宽0.2mm$\leqslant\delta<$0.3mm和缝深30cm$<h\leqslant$100cm者，数量较少，呈规则状，缝平面长3m$<L<$5m，呈规则状，对结构应力和安全运行有轻微的影响。

Ⅲ类：缝宽0.3mm$\leqslant\delta\leqslant$0.5mm和缝深100cm$<h\leqslant$500cm，缝平面长度不小于坝块宽度的1/3，侧面长度大于1～2个浇筑层厚度，呈规则状；缝宽0.2mm$\leqslant\delta<$0.3mm和缝深30cm$<h\leqslant$100cm者，裂缝长度贯穿整个坝块；缝宽0.2mm$\leqslant\delta<$0.3mm和缝深30cm$<h\leqslant$100cm者，且裂缝位于上游迎水块面上；缝宽0.2mm$\leqslant\delta<$0.3mm和缝深30cm$<h\leqslant$100cm者，且裂缝位于上游块基础强约束区内。

这类裂缝对结构物的整体性有一定影响，一旦进一步发展，危害性更大。

Ⅳ类：缝宽$\delta>$0.5mm，缝深$h>$5m，侧（立）面长度大于500cm，裂缝若从基础面开裂，且平面上贯穿全仓，则称为基础贯穿裂缝，否则称为贯穿裂缝。

此类裂缝使结构应力、耐久性和稳定安全系数降低到临界值或以下，结构物的整体性稳定性受到破坏。

4. 钢筋混凝土裂缝分类

Ⅰ类：表面缝宽0.2mm$\leqslant\delta<$0.3mm，缝长50cm$\leqslant L<$100cm，缝深$h\leqslant$30cm。

Ⅱ类：表面缝宽0.2mm$\leqslant\delta<$0.3mm，缝长100cm$\leqslant L<$200cm，缝深30cm$<h\leqslant$100cm，且不超过结构厚度的1/4。

Ⅲ类：表面缝宽0.3mm$\leqslant\delta<$0.4mm，缝长200cm$\leqslant L<$400cm，缝深100cm$<h\leqslant$200cm，或大于结构厚度的1/2。

Ⅳ类：表面缝宽 $\delta \geqslant 0.4$mm，缝长 $L \geqslant 400$cm，缝深 $h \geqslant 200$cm 或基本将结构裂穿（缝深大于 2/3 结构厚度）。

钢筋混凝土板梁构件，施工期不允许出现裂缝。

4.7.10.2 裂缝处理的标准与原则

混凝土裂缝处理，应达到保证结构的整体稳定，防止水压力突然改变，满足钢筋耐久性要求和混凝土抗冲磨要求。

对Ⅰ类缝一般不作处理，但对有抗冲磨要求的部位，当缝面破碎度超过 5mm，要求将混凝土裂缝表面洗净干燥后涂刷新配制的环氧浆液，或用高分子浸渍作表面保护。对上游迎水面亦应作相应处理。

对Ⅱ类缝，一般处理措施同Ⅰ类缝；当位于上游迎水面或抗冲耐磨混凝土可进行浅层化学灌浆，并作缝口保护处理。

对Ⅲ类缝和Ⅳ类缝必须进行处理，如不处理可能导致建筑物失稳破坏和严重影响钢筋锈蚀。一般采用布筋和灌浆处理。

钢筋混凝土迎水面裂缝，当裂缝超过钢筋混凝土允许开度时，必须进行处理。

4.7.10.3 裂缝补强处理方法

裂缝补强处理方法可分为三类，即表面处理（封闭防渗）、灌浆（或加布筋）处理，必要时可采用锚固处理。

表面处理：处理的目的是进行缝口封闭，防止渗漏和钢筋锈蚀。对位于有抗冲磨要求的过流面裂缝，处理后可增加其表面抗冲磨能力。处理的方法包括沿缝口凿缝嵌缝、缝口贴橡皮板和做防渗层（浇沥青防渗层）、缝口涂刷、贴环氧玻璃丝布、高分子聚合物缝口浸渍等。

灌浆或灌浆加布筋处理（仓面上裂缝）：灌浆处理主要用于深层裂缝及贯穿裂缝。常用灌浆处理方法有水泥灌浆和化学灌浆两种。通过灌浆旨在恢复结构的整体性。实践证明，只要选材得当，工艺合理，除可填塞裂缝达到防渗目的外，还可恢复结构的整体性。灌浆补强的目的不同，对浆材的要求也不同，以堵漏为目的，常选用丙凝、水玻璃、水溶性聚氨酯等材料。这些材料抗渗性极好，有的具有失水干缩遇水膨胀等特性，能在静水中和动水中凝固；有的能在极短的时间内凝结；有的弹性好，能适应裂缝活动和变化。以恢复结构整体性为目的常选用黏结强度高的环氧、甲凝类浆材。

锚固处理常用于严重影响结构整体性和可能造成运行安全性的裂缝，锚固处理主要为采用预应力锚索加固措施。随着高强钢丝的出现，预应力锚固技术已被广泛地应用于水工混凝土建筑物的加固与补强，并且由单根发展成束，取得了良好的效果。

4.7.11 混凝土不密实与渗漏的检查与处理

水工混凝土的密实性是衡量工程施工质量的重要指标之一。如果发生混凝土内部架空或不密实，将影响建筑物整体性、耐久性和安全稳定性，严重的还会导致建筑物渗水、漏水、空蚀，而不能正常运行，特别是钢筋混凝土结构产生架空或不密实，将造成混凝土中钢筋锈蚀，降低钢筋与混凝土的握裹力，恶化结构的受力状态，产生严重的隐患。对泄水建筑物的混凝土表面，由于有抗冲耐磨要求，不允许存在蜂窝或孔洞，否则将扰乱流态，造成空蚀破坏。

水工混凝土产生局部架空或不密实，其原因是多方面的：如混凝土配合比不当、施工机具不配套、工艺不严密或操作人员素质差等。例如采用胶带机或自卸汽车直接入仓浇筑混凝土，由于入仓速度较快，又无平仓振捣机，或平仓振捣机的能力不够，只能依靠人力操作平仓振捣，就极易发生骨料集中和漏振；当采用吊罐入仓时，若混凝土级配不好、坍落度过小、振捣器不够或布料方式不当，欠振漏振，粗骨料堆积分离，亦会产生混凝土架空现象。

1. 检查方法

目前混凝土表层的局部架空和墩、墙、板、柱等结构的局部不密实，一般有无损检查和钻孔检查两种方式。无损检查的方法主要有敲击、超声波探伤等，钻孔包括机钻孔和风钻孔两种，采用注水（或抽水）及压水检查。机钻孔可从芯样描述了解密实情况，对钻孔还可采用孔内电视观察孔隙架空情况等。

2. 不密实的补强处理

对混凝土局部架空的处理，主要目的是恢复混凝土的密实性、抗渗性、力学强度和止水要求。对混凝土架空的处理，一般都采用水泥灌浆补强，以满足设计强度和抗渗要求。对于发生在止水系统附近的不密实和局部架空、门槽的金属结构及机电设备埋件附近的脱空和不密实，常用化学灌浆处理，对于高速水流区的架空，通常采取局部凿除后，回填干硬性预缩砂浆或补浇高标号混凝土；对于有抗冲耐磨要求的重要部位外表不密实部位，凿除后可用氯偏聚合物改性水泥砂浆或环氧砂浆回填；对于护坡护岸，挡墙或没有外观要求且处理面积较大的架空，为了快速和经济，可使用喷射混凝土进行修补。

3. 渗漏的处理

混凝土渗漏主要包括由裂缝、施工缝面、冷缝、伸缩缝、蜂窝空洞和迎水面防渗标号低于设计标准等引起的渗漏。

水工混凝土的渗漏使建筑物内部产生较大的渗透压力，有的甚至影响建筑物的安全，如有侵蚀性渗水，还会使混凝土强度降低，破坏建筑物结构，因此在混凝土施工过程中，必须注意施工质量，发现渗漏后及时妥善处理，不留隐患。渗漏处理的基本原则是“上堵下排”，以堵为主，以排为辅。在制定具体处理措施时，要根据渗漏的部位、危害程度，以及修补条件等实际情况综合考虑后确定。

止水结构的防渗处理：一般采用补灌沥青、钻孔灌浆和补做止水结构设施。上游面补做止水设施的方法有坝面补做止水结构、坝在镶铜片（或镀锌铁皮等）和截水墙等。

抗渗标号低于设计标准的处理：主要采用喷涂氯丁砂浆或补做混凝土防渗板的方法进行处理。

冷缝、蜂窝麻面渗漏处理：冷缝及蜂窝麻面的渗漏属局部渗漏，其处理方法主要是采用凿槽填补环氧砂浆预缩砂浆，在迎水面进行封堵。

4.7.12 混凝土的温度控制

为了明确混凝土温度控制的基本任务，应首先弄清混凝土的温度变化过程及与温度变化密切相关的温度裂缝问题。

4.7.5 ▶
大体积混凝土温度控制

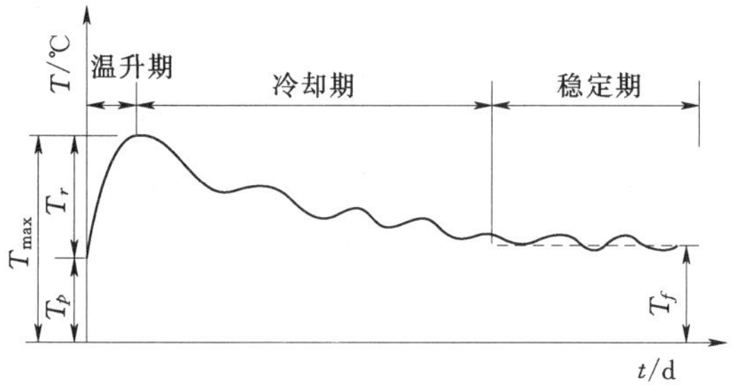

图 4.7.13 大体积混凝土的温度变化过程线

1. 混凝土的温度变化过程

混凝土凝固过程中，由于水泥水化，释放大量水化热，使混凝土内部温度逐步上升，如图 4.7.13 所示。对尺寸小的结构，由于散热较快，温度不高，不致引起严重后果。但对大体积混凝土，最小尺寸也常在 3～5m 以上，而混凝土导热性能随热传导距离呈非线性衰减，大部分水化热将积蓄在浇筑块内，使块内温度达 30～50℃，甚至更高。

2. 混凝土温度裂缝控制

大体积混凝土的温度变化必然引起温度变形，温度变形若受到约束，势必产生温度应力。由于混凝土的抗压强度远高于抗拉强度，在温度压应力作用下不致破坏的混凝土，当受到温度拉应力作用时，常因抗拉强度不足而产生裂缝。随着约束情况的不同，大体积混凝土温度裂缝有如下两种。

（1）表面裂缝。

混凝土浇筑后，由于水化热温升，体积膨胀，如遇寒潮，气温骤降，表层降温收缩。内胀外缩，在混凝土内部产生压应力，表层产生拉应力。

当表层温度拉应力超过混凝土的允许抗拉强度时，将产生裂缝。这种裂缝多发生在块体侧壁，方向不定，数量较多。由于初浇的混凝土塑性大，弹模小，限制了拉应力的增长，故这种裂缝短而浅，称为表面裂缝，随着混凝土内部温度下降，外部气温回升，有重新闭合的可能。

（2）贯穿裂缝和深层裂缝。

变形和约束是产生应力的两个必要条件。由温度变化引起温度变形是普遍存在的，有无温度应力出现的关键在于有无约束。人们不仅把基岩视为刚性基础，也把已凝固弹模较大的下部老混凝土视为刚性基础。这种基础对新浇不久的混凝土产生温度变形所施加的约束作用，称为基础约束。这种约束在混凝土升温膨胀时引起压应力，在降温收缩时引起拉应力。当此拉应力超过混凝土的允许抗拉强度时，就会产生裂缝，称为基础约束裂缝。由于这种裂缝自基础面向上开展，严重时可能贯穿整个坝段，故又称为贯穿裂缝。此种裂缝切割的深度可达 3～5m 以上，故又称为深层裂缝。裂缝的宽度可达 1～3mm，且多垂直基面向上延伸，既可能平行纵缝贯穿，也可能沿流向贯穿。

3. 温控方法

（1）减少混凝土的发热量：采用低发热量的水泥；掺混合材料，如粉煤灰；按坝体不同部位选择不同标号混凝土；加大最大骨料粒径，可减少水泥用量，如 4 级配比 3 级配减少水泥 3%～4%；采用低流态混凝土，如 3～5cm 比 6～8cm 坍落度减少水泥 15%～20%；掺外加剂。掺引气剂可减少水泥 5%～10%。

（2）降低混凝土的入仓温度：合理安排浇筑时间，避开高温时段；低温水或加冰拌和混凝土；降低骨料温度，包括提高料堆高度、在料堆顶部水冷、预冷骨料；运输过程中防晒隔热；仓面喷雾、覆盖；加强管理，加快施工速度。

（3）加速散热：薄块浇筑；合理控制间歇时间；表面流水养生；坝内通冷却水管。

4. 技术措施

（1）检测温度。

温度量测应使用率定合格的酒精温度计、水银温度计或远红外线温度仪。

出机口温度检测：量测出机口混凝土表面下3～5cm深处的温度；白天每1～2h量测一次，夜间每3h量测一次。

入仓温度检测：量测仓面料堆表面下5～10cm深处的温度；每1～2h量测一次。

浇筑温度检测：量测振捣后即将覆盖上坯层混凝土的本坯层混凝土表面下5～10cm深处的温度；每$100m^2$仓面面积至少布置一个测点，每坯层至少布置5个测点；高温时段每0.5h测一次，其他时段每2h测一次。

（2）通冷却水。

制冷水供水干管应采用橡塑包裹保温：$\phi150$管保温厚度宜不小于7cm，$\phi300$～400管保温厚度宜不小于8cm。通水作业前要认真清点和核对埋设水管时所标识的管路布置和管口位置，并做好交接记录。廊道内供水主干管及支干管网铺设形成后，须在每根支、干管上安装阀门以控制通水流量。通水之前先对冷却水管进行通畅性检查，通畅标准：水压0.2MPa时，流量大于15L/min为通畅，8～15L/min为半通畅，小于8L/min为微通。对于半通畅、微通的冷却水管应采用风、水轮换冲洗的方法进行疏通，如仍未能疏通，应采取专门的措施处理。必须坚持按管口标识每天变换一次通水流向，单日A进B出，双日B进A出。严格控制通水流量和水温，用流量计检测通水流量，用温度计检测进水温度和回水温度，并按要求格式做好记录。通水冷却原始资料记录和收集由当班人员负责完成，数据必须真实、完整。冷却通水结束后由专门人员对资料进行整理、分类、归档。对于低标号混凝土，冷却水管被覆盖后立即通水；对于高标号混凝土，开仓后即通冷却水。应至少每4h测量一次冷却水的进水温度、出水温度和流量。混凝土温度与水温之差不得超过25℃，在混凝土降温时段每天降温幅度不得超过1℃。中期通水前应全面检查冷却水管通畅情况，以流量大于18L/min作为通畅标准。单根冷却水管通水流量不得小于20L/min，可选择1/2～1/4的水管数交替测量，每天1次。混凝土温度与水温之差不得超过20℃，每天降温幅度不得超过1℃。混凝土内部温度达到设计温度时结束通水。冷水管布置示意图如图4.7.14所示。

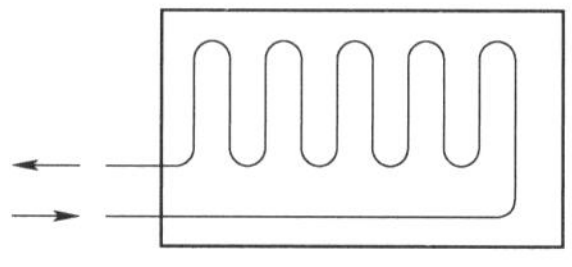
(a) 纵向布置

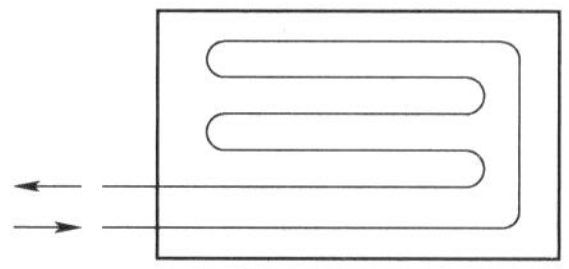
(b) 横向布置

图4.7.14　冷却水管的布置图

（3）预冷措施。

混凝土拌和时，可采用冷水、加冰等降温措施。加冰时，宜用片冰或冰屑，适当延长拌和时间。粗骨料预冷可采用风冷、浸水、喷洒冷水等措施。采用风冷法时，应采取措施防止骨料（尤其是小石）冻仓。采用水冷法时，应有脱水措施，使骨料含水量保持稳定。骨料从顶冷仓到拌和楼，应采取隔热保温措施。成品料场骨料的堆高不宜低于6m，应有足够的储备量。通过地下廊道取料。搭盖凉棚，喷洒水雾降温（细骨料除外）等。仓内喷雾只能解决短暂环境温度，在实践中使用效果并不显著。

在锦州锦凌水库施工时，采用地下冰窖的形式在冬季自然冻冰储冰，夏季使用的方式得到了成本的降低。

4.7.6

特殊季节的混凝土施工

4.7.7

混凝土坝的施工质量控制

4.7.13 混凝土工程验收质量标准

1. 混凝土现场施工质量评定

混凝土施工质量应符合表4.7.5和表4.7.6的要求。

表4.7.5 混凝土施工质量标准

项次		检验项目	质量要求	施工单位自检		监理单位检验	
				检验方法	检验数量	检验（工作）方式	检验数量
主控项目	1	入仓混凝土料	入仓混凝土应符合C.0.3条的要求，不合格料不应入仓	观察，查阅记录及检验报告	全部	平行检验	全部
	2	平仓分层	厚度不大于振捣棒有效长度的90%，铺设均匀，分层清楚，无骨料集中现象	观察	全部	旁站	全部
	3	振捣	振捣次序、间距、留振时间等符合要求，无漏振、无过振	观察	全部	旁站	全部
	4	铺料间歇时间	符合要求，无初凝现象	观察、量测	全部	旁站	全部
	5	入仓温度（有温控要求时）	符合设计要求	量测	每4h检测1次	平行检验	施工单位自检数量的10%
一般项目	1	砂浆铺筑	砂浆铺筑厚度为20～30mm，铺设均匀，无漏铺	观察、量测	每100m^2不少于5个点	见证检验	施工单位自检数量的20%
	2	积水和泌水	无外部水流入，泌水排除及时	观察	全部	旁站	全部
	3	插筋、管路等埋设件的保护	符合设计要求	观察	全部	现场巡视	—
	4	养护措施	浇筑后应及时养护，养护方法符合要求	观察	全部	现场巡视	—

表 4.7.6　　　　　　　　　　混凝土外观质量标准

项次		检验项目	质量要求	施工单位自检		监理单位检验	
				检验方法	检验数量	检验（工作）方式	检验数量
主控项目	1	有平整度要求的部位	符合设计要求	量测	$100m^2$ 以上的表面检查6～10个点，$100m^2$ 以下的表面检查3～5个点	平行检验	施工单位自检数量的10%
	2	轴线位置	梁、板、柱、墙等结构混凝土允许偏差为10mm	量测	不少于5个点	见证检验	施工单位自检数量的20%
	3	形体尺寸	符合设计要求或尺寸的最大允许偏差为±20mm；梁、板、柱、墙等结构混凝土最大允许偏差为±5mm	量测	长、宽、高等主要尺寸每项不少于5个点	平行检验	施工单位自检数量的10%
	4	重要部位缺损	不应出现缺损	观察、量测	全部	平行检验	全部
一般项目	1	表面平整度	每2m偏差不大于8mm；梁、板、柱、墙等结构混凝土每2m偏差不大于5mm	量测	面积 $100m^2$ 以内的检查3～5个点，$100m^2$ 以上的检查6～10个点	平行检验	施工单位自检数量的10%
	2	表面裂缝	表面裂缝短小、深度不大于钢筋保护层厚度，表面裂缝经处理符合设计要求	观察、量测	全部	见证检验	全部
	3	外观缺陷	混凝土结构的外观质量不应有严重缺陷及影响结构性能和使用功能的尺寸偏差，麻面、蜂窝累计面积不超过本单元工程外露面的0.5%，孔洞单个面积不超过 $0.01m^2$，且深度不超过骨料最大粒径，经处理符合设计要求；错台、跑模、掉角经处理符合要求	观察、量测	全部	见证检验	全部

2. 混凝土设计龄期质量评定

现场混凝土质量检验应以抗压强度为主，并以150mm立方体试件、标准养护条件下的抗压强度为标准。

混凝土试件以机口随机取样为主，每组混凝土试件应在同一储料斗或运输车箱内取样制作。浇筑地点取一定数量的试件进行比较。

混凝土强度的检验评定应以设计龄期抗压强度为准。有根据不同强度等级（标号）按月评定，当组数不足30组时可适当延长统计时段。混凝土生产质量水平评定标准见表4.7.7。

表4.7.7 混凝土生产质量水平评定标准

评定指标		质量标准	
		优良	合格
抗压强度标准差/MPa	$f_{cu,k} \leqslant 20$MPa	$\leqslant 3.5$	$\leqslant 4.5$
	20MPa$< f_{cu,k} \leqslant 35$MPa	$\leqslant 4.0$	$\leqslant 5.0$
	$f_{cu,k} > 35$MPa	$\leqslant 4.5$	$\leqslant 5.5$

（1）混凝土平均强度 $m_{f_{cu}}$ 按下式确定：

$$m_{f_{cu}} = \frac{\sum_{i=1}^{n} f_{cu,i}}{n} \tag{4.7}$$

式中 $f_{cu,i}$——第 i 组试件的强度值，MPa；

n——试件组数。

（2）根据28d龄期抗压强度的批量数据，计算混凝土强度标准差 σ_0：

$$\sigma = \sqrt{\frac{\sum_{i=1}^{n} f_{cu,i}^2 - n m_{f_{cu}}^2}{n-1}} \tag{4.8}$$

式中 $f_{cu,i}$——第 i 组试件的强度值，MPa；

$m_{f_{cu}}$——n 组试件的抗压强度算数平均值，MPa；

n——试件组数。

（3）根据混凝土强度标准差 σ_0，混凝土生产质量水平，合格标准见表4.7.7。

（4）计算概率度系数 t：

$$t = \frac{m_{f_{cu}} - f_{cu,k}}{\sigma} \tag{4.9}$$

式中 t——概率度系数；

$m_{f_{cu}}$——n 组试件的抗压强度算数平均值，MPa；

$f_{cu,k}$——混凝土设计强度标准值，MPa；

σ——混凝土强度标准差，MPa。

（5）查表4.7.8保证率和概率度系数 t 的关系，得出强度保证率 P。

表4.7.8 保证率和概率度系数关系

保证率 P/%	65.5	69.2	72.5	75.8	78.8	80.0	82.9	85.0	90.0	93.3	95.0	97.7	99.9
概率度系数 t	0.40	0.50	0.60	0.70	0.80	0.84	0.95	1.04	1.28	1.50	1.65	2.00	3.00

(6) 根据强度保证率 P，评价设计龄期混凝土抗压强度质量为优良、合格或是不合格，见表 4.7.9。

表 4.7.9　　设计龄期混凝土抗压强度质量标准

项　　目		质量标准	
		优良	合格
任何一组试块抗压强度最低不应低于设计值的	$f_{cu,k} \leqslant 20$MPa	85%	
	$f_{cu,k} > 20$MPa	90%	
无筋或少筋（配筋率不超过 1%）混凝土强度保证率不低于		85%	80%
钢筋（配筋率超过 1%）混凝土强度保证率不低于		95%	90%

混凝土设计龄期抗冻检验的合格率：素混凝土不应低于 80%，钢筋混凝土不应低于 90%；混凝土设计龄期的抗渗检验应满足设计要求。

任务 4.8　碾压混凝土施工工艺

学习导向

知识目标： 了解碾压混凝土浇筑特点及施工要求

能力目标： 能理解碾压施工过程和施工技术

素质目标： 培养钻研精神和认真态度

执行规范： 《水工碾压混凝土施工规范》(SL 53—1994)

参考规范： 《水工碾压混凝土施工规范》(DL/T 5112—2021)

4.8.1　碾压混凝土原材料及配合比

1. 胶凝材料

碾压混凝土一般采用硅酸盐水泥或矿渣硅酸盐水泥，应优先掺入适量Ⅰ级、Ⅱ级粉煤灰、粒化高炉矿渣、磷渣粉、火山灰等活性掺合料。粉煤灰可掺 30%～65%，胶凝材料一般用 120～160kg/m^3，《水工碾压混凝土施工规范》(SL 53—1994) 中规定大体积建筑物内部碾压混凝土的胶凝材料用量不宜低于 130kg/m^3，其中水泥熟料不宜低于 45kg/m^3。

2. 骨料

与常态混凝土一样，可采用天然骨料或人工骨料，不得使用刚筛洗的骨料拌制碾压混凝土。细骨料在成品料场堆放时间应不少于 48h，应采取脱水措施。若细骨料含水率大于 6%，含泥量不应大于 5%。石粉含量应加以控制，过多会产生包裹效应，细骨料的细度模数宜控制在 2.2～3.0。骨料最大粒径一般为 80mm，不宜采用间断级配。迎水面用碾压混凝土自身作为防渗体时，一般在一定宽度范围内采用二级配碾压混凝土。碾压混凝土砂率一般比常态混凝土高，对沙子含水率的控制要求比常态混凝土严格，沙子含水量不稳定时，碾压混凝土施工层面易出现局部集中泌水现象。

3. 外加剂

一般应掺用缓凝减水剂，并掺用引气剂，除了增强碾压混凝土抗冻性之外，能改善混凝土的和易性。减水剂最好选择高性能等级，另外选择矿渣掺和时，不利于气泡的保持，引气剂应使用高性能型。

4. 混凝土配合比

碾压混凝土配合比应满足工程设计的各项指标及施工工艺要求，包括：

(1) 混凝土质量均匀，施工过程中粗骨料不易发生分离。

(2) 工作度适当，拌和物较易碾压密实，混凝土容重较大。VC 值宜选用 2～12s。出机口 VC 值宜选用 2～8s。

(3) 拌和物初凝时间较长，易于保证碾压混凝土施工层面的良好黏结，层面物理力学性能好。

(4) 混凝土的力学强度、抗渗性能等满足设计要求，具有较高的拉伸应变能力。

(5) 对于外部碾压混凝土，要求具有适应建筑物环境条件的耐久性。

(6) 碾压混凝土配合比经现场试验后调整确定。

4.8.2 碾压混凝土坝施工

程序为：配料→拌和→运输→入仓→铺料→碾压→切缝→养护→水平缝处理，如图 4.8.1 和图 4.8.2 所示。

4.8.1 碾压混凝土配合比

4.8.2 碾压混凝土坝施工

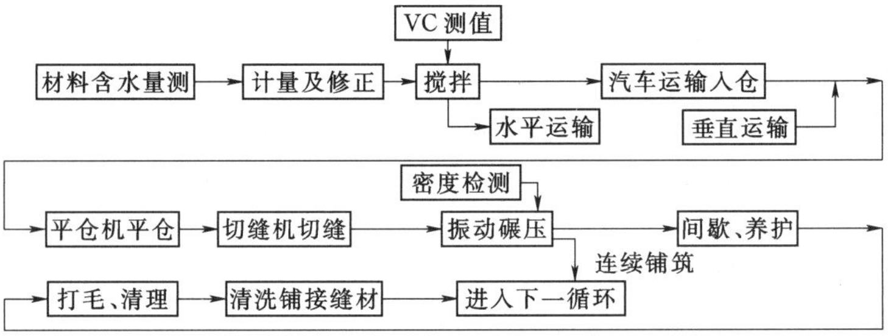

图 4.8.1 碾压混凝土施工工艺流程

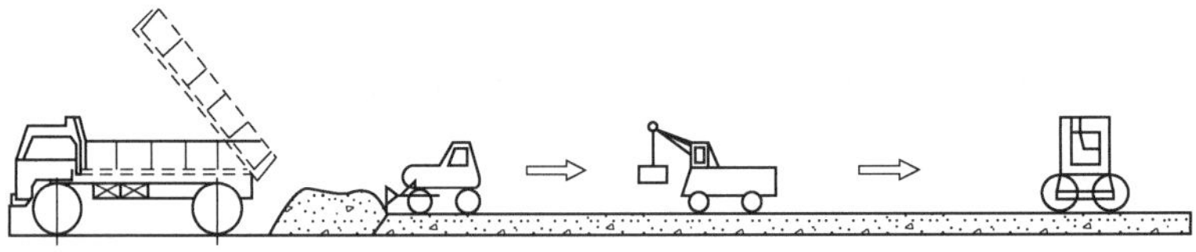

(a) 自卸汽车供料　(b) 平仓机平料　(c) 切缝机切缝　(d) 振动碾压实

图 4.8.2 碾压混凝土施工作业流程

各工艺内容分述如下：碾压混凝土坝的横缝一般不用模板。坝体上下游面的模板应分别连成整体，并要求确保模板的形状、位置及刚度。由于碾压混凝土浇筑间隔时间短，模板应易于拆装，也可考虑采用自升模板。模板高度一般为 1.5～2.0m。对模板的其余要求，可参照流态混凝土对模板的要求。

1. 拌和

目前大部分采用倾翻式鼓筒式拌和机，也有采用强制式拌和机的。拌和时间比常态混凝土延长约30s。为了防止混凝土离析，应降低料口高度，或安设缓冲料斗。

2. 运输

碾压混凝土运输设备无其他特殊要求，普通混凝土使用的运输设备同样适用。一般采用8～12t自卸汽车直接入仓；也有用吊罐入仓、汽车转运铺料；也有用胶带输送机的。美国和日本几座已建的碾压混凝土坝采用自卸汽车入仓卸料，推土机平仓。当汽车运输直接入仓时，要防止车轮将杂物带进仓内。为了尽量减少卸料过程骨料分离，卸推不宜高于1m，可采取边卸料边行车的方法。

碾压混凝土一般可用强制式或自落式搅拌机拌和，也可采用连续式搅拌机拌和，其拌和时间一般比常态混凝土延长30s左右，故而生产碾压混凝土时拌和楼生产率比常态混凝土低10%左右。碾压混凝土运输一般采用自卸汽车、胶带机、真空溜槽等方式，也有采用坝头斜坡道转运混凝土。选取运输机具时，应注意防止或减少碾压混凝土骨料分离。

3. 铺料

宜采用通仓薄层浇筑，铺料宜选用平层铺料，当选择斜层铺料时，坡面不得倾向下游，坡比不陡于1∶10。

碾压混凝土铺料厚度，应根据振动碾能量大小通过试验选定。我国目前一般常采用的铺料厚度为30～50cm，混凝土铺料压缩系数约为0.1～0.14。

一般推土机均可改装成摊铺碾压混凝土的平仓机。平仓机刀片两侧应加装挡板，组成120°夹角，以减少骨料从两边滚动离析。平仓操作时做到浅推、少刮、快提刀。边缘、死角辅以人工铺料。

(1) 碾压混凝土上升方式。

以美国和日本为代表，形成两种不同的碾压混凝土浇筑上升方式。采用美国式的碾压混凝土施工时，一般不分纵横缝（必要时可设少量横缝），采用大仓面通仓浇筑，压实层厚一般30cm，对于水平接缝的处理，许多坝以成熟度（气温与层面停歇时间的乘积）作为判断标准，在成熟度超过200～260℃·h时，对层面采取刷毛，铺砂浆等措施处理，否则仅对层面有做清理。实际上，层面一般只需要清除松散物，在碾压混凝土尚处于塑性状态时浇筑上一层碾压混凝土，因而施工速度快，造价低，也利于层面结合，日本式的碾压混凝土坝施工，用振动切缝机切出与常态混凝土坝相同的横缝，碾压混凝土压实层厚50～75cm，甚至达到100cm，每层混凝土分几次薄层平仓，平仓层厚为15～25cm，一次碾压。每层混凝土浇筑后停歇3～5d，层面冲刷毛铺砂浆，因而混凝施工缝面质量良好，但施工速度较慢。我国在吸收美日施工经验的基础上，既沿用两种方法修筑的碾压混凝土坝，也采用了改进的施工方法，如辽宁观音阁碾压混凝土坝完全采用日本的施工方法，广西岩滩碾压混凝土围堰等则完全采用美国的施工方法，我国大多数碾压混凝土坝则采用自创的RCCD施工方法，即碾压混凝土在一个升程内（一般2～3m高）采用大面积薄层连续浇筑上升，压实层厚为30cm，一个升程混凝土浇筑完毕后，对层面冲刷毛。在下一升程浇筑前铺砂浆。三峡碾压混凝土纵向围堰及二期厂坝导墙即采用该法施工。

对于施工仓面较大，碾压混凝土施工强度受施工设备限制难以满足连续浇筑上升层面允许间隔时间要求时，可采用斜层铺筑法浇筑。该法首先在湖南江垭工程碾压混凝土施工中采用，施工时碾压层向上游或沿坝轴线方向倾斜，坡度根据混凝土施工强度确定。一般为1.20～1.40，以满足连续浇筑上升层间允许间歇时间要求为准，该法可缩短连续浇筑上升时层间间隔时间，有利于提高层间胶结强度。其施工类似于RCCD法，升程高度一般为3m。

在碾压混凝土施工速度及施工强度上，其最大日浇筑量接近2万m^3、日上升速度达1.2m。

(2) 碾压混凝土浇筑季节。

碾压混凝土采用一定升程内通仓薄层连续浇筑上升，连续浇筑层层面间歇6～8h，高温季节浇筑碾压混凝土时，一方面，预冷碾压混凝土在仓面的温度回升大；另一方面，碾压混凝土用水量少，拌制预冷混凝土时加冰量少，高温季节出机口温度难以达到7℃，因而高温季节对碾压混凝土进行预冷的效果不如常态混凝土，经计算分析，高温季节浇筑基础约束区混凝土温度将较大超过坝体设计允许最高温度，因而可能产生危害性裂缝。

另外，高温季节浇筑碾压混凝土时，混凝土初凝时间短，表层混凝土水分蒸发量大，压实困难，层面胶结差，从而使本为碾压混凝土薄弱环节的层面结合更难保证施工质量。斜层铺筑法虽然可改善混凝土层面胶结，但难以解决混凝土温度控制等问题。

综上所述，为确保大坝碾压混凝土质量，高温季节不宜浇筑碾压混凝土，根据已建工程施工经验，在日均气温超过25℃时不宜浇筑碾压混凝土，三峡工程在技术设计阶段，研究大坝采用碾压混凝土的可行性时，确定碾压混凝土仅在低温季节浇筑下部大体积混凝土时用，气温较高时改用常态混凝土浇筑。左导墙碾压混凝土浇筑也规定在10月下旬至次年4月上旬进行，其余时间停浇。

4. 平仓

碾压混凝土浇筑时一般按条带摊铺，平仓方向与坝轴线平行。铺料条带宽根据施工强度确定，一般为4～12m，铺料厚度为35cm，压实后为30cm，铺料后常用平仓机或平履带的大型推土机平仓。为解决一次摊铺产生骨料分离的问题，可采用二次摊铺即先摊铺下半层然后在其上卸料，最后摊铺成35cm的层厚。采用二次摊铺后，对料堆之间及周边集中的骨料经平仓机反复推刮后，能有效分散，再辅以人工分散处理，可改善自卸汽车铺料引起的骨料分离问题。

5. 碾压

一条带平仓完成后立即开始碾压，振动碾一般选用自重大于10t的大型双滚筒自行式振动碾，作业时行走速度为1～1.5km/h，碾压遍数通过现场试碾确定，一般为无振2遍+有振6～8遍。碾压条带间搭接宽度大于20cm，端头部位搭接宽度大于100～150cm。条带从铺筑到碾压完成宜控制在2h左右。边角部位采用小型振动碾压实，碾压作业完成后，用核子密度仪检测其容重，达到设计要求后进行下一层碾压作业；若未达到设计要求，立即重碾，直到满足设计要求为止，模板周边无法碾压部位一般可加注与碾压混凝土相同水灰比的水泥浓浆后用插入式振捣器振捣密实。仓面碾压混凝土的VC值控制在5～10s，并尽可能地加快混凝土的运输速度，缩短仓面作业时间，做到在下一层混凝土初凝前铺筑完上一层碾压混凝土。

当采用金包银法施工时，周边常态混凝土与内部碾压混凝土结合面尤要注意作好接头质量。

（1）振动碾的选用。

碾压混凝土施工用的振动碾，应具有振动频率高、激振力大、行走速度可调回转灵活等性能，且需进行综合考虑选用。

（2）碾压线路、速度和遍数。

1）线路：振动碾碾压路线，要求不漏压、合理、省时，而且尽可能减少操作人员的劳动强度，通常应用“错距法”。

2）速度：碾压速度应通过现场试验确定，一般不宜过快，从已有的资料分析，振动碾当无振动碾压时速度可取1～2km/h；有振动碾压时取1.0km/h为宜。

3）遍数：视不同性能的振动碾对不同级配混凝土进行现场试验确定。实践表明，为防止振动碾在碾压时陷入混凝土内，对刚铺平的混凝土，先从无振碾压2遍使之初压平整，再进行有振碾压。有振碾压的遍数，一般以碾压至混凝土表面“泛浆”时，再酌情增加1～2遍。

4）碾压厚度，视碾压设备而定，一般为30～50cm。

5）死角处理，可用平板探捣器、振动夯、小型振动碾等，一般振实厚度为15～20cm。

6. 造缝技术

碾压混凝土一般采取几个坝段形成的大仓面通仓填筑碾压上升，坝段之间的横缝，一般可采取切缝机切缝（缝内填设金属片或其他材料）、埋设隔板或钻孔填砂形成，或采用其他方式设置诱导缝。切缝机切缝时，可采取先切后碾或先碾后切，成缝面积不少于设计缝面的60%。埋设隔板造缝时，相邻隔板间隔不大于10cm，隔板高度宜比压实层面低2～3cm。钻孔填砂造缝则是待碾压混凝土浇筑完一个升程后沿分缝线用手风钻造诱导孔。

（1）水平缝处理。

当层间间隔时间较短，上，下层能良好地结合时，可以连续铺筑上升，下层混凝土表面不必处理。当层间间隔时间超过初凝时间时则必须停止浇筑，待终凝后按水平缝处理。水平缝处理方法，一般用高压水枪冲除表面乳皮（水枪水压在50kgf/cm^2以上），或用刷毛机刷毛后再用风水枪冲洗干净。在表面清洗干净后，铺上一层1～1.5cm比碾压混凝土高一级标号的砂浆，或3～5cm厚的一级配湿凝土。刮平后再铺设上面一层碾压混凝土。

（2）收缩缝处理。

可按温控和沉陷变形要求，设置收缩缝（横缝）。收缩缝的成缝方法有：

1）用切缝机切缝。

2）模板成缝。

3）预埋分缝板造缝。

4）打孔（或钻孔）。三峡碾压混凝土围堰、孔距为15～20cm，孔深为2/3混凝土升程，孔内填砂。

7. 异种混凝土施工

坝内常态混凝土宜与主体碾压混凝土同步进行。常态混凝土与碾压混凝土的结合部位有两种混凝土应交叉浇筑，常态混凝土应在初凝前振捣密实，碾压混凝土应在允许层间间隔时间内碾压完毕。结合部位的常态混凝土振捣与碾压混凝土碾压应相互搭接。如图4.8.3所示。

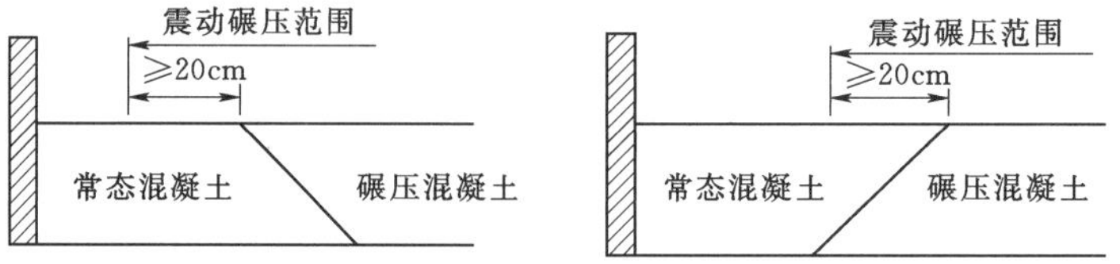

(a) 先胶常态混凝土后铺碾压混凝土　(b) 先铺碾压混凝土后浇常态混凝土

图4.8.3　异种混凝土结合部位的处理

8. 变态混凝土浇筑

变态混凝土应随碾压混凝土浇筑逐层施工，铺料时宜采用平仓机辅助以人工两次摊铺平整，灰浆宜洒在新铺碾压混凝土的底部和中部。也可采用切槽和造孔铺浆，不得在新铺碾压混凝土的表面铺浆。变态混凝土的铺层厚度宜与仓厚度相同，用浆量经试验确定。

变态混凝土所用灰浆由水泥与掺合料及外加剂拌制成，其水胶比不应大于同种碾压混凝土的水胶比。

灰浆应严格按规定用量，在变态区范围内铺洒，混凝土单位体积用浆量的偏差应控制在允许范围以内。

变态混凝土振捣宜使用强力振捣器。振捣时应将振捣器插入下层混凝土50mm左右，相邻区域混凝土碾压时与变态区域搭接宽度应大于200mm。

4.8.3 碾压混凝土的温度控制

我国一些工程碾压混凝土中的胶凝材料及绝热温升见表4.8.1。

表4.8.1　我国一些工程碾压混凝土中的胶凝材料及绝热温升

工程名称	水泥品种与粉煤灰	水胶比 $(W/C+F)$	胶凝材料用量 /(kg/m^3)		绝热温升 /℃			级配
			水泥 C	粉煤灰 F	28d	90d	最终	
坑口	广平425号普硅水泥 邵武电厂粉煤灰	0.70	60	80	13.74		14.24	—
铜街子	峨眉525号硅灰水泥 豆坝电厂粉煤灰	0.52 0.469 0.46	65 80 80	85 80 80	18.12 13.47 12.47		21.45 26.86 17.11	—

续表

工程名称	水泥品种与粉煤灰	水胶比 (W/C+F)	胶凝材料用量 /(kg/m³)		绝热温升 /℃			级配
			水泥 C	粉煤 灰 F	28d	90d	最终	
沙溪口	永安 425 号普硅水泥 邵武电厂粉煤灰	0.50 0.44	70 68	90 107	18.08 17.59		22.17 21.20	—
岩滩	柳州 425 号普硅水泥 黎塘 425 号普硅水泥 田东电厂优质粉煤灰	0.53 0.42	47 55	101 104	11.5 11.6	15.29 13.07	— —	—
大广坝	柳州 525 号硅酸盐水泥 峨曼火山灰凝灰岩	0.73 0.63	55 50	75 100	14.1 (23d)		14.75	—
观音阁	抚顺 425 号矿大水泥 抚顺 525 号硅大水泥 （厂掺 30%粉煤灰）	0.41	112	43	—		27.2	—
普定	贵州 525 号硅酸盐水泥 清河电厂粉煤灰	0.50 0.55	85 54	103 99	22.95 16.05		—	二级配 三级配
沙牌	中热 425 号普通水泥	— — —	97.9 108 89	80.1 72 80.1	— — 14.5		18.0 18.0 17.5	垫座 二级配 三级配

从温度控制观点看，有三点值得注意：

(1) 碾压混凝土坝仓面大，上升速度快，虽混凝土掺入大量粉煤灰，绝热温升较低，但因其水化热发散较慢，即使不是连续碾压，层面散热效率也不高，因而其水化热温升并没有显著降低（与常规混凝土比较），可是由于仓面大，块体尺寸长，在同样温差作用下温度应力较大。

(2) 大掺量粉煤灰混凝土的受拉徐变随粉煤灰掺量增加而减小，所以温度拉应力的松弛较常规混凝土小。

(3) 碾压混凝土坝层面多，层面上的各种强度指标较其本身低，较易开裂，根据上述分析，不能认为碾压混凝土水泥用量少，绝热温升低，浇筑分层薄易于散热，因而坝的温差小，温度应力也小，从而可以放松对温度控制问题的重视。工程实践表明，如果不注意温度控制，碾压混凝土坝也会产生相当多裂缝。

项目5　土　石　填　筑

土石坝包括各种碾压式土坝、堆石坝和土石混合坝，是一种充分利用当地材料的坝型。随着大型、高效施工机械的广泛采用，坝体防渗结构和材料的改进，施工人数大量减少，施工工期不断缩短，施工费用显著降低，施工条件日益改善，为土石坝发展开辟了广阔前景。

自20世纪70年代以来，世界各国兴建的土石坝无论在数量上还是在高度上均超过了混凝土坝。特别是20世纪80年代以来，混凝土面板堆石坝以其经济性和快速施工的显著特点，更成为坝工建设中具有很强竞争力的一种新坝型。

根据施工方法的不同，土石坝分为干填碾压、水中填土、水力冲填（包括水坠坝）和定向爆破修筑等类型。国内外均以碾压式土石坝采用最多。

碾压式土石坝的施工，包括准备作业、基本作业、辅助作业和附加作业。

准备作业包括平整场地、通车、通水、通电，架设通信线路，修建生产、生活、行政办公用房以及排水清基等项工作。

基本作业包括料场土石料开采，挖、装、运、卸以及坝面铺平、压实、质检等项作业。

辅助作业是保证准备及基本作业顺利进行，创造良好工作条件的作业，包括清除施工场地及料场的覆盖，从上坝土料中剔除超径块石、杂物，坝面排水、层间刨毛和加水等。

附加作业是保证坝体长期安全运行的防护及修整工作，包括坝坡修整，铺砌护面块石及铺植草皮等。

任务5.1　坝体材料与料场规划

学习导向

知识目标： 掌握土坝材料要求及料场规划方法

能力目标： 能控制坝体材料质量，分析规划筑坝填料

素质目标： 培养钻研精神和认真态度

执行规范：《碾压式土石坝施工规范》(SL/T 848—2025)

《碾压式土石坝设计规范》(SL 274—2020)

参考规范：《碾压式土石坝施工规范》(DL/T 5129—2013)

《碾压式土石坝设计规范》(NB/T 10872—2021)

5.1.1　土石坝筑材料及其要求

土石坝最大的特点是对材料的适应性，能够根据近坝材料的特性设计坝体断面，因此，土石坝又被称作当地材料坝。

1. 防渗料

根据《碾压式土石坝设计规范》(NB/T 10872—2021)：

渗透系数：均质坝不大于 1×10^{-4}cm/s，心墙和斜墙不大于 1×10^{-5}cm/s。

水溶盐含量不大于 3%。

有机质含量：均质坝不大于 5%，心墙坝和斜墙不大于 2%，超过此规定需论证。

同时，防渗料还应具有一定的抗剪强度，有较好的渗流稳定性，有适应坝体变形的塑性，有良好的施工性、低压缩性，不存在影响坝体稳定的膨胀性或收缩性。施工性方面，一般要求土料的天然含水量在最优含水量附近，无影响压实的超径材料，压实后的坝面有较高的承载力，以便于施工机械正常作业。只要渗透系数满足要求，做好反滤保护，无塑性的粉质砂土也可以作为高坝的防渗材料。严格反滤、放宽材料，是现代心墙用料的工程趋向。

渗流稳定性指防渗料的抗管涌能力与抗冲蚀能力。一般认为塑性大的细粒土抗管涌能力强；砾类土抗冲蚀能力强，可以使心墙裂缝自愈。设计施工中，强调反滤料对心墙保护以及设置接触黏土，以防止心墙与基础面的接触冲蚀，起到改善心墙应力的作用。

细粒土是我国采用最多的防渗材料，在 20 世纪 80 年代以前开工建设的高土石坝的心墙都采用纯细粒土，其最大粒径不超过 5mm。黄河小浪底心墙堆石坝（坝高 154m）也采用细粒土作为心墙料。只要坝址附近有数量足够、天然含水量适中的细粒土，采用细粒土作为防渗料经常是较好的选择。

采用风化料作高土石坝的防渗材料，国外开始于 20 世纪 50 年代，70 年代以来日趋成熟。我国采用风化料作 100m 以上的土石坝的防渗体，开始于 20 世纪 80 年代初。云南黄泥河鲁布革心墙堆石坝（104m）即采用了风化料作防渗心墙料。

砾质土有很高的承载力，可以采用中型机械进行碾压，在良好级配情况下，亦可作为防渗材料。如设计中的大渡河瀑布沟心墙堆石坝（坝高 186m）即采用砾质土作防渗料。

2. 坝壳料

工程实践中，堆石、砂砾石及风化料等均可作为坝壳料。

堆石按施工方式可分为抛填、分层碾压、手工干砌石、机械干砌石等；按其材料及来源可分为采石场玄武岩、变质安山岩、砂岩、砾岩、采石场花岗岩、片麻岩、石灰岩、冲积的漂卵石、石渣料等。堆石是最好的筑坝材料，现广泛用作高土石坝的坝壳料。

我国已建的土石坝坝壳采用砂砾石的很多，如大伙房、密云、石头河、碧口等。混凝土面板堆石中，不少也以砂砾石为筑坝材料，如小干沟、两岔河、吉林台一级等。碾压砂砾石压缩性低，抗剪强度高，但往往细粒含量大，易冲蚀，易管涌，因此需要加强渗流控制措施。

风化料属于抗压强度小于 30MPa 的软岩类，往往存在湿陷问题。因此，用作坝壳料，其填筑含水量必须大于湿陷含水量，压实到最大密度，以改善其工程性质。

3. 反滤料

反滤料一般要满足坚固度要求，要求极严格，一般采用混凝土砂石料生产系统生产，但不要求冲洗。也可采用天然冲积层砂砾石经筛分生产。

反滤料和排水体料中粒径小于 0.075mm 的颗粒含量不应超过 5%。

5.1.2 料场规划的原则

土石坝用料量很大，料场的合理规划与使用，是土石坝施工中的关键问题之一，它不仅关系到坝体的施工质量、工期和工程投资，而且还会影响到工程的生态环境和国民经济其他部门。在选坝阶段需对土石料场全面调查，施工前配合施工组织设计，要对料场做深入勘测，并从空间、时间、质与量等方面进行全面规划。

所谓空间规划，系指对料场位置、高程的恰当选择，合理布置。土石料的上坝运距尽可能短些，高程上有利于重车下坡，减少运输机械功率的消耗。近料场不应因取料影响坝的防渗、稳定和上坝运输；也不应使道路坡度过陡引起运输事故。坝的上下游、左右岸最好都选有料场，这样有利于上下游左右岸同时供料，减少施工干扰，保证坝体均衡上升。用料时原则上应低料低用，高料高用，当高料场储量有余裕时，亦可高料低用。同时料场的位置应有利于布置开采设备、交通及排水通畅。对石料场尚应考虑与重要建筑物、构筑物、机械设备等保持足够的防爆、防震安全距离。

所谓时间规划，就是考虑施工强度和坝体填筑部位的变化。随着季节及坝前蓄水情况的变化，料场的工作条件也在变化。在用料规划上应力求做到上坝强度高时用近料场，低时用较远的料场，使运输任务比较均衡。对近料场和上游易淹的料场应先用，远料和下游不易淹的料场后用；含水量高的料场旱季用，含水量低的料场雨季用。在料场使用规划中，还应保留一部分近料场供合龙段填筑和拦洪度汛高峰时使用。此外，还应对时间和空间进行统筹规划，否则会产生事与愿违的后果。例如甘肃省碧口土坝，施工初期由于料源不足，规划不落实，导流后第一年度汛时就将 4.5km 以内的砂砾料场基本用完，而以后逐年度汛用料量更大，不得不用 4.5km 以外的远料场，不仅增加了不必要的运输任务，而且也给后期各年度汛增加了困难。

料场质与量的规划，是料场规划最基本的要求，也是决定料场取舍的重要因素。在选择和规划使用料场时，应对料场的地质成因、产状、埋深、储量以及各种物理力学指标进行全面勘探和试验。勘探精度应随设计深度加深而提高。在施工组织设计中，进行用料规划，不仅应使料场的总储量满足坝体总方量的要求，而且应满足施工各阶段最大上坝强度的要求。

料尽其用，充分利用永久和临时建筑物基础开挖渣料是土石坝料场规划的又一重要原则。为此应增加必要的施工技术组织措施，确保渣料的充分利用。例如，若导流建筑物和永久建筑物的基础开挖时间与上坝时间不一致时，则可调整开挖和填筑进度，或增设堆料场储备渣料，供填筑时使用。

为了紧缩坝体设计断面和充分利用渣料，采用人工筛分控制填料的级配越来越普遍。美国园峰坝有 70%上坝料经过筛分，沃洛维尔坝在开挖心墙料时将大于 7.5cm 的料选出来作为坝壳填料。国内碧口土石坝利用混凝土骨料筛分后的超径料作为坝壳填料。这类利用料的数量、规格都应纳入料场规划中去。

料场规划还应对主要料场和备用料场分别加以考虑。前者要求质好、量大、运距近，且有利于常年开采；后者通常在淹没区外，当前者被淹没或因库区水位抬高，土料过湿或其他原因中断使用时，则用备用料场保证坝体填筑不致中断。

在规划料场实际可开采总量时，应考虑料场查勘的精度、料场天然容重与压实容重的差异，以及开挖运输、坝面清理、返工削坡等损失。实际可开采总量与坝体填筑量之比一般为：土料 2～2.5，砂砾料 1.5～2，水下砂砾料 2～3，石料 1.5～2；反滤料应根据筛后有效方量确定，一般不宜小于 3。另外，料场选择还应与施工总体布置结合考虑，应根据运输方式、强度来研究运输线路的规划和装料面的布置。料场内装料面应保持合理的间距，间距太小会使道路频繁搬迁，影响工效；间距太大影响开采强度，通常装料面间距取 100m 为宜。整个场地规划还应排水通畅，全面考虑出料、堆料、弃料的位置，力求避免干扰以加快采运速度。

采用黏土与砂砾石掺和料作防渗材料，可以改善防渗体的施工性，减小其压缩性，并增强其抗冲蚀能力。如我国援外项目阿尔巴尼亚的菲尔泽垂直心墙坝（坝高 165.5m）即采用掺和料作防渗料。

宜选择施工场面宽阔、料层厚、储量集中的大料场作为填料强度较高的土石坝，主料产，其他料场配合使用，并应有一定储量的备用料场。

黏性土、砾质土应优先选用土质均匀、含水率适当的料场，天然含水率较高的料场可用于干燥季节施工，天然含水率较低的料场可用于多雨潮湿季节或低温季节施工。

应对直接开采工艺不能满足的坝料级配、含水率等质量要求的土质料场规划满足施工要求的掺配、翻晒用场地。

采用分层摊铺、立面开采掺和工艺调整砾石级配及含水率时，应选择靠近料场的平坦场地。土质料含水率偏高翻晒时，场地宜分为翻松、晾晒、堆集装运三区循环作业。

5.1.3　料场作业

料场作业主要包括料场的清理、排水、开挖方法及土料含水量的控制等。

1. 清理和排水

料场的清理和排水是料场作业的辅助作业，这些作业直接影响采料的质量和开采的进度。料场清理包括：伐木、除草、剥弃表层腐殖土等。

料场排水作业，采取“截水与排水相结合，以截水为主”的原则。对开地表水，应在采料高程以上修筑截水沟加以拦截；对于流入开采范围的地表水应采用明式排水迅速排除。这些排水沟应随开挖高程的降低而降低，保持开挖期间排水不中断；当地下水位较高时，须设井点进行人工降低地下水。

2. 开挖方法

土料场的开采有立面开挖和平面开挖两种方法：立面开挖是在很厚的土层上分

几个比较高的台阶进行开挖，此方法可使土料的含水量蒸发损失小；平面开挖是在大面积上进行薄层开挖，这种开挖方法适用于平坦开阔的料场并有利于土中水分的蒸发。

3. 土料含水量的控制

土料的含水量应与坝体压实要求施工最优含量相一致，以保证压实质量。

(1) 低含水量土料的加水控制。

土料天然的含水量偏低，一方面是由于其成因；另一方面，尽管土场其天然含水量基本满足施工要求，但经过开挖、运输，经过坝面的散料，碾压，表层土料的含水量也会因蒸发而降低，因此，须对土料加水。土料加水应符合的要求，一是使土料含量达到施工含水量控制范围，二是使加水后的土料含水量保持均匀。常用的加水方法有分块筑畦埂灌水法、喷灌灌水法及表面喷水法。

料场加水量 Q_0 可进行下式计算：

$$Q_0=Q_D\gamma_d(\omega_0+\omega-\omega_e)/K_p$$

式中 Q_D——土料上坝强度；

K_p——土料的可松性系数；

γ_d——料场的土料容重；

ω_0、ω、ω_e——坝面碾压要求的含水量、装车和运输过程中含水量的蒸发损失以及料场土料的天然含水量。ω 值通常取 0.02～0.03，最好在现场测定。

1) 分块筑畦埂灌水法。此法是将待加水的土料场分块筑畦埂，再向畦块内注水，停置一周后进行使用。此法适于加水量较多，土场较为平坦的情况。

加水量可根据需要加水的土层厚度而定，一般 1cm 水深可湿润 6cm 土层；水在土中入渗速度随土质不同而异，一般约 1m/d，施工中应加以掌握，切勿使水未将土层浸湿均匀即进行开采，造成干湿不匀的现象。

2) 喷灌灌水法。即是采用农田灌溉的喷灌机进行喷灌灌水，它适宜于地形高差大的各种条件，且易于掌握，节约用水。

为了保证喷灌效果，要保持天然地面不受扰动，以免破坏其渗透性，草皮等清理可以等加水完毕后再进行，但灌水，养护需较长时间，才能保证加水均匀。

3) 表面喷水法。此法是用水管在土场表面喷水，轮流对已加水的土场进行开采的方法。它适用于土料稍干且有较大面积的土场，以便一个或几个土场大量喷洒水，并有足够的停置时间。施工时可随喷水辅以齿耙耕耘，使其混合均匀。

(2) 土料含水量偏高的降低控制。

当土料含水量超过施工控制含水量范围，则需采取降低含水量的措施，以控制上坝土料的含水量。对于土料含水量偏大的，可采用上述排水措施；如土料稍湿，则可采用分层开采逐层晾晒、轮流开挖的办法；如土料过湿，可采用翻晒方法。

翻晒法是当土料含水量高于施工要求的含水量时，利用气候条件，翻晒土料以降低含水量的方法。进行土料翻晒施工时，应选择合适的场地，以满足翻晒、就地堆存、装运等要求并应注意防止雨水浸入。具体施工可分为挖碎、翻晒、运堆等三个工序。

在翻晒时，宜当天翻晒当天收土，以免夜间吸水回潮。当土料含水量已降低到施工控制含水量范围后，除一部分运到坝上填筑外，对暂时不用的土料，应在料区堆成土牛，并加以防护。

土牛堆置：土牛应堆置在易于排水的场地，周围开挖排水沟并便于堆土取土。其堆置形式及大小一般以高3～5m、宽30m、长60m，顶部排水坡度5%、下部边坡1∶1为宜。在堆牛前，其底层应铺垫厚约30cm废料土块，以减少或防止毛细管上升的作用。土牛两侧边坡须及时平整，外铺含水量较高的天然土料，厚约30cm，拍打密实。对拟作较长时间储备之土牛，可在其表面涂抹3～6cm厚的草筋泥浆，并以麦草或稻草覆盖，进行防护。

土牛除能保证冬、雨季后及时供应黏性土料外，还可以使含水量不均匀的土，在储备期间使其变成均匀状态。

5.1.4　料场优化的基本方法

土石坝工程，既有大量的土石方开挖，又有大量的土石方填筑。开挖可用料的充分利用，废弃料的妥善处理，补充料场的选择与开采数量的确定，备用料场的选择，以及物料的储存、调度是土石坝施工组织设计的重要内容，对保证工程质量，加快施工进度、降低工程造价，节约用地和保护环境具有重要意义。

土石方平衡的原则是：充分而合理地利用建筑物开挖料。根据建筑物开挖料和料场开采料的料种与品质，安排采、供、弃规划，优料优用，劣料劣用。保证工程质量，便于管理，便于施工。充分考虑挖填进度要求，物料储存条件，且留有余地，妥善安排弃料，做到保护环境。

在划分标段时，溢洪道等拟作坝料的大方量建筑物开挖工程，宜与大坝填筑划归同一标段，以创造开挖料直接上坝条件。与填筑不同期的开挖体、与填筑不是同一标段的开挖工程，不宜直接上坝；同期同一标段的开挖工程，也应该设置足够容量的调节料场，作为挖填不能同期施工时调节之用。拟作坝料的大方量建筑物开挖工程，应尽量和坝体填筑进行协调施工，避免或减少因料场转运增加费用和物料损耗。

1. 填挖料平衡计算

根据建筑物设计填筑工程量统计各料种填筑方量。根据建筑物设计开挖工程量、地质资料、建筑物开挖料可用不可用分选标准，并进行经济比较，确定并计算可用料和不可用料数量；根据施工进度计划和渣料存储规划，确定可用料的直接上坝数量和需要存储的数量；根据折方系数、损耗系数，计算各建筑物开挖料的设计使用数量（含直接上坝数量和堆存数量）、舍弃数量和由料场开采的数量，进行挖、填、堆、弃综合平衡。

2. 土石方调度优化

土石方调度优化的目的，是找出总运输量最小的调度方案，从而达到运输费用最低，降低工程造价。土石方调度是一个物资调动问题，可用线性规划等方法进行优化处理。对于大型土石坝，可进行土石方平衡及坝体填筑施工动态仿真，优化土石方调配，论证调度方案的经济性、合理性和可行性。

任务5.2　坝体填筑与压实

学习导向

知识目标：掌握土坝材料要求及料场规划方法

能力目标：能制定碾压方案，把控碾压质量

素质目标：培养钻研精神和认真态度

执行规范：《碾压式土石坝施工规范》(SL/T 848—2025)

参考规范：《碾压式土石坝施工规范》(DL/T 5129—2013)

当基础开挖和基础处理基本完成后，就可以进行坝体的铺填、压实施工。

5.2.1　坝面作业施工组织规划

土石坝坝面作业施工程序包括卸料、铺料、洒水、压实（对于黏性土料采用平碾，压实后尚须刨毛以保证层间结合的质量）、质量检查等。坝面作业，工作面狭窄，工种多，工序多，机械设备多，施工时需有妥善的施工组织规划，如图5.2.1所示。

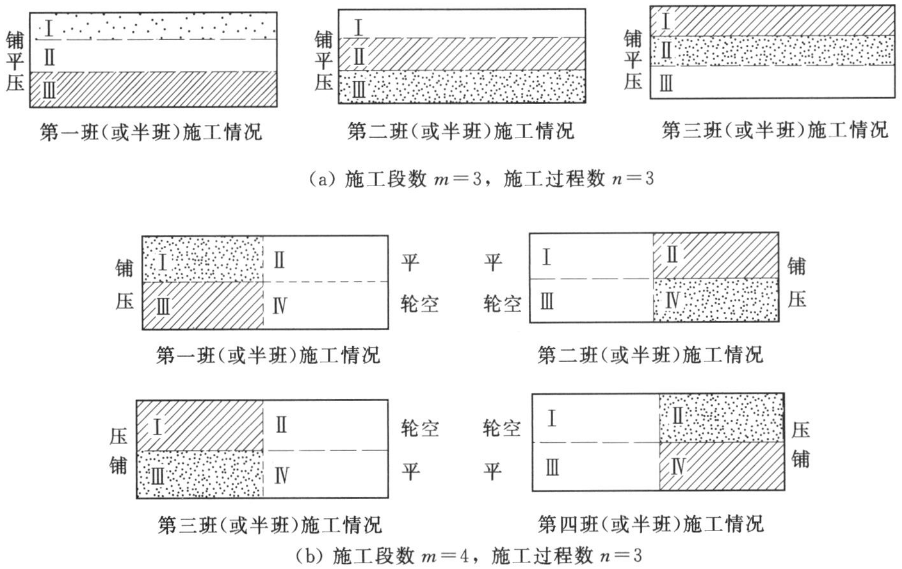

图5.2.1　坝面流水施工作业的组织

5.2.1 土石坝压实

5.2.2 土石坝流水作业施工

为避免坝面施工中的干扰，延误施工进度，土石坝坝面作业宜采用分段流水作业施工。流水作业施工组织应先按施工工序数目对坝面分段，然后组织相应专业施工队依次进入各工段施工。这样，对同一工段而言，各专业队按工序依次连续施工；对各专业施工队而言，依次不停地在各工段完成固定的专业工作。其结果是实现了施工专业化，有利于工人熟练程度的提高。同时，各工段都有专业队使用固定的施工机具，从而保证施工过程人、机、地三不闲，避免施工干扰，有利于坝面作业多、快、好、

省、安全地进行。

铺料和卸料有三种方法，即进占法、后退法和综合法。一般采用进占法，厚层填筑也可采用综合法铺料，以减少铺料工作量。进占法铺料层厚易控制，表面容易平整，压实设备工作条件较好。一般采用推土机进行铺料作业。铺料应保证随卸随铺，确保设计的铺料厚度。

按设计厚度铺料平料是保证压实质量的关键。采用带式运输机或自卸汽车上坝，卸料集中。为保证铺料均匀，需用推土机或平土机散料平料。国内不少工地采用“算方上料、定点卸料、随卸随平、定机定人、铺平把关、插杆检查”的措施，使平料工作取得良好的效果。铺填中不应使坝面起伏不平，避免降雨积水。

在坝面各料区的边界处，铺料会越界，通常规定其他材料不准进入防渗区边界线的内侧，边界外侧铺土距边界线的距离不能超过50cm。

为配合碾压施工，防渗体土料铺筑应平行于坝轴线方向进行。

坝体压实是填筑的最关键工序，压实设备应根据砂石料性质选择。碾压遍数和碾压速度应根据碾压试验确定。碾压方法应便于施工，便于质量控制，避免或减少欠碾和超碾，一般采用进退错距法和圈转套压法，如图5.2.2所示。

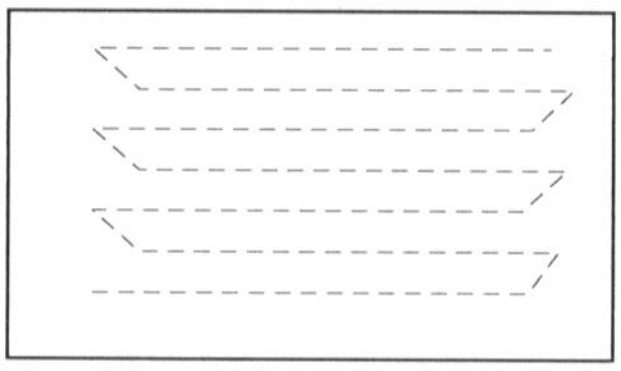

(a)进退错距法

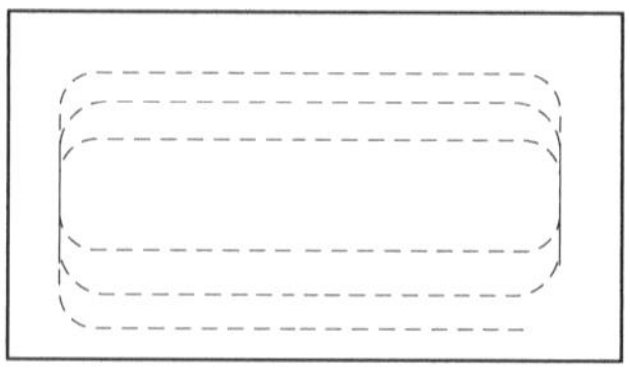

(b)圈转套压法

图5.2.2 压实机具行走路线

进退错距法操作简便，碾压、铺土和质检等工序协调，便于分段流水作业，错距容易掌握，压实质量容易保证，其开行方式如图5.2.2（a）所示；圈转套压法要求开行的工作面较大，适合于多碾滚组合碾压。其优点是生产率较高，但碾压中转弯套压交接处重压过多，易于超压。当转弯半径小时，容易引起土层扭曲，产生剪力破坏，在转弯的四角容易漏压，质量难以保证。其开行方式如图5.2.2（b）所示。国内多采用进退错距法。用这种开行方式，为避免漏压，可在碾压带的两侧先往复压够遍数后，再进行错距碾压。错距宽度b按下式计算：

$$b=\frac{B}{n} \tag{5.1}$$

式中 n——设计碾压遍数；

B——碾滚净宽，m；

b——碾滚错距宽度，m。

在错距时，为便于施工人员控制，也可前进后退仅错距一次，则错距宽度可增加一倍。对于碾压起始和结束的部分，按正常错距法无法压到要求的遍数，可采用前进后退不错距的方法，压到要求的碾压遍数，或辅以其他方法达到设计密度的要求。

坝体分期分块填筑时，会形成横向或纵向接缝。由于接缝处坡面临空，压实机械有一定安全距离，坡面上有一定厚度不密实层，另外铺料不可避免的溜滑，也增加了不密实层厚度，这部分在相邻块段填筑时必须处理，一般采用留台法或削坡法。

坝壳靠近岸坡部位施工，用汽车卸料及推土机平料时，大粒径料容易集中，碾压机械压实时，碾滚不能靠近岸坡，因此，需采取一定措施保证施工质量。坝壳与岸坡接合填筑带的质量保证措施一般有：限制铺料层厚，限制粒径，充填细料，采用夯击式机械夯实。

对于汽车上坝或光面压实机具压实的土层，应刨毛处理，以利层间结合。通常刨毛深度 3～5cm，可用推土机改装的刨毛机刨毛，工效高、质量好。

5.2.2 结合部位的施工

土石坝施工中，坝体的防渗土料不可避免地要与地基、岸坡、周围其他建筑物的边界相结合；由于施工导流、施工方法、分期分段分层填筑的要求，还必须设置纵横向的接坡、接缝。所有这些结合部位，都是影响坝体整体性和质量的关键部位，也是施工中的薄弱环节，质量不易控制。接坡、接缝过多，还会影响到坝体填筑速度，特别是影响机械化施工。

对结合部位的施工，必须采取可靠的技术措施，加强质量控制和管理，确保坝体的填筑质量满足设计要求。

1. 坝基结合面

对于基础部位的填土，一般用薄层、轻碾的方法，不允许用重型碾或重型夯，以免破坏基础，造成渗漏。

对黏性土、砾质土坝基，应将其表层含水量调节至施工含水量上限范围，用与防渗体土料相同的碾压参数压实，然后刨毛深 3～5cm，再铺土压实。

非黏性土地基应先压实，再铺第一层土料，含水量为施工含水量的上限，采用轻型机械压实，压实干表观密度可略低于设计要求。

与岩基接触面，应首先把局部凹凸不平的岩石修理平整，封闭岩基表面节理、裂隙，防止渗水冲蚀防渗体。若岩基干燥可适当洒水，并使用含水量略高的土料，以便容易与岩基或混凝土紧密结合。碾压前，对岩基凹陷处，应用人工填土夯实。

不论何种坝基，当填筑厚度达到 2m 以后，才可使用重型压实机械。

2. 与岸坡及混凝土建筑物结合

填土前，先将结合面的污物冲洗干净，清除松动岩石，在结合面上洒水湿润，涂刷一层厚约 5mm 浓黏土浆或浓水泥黏土浆或水泥砂浆，其目的是提高浆体凝固后强度，防止产生危险的接触冲刷和渗透。涂刷浆体时，应边涂刷、边铺土、边碾压，涂刷高度与铺土厚度一致，注意涂刷层之间的搭接，避免漏涂。要严格防止泥浆干固（或凝固）后再铺土，因为它对结合非常不利。

防渗体与岸坡结合处，宽度 1.5～2.0m 范围内或边角处，不得使用羊脚碾、夯板等重型机具，应以轻型机具压实，并保证与坝体碾压搭接宽度 1m 以上。

混凝土齿墙或坝下埋管两侧及顶部 0.5m 范围内填土，必须用小型机具压实，其两侧填土应保持均衡上升。

岸坡、混凝土建筑物与砾质土、掺合土结合处，应填筑1～2m宽塑性较高而透水低的土料，避免直接与粗料接触。

3. 坝体纵横向接坡及接缝

土石坝施工中，坝体接坡具有高差较大，停歇时间长，要求坡身稳定的特点。对于允许接合坡度大小及高差大小有争论，尤其对防渗墙与斜墙是否可设置纵横向接坡的争论更大。土石坝施工的实践经验证明，几乎在任何部位都可以适当设置纵横向接坡，关键在于有无必要和采取什么样的施工措施。一般情况下，填筑面应力争平起，斜墙及窄心墙不应留有纵向接缝，如临时度汛需要设置时，应进行技术论证。

防渗体及均质坝的横向接坡不应陡于1∶3，高差不超过15m。均质坝（不包括高压缩性地基上的土坝）的纵向接缝，宜采用不同高度的斜坡和平台相间形式，坡度及平台宽度根据施工要求确定，并满足稳定要求，平台高差不大于15m。

坝体接坡面可用推土机自上而下削坡，适当留有保护层，配合填筑上升，逐层清至合格层，接合面削坡合格后，要控制其含水量为施工含水量范围的上限。

坝体施工临时设置的接缝相对接坡来讲，其高差较小，停置时间短，没有稳定问题，通常高差以不超过铺土厚度的1～2倍为宜，分缝在高程上应适当错开。

5.2.3　反滤料、垫层料、过渡料的施工

反滤料、垫层料、过渡料一般方量不大，但其要求较高，铺料不能分离，一般与防渗体和一定宽度的大体积坝壳石料平起上升，压实标准高，分区线的误差有一定的控制范围。当铺填料宽度较宽时，铺料可采用装载机辅以人工进行。

填筑方法有削坡法、挡板法及土、砂松坡接触平起法三类。土、砂松坡接触平起法能适应机械化施工，填筑强度高，可以做到防渗体、反滤层与坝壳料平起填筑，均衡施工，是被广泛应用的施工方法。根据防渗体土料和反滤层填筑的次序、搭接形式的不同，又可分成先砂后土法、先土后砂法、土砂平起法几种。

先土后砂法如图5.2.3（a）所示，先填2～3层土料，压实时边缘留30～50cm宽松土带，一次铺反滤料与黏土齐平，压实反滤料，并用气胎碾压实土砂接缝带。此法容易排除坝面积水；因填土料无侧面限制，施工中有超坡，且接缝处土料不便压实。当反滤料上坝强度赶不上土料填筑时，可采用此法。

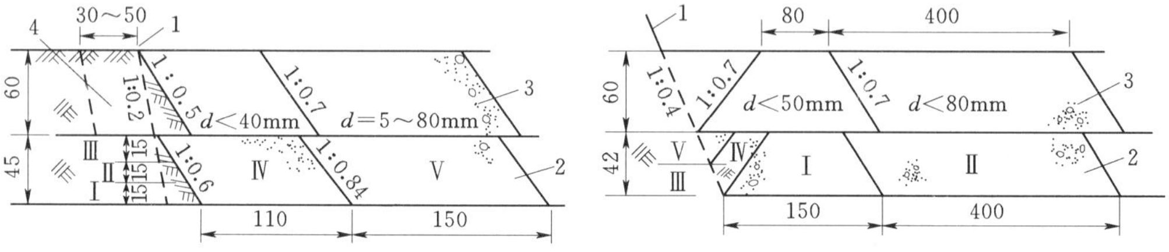

（a）先土后砂法　　（b）先砂后土法

图5.2.3　土砂平齐填料压实方法（单位：cm）

1—心墙设计线；2—已压实层；3—待压实层；4—心墙料；Ⅰ～Ⅴ—填料次序

先砂后土法如图5.2.3（b）所示，先在反滤料设计线内用反滤料筑一小堤，再填筑2～3层土料与反滤料齐平，然后压实反滤料及土料接缝带。此法填土料时有反

滤料作侧限，便于控制防渗土体边线，接缝处土料便于压实，宜优先采用此法。

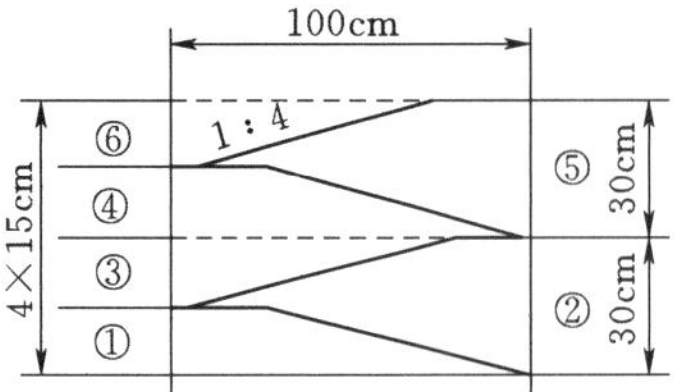

图 5.2.4 土砂交替法压实

土砂交替法是先填一层土料，再填一层砂料，然后两层土料，一层砂料，交替上升，如图 5.2.4 所示。

反滤料的压实，应包括接触带土料与反滤料的压实。当防渗体土料用气胎碾碾压时，反滤料铺土厚度可与黏土铺土厚度相同，并同时用气胎碾碾压，这是施工中压实接触带最好的方法。若防渗体土料采用羊脚碾碾压时，对于土压砂的情况，两者应同时平起，羊脚碾压到距土砂结合边 0.3～0.5cm 为止，以免羊脚将土下之砂翻出来。然后用气胎碾碾压反滤层，其碾迹与羊脚碾碾迹至少重叠 0.5m 以上，如图 5.2.5（a）所示。若砂压土时，土、砂亦同时平起，同样先用羊脚碾碾压土料，且羊脚碾压到反滤料至少 0.5m 宽，以便把反滤料之下的土料压实，然后用气胎碾碾压反滤料，并压实到土料上的宽度至少为 0.5m，如图 5.2.5（b）所示。

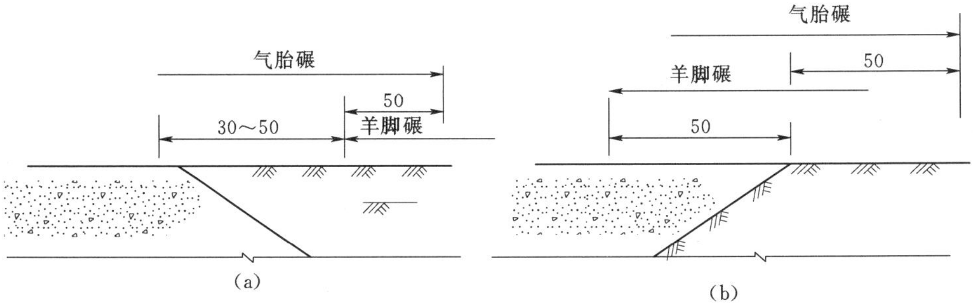

图 5.2.5 接触带压实要求（单位：cm）

无论是先土后砂法或是先砂后土法，土砂之间必然出现犬牙交错的现象。反滤料的设计厚度，不应将犬牙厚度计算在内，不允许过多削弱防渗体的有效断面，反滤料一般不应伸入心墙内，犬牙大小由各种材料的休止角所决定，且犬牙交错带不得大于其每层铺土厚度的 1.5～2.0 倍。

当铺料宽度较宽时，采用自卸汽车运输，推土机平料，压实机械根据不同的填筑材料和施工方法有所不同，一般用振动碾碾压，边角不能达到的部位辅以夯击或平板振动器压实。

当料物较细时，应严格控制加水量，避免出现橡皮土现象。

5.2.4 压实机械及压实方法

5.2.3 ▶
压实机械

众所周知，土料不同，其物理力学性质也不同，因此使之密实的作用外力也不同。黏性土料黏结力是主要的，要求压实作用外力能克服黏结力；非黏性土料（砂性土料、石渣料、砾石料）内摩擦力是主要的，要求压实作用外力能克服颗粒间的内摩擦力。不同的压实机械设备产生的压实作用外力不同，大体可分为碾压、夯击和振动三种基本类型。

碾压的作用力是静压力，其大小不随作用时间而变化，如图 5.2.6（a）所示。

夯击的作用力为瞬时动力，有瞬时脉冲作用，其大小随时间和落高而变化，如图5.2.6（b）所示。

振动的作用力为周期性的重复动力，其大小随时间呈周期性变化，振动周期的长短，随振动频率的大小而变化，如图5.2.6（c）所示。

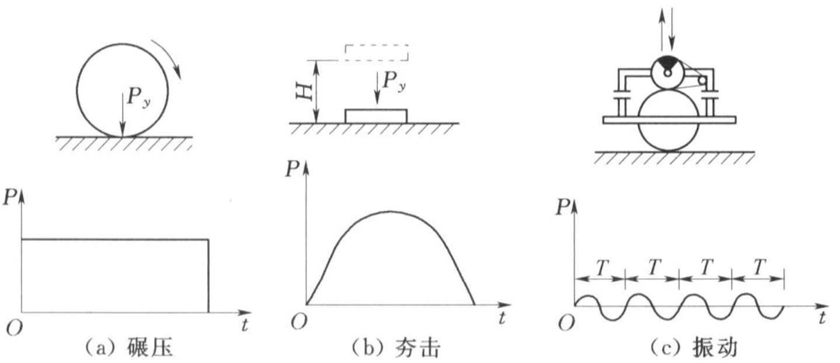

图5.2.6　土料压实作用外力示意图

5.2.4.1　压实机械及压实方法

根据压实作用力来划分，通常有碾压、夯击、振动压实三种机具。随着工程机械的发展，又有振动和碾压同时作用的振动碾，产生振动和夯击作用的振动夯等。常用的压实机具有以下几种。

1. 羊脚碾

羊脚碾的外形如图5.2.7所示，它与平碾不同，在碾压滚筒表面设有交错排列的截头圆锥体，状如羊脚。钢铁空心滚筒侧面设有加载孔，加载孔大小根据设计需要确定。加载物料有铸铁块和砂砾石等。碾滚的轴由框架支撑，与牵引的拖拉机用杠辕相连。羊脚的长度随碾滚的重量增加而增加，一般为碾滚直径的1/6～1/7。羊脚过长，其表面面积过大，压实阻力增加，羊脚端部的接触应力减小，影响压实效果。重型羊脚碾碾重可达30t，羊脚相应长40cm。拖拉机的牵引力随碾重增加而增加。

羊脚碾的羊脚插入土中，不仅使羊脚端部的土料受到压实，而且使侧向土料受到挤压，从而达到均匀压实的效果。在压实过程中，羊脚对表层土有翻松作用，无须刨

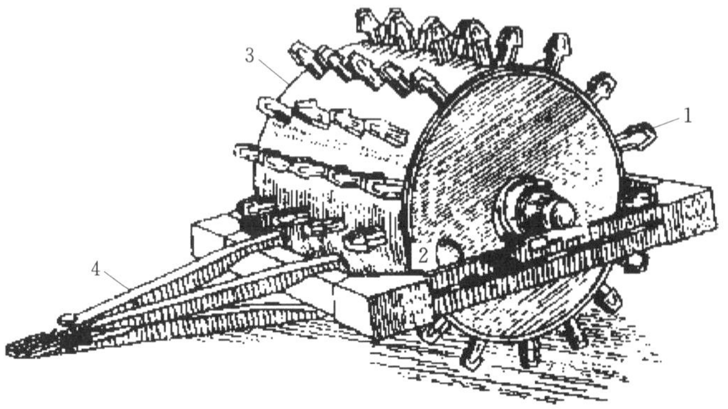

图5.2.7　羊脚碾外形图

1—羊脚；2—加载孔；3—碾滚筒；4—杠辕框架

毛就能保证土料良好的层间结合。

2. 振动碾

这是一种振动和碾压相结合的压实机械，它是由柴油机带动与机身相连的附有偏心块的轴旋转，迫使碾滚产生高频振动。振动功能以压力波的形式传到土体内。非黏性土料在振动作用下，土粒间的内摩擦力迅速降低，同时由于颗粒大小不均匀，质量有差异，导致惯性力存在差异，从而产生相对位移，使细颗粒填入粗颗粒间的空隙而达到密实。然而，黏性土颗粒间的黏结力是主要的，且土粒相对比较均匀，在振动作用下，不能取得像非黏性土那样的压实效果。

由于振动作用，振动碾的压实影响深度比一般碾压机械大 1～3 倍，可达 1m 以上。它的碾压面积比振动夯、振动器压实面积大，生产率很高。

3. 气胎碾

气胎碾有单轴和双轴之分。单轴的主要构造是由装载荷重的金属车厢和装在轴上的 4～6 个气胎组成。碾压时在金属车箱内加载，并同时将气胎充气至设计压力。为防止气胎损坏，停工时用千斤顶将金属厢支托起来，并把胎内的气放掉，如图 5.2.8 所示。

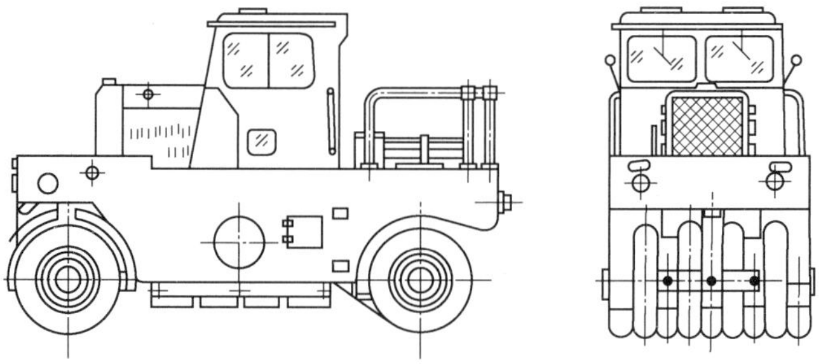

图 5.2.8 气胎碾示意图

气胎碾在碾压土料时，气胎随土体的变形而变形。随着土体压实密度的增加，气胎的变形也相应增加，始终能保持较为均匀的压实效果。它与刚性碾比较，气胎不仅对土体的接触压力分布均匀而且作用时间长，压实效果好，压实土料厚度大，生产效率高。

气胎碾可根据压实土料的特性调整其内压力，使气胎对土体的压力始终保持在土料的极限强度内。通常气胎的内压力，黏性土以 $(5\sim6)\times10^5$Pa、非黏性土以 $(2\sim4)\times10^5$Pa 最好。平碾碾滚是刚性的，不能适应土体的变形，荷载过大就会使碾滚的接触应力超过土体的极限强度，这就限制了这类碾朝重型方向发展。气胎碾却不然，随着荷载的增加，气胎与土体的接触面增大，接触应力仍不致超过土体的极限强度。所以只要牵引力能满足要求，就不妨碍气胎碾朝重型高效方向发展。

5.2.4.2 压实机械的选择

1. 选择压实机械的原则

选择压实机械通常需考虑以下原则：

(1) 与压实土料的物理力学性质相适应。

（2）能够满足设计压实标准。

（3）可选用的设备型号。

（4）满足施工强度要求。

（5）设备类型、规格与工作面的大小、压实部位相适应。

（6）施工队伍现有装备和施工经验等。

2. 各种压实机械的适用情况

根据国产碾压设备情况，宜用50t气胎碾碾压黏性土、砾质土，压实含水量略高于最优含水量（或塑限）的土料。用9.0～14.6t的双联羊脚碾压实黏性土，重型羊脚碾宜用于含水量低于最优含水量的重黏性土，对于含水量较高、压实标准较低的轻黏性土也可用肋型碾和平碾压实。堆石与含有大于500mm特大粒径的砂卵石多用10～25t的自行式振动碾压实。用直径110cm、重2.5t的夯板夯实砂砾料和狭窄地带的填土，对与刚性建筑物、岸坡等的接触带，边角、拐角等部位可用轻便夯夯实，例如采用型蛙式夯。

5.2.5　土石料的压实标准及压实参数的选择

土石料的压实，是保证土石坝施工质量的关键。维持土石坝自身稳定的土料内部阻力（黏结力和摩擦力）、土料的防渗性能等，都随土料密实度的增加而提高。例如，干表观密度为$1.4t/m^3$的砂壤土，压实后若提高到$1.7t/m^3$，其抗压强度可提高4倍，渗透系数将降至1/2000，其结果可使坝坡加陡，体积减小，工程投资降低。主要压实机械的适用情况见表5.2.1。

表5.2.1　主要压实机械的适用情况

设备种类	堆石	砂砾料		砾质土	黏性土	软弱风化土石混合料
		优良级配	均匀级配			
5～10t振动平碾		○	○	○	△	
10～15t振动平碾	○	○	○	○	△	
振动凸块碾			△	△	○	
振动羊脚碾	○	○	○	○	○	
气胎碾						
羊脚碾				△	○	
尖齿碾						○

注　○表示适用，△表示可用。

1. 黏土料的压实特性

土石料压实特性，与土石料本身的性质、颗粒组成情况、级配特点、含水量大小以及压实功能等有关。黏性土料与非黏性土料的压实有着显著的差别。

一般黏性土料的黏结力较大，摩擦力较小，具有较大的压缩性，但由于其透水性小，排水困难，压缩过程慢，所以很难达到固结压实。而非黏性土料黏结力小，摩擦力大，具有较小的压缩性，但由于透水性大，排水容易，压缩过程快，能很快达到密实。

土料颗粒粗细组成也影响压实效果。颗粒越细，孔隙比就越大，所含矿物分散度越高，就越不容易压实。所以黏性土的压实干表观密度低于非黏性土的压实干表观密度。颗粒不均匀的砂砾料，比颗粒均匀的砂砾料可能达到的干表观密度大一些。

土料的含水量是影响压实效果的重要因素之一。用击实仪对黏性土的击实试验，得到一组击实次数、干表观密度与含水量的关系曲线，如图5.2.9所示。

在某一击实次数下，干表观密度达到最大值时的含水量为最优含水量；对每一种土料，在一定的压实功能下，只有在最优含水量范围内，才能获得最大干表观密度，且压实也较经济。

非黏性土料的透水性大，排水容易，压缩过程快，能够很快达到压实，不存在最优含水量，含水量不做专门控制。这是非黏性土料与黏性土料压实特性的根本区别。

压实功能的大小，也影响着土料干表观密度的大小，从图5.2.10可以看出，击实次数增加，干表观密度也随之增大，而最优含水量则随之减小。说明同一种土料的最优含水量和最大干表观密度并不是一个恒定值，而是随压实功能的不同而异。

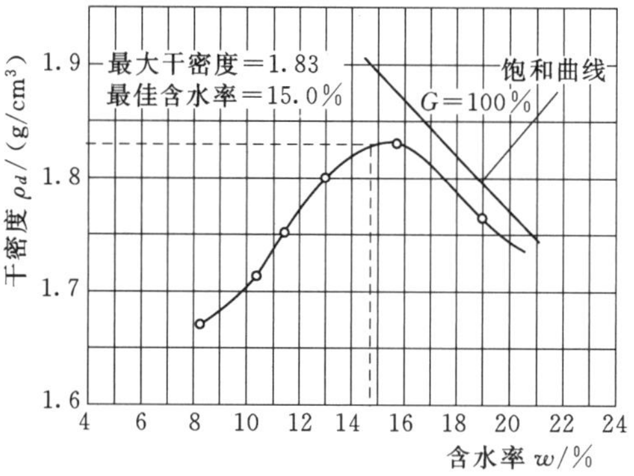

图5.2.9 不同碾压遍数的压实效果

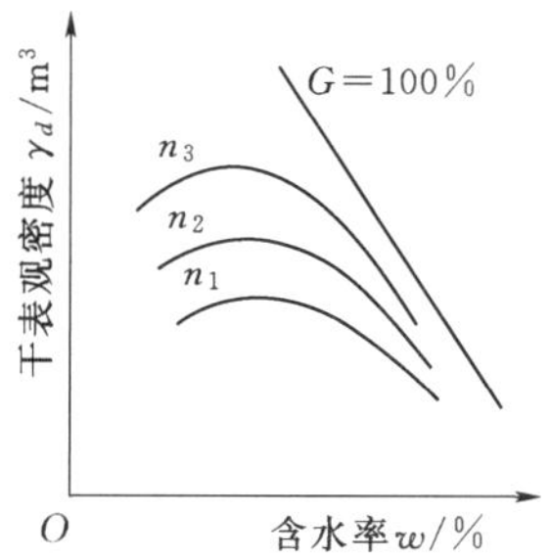

图5.2.10 含水率与干表观密度关系图

一般来说，增加压实功能可增加干表观密度，这种特性，对于含水量较低（小于最优含水量）的土料比对于含水量较高（大于最优含水量）的土料更为显著。

2. 土石料的压实标准

土石料压实得越好，物理力学性能指标就越高，坝体填筑质量就越有保证。但土石料的过分压实，不仅提高了压实费用，而且会产生剪切破坏，反而达不到应有的技术经济效果。土石料的压实标准是根据水工设计要求和土料的物理力学特性提出来的。

（1）黏性土料压实标准。

黏性土料的压实，在施工现场主要以压实干表观密度 ρ_d 和施工含水量这两个指标来控制，质量检验和验收采用压实度 $\lambda=\frac{\rho}{\rho_{\max}}$ 来控制黏性土料压实质量。其中 ρ_d 是经环刀法现场检测获得，$\rho_{d\max}$ 是实验室击实试验获得理论最大干密度。

但在施工现场的年土料不一定纯净，可能混有石子，按照《土工试验规程》（SL 237—1999）的要求，粒径小于5mm的黏性土采用轻型击实仪，粒径小于20mm的黏性土采用重型击实仪，当采用轻型击实仪时，粒径大于5mm的颗粒含量小于30%时，应对最大干密度和最优含水率进行校正：

$$\rho'_{d\max}=\frac{1}{\dfrac{1-P}{\rho_{d\max}}+\dfrac{P}{G_{s2}\rho_w}} \tag{5.2}$$

式中 $\rho'_{d\max}$——校正后的最大干密度，g/cm^3；

$\rho_{d\max}$——粒径小于5mm试样的最大干密度，g/cm^3；

ρ_w——水的密度，g/cm^3；

P——粒径大于5mm的颗粒含量（用小数表示）；

G_{s2}——粒径大于5mm颗粒的干比重。

$$\omega'_{op}=\omega_{op}(1-P)+P\omega_2 \tag{5.3}$$

式中 ω'_{op}——校正后的最优含水率，%；

ω_{op}——粒径小于5mm试样的最优含水率，%；

ω_2——粒径小于5mm试样的吸着含水率，%。

如果不做校正，由于现场试样包含有石子，实测干密度对大于实验室最大干密度，压实度计算值就会大于1，与压实度的物理意义相悖。

根据《碾压式土石坝设计规范》（SL 274—2020），黏性土压实度应符合以下标准：

1级、2级坝和高坝的压实度应为98%～100%，3级中低坝及3级以下的中坝压实度应为96%～98%。

（2）无黏性土料。

无黏性土料（如砂土及砂砾石）以相对密度 D_r 来控制，而石渣或堆石体则可用孔隙率作为压实指标。在现场用孔隙比来计算相对密度不太方便，通常将相对密度 D_r 转换成对应的干表观密度 ρ_d 来控制，其大小按非黏性土不同砾石含量，分别确定不同标准。其换算公式为

$$D_r=\frac{(\rho_d-\rho_{d\min})\rho_{d\max}}{(\rho_{d\max}-\rho_{d\min})\rho_d} \tag{5.4}$$

式中 D_r——相对密度；

ρ_d——现场检测干密度，g/cm^3，现场检测采用灌水法或灌砂法获得；

$\rho_{d\min}$——实验室获得最小干密度，g/cm^3；

$\rho_{d\max}$——实验室获得最大干密度，g/cm^3。

根据《碾压式土石坝设计规范》（SL 274—2020），砂砾石和砂的填筑标准应符合以下标准：

砂砾石的相对密度不应低于0.75，砂的相对密度不应低于0.70，反滤料宜为0.70。

砂砾石中粗颗粒料小于50%，应保证（小于5mm的颗粒）的相对密度也符合上述要求。

3. 压实参数的确定

压实参数是关于施工操作的具体控制指标，包括：土料含水率、碾压遍数、铺土厚度、行走速度、如果存在不同设备之间的必选还应考虑碾压机械的重量，如果有振动设备应该考虑振动频率，如果有气胎碾，应该考虑气胎胎压。其中黏土的土料含水率尽量控制在实验室获得最优含水率附近，根据经验这个值一般在黏土的塑限值附近，碾压遍数和铺土厚度是碾压试验通常结论，关系到碾压施工的实施和施工质量。

压实试验前，先通过理论计算并参照已建类似工程的经验，初选几种碾压机械和拟定几组碾压参数，采用逐步收敛法进行试验。先以室内试验确定的最优含水量进行现场试验。所谓逐步收敛法系指固定其他参数，变动一个参数，通过试验得到该参数的最优值。将优选的此参数和其他参数固定，再变动另一个参数，用试验确定其最优值。以此类推，得到每个参数的最优值。最后将这组最优参数再进行一次复核试验。若试验结果满足设计、施工要求，便可作为现场使用的碾压参数。

5.2.4 碾压试验

（1）碾压试验场地。

一般布置成 60m×6m 的条带形，然后将此条带等分为四段（碾压试验区：黏性土每个试验组合不小于宽×长=4.00m×6.00m 碎砾石与砂砾石土每个试验区不小于宽×长=6.00m×10.00m；堆石及漂石不小于宽×长=6.00m×15.00m），各段含水量依次为 ω_1、ω_2、ω_3、ω_4，其误差不超过 1%。再将每段沿长边等分为四块，段内各块规定碾压遍数依次为 n_1、n_2、n_3、n_4，如图 5.2.11 所示。

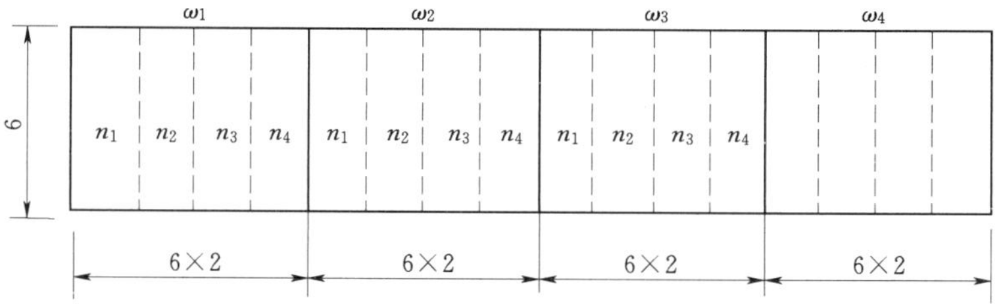

图 5.2.11 黏性土料压实试验场地布置示意图（单位：m）

（2）试验的铺土厚度和压实遍数。

压实遍数和铺土厚度可参照表 5.2.2 的数据。

表 5.2.2 压实遍数和铺土厚度经验参考值

序号	压实机名称	铺松土厚度 h/cm	碾压遍数	
			黏性土	无黏性土
1	8t 履带拖拉机	10-13-16	6-8-10-12	4-6-8-10
2	10t 平碾	16-20-24	4-6-8-10	2-4-6-8
3	5t 双联羊脚碾	19-23-27	8-11-14-18	
4	30t 双联羊脚碾	50-55-65	4-6-8-10	
5	13.5t 振动平碾	50-75-100-125		

续表

序号	压实机名称	铺松土厚度 h/cm	碾压遍数	
			黏性土	无黏性土
6	25t 气胎碾	28－34－40	4－6－8－10	2－4－6－8
7	50t 气胎碾	40－50－60	4－6－8－10	2－4－6－8
8	2～3t 夯板	80－100－150	2－4－6	2－3－4

（3）试验记录。

试验时依次按规定碾压遍数进行碾压。将每段压 n_1 遍的小块各取 9 个试样组成一组，依次对各段压 n_2、n_3、n_4 遍的小块，各取 9 个试样，组成相应的组，然后分别测定其含水量和干容重。以上试验是在同一铺土厚度下进行的，如果要确定不同铺土厚度的压实参数，试验在不同铺土厚度的地段进行，试验土料的土质，含水量应与筑坝土料一致。现场碾压试验记录可填入干容重测定成果表，见表 5.2.3。

表 5.2.3　　干容重测定成果表

ρ_d	h_1				h_2				h_3				h_4			
	ω_1	ω_2	ω_3	ω_4	ω_1	ω_2	ω_3	ω_4	ω_1	ω_2	ω_3	ω_4	ω_1	ω_2	ω_3	ω_4
n_1																
n_2																
n_3																
n_4																

（4）结果分析。

1）根据干容重测定成果表，绘制不同铺土厚度，不同压实遍数土料含水量和干容重的关系曲线，如图 5.2.12 所示。

2）从图 5.2.12 上查出最大干容重对应的最优含水量，填入最大干容重与最优含水量汇总表，见表 5.2.4。

3）根据表 5.2.4 绘制出铺土厚度、压实遍数和最优含水量、最大干容重关系曲线，如图 5.2.13 所示。

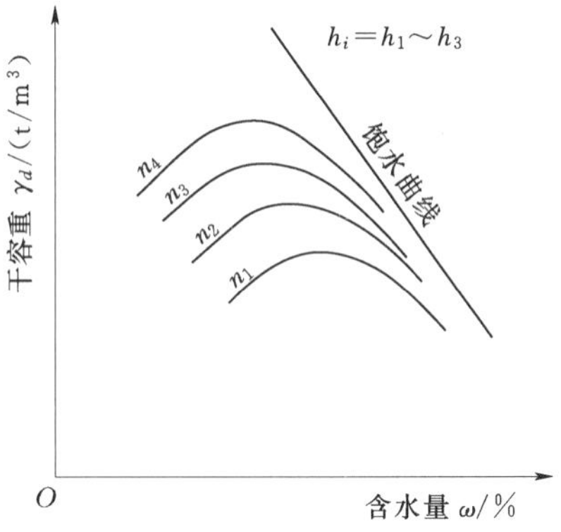

图 5.2.12　不同铺土厚度，不同压实遍数土料含水量和干容重的关系曲线

对于无黏性土料的压实试验，也可用上述类似的方法进行，但因含水量的影响较小，试验中可充分洒水。根据试验成果，按不同铺土厚度绘制干容重（或相对密度）与压实遍数的关系曲线，如图 5.2.14 所示，然后根据设计干容重（或相对密度）即可由曲线查得在某种铺土厚度情况下所需的压实遍数，再选择其中压实工作量最小的，即仍以单位压实遍数的压实厚度最大者 $\left[\frac{h}{n}\right]_{max}$，

取其铺土厚度和压实遍数作为施工的依据。

表 5.2.4　　**最大干容重与最优含水量汇总表**

ρ_d	h_1	h_2	h_3	h_4
$\rho_{d\max}$				
ω_{op}				

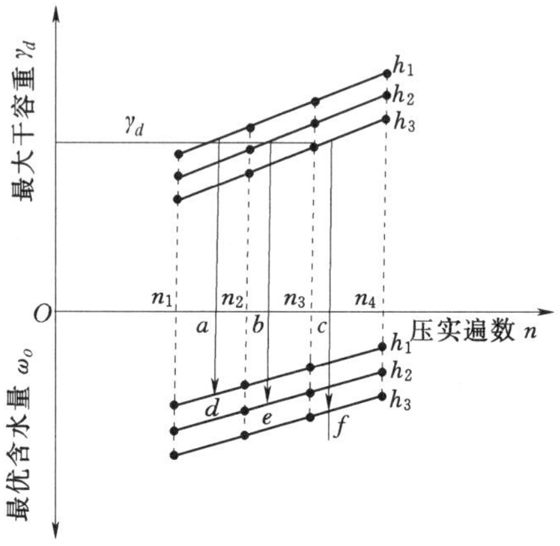

图 5.2.13　铺土厚度、压实遍数、最优含水量、最大干容重的关系曲线

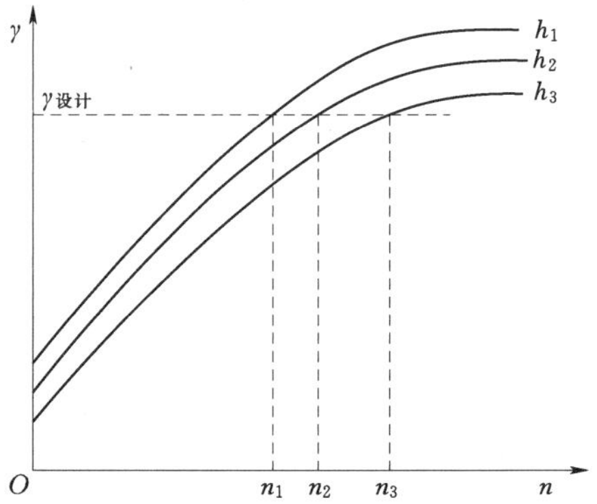

图 5.2.14　非黏性土干容重与压实遍数关系

5.2.6　填筑方法

1. 流水作业

(1) 流水作业必备条件。

1) 能分成等劳动量若干施工段，每个施工段同一时间内只有一个专业组在工作。

2) 能划分成各专业工序，每一个工序只有一个专业班组来完成。

3) 能依次连续转移工作面。

4) 各施工段能互相搭接工作时间。

(2) 坝面流水作业的实施。

将坝面划分成几个施工段，组织各工种的专业施工队相继投入到所划分的施工段上同时施工，如图 5.2.15 所示。

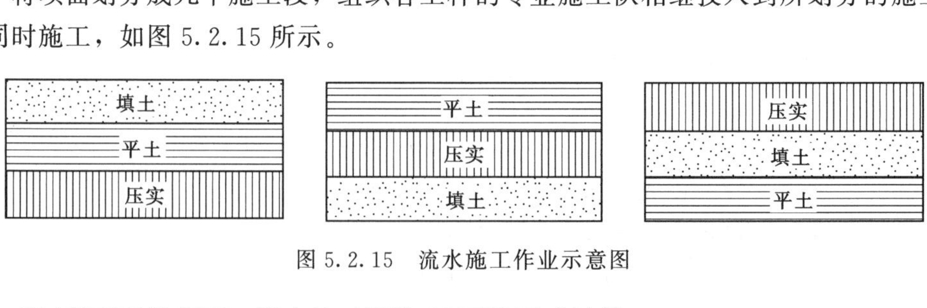

图 5.2.15　流水施工作业示意图

对于某高程的坝面，流水施工段数 M 可按下式计算：

$$M=\omega_{坝}/\omega_{日} \tag{5.5}$$

式中　$\omega_{坝}$——某施工时段坝面工作面积，可按设计图纸由施工高程确定，m^2；

$\omega_{日}$——每个流水班次的铺土面积，m^2，$\omega_{日}=Q_{运}/h$；

h——土厚度，m。

如以 N 表示流水工序数目，当 $M=N$ 时，人、地、机具三不闲；当 $M>N$ 时，人、机具不闲，但有工作面空闲；当 $M<N$ 时，人、机具有窝工现象，流水作业不能正常进行。出现 $M<N$ 的情况是由于坝体升高，工作面减小或划分的流水工序过多所致。可采用缩小流水单位时间增大 M 值的办法，或合并一些工序，以减小 N 值，使 $M=N$。

2. 坝面填筑施工要求

（1）基本要求。

铺料宜沿坝轴线方向进行，严格控制铺土厚度。防渗体土料应采用进占法卸料。穿越防渗体的道口段应经常变换。

防渗体分段碾压时，相邻两端交接带碾压迹应彼此搭接，垂直碾压方向搭接宽度应为0.3～0.5m，平行碾压方向搭接带宽度应为1～1.5m。

防渗体的铺筑应连续作业，如因故短时间停工，其表面涂层应洒水湿润，保持含水率在控制范围之内。如需长时间停工，则应铺设保护层，复工时予以清除。

心墙应同上下游反滤料及部分坝壳料平起填筑，骑缝碾压宜采用先填反滤料后填土料的平起填筑法施工。斜墙宜与下游反滤料及部分坝壳料平起填筑，也可之后与坝壳料填筑，但需留斜墙、反滤料和部分坝壳料的施工场地，且已填筑坝壳料必须削坡至合格面。

振动碾工作重量宜为18～32t，行驶速度不超过4km/h，并应定期检查振动碾的工作状态。采用冲击碾时，应进行试验论证。

（2）填筑方法。

铺筑主要是利用自卸式汽车运料、卸料，推土机平料，碾压设备实施碾压，平卸料的方法见表5.2.5。

5.2.5
土石坝进占铺料

表5.2.5　　**铺　料　方　法**

铺料方法	图　　示	特点及适用条件
进占法	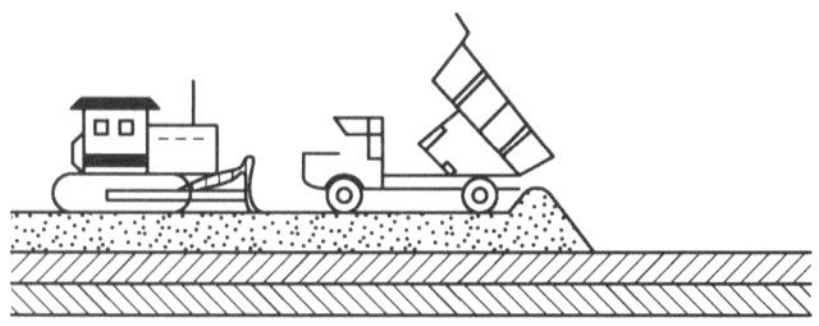	推土机平料容易控制层厚，坝面平整，石料容易分离，表层细粒多，下部大块石多，有利于减少施工机械磨损，堆石料铺填厚度1.0m
后退法	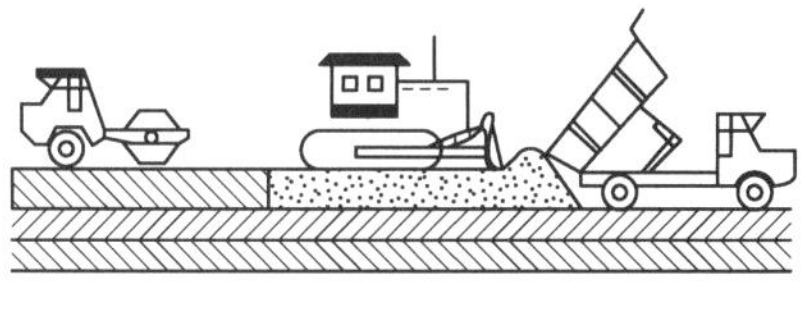	可改善石料分离，推土机控制不便，多用于砂砾石和软岩；层厚一般小于1.0m

续表

铺料方法	图　　示	特点及适用条件
混合法	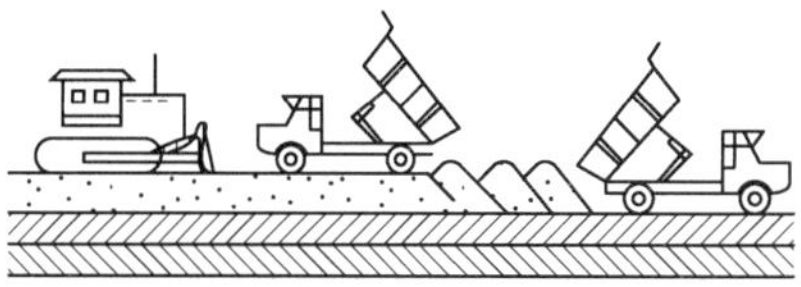	适用铺料层厚大（1.0～2.0m）的堆石料，可改善分离，减少推土机平整工作量

对堆石料，由于堆石往往含有大量的大块径石料，不仅影响推土机、汽车在坝面卸料堆上行驶，而且难将堆石散开，并易损坏推土机履带、汽车轮胎。因此需用进占法随时平土，将大块石推至铺料的前沿下部，细料填充上部空隙。如图 5.2.16 和图 5.2.17 所示。

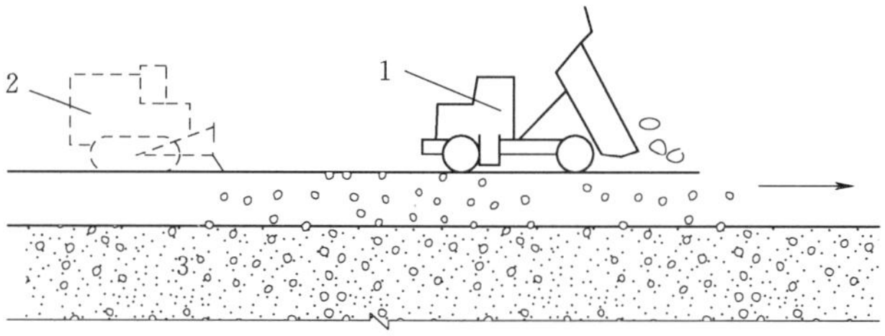

图 5.2.16　堆石料采用进占法卸料

1—自卸汽车；2—推土机；3—已压实合格坝体

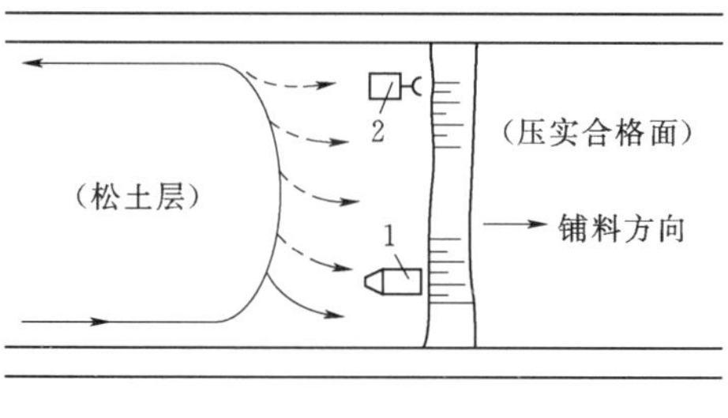

图 5.2.17　汽车进占法卸料

1—自卸汽车；2—推土机

对黏土、砂砾料，由于粒径较小，推土机很容易在松料堆上平土，因此可用常规的后退法铺料。如图 5.2.18 所示。

(3) 应遵循以下规定进行坝壳料的填筑：

1）坝壳料宜采用进展法卸料，推土机应及时平料，铺料厚度误差不宜超过碾压试验确定厚度的 10%。坝壳料与安排及刚性建筑物的结合部位，宜回填 1.50～2.50m 宽过渡料。

2）坝壳料应用振动平碾压实，与岸坡结合处 2.0m 宽范围内宜采用垂直坝轴线方向碾压，不宜压实的边角部位应减薄铺料厚度。

(4) 黏性土、碎（砾）石土、风化料、掺合料纵、横接缝的设置应符合下列要求：

1）心墙和斜墙内不应留有纵向接缝。

2）防渗体及均质坝的横向接坡不宜陡于 1∶3，需采用更陡接坡时，应论证后实施。

3）随坝体填筑上升，接缝应陆续削坡至合格面后回填。

4）防渗体及均质坝的接缝削坡取样检查合格后，应边洒水、边刨毛、边铺料压

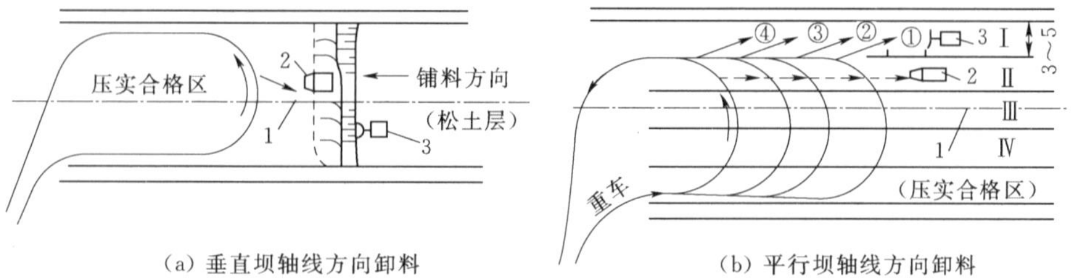

（a）垂直坝轴线方向卸料　　（b）平行坝轴线方向卸料

图5.2.18　汽车后退法卸料（单位：m）
1—坝轴线；2—自卸汽车；3—推土机
①～④—汽车卸料顺序；Ⅰ～Ⅳ—推土机平料顺序

实，并宜控制其含水率为施工含水率的上限。

（5）结合部位碾压。

在混凝土或岩石面上填土时，应洒水润湿，并边涂刷浓泥浆、边铺土、边夯实，泥浆涂刷高度应与铺土厚度一致，并应与下部涂层衔接，不得在泥浆干涸后铺土和压实。泥浆土与水质量比宜为1∶2.50～1∶3.00，宜通过试验确定；填土含水率控制应大于最优含水率1%～3%，并用轻型碾压机械碾压，适当降低干密度，待厚度在0.80m以上时方可用大型碾压机械和碾压参数正常压实。

（6）控制要点。

土石坝填筑材料质量控制检查要点见表5.2.6。

表5.2.6　土石坝填筑材料质量控制检查要点

坝料类别		检查项目
防渗土料	黏性土	含水率，黏粒含量
	碎（砾）石土	允许最大粒径，砾石含量，含水率
过渡料		级配，含泥量，风化软弱颗粒含量
坝壳砾质土		小于5mm含量，含水率
坝壳砂砾土		级配，砾石含量，含泥量
堆石料	硬岩	允许最大块径，小于5mm颗粒含量，含泥量，软岩含量
	软岩	单轴抗压强度，小于5mm颗粒含量，含泥量

5.2.7　土石坝的冬雨季施工

土石坝施工特点之一是大面积的露天作业，直接受外界气候环境的影响，尤其是对防渗土料影响更大。降雨会增大土料的含水量，冬季土料又会冻结成块，都会影响施工质量。因此，土石坝的冬雨季施工，常成为土石坝施工的障碍。它使施工的有效工作日大为减少，造成土石坝施工强度不均匀，增加施工过程中拦洪、度汛的难度，甚至延误工期。为了保证坝体的施工进度，降低工程造价，必须解决好冬季、雨季的施工措施问题。

1. 土石坝的冬季施工

寒冬土料冻结会给施工造成极大困难，因此，当日平均气温低于0℃时，黏性土料应按低温季节施工；当日平均气温低于－10℃时，一般不宜填筑土料，否则应进行技术经济论证。

我国北方地区，冬季时间长，如不能施工将给工程进度带来影响。因此，土石坝冬季施工也就成为北方地区需要解决的一个重要问题。

冬季施工的主要问题在于：土的冻结使强度增高，不易压实；而冻土的融化却使土体的强度和土坡的稳定性降低；处理不好，将使土体产生渗漏或塑流滑动。

外界气温降低时，土料中水分开始结冰的温度低于0℃，即所谓过冷现象。土料的过冷温度和过冷持续时间，与土料种类、含水量大小和冷却强度有关。当负温不是太低时，土料的水分能长期处于过冷状态而不结冰。含水量低于塑限的土料及含水量低于4%～5%的砂砾料，由于水分子与颗粒的相互作用，土的过冷现象极为明显。土的过冷现象表明，当负气温不太低时，用具有正温的土料在露天填筑，只要控制好含水量，有可能在土料未冻结之前，争取填筑完毕。

因此，土石坝冬季施工，只要采取适当的技术措施，防止土料冻结，降低土料含水量和减少冻融影响，仍可保证施工质量，加快施工进度。

(1) 负温下的土料填筑。

负温下填筑要求黏性土含水量略低于塑限，防渗体土料含水量不应大于塑限的90%。不得加水和夹有冰雪，在未冻结的黏土中，允许含有少量小于5cm冻块，但需均匀分布，其允许含量与土温、土料性质、压实机具和压实标准有关，需通过试验确定。

铺料、碾压、取样等，应快速作业，压实土料温度必须在－1℃以上。土料填筑应加大压实功能，宜采用重型碾压机械。

严禁在坝体分段结合处有冻土层、冰块存在，应将已填好的土层按规定削成斜坡相接，接坡处应做成梳齿形样槽，用不含冻土的暖料填筑。

(2) 负温下的砂砾料填筑。

砂砾料的含水量应小于4%，不得加水。最好采用地下水位以上或较高气温季节堆存的砂砾料填筑。填筑时应基本上保持正温，冻料含量应在10%以下，冻块粒径不超过10cm，且分布均匀。

利用重型振动碾和夯板压实，采用夯板时，每层铺料厚度可减薄1/4左右；采用重型振动碾，一般可不减薄。

(3) 暖棚法施工。

当日最低气温低于－10℃时，多采用简易结构暖棚和保温材料，将需要填筑的坝面临时封闭起来。在暖棚内采取蒸汽或火炉等升温措施，使之在正温条件下施工。暖棚法施工费用较高，大伙房心墙坝冬季暖棚法与正温露天作业相比，其黏性土填筑增加费用41.8%，砂砾料则增加费用102%。

负温下土石坝施工，对料场也应采取防冻保温措施。如在料场可采取覆盖隔热材料或积雪、冰层保温，也可用松土保温等。一般来说，只要采料温度不低于5～10℃，碾压时温度不低于2℃，就能保证土料的压实效果。

2. 土石坝的雨季施工

土石坝防渗体土料在雨季施工，总的原则是“避开、适应和防护”。一般情况下应尽量避免在雨季进行土料施工；选择对含水量不敏感的非黏性土料以适应雨季施工，争取小雨日施工，以增加施工天数；在雨日不太多，降雨强度大，花费不大的情况下，采取一般性的防护措施也常能奏效。

例如，某黏土心墙坝，在雨季中的晴天，心墙两侧仅填筑部分足以维持心墙稳定的护坡坝壳，其外坡一般不陡于1：1.5～1：2.0，当下雨不能填土时，则集中力量填筑坝壳部分。对于斜墙坝，也应在晴天抢填土料，雨天或雨后填筑坝壳部分，彼此减少干扰，施工程序协调。

雨季施工中，还应采取以下有效的施工技术及防护措施。

快速压实松土，防止松土被小雨渗入，这是雨季施工中最有效的措施，具有省工、省费用、施工方便等优点。

坝面填筑力争平起，保持填筑面平整，使填筑面微向上下游倾斜约2%的坡度，以利排水。对于砂砾料坝壳，需注意防止暴雨冲刷坝坡，可在距坝坡2～3m处，用砂砾料筑起临时小埂，不使坝面雨水沿坡面下流，而使雨水下渗。雨前将施工机械撤出填筑面，停放在坝壳区，做好填土面的保护。下雨或雨后，尽量不要踩踏坝面，禁止机械通行，防止坝面形成稀泥。

在坝面设防雨棚，用苫布、油布或简易防雨设备，覆盖坝面，避免雨水渗入，缩短雨后停工时间，争取填筑工期。

在雨季还应加强土料场的排水措施，及时排除雨水，土料场停工或下雨时，原则上不得留有松土。如必须贮存一部分松土时，可堆成“土牛”并加以覆盖，四周做好排水。

运输道路也是雨季施工的关键之一。一般的泥结碎石路面，当遇雨水浸泡时，路面容易破坏，即使天晴坝面可复工，但因道路影响了运输而不能及时复工，不少工程有过此教训。所以应加强雨季路面维护和排水措施，在多雨地区的主要运输道路，可考虑采用混凝土路面。

5.2.8 土方压实施工质量验收标准

土料压实施工质量要符合表5.2.7和表5.2.8的要求。

表5.2.7 土料压实施工质量标准

项次		检验项目	质量要求	施工单位自检		监理单位检验	
				检验方法	检验数量	检验（工作）方式	检验数量
主控项目	1	土料质量	料源质量符合设计及C.0.1条要求；上坝料无树根等杂物	观察，查阅质量证明文件和检验报告	全部	平行检验	全部
主控项目	2	碾压参数	符合碾压试验成果要求	查阅施工记录	全部	平行检验	全部

续表

<table>
<tr><th colspan="2" rowspan="2">项次</th><th rowspan="2">检验项目</th><th colspan="2" rowspan="2">质 量 要 求</th><th colspan="2">施工单位自检</th><th colspan="2">监理单位检验</th></tr>
<tr><th>检验方法</th><th>检验数量</th><th>检验（工作）方式</th><th>检验数量</th></tr>
<tr><td rowspan="5">主控项目</td><td>3</td><td>压实质量</td><td colspan="2">土料含水率应控制在最优量的－2%～3%之间；压实指标符合设计要求；取样合格率不小于90%；不合格试样不应集中，且1级、2级坝和高坝压实度不低于98%，3级中低坝和3级以下中坝压实度不低于96%，无防渗要求时压实度不低于90%</td><td>试验</td><td>黏土每100～500m^3抽检1个；砾质土每200～1000m^3抽检1个；每层不少于5个</td><td>平行检验</td><td>施工单位自检数量的5%</td></tr>
<tr><td rowspan="3">4</td><td rowspan="3">接（结）合面处理</td><td>填筑体与土质建基面（上下层结合层面）处理</td><td>无浮渣、污物杂物，无积水等；基面刨毛3～5cm，无团块</td><td rowspan="2">观察、量测</td><td rowspan="2">全部</td><td rowspan="2">现场巡视</td><td rowspan="2">—</td></tr>
<tr><td>填筑体与岩面和建（构）筑物面处理</td><td>无浮渣、污物杂物，无积水等；铺填前涂刷浓泥浆或黏土水泥砂浆，涂刷均匀，无空白，且回填及时，无风干现象</td></tr>
<tr><td>有防渗要求时涂刷浆液质量</td><td>浆液稠度适宜、均匀无团块，材料配合比最大允许偏差为±10%</td><td>观察、检测</td><td>每拌和一批抽检不少于1次</td><td>见证检验</td><td>全部</td></tr>
<tr><td>5</td><td>防渗体轴线</td><td colspan="2">最大允许偏差为±5cm</td><td>量测</td><td>每10m测1个点，不少于3个点</td><td>见证检验</td><td>施工单位自检数量的20%</td></tr>
<tr><td rowspan="2">一般项目</td><td>1</td><td>鑵料铺填</td><td colspan="2">非均质土坝：粗料不应侵入细料边线，允许偏差为0～10cm；均质土坝：人工铺料允许偏差为0～10cm，机械铺料允许偏差为0～30cm；铺料厚度符合碾压试验要求，允许偏差为－5～0cm</td><td>观察、量测</td><td>铺填边线每10m测1个点，不少于3个点；铺料厚度按网格控制，每100m^2测1个点，不少于3个点</td><td>旁站、平行检验</td><td>施工单位自检数量的10%</td></tr>
<tr><td>2</td><td>碾压面处理</td><td colspan="2">碾压密实，层面平整，无漏压、拉裂和起皮现象，弹簧、起皮、脱空及剪力破坏等部位的处理符合设计要求。
分段碾压时，相邻两段交接带碾压迹应彼此搭接，垂直碾压方向搭接带宽度0.3～0.5m，顺碾压方向搭接带长度为1.0～1.5m</td><td>观察、量测</td><td>每100m^2测1个点，不少于3个点</td><td>平行检验</td><td>施工单位自检数量的10%</td></tr>
</table>

续表

项次		检验项目	质量要求		施工单位自检		监理单位检验	
					检验方法	检验数量	检验（工作）方式	检验数量
一般项目	3	接缝处理	斜墙和心墙内不应有纵向接缝。防渗体及均质坝的横向接坡不应陡于1∶3，其高差应符合设计要求，与岸坡接合坡度应符合设计要求。均质坝纵向接缝斜坡坡度和平台宽度应满足稳定要求，平台间高差不大于15m		观察	全部	平行检验	全部
	4	填筑体位置及外形尺寸	轴线	最大允许偏差为±5cm	量测	每10m测1个点，不少于3个点	见证检验	施工单位自检数量的20%
			顶面宽度	允许偏差为：人工0～10cm；机械0～30cm	量测	每10m测1个点，不少于3个点	平行检验	施工单位自检数量的10%
			含预留沉降顶高程	允许偏差为0～10cm	量测	网格控制，每$100m^2$测1个点，不少于3个点	见证检验	施工单位自检数量的20%
			外露边坡坡度	无亏坡，不陡于设计坡度	观察、量测	每10m测1个点，不少于3个点	见证检验	施工单位自检数量的20%

注 1. 顶高程及坡度检验项目只在填筑完最后一层填筑单元时进行检验。
2. 设计坡度按预留沉降加高的断面计算。

表5.2.8　　砂砾料压实施工质量标准

项次		检验项目	质量要求	施工单位自检		监理单位检验	
				检验方法	检验数量	检验（工作）方式	检验数量
主控项目	1	砂砾料（石渣）质量	符合设计及C.0.1条要求；上坝料无树根等杂物	观察，查阅质量证明文件和检验报告	全部	平行检验	全部
	2	碾压参数	符合碾压试验成果要求	查阅施工记录	全部	平行检验	全部
	3	压实指标	相对密度、孔隙率符合设计要求	试验	每5000～$10000m^3$抽检1个，每层不少于5个	平行检验	施工单位自检数量的5%
	4	岸坡接合处铺填	纵横向接合部应符合设计要求，岸坡接合处的填料不应分离、架空	观察	全部	现场巡视	—

续表

<table>
<tr><th colspan="2" rowspan="2">项次</th><th rowspan="2">检验项目</th><th colspan="2" rowspan="2">质　量　要　求</th><th colspan="2">施工单位自检</th><th colspan="2">监理单位检验</th></tr>
<tr><th>检验方法</th><th>检验数量</th><th>检验（工作）方式</th><th>检验数量</th></tr>
<tr><td>主控项目</td><td>5</td><td>铺料厚度</td><td colspan="2">铺料厚度符合碾压试验或设计要求，允许偏差为−5～0cm</td><td>量测</td><td>网格控制，每 100m² 测 1 个点，不少于 3 个点</td><td>平行检验</td><td>施工单位自检数量的 10%</td></tr>
<tr><td rowspan="6">一般项目</td><td>1</td><td>铺填层面外观及边线</td><td colspan="2">铺料宽度满足削坡后压实质量要求，粗粒料不应集中，且不应侵入细料边线，允许偏差为 0～20cm</td><td>观察、量测</td><td>每 10m 测 1 个点，不少于 3 个点</td><td>平行检验</td><td>施工单位自检数量的 10%</td></tr>
<tr><td>2</td><td>压层表面质量</td><td colspan="2">碾压表面平整，无漏压、欠压</td><td>观察</td><td>全部</td><td>现场巡视</td><td>—</td></tr>
<tr><td rowspan="4">3</td><td rowspan="4">填筑体位置及外形尺寸</td><td>轴线</td><td>最大允许偏差为 ±15cm</td><td>量测</td><td>每 10m 测 1 个点，不少于 3 个点</td><td>见证检验</td><td>施工单位自检数量的 20%</td></tr>
<tr><td>顶面宽度</td><td>允许偏差为：人工 0～10cm；机械 0～30cm</td><td>量测</td><td>每 10m 测 1 个点，不少于 3 个点</td><td>平行检验</td><td>施工单位自检数量的 10%</td></tr>
<tr><td>含预留沉降顶高程</td><td>允许偏差为 0～10cm</td><td>量测</td><td>网格控制，每 100m² 测 1 个点，不少于 3 个点</td><td>见证检验</td><td>施工单位自检数量的 20%</td></tr>
<tr><td>外露坡面坡度</td><td>无亏坡，不陡于设计坡度</td><td>观察、量测</td><td>每 10m 测 1 个点，不少于 3 个点</td><td>见证检验</td><td>施工单位自检数量的 20%</td></tr>
</table>

注　1. 顶高程及坡度检验项目只在填筑最后一层填筑单元完成时进行检验。
2. 设计坡度按预留沉降加高的断面计算。

任务 5.3　堤　防　施　工

学习导向

知识目标：掌握土堤施工及验收要求

能力目标：能分析堤防施工方案，控制筑堤质量

素质目标：培养钻研精神和认真态度

执行规范：《堤防工程施工规范》（SL/T 260—2025）
《水利水电工程单元工程施工质量验收标准　第 4 部分：堤防与河道整治工程》（SL/T 631.4—2025）

5.3.1 测量放样

堤防工程基线相对于临近基本控制点，平面位置允许误差为±50mm，高程为±30mm，堤轴线点为30mm。高程误差为负值的测点不得连续出现。

堤防断面放样、立模、填筑轮廓，宜根据不同堤型相隔一定距离设立样架，其测点相对于设计的限值误差，平面为±50mm，高程为±30mm，轴线点为±30mm。高程误差为负的测点不得连续出现，并不允许超过总测点的30%。

堤防基线的永久标石、标架埋设应牢固，施工中定时核查校正。

堤身放样时，应根据设计要求预留沉降量。

5.3.2 筑堤材料

根据设计要求对料场土质做简易鉴别，鉴别方法参考《堤防工程施工规范》(SL/T 260—2025）附录A。

杂质土、冻土块不应用于堤身填筑；淤泥土、膨胀土、分散性黏土等特殊土料不宜用于堤身填筑。

5.3.3 地基施工

堤基基面清理范围包括堤身、铺盖、压载的基面，其边界应在设计基面边线外50cm。

堤基表面不合格，土、杂物等应予以清除，堤基范围内的坑、槽、沟、井、地道、墓穴等地下建筑物，应按设计要求处理。基面清理平整后，应及时报验；基面验收后应抓紧施工，若不能立即施工，应做好基面保护，复工前应再检验，必要时必须重新清理。

软基数量少可采用换填法，铺填后应及时压实。抛石法、挤淤法处理流塑态土质堤基；含水率较大时可采用排水砂井、塑料排水板、碎石桩、真空预压等方法。透水堤基应根据渗透性采用排水沟、截水沟、井点法。

风化岩层堤基，应清除松动岩石，筑砌石堤或混凝土堤时基面应铺层厚度大于30mm的水泥砂浆；筑土堤时基面应图层厚为3～5mm的黏土浆，然后进行堤身填筑。

5.3.4 防渗

1. 垂直防渗

垂直防渗有混凝土防渗墙、高压旋喷和混凝土搅拌桩，混凝土防渗墙，遵守《水利水电工程混凝土防渗墙施工技术规范》(SL 174—2014)，高压旋喷桩施工遵守《水电水利工程高压喷射灌浆技术规范》(DL/T 5200—2019)。

2. 土工膜

(1) 土工膜铺设要满足《堤防施工规范》之外，还要满足《土工合成材料应用技术规范》(GB/T 50290—2014) 的技术要求。土工膜铺设表面布置示意图如图5.3.1所示。土工膜铺设形式如图5.3.2

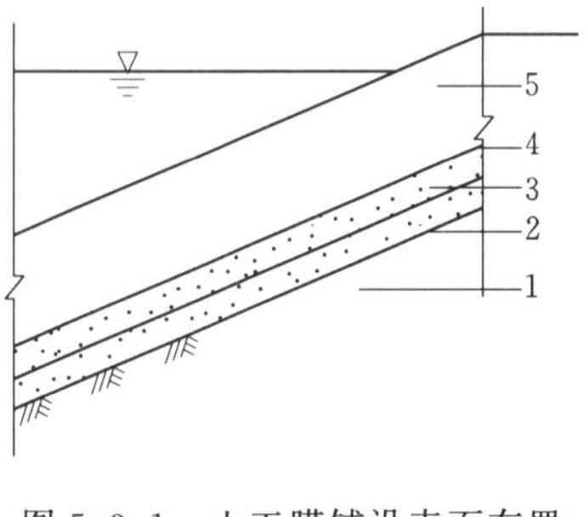

图5.3.1 土工膜铺设表面布置示意图

1—挡水体；2—支持层；3—下垫层；4—土工膜；5—上垫层和防护层

所示。

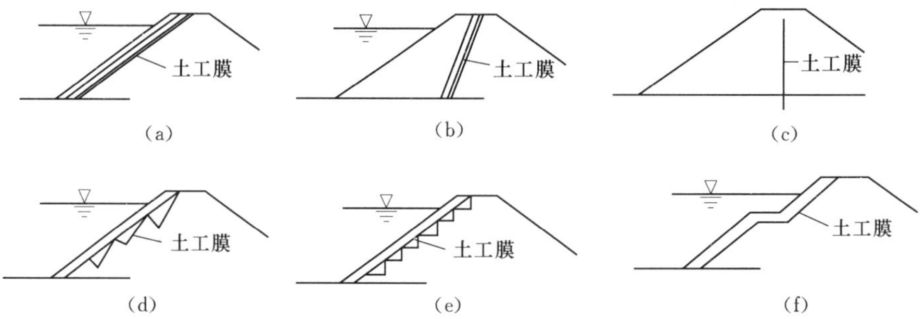

图 5.3.2 土工膜铺设形式

土工膜作业应符合下列要求：

1）土工膜的规格、质量应满足设计要求。

2）铺膜前应对土工膜自行检查，若有破损，应及时处理。

3）用铺膜设备将土工膜沿槽长方向展开，土工膜下端应沉至槽孔底部。

4）回填前应对土料进行检查，土料中不应代用尖锐棱角的块石等物体。

（2）土工膜的连接要求：应按设计要求选定土工膜的连接方式。土工膜与地基的连接如图 5.3.3 所示。

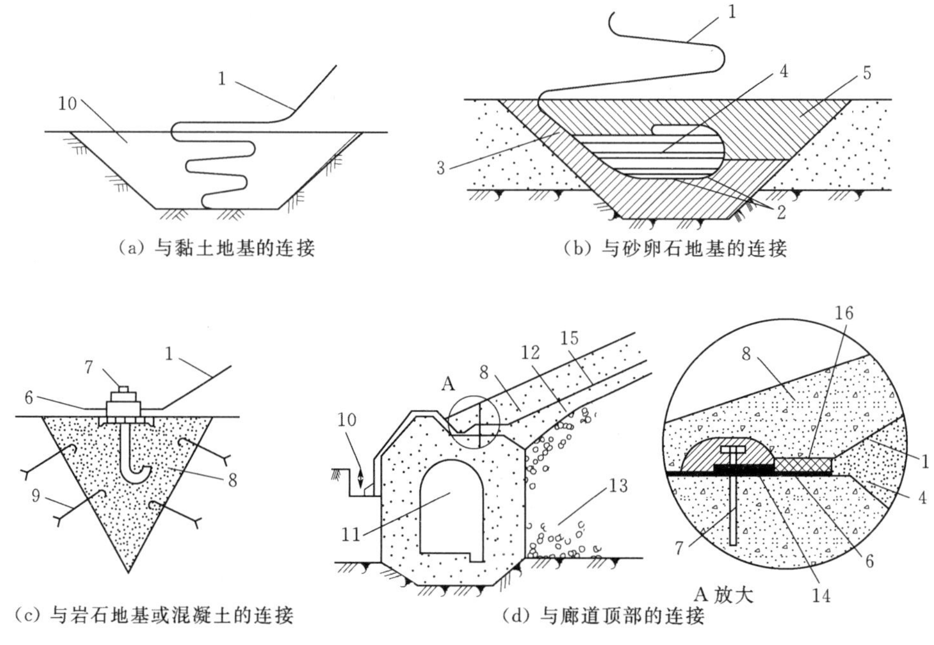

图 5.3.3 土工膜与地基连接形式

1—薄膜；2—钢筋；3—一期混凝土；4—二期混凝土；5—三期混凝土；6—氯丁坝橡胶垫片；7—锚栓；8—混凝土；9—锚筋；10—回填黏土；11—廊道；12—过渡料；13—堆石；14—高密度聚乙烯；15—土工薄膜与土工织物组合层；16—五层薄膜

应采用焊接方式时，宜采用两道焊缝，两膜边缘重叠不小于100mm；焊接温度与速度应通过现场试焊选定。

采用黏结方式时应试验黏结效果；采用缝接时，两膜边缘重叠应不小于200mm。采用搭接方式时，搭接量不小于2m。缝接、搭接的土工膜沉入槽孔后，应采用充满黏土的编织袋将连接部位压实，整体压实宽度不小于1m。

（3）土工膜铺设形式。

1）平直坡形。用于低水头坝斜墙保护层，或用作心墙、已建堤、坝加固，如图5.3.2（a）、（b）、（c）所示。

2）锯齿形。斜墙布置，如图5.3.2（d）所示。

3）台阶形。斜墙布置，如图5.3.2（e）所示。

4）折坡形。斜墙布置，用于设马道的较高水头坝，如图5.3.2（f）所示。

（4）土工膜与地基的连接。土工膜与地基的连接可根据地基土质条件和结构物类型，分为以下形式：

1）土质地基。土工膜直接埋入锚固槽，填土应予以夯实，槽深2m，宽4m，如图5.3.3（a）所示。

2）砂卵石地基。应清除砂卵石，直达不透水层。浇筑混凝土底座，埋入土工膜。对新鲜和微风化基岩，底座宽应为水头的1/10～1/20。对半风化和全风化基岩底座宽应为水头的1/5～1/10，所有裂缝要填实，如图5.3.3（b）所示。当砂卵石太厚，不能开挖至不透水层，可将土工膜向上游延伸一段，形成水平铺盖。土工膜下应设排水、排气措施。

3）岩石地基。岩石地基如图5.3.3（c）所示。

4）与结构物连接。如与输水管、溢洪道、混凝土、廊道连接，如图5.3.3（d）所示，相邻材料弹性模量不能差别过大，应平顺过渡。

5.3.5 填筑

地面起伏不平时，应按水平分层由低处开始逐层填筑，不允许顺坡铺填；堤防横断面上的地面坡度陡于1∶5时，应将地面坡度削至不陡于1∶5。

对于老堤进行加高培厚处理时，应清除结合部位的各种杂物，将老堤坡铲成台阶状，再分层填筑、碾压。

机械施工时，分段作业面长度不宜小于100m。

当已铺土表面在压实前被晒干时，应采用铲除或洒水湿润等方法进行处理。

用光面碾滚压实黏性土层时，在新层铺料前，应对压实光层面作刨毛处理。

铺料作业应符合：

（1）应按设计要求将土料铺至规定部位，不允许将砂砾（卵）料或其他透水料与黏性土料混杂，上堤土料中的杂质应予以清除。

（2）土料或砾质料可采用进占法或后退法卸料；砂砾（卵）料用后退法卸料；砂砾（乱）料或砾质土卸料时发生颗粒分离现象，应将其拌和均匀。

（3）铺料厚度和土块限制直径宜通过碾压试验确定；没有资料时可参考表5.3.1。

表 5.3.1 铺料厚度和土块限制直径

压实功能类型	压实机具种类	铺料厚度/cm	土块限制直径/cm
轻型	人工夯、机械夯	15～20	≤5
	5～10t 平碾	20～25	≤8
	履带式推土机	25～30	≤10
中型	12～15t 平碾 斗容 2.5m^3 铲运机 5～8t 振动碾、加载气胎碾	25～30	≤10
重型	斗容 7m^3 铲运机 10～16t 振动碾	30～50	≤15

注 履带式推土机作为压实机具，仅适合砂砾（卵）料、少数黏性土或黏性土低密度堤防填筑使用。

（4）砂砾（卵）料铺料厚度应根据现场碾压试验确定，对大不粒径不得超过压实厚度的 80%。

（5）铺料至堤边时，应比设计边线超出一定富余量：人工铺料为 10cm，机械铺料为 30cm。

碾压施工应符合：

（1）碾压机械行走方向为平行于堤轴线。

（2）分段分片碾压时，相邻作业面的碾压搭接宽度：平行堤轴线方向不应小于 0.5m；垂直于堤轴线方向不应小于 3m。

（3）拖拉机带碾滚或振动压实作业时，宜采用进退错距法，碾迹搭压宽度应大于 10cm。

（4）机械碾压应控制行走速度，通常取 2～3km/h，不允许超过 4km/h。

（5）机械碾压不到的部位，应辅助以夯具夯实，夯实时应采用连环套打法，夯迹双向套压，夯压 1/3，行压 1/3；分段、分片夯实时，夯迹搭压宽度不应小于 1/3 夯径。

5.3.6 土工织物的反滤

土工织物拼接可用搭接或接缝，一般可用搭接。平地搭接宽度可取 30cm，不平地或极软土不应小于 50cm；水下铺设应当加宽。土工织物接缝形式如图 5.3.4 所示。

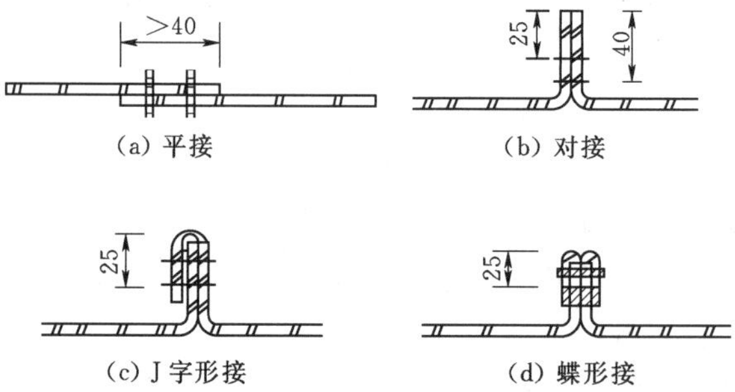

图 5.3.4 土工织物接缝形式（单位：mm）

土工织物下面为粗料，为防止织物被刺破，应先铺厚度为 10cm 的砂砾料，平整后再铺织物。

土工织物上应设砂砾保护层，坡顶和坡趾应将土工织物埋入锚固，沟深应不小于 30cm，如图 5.3.5 所示，在河岸坡脚处，为了防冲，应将土工织物延长回折做成压枕，压枕应达到冲刷线以下。

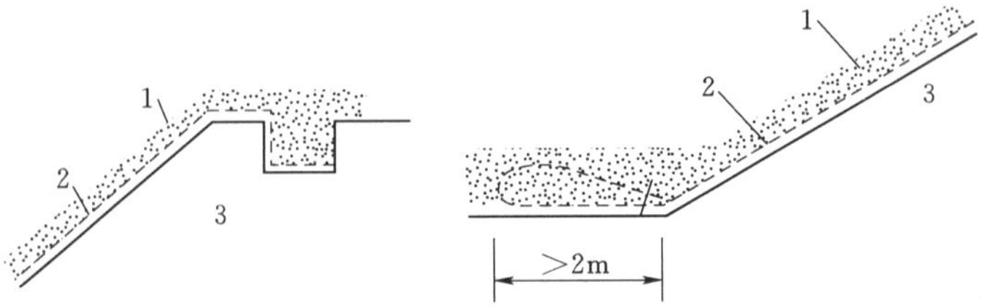

图 5.3.5　土工织物堤顶固定和堤脚固定示意图

1—砂砾石保护层；2—土工织物；3—边坡

5.3.7　单元工程压实质量控制标准

（1）不合格样压实度值不应低于设计压实度的 96%，不合格样不得集中在局部范围内。碾压土堤单元压实质量控制标准见表 5.3.2。

表 5.3.2　　碾压土堤单元压实质量控制标准

堤　　型		筑堤材料	压实度合格率/%	
			1 级、2 级土堤	3 级土堤
均质堤	新筑堤	黏性土		
		少黏性土和无黏性土	≥85	≥80
	老堤加高培厚	黏性土	≥90	≥85
		少黏性土和无黏性土	≥85	≥80
非均质堤	防渗体	黏性土	≥90	≥85
	非防渗体	少黏性土和无黏性土	≥85	≥80

（2）土堤竣工后的外观质量检测要求按表 5.3.3 执行。

表 5.3.3　　碾压土堤外观质量要求

检查项目		规定要求/mm	检查频率	检查方法
堤轴线偏差		±150	每 200 延米测 4 点	用仪器测
高程	堤顶	0～+150	每 200 延米测 4 点	用仪器测
	平台顶	−100～+150		
宽度	堤顶	−50～+150	每 200 延米测 4 点	用钢尺量
	平台顶	−100～+150		
边坡	坡度	不陡于设计值	每 200 延米测 4 点	用水准仪测或用钢尺量
	平顺度	目测平顺		

任务5.4 砌 筑 工 程

学习导向

知识目标： 了解砌体施工技术指标，掌握验收要求

能力目标： 能检查砌体工程施工质量

素质目标： 培养钻研精神和认真态度

执行规范： 《砌体结构工程施工规范》(GB 50924—2014)

《水利水电工程单元工程施工质量验收标准 第1部分：土石方工程》(SL/T 631.1—2025)

《砌石坝设计规范》(SL 25—2006)

《胶结坝技术规范》(SL/T 678—2025)

5.4.1 一般石砌体工程施工

1. 一般规定

遵守《砌体结构工程施工规范》(GB 50924—2014)。

石砌体的转角处和交接处应同时砌筑。对不能同时砌筑而又需留置的临时间断处，应砌成斜槎。

梁、板类受弯构件石材，不应存在裂痕。梁的顶面和底面应为粗糙面，两侧面应为平整面；板的顶面和底面应为平整面，两侧面应为粗糙面。

石砌体应采用铺浆法砌筑，砂浆应饱满，叠砌面的粘灰面积应大于80%。

石砌体每天的砌筑高度不得大于1.2m。

石砌体勾缝时，应符合下列规定：

(1) 勾平缝时，应将灰缝嵌塞密实，缝面应与石面相平，并应把缝面压光。

(2) 勾凸缝时，应先用砂浆将灰缝补平，待初凝后再抹第二层砂浆，压实后应将其捋成宽度为40mm的凸缝。

(3) 勾凹缝时，应将灰缝嵌塞密实，缝面宜比石面深10mm，并把缝面压平溜光。

2. 砌筑

(1) 毛石砌体。

毛石砌体所用毛石应无风化剥落和裂纹，无细长扁薄和尖锥，毛石应呈块状，其中部厚度不宜小于150mm。

毛石砌体宜分皮卧砌，错缝搭砌，搭接长度不得小于80mm，内外搭砌时，不得采用外面侧立石块中间填心的砌筑方法，中间不得有铲口石、斧刃石和过桥石（图5.4.1）；毛石砌体的第一皮及转角处、交接处和洞口处，应采用较大的平毛石砌筑。

毛石砌体的灰缝应饱满密实，表面灰缝厚度不宜大于40mm，石块间不得有相互接触现象。石块间较大的空隙应先填塞砂浆，后用碎石块嵌实，不得采用先摆碎石后

塞砂浆或干填碎石块的方法。

砌筑时，不应出现通缝、干缝、空缝和孔洞。

砌筑毛石基础的第一皮毛石时，应先在基坑底铺设砂浆，并将大面向下。阶梯形毛石基础的上级阶梯的石块应至少压砌下级阶梯的1/2，相邻阶梯的毛石应相互错缝搭砌。

毛石基础砌筑时应拉垂线及水平线。

毛石砌体应设置拉结石，拉结石应符合下列规定：

1）拉结石应均匀分布，相互错开，毛石基础同皮内宜每隔2m设置一块；毛石墙应每0.7m^2墙面至少设置一块，且同皮内的中距不应大于2m。

2）当基础宽度或墙厚不大于400mm时，拉结石的长度应与基础宽度或墙厚相等；当基础宽度或墙厚大于400mm时，可用两块拉结石内外搭接，搭接长度不应小于150mm，且其中一块的长度不应小于基础宽度或墙厚的2/3。

毛石、料石和实心砖的组合墙中（图5.4.2），毛石、料石砌体与砖砌体应同时砌筑，并应每隔4～6皮砖用2～3皮丁砖与毛石砌体拉结砌合，毛石与实心砖的咬合尺寸应大于120mm，两种砌体间的空隙应采用砂浆填满。

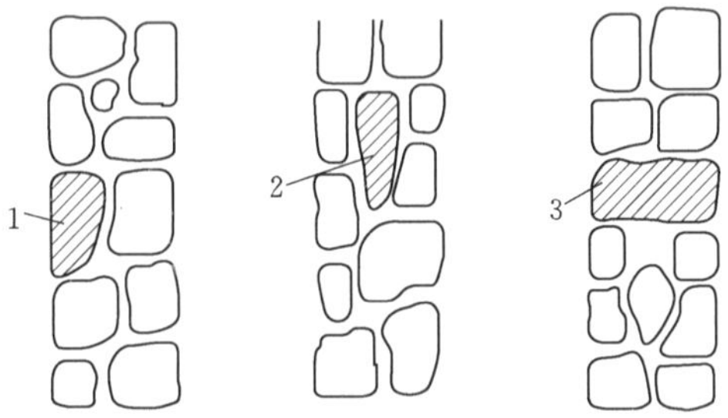

图5.4.1　铲口石、斧刃石、过桥石示意图
1—铲口石；2—斧刃石；3—过桥石

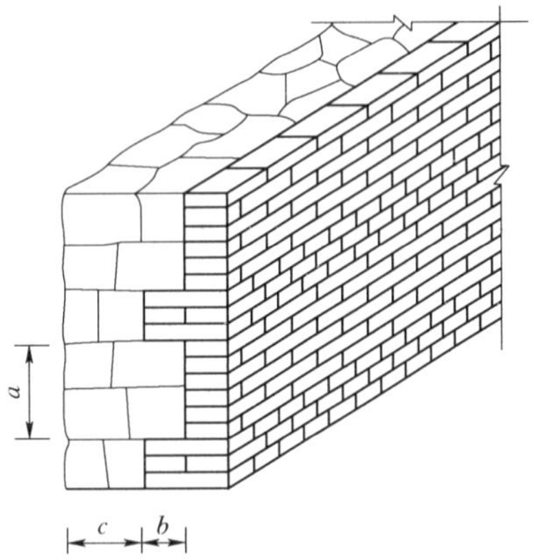

图5.4.2　毛石与实心砖组合墙示意图
a—拉结砌合高度；b—拉结砌合宽度；
c—毛石墙的设计厚度

（2）料石砌体。

各种砌筑用料石的宽度、厚度均不宜小于200mm，长度不宜大于厚度的4倍。除设计有特殊要求外，料石加工的允许偏差应符合表5.4.1的规定。

表5.4.1　料石加工的允许偏差

料石种类	允许偏差/mm	
	宽度、厚度	长度
细料石	±3	±5
粗料石	±5	±7
毛料石	±10	±15

中细料石砌体灰缝不宜大于5mm，粗料石和毛料石砌体灰缝不宜大于20mm。

料石墙砌筑方法可采用丁顺叠砌、二顺一丁、丁顺组砌、全顺叠砌。

料石墙的第一皮及每个楼层的最上一

皮应丁砌。

3. 挡土墙

5.4.1
浆砌石挡土墙施工

砌筑毛石挡土墙应符合下列规定：

(1) 毛石的中部厚度不宜小于200mm。

(2) 每砌3～4皮宜为一个分层高度，每个分层高度应找平1次。

(3) 外露面的灰缝厚度不得大于40mm，两个分层高度间的错缝不得小于80mm。

料石挡土墙宜采用同皮内丁顺相间的砌筑形式。当中间部分用毛石填砌时，丁砌料石伸入毛石部分的长度不应小于200mm。

砌筑挡土墙，应按设计要求架立坡度样板收坡或收台，并应设置伸缩缝和泄水孔，泄水孔宜采取抽管或埋管方法留置。

挡土墙必须按设计规定留设泄水孔；当设计无具体规定时，其施工应符合下列规定：

(1) 泄水孔应在挡土墙的竖向和水平方向均匀设置，在挡土墙每米高度范围内设置的泄水孔水平间距不应大于2m。

(2) 泄水孔直径不应小于50mm。

(3) 泄水孔与土体间应设置长宽不小于300mm、厚不小于200mm的卵石或碎石疏水层。

挡土墙内侧回填土应分层夯填密实，其密实度应符合设计要求。墙顶土面应有排水坡度。

5.4.2 水利工程砌体质量验收标准

1. 砌石材料

上述规范对砌石材料的规定各不相同，本技术要求对石料补充统一规定，加工允许偏差应符合表5.4.2的要求。

表5.4.2 料石加工的允许偏差

料石种类	允许偏差/mm	
	宽度、厚度	长度
细料石、半细料石	±3	±5
粗料石	±5	±7

(1) 砌石体石料应新鲜、完整，质地坚硬，饱和抗压强度不低于30MPa(MU30)，无风化剥落层或裂纹，石材表面无污垢、水锈等杂质，用于表面的石材，应色泽均匀。

(2) 砌石体石料按外形可分为毛石、块石、粗料石、半细料石、细料石五种。

毛石：无一定规格形状，单块重量宜大于25kg，中部厚度不宜小于200mm。

块石：外形大致方形，上、下两面基本平行大致平整，无尖角、薄边，块厚宜大于200mm。

毛石、块石最大边长（长、宽、高）不宜大于1000mm。

粗料石：要求棱角分明，六面基本平整，同一面最大高差不宜大于石料长度的3%，石料长度宜大于500mm，宽度、高度不宜小于250mm。

半细料石：形状规则的六面体，经细加工，表面凸凹深度不大于10mm，厚度和宽度均不小于200mm，长度不大于厚度的3倍。

细料石：形状规则的六面体，经细加工，表面凸凹深度不大于2mm，厚度和宽度均不小于200mm，长度不大于厚度的3倍。

本条按强制性条文执行。

2. 水泥和水

上述规范对浆砌石用水泥和水的规定各不相同，本技术要求补充统一规定：

(1) 砌石工程采用的水泥强度等级不低于42.5MPa。

(2) 浆砌石工程采用的水应符合混凝土用水质量标准的规定，对拌和用水的水质有怀疑时，应进行砂浆强度验证，如果该水制成砂浆的抗压强度低于标准水制成的砂浆28d龄期抗压强度的95%以下时，则此水不能使用。

本条按强制性条文执行。

3. 胶凝材料

上述规范对浆砌石胶凝材料的规定各不相同，本技术要求补充统一规定：

(1) 砌石体的胶凝材料主要有水泥砂浆和一级、二级配混凝土。

(2) 胶凝材料强度等级：水泥砂浆强度等级不低于M10；混凝土强度等级不低于C20。

(3) 胶凝材料宜适量掺入外加剂和掺合料，最优掺量应通过试验确定。

本条按强制性条文执行。

4. 浆砌石体砂浆饱满度

本技术要求补充规定：浆砌石砂浆饱满度不低于85%。

本条按强制性条文执行。

5. 砌体工程外观质量控制标准

干砌石砌体施工质量应满足表5.4.3的要求，水泥砂浆浆砌石应满足表5.4.4的要求，表面砌缝的质量应满足表5.4.5和表5.4.6的要求，外观轮廓尺寸偏差满足表5.4.7的要求。

表5.4.3　干砌石砌体施工质量标准

项次		检验项目	质量要求	施工单位自检		监理单位检验	
				检验方法	检验数量	检验（工作）方式	检验数量
主控项目	1	石料、预制块质量	符合设计和C.0.1条要求，已通过进场验收	观察，查阅质量证明文件、验收记录和检验报告	全部	平行检验	全部
	2	砌筑质量	自下而上错缝砌筑，石料或预制块紧靠密实，垫塞稳固，大块压边，咬扣紧密；无叠砌和浮塞；采用水泥砂浆勾缝时，应预留排水孔	观察，翻撬或铁钎插检	上游面不少于20个点，其他护面工程不少于10个点	见证检验	施工单位自检数量的20%

续表

<table>
<tr><th colspan="2" rowspan="2">项次</th><th rowspan="2">检验项目</th><th colspan="3" rowspan="2">质 量 要 求</th><th colspan="2">施工单位自检</th><th colspan="2">监理单位检验</th></tr>
<tr><th>检验方法</th><th>检验数量</th><th>检验（工作）方式</th><th>检验数量</th></tr>
<tr><td rowspan="11">一般项目</td><td>1</td><td>基层处理</td><td colspan="3">基面处理方法、基础埋置深度符合设计要求</td><td>观察，查阅施工及验收记录</td><td>全部</td><td>平行检验</td><td>全部</td></tr>
<tr><td>2</td><td>基面碎石垫层铺填质量</td><td colspan="3">碎石垫层料的颗粒级配、铺填方法、铺填厚度及压实度满足设计要求</td><td>量测、试验</td><td>每个单元不少于20个点</td><td>见证检验或平行检验</td><td>见证检验施工单位自检数量的20%；平行检验施工单位自检数量的10%</td></tr>
<tr><td rowspan="3">3</td><td rowspan="3">外露面平整度</td><td colspan="2">细料石（预制块）</td><td>最大允许偏差为±1cm</td><td rowspan="3">量测（用2m靠尺）</td><td rowspan="3">每个单元不少于20个点</td><td rowspan="3">平行检验</td><td rowspan="3">施工单位自检数量的10%</td></tr>
<tr><td colspan="2">粗料石</td><td>最大允许偏差为±3cm</td></tr>
<tr><td colspan="2">块石</td><td>最大允许偏差为±5cm</td></tr>
<tr><td rowspan="5">4</td><td rowspan="5">外形尺寸</td><td rowspan="2">大坝护坡</td><td>厚度</td><td>最大允许偏差为±10%</td><td>量测</td><td>每25m²测3个点，不少于3个点</td><td>平行检验</td><td>施工单位自检数量的10%</td></tr>
<tr><td>坡度</td><td>最大允许偏差为±2%</td><td>量测</td><td>每个单元不少于2个断面</td><td>见证检验</td><td>施工单位自检数量的20%</td></tr>
<tr><td rowspan="3">干砌体墙体</td><td>顶面标高</td><td>不低于设计高程</td><td>量测</td><td>每10m测1个点，不少于3个点</td><td>见证检验</td><td>施工单位自检数量的20%</td></tr>
<tr><td>顶宽</td><td>最大允许偏差为±20mm</td><td>量测</td><td>每10m测1个点，不少于3个点</td><td>平行检验</td><td>施工单位自检数量的10%</td></tr>
<tr><td>内外坡度</td><td>无亏坡，不陡于设计坡度</td><td>观察、量测</td><td>每个单元不少于2个断面</td><td>见证检验</td><td>施工单位自检数量的20%</td></tr>
<tr><td>5</td><td>变形缝质量</td><td colspan="3">位置符合设计要求，缝面宜平整、竖直、贯通</td><td>观察</td><td>全部</td><td>现场巡视</td><td>—</td></tr>
</table>

表 5.4.4　　水泥砂浆浆砌石体砌筑施工质量标准

<table>
<tr><th colspan="2" rowspan="2">项次</th><th rowspan="2">检验项目</th><th rowspan="2">质 量 要 求</th><th colspan="2">施工单位自检</th><th colspan="2">监理单位检验</th></tr>
<tr><th>检验方法</th><th>检验数量</th><th>检验（工作）方式</th><th>检验数量</th></tr>
<tr><td>主控项目</td><td>1</td><td>石料、预制块、胶结材料质量</td><td>符合设计及C.0.1条要求</td><td>观察，查阅质量证明文件和检验报告</td><td>全部</td><td>平行检验</td><td>全部</td></tr>
</table>

续表

项次		检验项目		质 量 要 求	施工单位自检		监理单位检验	
					检验方法	检验数量	检验（工作）方式	检验数量
主控项目	2	普通砌石体		铺浆均匀，灌浆、塞缝饱满，砌缝密实，无架空等现象	观察、翻撬	翻撬抽检每个单元不少于3块	见证检验	施工单位自检数量的20%
		砌石坝	密度、孔隙率	应符合设计要求	试坑法	坝高1/3以下，每砌筑10m高挖试坑1组；坝高1/3～2/3处，每砌筑15m高挖试坑1组；坝高2/3以上，每砌筑20m高挖试坑1组	见证检验	施工单位自检数量的20%
			密实性与抗渗	砌体透水率应符合设计要求	压水试验	每砌高4～5m，进行钻孔压水试验1次，每100～200m^{2}坝面钻孔3个，每次试验不少于3孔	见证检验	施工单位自检数量的20%
	3	墩、墙砌筑质量		内外搭砌，上下错缝；丁砌石分布均匀，面积不少于墩墙砌体全部面积的1/5，且长度大于60cm；毛块石分层卧砌，无填心砌法；每砌筑70～120cm高度找平一次；砌缝宜宽度一致，先砌筑角石，再砌筑镶面石，最后砌筑填腹石。镶面石的厚度应不小于30cm。临时间断处的高低差应不大于1m，并留有平缓台阶	观察、量测	全部	平行检验	全部
一般项目	1	基层处理		基面处理方法、基础埋置深度符合设计要求	观察，查阅施工及验收记录	全部	平行检验	全部
	2	基面碎石垫层铺填质量		碎石垫层料的颗粒级配、铺填方法、铺填厚度及压实度满足设计要求	量测、试验	每个单元不少于20个点	见证检验或平行检验	见证检验施工单位自检数量的20%；平行检验施工单位自检数量的10%
	3	伸缩缝质量		材料和位置符合设计要求，设置竖直、贯通	观察	全部	平行检验	全部

续表

项次		检验项目				质量要求		施工单位自检 检验方法	施工单位自检 检验数量	监理单位检验 检验（工作）方式	监理单位检验 检验数量
一般项目	4	外露面平整度	细料石（预制块）			最大允许偏差为±1cm		量测（用2m靠尺）	每个单元不少于20个点	平行检验	施工单位自检数量的10%
			粗料石			最大允许偏差为±3cm					
			块石			最大允许偏差为±5cm					
	5	排水孔（含反滤体）				符合设计要求		观察	全部	平行检验	全部
	6	砌缝宽度	料石			平缝20～30mm	允许偏差为10%	量测	每个单元不少于10个点	平行检验	施工单位自检数量的10%
						竖缝30～40mm					
			预制块			平缝20～25mm					
						竖缝25～30mm					
			块石			平缝30～35mm					
						竖缝30～50mm					
	7	外形尺寸	坝体、墩、墙、护坡	顶面（压顶）高程		最大允许偏差为±30mm		量测	每10m测1个点，不少于3个点	见证检验	施工单位自检数量的20%
				顶面宽度							
				厚度							
				轴线							
				内外坡度（护坡坡度）		无亏坡，不陡于设计坡度		量测	每单元不少于3个断面	见证检验	施工单位自检数量的20%
			溢流面	平面控制	堰顶	最大允许偏差为±10mm		量测	每个单元不少于20个点	见证检验	施工单位自检数量的20%
					轮廓线	最大允许偏差为±20mm					
				竖向控制	堰顶	最大允许偏差为±10mm		量测	每个单元不少于20个点	见证检验	施工单位自检数量的20%
					其他位置	最大允许偏差为±20mm					

注 本表砌缝宽度为使用细石混凝土为胶结材料时的宽度控制值，使用水泥砂浆为胶结材料时相应值减少10mm。

表 5.4.5　　水泥砂浆砌体表面砌缝宽度控制标准

<table>
<tr><th colspan="2" rowspan="2">项次</th><th rowspan="2">检验项目</th><th rowspan="2">质 量 要 求</th><th colspan="2">施工单位自检</th><th colspan="2">监理单位检验</th></tr>
<tr><th>检验方法</th><th>检验数量</th><th>检验（工作）方式</th><th>检验数量</th></tr>
<tr><td rowspan="3">主控项目</td><td>1</td><td>勾缝材料</td><td>砂浆强度或沉入度等符合设计要求</td><td>查阅质量证明文件和检验报告</td><td>全部</td><td>平行检验</td><td>全部</td></tr>
<tr><td>2</td><td>清缝质量</td><td>清缝宽度不小于砌缝宽度，水平缝清缝深度不小于4cm，竖缝清缝深度不小于5cm；缝槽清洗干净，缝面湿润，无残留灰渣和积水</td><td>观察、量测</td><td>每个单元不少于20个点</td><td>平行检验</td><td>施工单位自检数量的10%</td></tr>
<tr><td>3</td><td>勾缝质量</td><td>勾缝型式符合要求，填充饱满</td><td>观察</td><td>全部</td><td>平行检验</td><td>全部</td></tr>
<tr><td>一般项目</td><td>1</td><td>养护质量</td><td>及时、有效，一般砌体养护28d；对有防渗要求的勾缝养护时间应符合设计要求；养护期内表面保持湿润，无时干时湿现象</td><td>观察，查阅施工记录</td><td>全部</td><td>现场巡视</td><td>—</td></tr>
</table>

表 5.4.6　　细石混凝土砌体表面砌缝宽度控制标准

<table>
<tr><th rowspan="2">砌缝类别</th><th colspan="3">砌缝宽度/mm</th><th rowspan="2">允许偏差/%</th><th rowspan="2">检验方法</th><th rowspan="2">检 验 数 量</th></tr>
<tr><th>粗料石</th><th>预制块</th><th>块石</th></tr>
<tr><td>平缝</td><td>25～30</td><td>20～25</td><td>30～35</td><td rowspan="2">10</td><td rowspan="2">观察、测量</td><td rowspan="2">每砌筑表面10m² 抽检1处，每个单元工程不少于10处，每处检查缝长不小于1m</td></tr>
<tr><td>竖缝</td><td>30～40</td><td>25～30</td><td>30～50</td></tr>
</table>

表 5.4.7　　浆砌石坝体外轮廓尺寸偏差控制标准

<table>
<tr><th>项次</th><th colspan="3">项　目</th><th>允许偏差/mm</th><th>检验方法</th><th>检 验 数 量</th></tr>
<tr><td rowspan="3">1</td><td rowspan="3">坝体轮廓线</td><td colspan="2">平面</td><td>±40</td><td rowspan="6">仪器测量</td><td rowspan="2">沿坝轴线方向每10～20m校核1点，每个单元工程不少于10个点</td></tr>
<tr><td rowspan="2">高程</td><td>重力坝</td><td>±30</td></tr>
<tr><td>拱坝、支墩坝</td><td>±20</td><td>沿坝轴线方向每3～5m校核1点，每个单元工程不少于20个点</td></tr>
<tr><td rowspan="3">2</td><td colspan="2" rowspan="3">浆砌石（混凝土预制块）护坡</td><td>表面平整度</td><td>≤30</td><td>每个单元检测点数不少于25～30个点</td></tr>
<tr><td>厚度</td><td>±30</td><td>每100m² 测3个点</td></tr>
<tr><td>坡度</td><td>±2%</td><td>每个单元实测断面不少于2个</td></tr>
</table>

项目6 案 例 分 析

案例1

【背景资料】

某江是我国西南地区的一条河流，根据河流规划拟建一水电站，主坝为土石坝。工程同时兼有防洪、发电、灌溉等任务。该流域大部分为山地，山脉、盆地相互交错于其间，地形变化剧烈。坝址地区河床覆盖层厚度平均20m，河床中部厚达32m，河床冲击层为卵砾石类土，但河床宽度不大。坝址两岸山坡陡峻，为坚硬的玄武岩。从筑坝材料上看坝址上下游2km内有可供筑坝的土料190万m^3。作为防渗体之用，又有1250万m^3的砂砾料作坝壳，作心墙和斜墙坝都是可行的。由于本地区黏性土料自然含水量较高，不宜大量采用黏性土料，以薄心墙、薄斜墙较为有利，又因坝基条件复杂、处理工程量大、工期长，故设计方案为斜墙坝。经过专家论证，由于涵管泄流能力有限，因此采用涵管无法满足施工导流要求。

【问题】

（1）某设计单位给出的施工导流方案采用纵向围堰，分期修建土坝，采用明渠导流等。你认为此设计方案是否合理？你认为应如何选择导流方案？

（2）施工分期应如何考虑？

案例2

【背景资料】

某Ⅲ等水利枢纽由面板堆石坝、溢洪道、地下厂房等建筑物组成。坝址地区河床较窄，河床覆盖层厚度平均25m，河床中部厚达40m，河床冲击层为卵砾石类土，主河槽岩基裸露。坝址两岸山坡陡峻，山岩为坚硬的玄武岩，枯水期河道流量400m^3/s。

大坝施工采用全断面围堰法，隧洞导流，围堰为土石围堰，导流洞使用2年后“龙抬头”改造成泄洪洞。围堰长76m，堰顶高程30.3m，施工期水库设计净水位27.8m，波浪高度0.5m，安全超高0.5m。

黄河施工公司在坝体工程施工过程中又发生如下事件：

事件1：相应标准下的年流量变化曲线如图6.2.1所示。

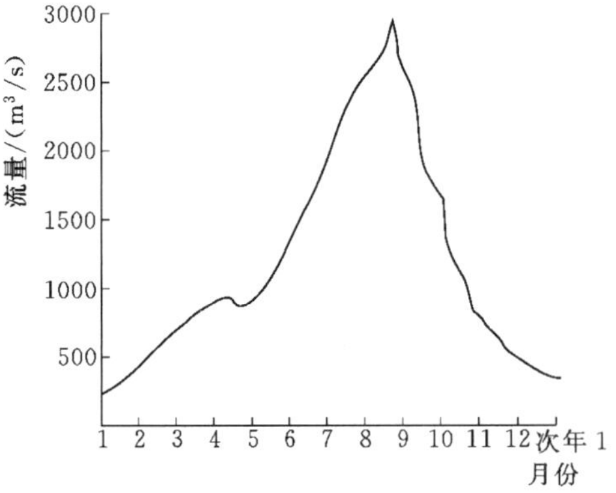

图6.2.1 年流量变化曲线图

第一年10月28日截流，来年6月30日达到拦洪高程，第三年汛前坝体完工挡水。

事件2：工程截流从10月28日至11月2日完成，龙口合龙从10月31日至11月2日历时3天顺利完成。龙口合龙过程中出现了堤头坍塌的现象并及时进行了处理。

事件3：围堰闭气后，基坑降水时，水泵排除基坑积水，发现水位没有下降，施工单位更换了大型水泵，降水速度达到1.5m/d。基坑靠近堰脚处地面出现涌水，夹带有许多泥沙，并有逐渐加剧的趋势。

事件4：施工导流的相关作业如下：①戗堤进占；②龙口合龙；③闭气；④经常性排水；⑤初期排水；⑥导流隧洞开挖；⑦导流隧洞衬砌；⑧导流隧洞封堵；⑨面板堆石坝施工。

【问题】

(1) 校核围堰高程。

(2) 指出事件2不妥之处。

(3) 指出事件3不妥之处。

(4) 根据事件3，说出险情类型，并指出抢护办法。

(5) 指出事件4合理施工程序，用序号表示。

案例3

【背景资料】

某水电站大坝为混凝土双曲拱坝，坝高140m，总库容20亿m^3，装机容量6×55万kW，年发电量约122亿kW·h。坝基地质裂隙不很发育。

事件1：大坝坝基采用水泥灌浆，灌浆采用三排孔，其中上排孔分三序施工，其施工次序如图6.3.1所示。根据施工安排在基岩上浇筑一层坝体混凝土后再进行钻孔灌浆。

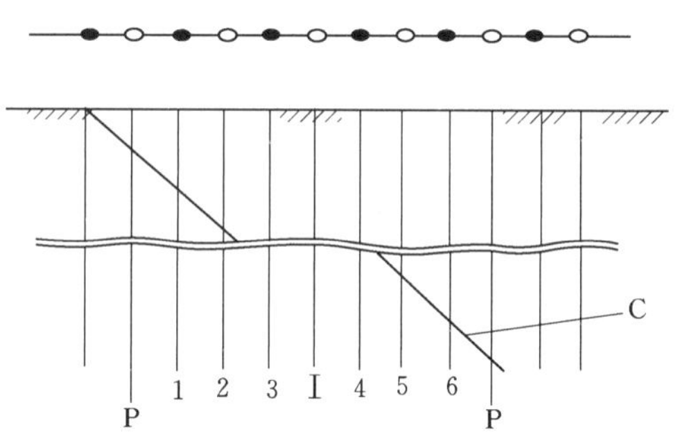

图6.3.1 灌浆次序图

P—先导孔；Ⅰ—第一次序孔；C—检查孔

事件2：大坝坝基灌浆于2004年10月开始施工，2009年3月全部完成。固结灌浆于2004年12月开始施工，2005年3月全部完成。

事件3：坝基灌浆为加快施工进度，采用纯压式施工，先上后下，每灌浆段控制在15m，开灌比为3∶1。

事件4：在坝基灌浆过程中，由于设备出现故障中断，经修复后恢复灌浆，发现注入率较中断前减少较多，因此加大压力灌注。

事件5：当坝基灌浆在达到设计压力，注入率不大于1L/min时，结束了坝基灌浆。

【问题】

(1) 指出事件1中的灌浆按灌浆目的分类；说明先浇筑一层坝体混凝土在进行灌浆的目的；第二次序孔、第三次序孔编号；三排灌浆施工顺序。

(2) 指出事件2不妥之处，为保证灌浆质量，如何安排施工程序。

(3) 指出事件3不妥之处，并说明正确做法。

(4) 指出事件4的处理方法不正确之处，并说明正确做法。

(5) 指出事件5的正确做法。

(6) 坝基灌浆质量检查采用钻检查孔压水试验，说明抽检的孔数以及压水试验的时间。

(7) 说明坝基固结灌浆效果检查的主要方法。

案例4

【背景资料】

某施工单位承包了东风水库工程施工，制订施工方案中部分内容如下：

(1) 水库大坝施工采用全段围堰法导流。相关工作内容有：①截流；②围堰填筑；③围堰拆除；④导流隧洞开挖；⑤下闸蓄水；⑥基坑排水；⑦坝体填筑。

(2) 岸坡隧洞开挖采用钻孔爆破法施工，爆破开挖钻孔布置如图6.4.1所示；隧洞爆破采用电力起爆。方案要求测量电雷管电阻不应小于流量的通用欧姆表；用于同一爆破网路的康铜桥丝电雷管的电阻极差不超过0.5Ω；起爆电源开关钥匙由每天负责爆破作业的班组长轮流保管。

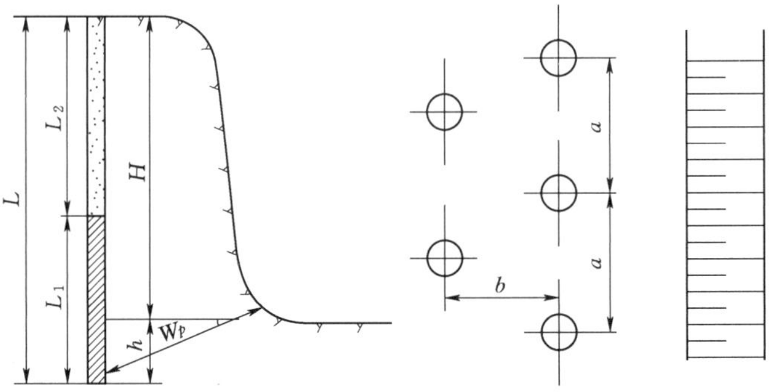

图6.4.1 爆破开挖钻孔布置图

施工过程中发生如下事件：

某天装药作业时因现场阴暗，爆破作业班长亲自拉线接电安装照明设施，照明灯置于爆破作业面10m处。作业中发生安全事故，造成1人死亡、2人重伤。

事故发生后，项目法人及时向水行政主管部门、地方人民政府进行报告。

【问题】

(1) 指出施工方案1中①～⑦的合理施工顺序。

(2) 指出图中参数W_p、L_1、L_2、h的名称；改正方案2中关于爆破作业不妥之处。

（3）改正事件1中错误的做法；根据《水利工程建设质量与安全事故应急预案》的规定，确定事件1的事故等级；事故发生后，项目法人还应该向哪个部门报告。

案例5

【背景资料】

某大型水库枢纽工程由大坝、电站、泄洪隧洞、引水发电隧洞。溢洪道组成，大坝为黏土心墙砂壳坝。该枢纽工程除险加固的主要工程内容有：①坝基帷幕灌浆；②坝顶道路拆除重建；③上游护坡拆除重建（高程66.5～100.0m）；④上游坝坡石渣料帮坡（高程66.5～100.0m）；⑤引水发电隧洞加固；⑥泄洪隧洞加固；⑦黏土心墙中新建混凝土截渗墙；⑧溢洪道加固；⑨下游护坡拆除重建。

水库枢纽工程主要特征水位、坝顶和坝底高程如图6.5.1所示。泄洪隧洞和引水发电隧洞进口底高程分别为42.0m、46.0m，溢洪道底板高程为82.0m。根据设计要求，施工期非汛期库水位为66.0m，施工期汛期最高库水位为80.0m，截渗墙施工时上游坝坡石渣料帮坡需要达到的最低高程为81.0m。

工程总工期为20个月，自2007年10月1日至2009年5月31日，汛期为7—9月份。考虑发电和灌溉需要，引水发电隧洞加固必须在2008年4月30日前完成；为保证工期，新建混凝土截渗墙必须安排在第一个非汛期内完成。本工程所用石渣料及抛石料场距工程现场5.6km，石渣料帮坡设计干密度为2.0g/cm^3，孔隙率为26%。河床段坝基为厚8.0m的松散—中密状态的粉细砂，下卧裂隙发育中等的基岩，混凝土截渗墙厚度0.8m，入基岩深度2.0m（图6.5.1）。基岩帷幕灌浆按透水率不大于5Lu控制。

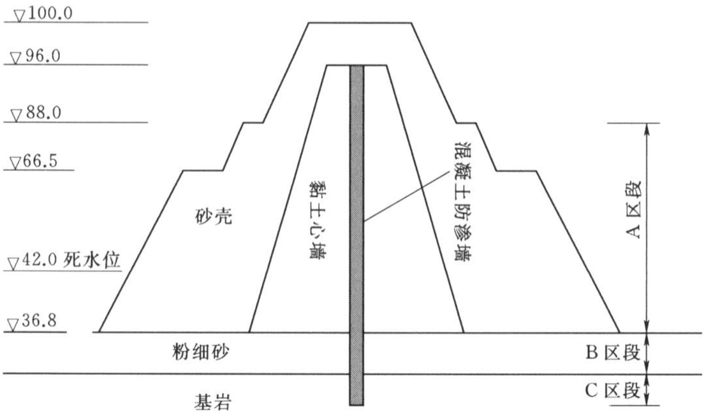

图6.5.1　断面构造图

工程建设过程发生如下事件：

事件1：施工单位编制了总进度计划，其中部分工程项目的进度计划见表6.5.1。

事件2：本水库枢纽工程共分为1个单位工程，9个分部工程，9个分部工程质量全部合格，其中6个分部工程质量优良，主要分部工程质量全部优良，且施工中未发生过较大质量事故，外观质量得分率为82%。单位工程施工质量检验与评定资料齐全。工程施工期和运行期，单位工程观测资料分析结果符合国家和行业技术标准以及合同约定的标准要求，该单位工程质量等级评定为优良。

表 6.5.1　　　　单元工程质量评定表

<table>
<tr><td colspan="2">单位工程名称</td><td colspan="4">混凝土大坝</td><td>单元工程量</td><td colspan="2">混凝土 $788m^3$，模板面积 $145.8m^2$</td></tr>
<tr><td colspan="2">分部工程名称</td><td colspan="4">溢流坝段</td><td>施工单位</td><td colspan="2">×××</td></tr>
<tr><td colspan="2">单元工程名称、部位</td><td colspan="4">5号坝段，高程2.5～4.0m</td><td>检查日期</td><td colspan="2">×年×月×日</td></tr>
<tr><td>项次</td><td>检查项目</td><td colspan="4">质量标准</td><td colspan="3">检验记录</td></tr>
<tr><td>1</td><td>△稳定性、刚度和强度</td><td colspan="4">符合设计要求（支撑牢固、稳定）</td><td colspan="3">采用钢模板，钢支撑和木方，稳定性、刚度和强度满足设计要求</td></tr>
<tr><td>2</td><td>模板表面</td><td colspan="4">光洁、无污物、接缝严密</td><td colspan="3">光洁、无污物、接缝严密</td></tr>
<tr><td rowspan="3">项次</td><td rowspan="3">检测项目</td><td rowspan="3">设计值</td><td colspan="3">允许偏差/mm</td><td rowspan="3">实 测 值</td><td rowspan="3">合格点数</td><td rowspan="3">合格率/%</td></tr>
<tr><td colspan="2">外露表面</td><td rowspan="2">隐蔽内面</td></tr>
<tr><td>钢模</td><td>木模</td></tr>
<tr><td>1</td><td>模板平整度；相邻两板面高差/mm</td><td></td><td>2</td><td>3</td><td>5</td><td>0.3，1.2，2.8，0.7，0.2，0.7，0.9，1.5</td><td></td><td></td></tr>
<tr><td>2</td><td>局部不平/mm</td><td></td><td>2</td><td>5</td><td>10</td><td>1.7，2.3，0.2，0.41，0，1.2，0.7，2.4</td><td></td><td></td></tr>
<tr><td>3</td><td>面板缝隙/mm</td><td></td><td>1</td><td>2</td><td>2</td><td>0.2，0.5，0.7，0.2，1.1，0.4，0.5，0.9，0.3，0.7</td><td></td><td></td></tr>
<tr><td>4</td><td>结构物边线与设计边线</td><td>8.5m×15.5m</td><td colspan="2">10</td><td>15</td><td>8.747，8.749，8.752，8.750，15.51，15.508，15.50，15.409</td><td></td><td></td></tr>
<tr><td>5</td><td>结构物水平段面内部尺寸</td><td></td><td colspan="3">±20</td><td>—</td><td></td><td></td></tr>
<tr><td>6</td><td>承重模板标高/m</td><td>2.5m</td><td colspan="3">±5</td><td>2.50，2.50，2.505，2.510</td><td></td><td></td></tr>
<tr><td>7</td><td>预留孔，洞尺寸及位置</td><td></td><td colspan="3">±10</td><td>—</td><td></td><td></td></tr>
<tr><td colspan="2">检测结果</td><td colspan="7"></td></tr>
<tr><td colspan="7">评定意见</td><td colspan="2">工序质量等级</td></tr>
<tr><td colspan="7"></td><td colspan="2"></td></tr>
<tr><td colspan="2">施工单位</td><td colspan="3">×××
×年×月×日</td><td>监理单位</td><td colspan="3">×××
×年×月×日</td></tr>
</table>

【问题】

(1) 为保证混凝土截渗墙和防渗帷幕共同组成的防渗体系安全可靠，并考虑升级要求等其他因素，请给出①、②、④、⑦项工程内容之间合理的施工顺序。

(2) 指出并改正事件1中进度安排的不妥之处，并说明理由。

(3) 本工程上游坝坡石渣料帮坡施工适宜的施工机械有哪些？干密度的检测方法

是什么？

（4）指出题中混凝土截渗施工难度最大的区段，并说明理由。

（5）根据《水利水电工程施工质量检验与评定规程》（SL 176—2007），指出并改正事件2中关于单位工程质量等级评定的不妥之处，并说明理由。

案例6

【背景资料】

某装机容量50万kW的水电站工程建于山区河流上，拦河大坝为2级建筑物，采用碾压式混凝土重力坝，坝高60m，坝体浇筑施工期近2年，施工导流采取全段围堰、隧洞导流的方式。

施工导流相关作业内容包括：①围堰填筑；②围堰拆除；③导流隧洞开挖；④导流隧洞封堵；⑤下闸蓄水；⑥基坑排水；⑦截流。

围堰采用土石围堰，堰基河床地面高程为1400m。根据水文资料，上游围堰施工期设计洪水位为150.0m，经计算与该水位相应的波浪高度为2.8m。

导流隧洞石方爆破开挖采取从两端同时施工的相向开挖方式。根据施工安排，相向开挖的两个工作面在相距20m距离放炮时，双方人员均需撤离工作面；相距10m时，需停止一方工作，单向开挖贯通。

工程蓄水前，由有关部门组织进行蓄水验收，验收委员会听取并研究了工程度汛措施计划报告、工程蓄水库区移民初步验收报告等有关方面的报告。

【问题】

（1）指出上述施工导流相关作业的合理施工程序（可以用序号表示）。

（2）确定该工程围堰的建筑物级别并说明理由。计算上游围堰堰顶高程。

（3）根据《水工建筑物地下开挖工程施工规范》（SL 378—2007），改正上述隧洞开挖施工方案的不妥之处。

案例7

【背景资料】

某承包商在混凝土重力坝施工过程中，采用分缝分块常规混凝土浇筑方法。由于工期紧，浇筑过程中气温较高，为保证混凝土浇筑质量，承包商积极采取了降低混凝土的入仓温度等措施。在某分部工程施工过程中，发现某一单元工程混凝土强度严重不足，承包商及时组织人员全部进行了返工处理，造成直接经济损失20万元，构成了一般质量事故。返工处理后经检验，该单元工程质量符合优良标准，自评为优良。

在该分部工程施工过程中，由于养护不及时等原因，造成另一单元工程坝体内出现较大裂缝和空洞，还有个别单元工程出现细微裂缝和表面裂缝。在发现问题后，承包商都及时采取了相应的措施进行处理。

在该分部工程施工过程中，对5号坝段混凝土某一单元工程模板安装质量检查结果见表6.5.1。

分部工程施工完成后，质检部门及时统计了该分部工程的单元工程施工质量评定情况：20个单元工程质量全部合格，其中12个单元工程被评为优良，优良率60%；关键部位单元工程质量优良；原材料、中间产品质量全部合格，其中混凝土拌和质量优良。该分部工程自评结果为优良。

【问题】

（1）在大体积混凝土浇筑过程中，可采取哪些具体措施降低混凝土的入仓温度？

（2）对上述混凝土内外部出现的不同裂缝可采取哪些处理措施？

（3）上述经承包商返工处理的单元工程质量能否自评为优良？为什么？

（4）根据混凝土模板安装质量检查检测结果，提出该工序的施工质量评定意见。

（5）该分部工程质量能否自评为优良？为什么？

案例8

【背景资料】

某混凝土重力坝工程由左岸挡水坝段、溢流坝段、右岸挡水坝段、右岸坝肩混凝土刺墙组成。最大坝高43m，坝顶全长322m，共17个坝段。坝址以上流域面积 $610.5km^2$，属于亚热带湿暖气候区，雨量充沛，湿润温和。夏季平均气温比较高，需要采取温控措施。其施工中发生如下事件：

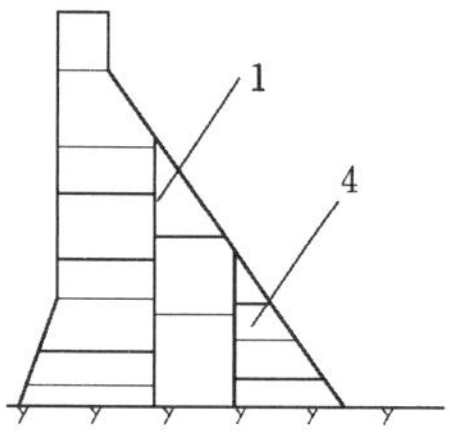

图6.8.1 重力坝分缝分块浇筑形式

事件1：挡水坝段施工，根据混凝土坝型、地质情况、结构布置、施工方法、浇筑能力、温控水平等因素进行综合考虑，重力坝分缝分块浇筑形式如图6.8.1所示。

事件2：在混凝土浇筑过程中，混凝土采用多卡模板系统，承包人进行闸墩模板及支架设计时，考虑的基本荷载有：模板及支架自重、新浇混凝土重量、钢筋重量及振捣混凝土时产生的荷载。监理单位发现承包人考虑的基本荷载有漏洞并及时进行了纠正。

事件3：某验收批次钢筋进场后，施工、监理单位共同检查了其出厂质量和外观质量，并测量了钢筋直径，合格后随机抽取了一根钢筋，在其端部截取了两段钢筋，一个做冷拉试验，一个做冷弯试验，进行检查。

事件4：溢流坝上的工作桥现浇时，桥跨6m，由于底模拆模较早，出现裂缝影响使用，因重建损失2万元。

【问题】

（1）指出事件1的分缝分块类型，1、4代表什么？

（2）事件2中漏掉了哪些荷载？

（3）事件3有何不妥之处？正确做法？

（4）事件4何时能拆除底部模板？

案例9

【背景资料】

牛江闸为14孔开敞式水闸，设计流量为 $2400m^3/s$。每个闸墩划分为一个单元工程，其中第 6 号闸墩高 10.5m、厚 1.5m，顺水流方向长 24.0m，其混凝土量为 365.8m^3，模板面积为 509.6m^2，钢筋为 30.5t。

闸墩混凝土采用钢模施工。承包人进行闸墩模板及支架设计时，考虑的基本荷载有：模板及支架自重、新浇混凝土重量、钢筋重量以及振捣混凝土时产生的荷载。监理单位发现承包人考虑的基本荷载有漏项并及时进行了纠正。

施工过程中，承包人和监理单位对第 6 号闸墩的混凝土模板进行了检查验收，填写的《混凝土模板工序质量评定表》见表 6.9.1。

表 6.9.1　　水利水电工程混凝土模板工序质量评定表

单位工程名称	牛江水闸工程	单元工程量	混凝土 365.8m^3
分部工程名称	闸室段	施工单位	第一水利建筑安装公司
单元工程名称、部位	第 6 号闸墩	评定日期	2005 年 10 月 5 日

项次	检查项目	质量标准	检验记录
1	硝基定性、刚度和强度	符合设计要求	采用钢模板、钢管支撑和方木，稳定性、刚度、强度符合设计要求
2	模板表面	光洁、无污物、接缝严密	模板表面光洁、无污物，接缝严密

项次	允许偏差项目	设计值	允许偏差/mm 外露表面 钢模	允许偏差/mm 外露表面 木模	允许偏差/mm 隐蔽内面	实测值/mm	合格数/点	合格率/%
1	模板平整度：相邻两板面高差		2	3	5	0.3，1.2，2.8，0.7，2.4，0.7，0.9，1.5，1.1，0.8		
2	局部不平（用 2m 直尺检查）		2	5	10	1.7，2.3，0.2，0.4，1.0，1.2，0.7，2.4		
3	板面缝隙		1	2	2	1.2，0.5，0.7，0.2，1.1，0.4，0.5，0.9，0.3，0.7		
4	结构物边线与设计边线		10		15	1.503，1.500，1.494，1.502，1.503，1.498，24.003，24.000，23.997，24.000，23.998，24.002		
5	结构物水平断面内部尺寸		±20			—		
6	承重模板标高		±5			—		
7	预留孔、洞尺寸及位置		±10			—		
检测结果	共检测　点，其中合格　点。合格率　%							

评 定 意 见	工序质量等级

施工单位	××水利建筑安装公司　李×× 2005 年 10 月 5 日	监理单位	××监理公司　宛×× 2005 年 10 月 5 日

【问题】

(1) 指出承包人在闸墩模板及支架设计时，漏列了哪些基本荷载。

(2) 根据水利水电工程施工质量评定有关规定，指出《混凝土模板工序质量评定表》中“质量标准”以及“实测值”栏内有哪些基本资料未填写或未标注，“单元工程量”栏内缺少哪一项工程量。

(3) 统计《混凝土模板工序质量评定表》中各“项次”实测值合格点数，计算各“项次”实测值合格率，写出评定表中“检测结果”栏内相应数据。

案例 10

【背景资料】

某工程坝体Ⅳ区混凝土采用四级配，比例为 2 ∶ 2 ∶ 3 ∶ 3，砂子细度模数为 2.1，水泥采用 P · O42.5，骨料每 8h 检测一次，夏季施工采用了加冰块降温的措施，每锅混凝土拌和时间为 20s，出现了拌和物坍落度不足的现象，施工人员随即调整，加入适量的水后达到了工作坍落度，每 4h 测量一次混凝土原材料的温度、混凝土出机口温度以及坝体冷却水的温度和气温，现场取样留块经过 28d 养护后出现强度不合格的状况，经过查明原因，凿除了不合格混凝土的填筑。现场施工某批混凝土施工配合比调整记录数据见表 6.10.1。

表 6.10.1　　施工混凝土配合比计算表

浇筑部位	坝体	理论配合比				水泥品种及标号			P · O42.5		
设计标号	C25	水灰比	0.45			粗骨料级配			四级配		
项　目	水泥/kg	砂/kg	水/kg	碎石重							引气减水剂/%
				规格/mm	5～20	20～40	40～80	80～120			
		超径/%		超径	0.03	0.04	0.04	0			
				本径	0.89	0.91	0.90	0.97			
		8.0		逊径	0.08	0.05	0.06	0.03			
实验室配合比/(kg/m³)	300	727.00	135		248	248	371	371			1
施工配合比理论用量											
超径调整用量/(kg/m³)											
逊径调整用量/(kg/m³)											
饱和面干吸水率/%		2.0			1.5	1.0	0.8	0.7			

续表

含水率/%		10.0			2.0	1.5	1.2	1.0			
水的质量											
调整质量1											
调整质量2											
实际拌和量/(kg/罐)											
备注	以上含水率的参数由试验确定，实际含水率即骨料在自然状态下进行烘干后得到的含水率，饱和面干含水率由饱和面干测定仪测定										

【问题】

（1）根据资料数据，完成施工配合比调整计算。

（2）根据背景资料和数据，分析以上施工行为有哪些错误？哪些是导致混凝土强度不合格的原因？

案例11

【背景资料】

某混凝土重力坝工程包括左岸非溢流坝段、溢流坝段、右岸非溢流坝段、右岸坝肩混凝土刺墙段。最大坝高43m，坝顶全长322m，共17个坝段。该工程采用明渠导流施工。坝址以上流域面积610.5km^2，属于亚热带暖湿气候区，雨量充沛，湿润温和。平均气温比较高，需要采取温控措施。其施工组织设计主要内容包括：

（1）大坝混凝土施工方案的选择。

（2）坝体的分缝分块。根据混凝土坝型、地质情况、结构布置、施工方法、浇筑能力、温控水平等因素进行综合考虑。

（3）坝体混凝土浇筑强度的确定应满足该坝体在施工期的历年度汛高程与工程面貌。在安排坝体混凝土浇筑工程进度时，应估算施工有效工作日，分析气象因素造成的停工或影响天数，扣除法定节假日，然后再根据阶段混凝土浇筑方量拟定混凝土的月浇筑强度和日平均浇筑强度。

（4）混凝土拌和系统的位置与容量选择。

（5）混凝土运输方式与运输机械选择。

（6）运输线路与起重机轨道布置。门、塔机栈桥高程必须在导流规划确定的洪水位以上，宜稍高于坝体重心，并与供料线布置高程相协调，栈桥一般平行于坝轴线布置，栈桥墩宜部分埋入坝内。

（7）混凝土温控要求及主要温控措施。

【问题】

（1）为防止混凝土坝出现裂缝，可采取哪些温控措施？

（2）混凝土浇筑的施工过程包括哪些？

（3）对于17个独立坝段，每个坝段的分缝分块形式可以分为几种？

（4）大坝水工混凝土浇筑的水平运输包括哪两类？垂直运输设备主要有哪些？

(5) 大坝水工混凝土浇筑的运输方案有哪些？本工程采用哪种运输方案？

(6) 混凝土拌和设备生产能力主要取决于哪些因素？

(7) 混凝土的正常养护时间约为多长？

案例 12

【背景资料】

某水闸工程建于土基上，共 10 孔，每孔净宽 10m；上游钢筋混凝土铺盖顺水流方向长 15m，垂直水流方向共分成 10 块；铺盖部位的两侧翼墙也为钢筋混凝土结构，挡土高度为 12m，其平面布置示意图如图 6.12.1 所示。

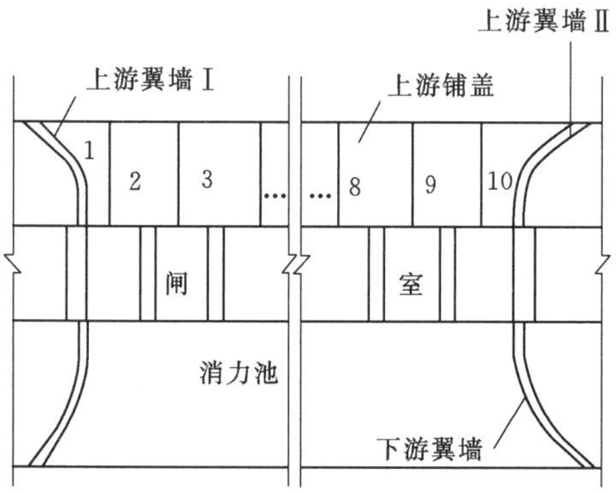

图 6.12.1 水闸施工平面布置示意图

上游翼墙及铺盖施工时，为加快施工进度，施工单位安排两个班组，按照上游翼墙Ⅱ→10→9→8→7→6 和上游翼墙Ⅰ→1→2→3→4→5 的顺序同步施工。

在闸墩混凝土施工中，为方便立模和浇筑混凝土，施工单位拟将闸墩分层浇筑至设计高程，再对牛腿与闸墩结合面按施工缝进行处理后浇筑闸墩牛腿混凝土。

在翼墙混凝土施工过程中，出现了胀模事故，施工单位采取了拆模、凿除混凝土、重新立模、浇筑混凝土等返工处理措施。返工处理耗费工期 20d，费用 15 万元。

在闸室分部工程施工完成后，根据《水利水电工程施工质量检验与评定规程》(SL 176—2007) 进行了分部工程质量评定，评定内容包括原材料质量、中间产品质量等。

【问题】

(1) 指出施工单位在上游翼墙及铺盖施工方案中的不妥之处，并说明理由。

(2) 指出施工单位在闸墩与牛腿施工方案中的不妥之处，并说明理由。

(3) 根据《水利工程质量事故处理暂行规定》(水利部第 9 号令)，本工程的质量事故处于何种等级，应考虑哪些因素？

案例 13

【背景资料】

某水库枢纽工程由大坝及泄水闸等组成。大坝为黏土心墙坝，最大坝高 45.5m，坝长 1135m。该工程采用明渠导流、立堵法截流进行施工。

施工过程中发生如下事件：

事件 1：该大坝施工承包商首先进行了料场规划，根据设计要求就近选择心墙用料料场，含水率适中，在施工过程中，料场土料含水率因天气等各种因素发生变化，比施工最优含水率偏高，承包商及时采取了一些措施，使其满足上坝要求。

事件 2：施工承包商进行坝面施工时采用流水作业法施工。

事件 3：黏土心墙采用挖掘机挖装自卸汽车运输振动凸块碾压实，心墙和砂壳采用土砂平起法施工。

事件 4：坝体填筑单元工程完成之后，经施工单位自检、监理单位抽检，质量符合要求。

【问题】

(1) 事件 1 中的料场规划有哪些原则？对主要料场和备用料场的要求是什么？

(2) 事件 1 中的料场含水率偏高，为满足上坝要求，可采取哪些措施？

(3) 事件 2 中采用流水作业法施工的目的。

(4) 事件 3 中土砂平起法施工包括哪几种方法？以及如何实施？

(5) 事件 4 中坝体填筑工程质量检查的方法有哪些？

案例 14

【背景资料】

某河道治理工程主要建设内容包括河道裁弯取直（含两侧新建堤防）、加高培厚堤防、新建穿堤建筑物及跨河桥梁。堤防级别为 1 级。堤身采用黏性土填筑，设计压实度为 0.94，料场土料的最大干密度为 1.86g/cm^3。堤后压重平台采用砂性土填筑。工程实施过程中发生下列事件：

事件 1：根据《堤防工程施工规范》(SL 260—2014)，施工单位对筑堤料场的土料储量和土料特性进行了复核。

事件 2：施工组织设计对相邻施工堤段垂直堤轴线的接缝和加高培厚堤防堤坡新老土层接合面均提出了具体的施工技术要求。

事件 3：在堤防填筑过程中，施工单位对已经压实的土方进行了质量检测，检测结果见表 6.14.1。

表 6.14.1　　　　压 实 度 计 算 表

土样编号	1	2	3	4	5	6	7
湿密度/(g/cm^3)	1.96	2.01	1.99	1.96	2.00	1.62	1.98
含水率/%	22.3	21.5	22.0	23.6	20.9	25.8	24.5
干密度/(g/cm^3)	1.60	1.65	1.63	1.59	1.65	1.53	1.59
压实度	*A*	0.98	*B*	0.95	0.98	0.91	0.95

事件 4：工程完工后，竣工验收主持单位组织了竣工验收，成立了竣工验收委员会。验收委员会有竣工验收主持单位、有关地方人民政府部门、有关水行政主管部门和流域管理机构、质量和安全监督机构、项目法人、设计单位、运行管理单位等的代表及有关专家组成。竣工验收委员会同意质量监督机构的质量核定意见，工程质量等级为优良。

【问题】

（1）指出事件1中料场土料特性复核的内容。

（2）根据《堤防工程施工规范》（SL 260—2014），事件2中提到的施工技术要求应包括哪些主要内容？

（3）计算表中 A、B 的值；根据《水利水电工程单元工程施工质量验收评定标准——堤防工程》（SL 634—2012），判断此层填土压实度质量是否合格，并说明原因，不考虑其他检验频次。

（4）指出事件4的不妥之处，并改正。

案例15

【背景资料】

“引黄灌溉龙湖调蓄工程”×号出水河道工程碾压试验方案（2015年1月）。

1. 适用范围与其相关工程概况

本方案适用于本工程：水闸桩号0+200～0+220段河底及边坡黏性土的回填施工。与其相关的工程概况为：此段河底及边坡需要铺设防水毯，防水毯上部需要回填厚度为不小于50cm的黏性土，设计回填后压实度不小于98%。左右边坡开口宽为143.16～147.27m，河底宽62.16～57.08m与下游河道平顺衔接。

2. 试验场地布置及要求

（1）场地布置：碾压试验场地拟选在河道桩号1+000～1+421.7段左堤。以堤顶中轴线为试验场地的中轴线，场地面积为30m×45m，划分为15m×10m的9个试验小块，各个部分的铺土厚度、碾压遍数和含水率各不同。

（2）场地要求：在碾压试验前对已选择的场地进行平整、清表、试验场地平整、试验场地进行碾压。应用于碾压中的土料中不得含有杂质（腐殖土、树根、草皮、建筑垃圾、生活垃圾和有机物等），铺土厚度用水准仪布方格网进行控制。

3. 土料填筑碾压试验

（1）土料来源与回填要求。

根据设计和招标文件要求，本标段填筑土料采用挖方土料。设计要求：堤防回填土的压实度不小于0.96。

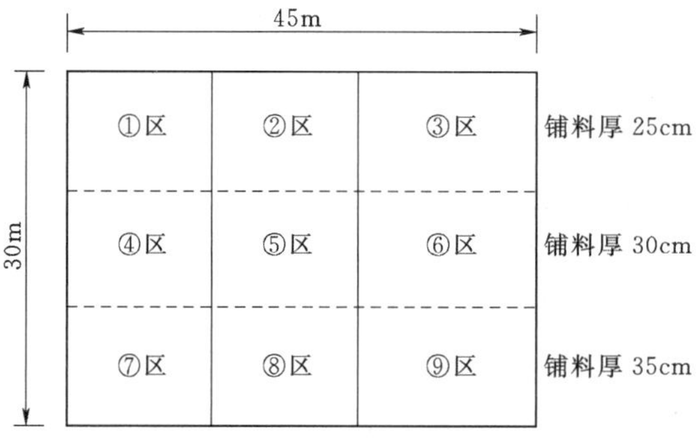

图6.15.1 碾压试验布置图

项目部已委托实验室测得采用回填的挖方土料最大干密度为1.7g/cm^3，最优含水率为15.8%。

（2）现场碾压试验过程。

选择一30m×45m的条形试验区，如图6.15.1所示。分成9块，在①～③试验小块、④～⑥试验小块及⑦～⑨试验小块分别铺设碾压前厚度为0.25m、0.30m及0.35m，土块直径均小于5cm的土料。

碾压采用快速静压3遍，以达到稳定土料的目的，然后对第①、④、⑦分区强震碾压2遍，第②、⑤、⑧分区强震碾压4遍，第③、⑥、⑨分区强震碾压6遍（行走速度为1挡）。

碾压完毕后对每个试验小块下面层取12个环刀样测定干密度及含水量。

测定压实后土层厚度并观察压实土层底部有无虚土层上下层面结合是否良好、有无光面及剪力破坏现象等并做记录。

分别作出各不同铺土厚度情况下的最优含水量、最大干密度与压实遍数的关系曲线。从图上查出符合设计干密度的最佳含水率、铺土厚度、压实遍数等作为施工参数。

4. 碾压试验检测成果整理

(1) 在试验期间，要做好各种原始试验数据的记录。

(2) 根据试验结果确定配套机械的施工效率、合理的碾压遍数、铺土厚度以及松铺系数等。

(3) 将试验结果上报监理部进行审批，作为以后土方碾压试验施工的施工技术参数进行控制。碾压效果，优选填筑材料的合理碾压遍数。以指导本工程土方填筑施工。

5. 人员、机械及工具配置

(1) 人员配置，见表6.15.1。

表6.15.1　　人员配置表

序号	职务	职责	人数/位
1	专职质检负责人	负责质检工作	1
2	现场负责人	负责现场组织与安排	1
3	现场技术负责人	负责现场技术工作	1
4	试验室负责人	负责试验管理工作	2
5	测量负责人	负责测量挂线工作	1
6	自检负责人	负责自检工作	1
7	资料负责人	负责自检资料整理	1
8	施工员	负责施工碾压	1
9	安全员	负责安全工作	1
10	机械负责人	机械管理	1

(2) 试验机械选择。

XS222J－Ⅰ型机械驱动振动压路机（具体特性详见表6.15.2），其他机械ST140推土机、CAT320挖掘机、EQ－5自卸汽车2辆、洒水车1辆。

表 6.15.2 **压 路 机 特 性**

型号	工作性质 /t	振动频率 /Hz	功率 /kW	碾轮宽 /cm	激振力 /kN	碾径 /mm	备注
XS222J-Ⅰ	22	33(高)/28(低)	136	213	374(高)/290(低)	1600	—

（3）试验工具配置。

天平 1 台，烘箱 1 个，秒表 2 只，体积为 $200mm^3$ 的环刀 36 个，铁锹 5 把，铲子 6 把。华测牌、X90 型全站仪 1 台，赛博牌 AL32 型水准仪 1 台，大锤 5 把，铝盒 36 个，50m 钢卷尺 1 把。

6. 质量控制措施

（1）用于碾压试验的土料在取土场要进行含水量检测，其含水量应在土料的最优含水量±1%范围内。如果含水量过大，土料摊铺后应进行翻晒，如果含水量偏小，土料摊铺后采用洒水车按照计算水量进行洒水，然后进行虚土搅拌，使土料的含水量保持均匀。

（2）所有用于碾压试验的土料必须先进行检测，土内不得含有树根、杂草、石块或其他腐蚀物。

（3）碾压试验基地为耕地或松土时，应先清除有机土、种植土，平整后按规定要求压实。在耕地地段，必要时，应将松土翻挖，土块打碎，然后回填、整平、压实。

7. 安全保证措施

（1）所有进入施工区的人员，必须按规定佩戴安全帽等防护用品，遵章守纪，听从指挥。

（2）施工设备、车辆由专人驾驶，其他人员不得擅自使用。对施工设备、车辆使用，应遵守相关的操作规则，机械操作人员必须持证上岗。

（3）确保必需的安全投入。购置必需的劳动保护用品，安全设备及设施齐全，完全满足安全生产的需要。

（4）运输安全措施：①各类车辆必须处于完好状态，制动有效，严禁人料混载。②所有运载施工场地进入口插标志牌：提示、警示。

（5）现场对所有劳务人员、机械操作人员及运输车辆人员均做安全技术交底。

8. 试验结果

试验结果见表 6.15.3。

表 6.15.3 **试 验 结 果**

ρ_d	$h_1=25cm$				$h_2=30cm$				$h_3=35cm$			
	14.8/%	15.8/%	16.8/%	17.8/%	14.8/%	15.8/%	16.8/%	17.8/%	14.8/%	15.8/%	16.8/%	17.8/%
$n_1=2$	1.51	1.57	1.56	1.46	1.49	1.56	1.54	1.45	1.47	1.53	1.50	1.41
$n_2=4$	1.60	1.67	1.64	1.55	1.58	1.66	1.63	1.53	1.55	1.65	1.60	1.49
$n_3=6$	1.64	1.69	1.67	1.62	1.62	1.68	1.66	1.61	1.60	1.66	1.64	1.58

【问题】

根据碾压试验结果，绘图分析确定碾压参数。

案例 16

【背景资料】

某水库枢纽工程由大坝及泄水闸等组成。大坝为壤土均质坝，最大坝高 15.5m，坝长 1135m。该大坝施工承包商首先根据设计要求就近选择某一料场，该料场土料黏粒含量较高，含水量较适中。在施工过程中，料场土料含水量因天气等各种原因发生变化，比施工最优含水量偏高，承包商及时地采取了一些措施，使其满足上坝要求。坝面作业共安排了 A、B、C 三个工作班组进行填筑碾压施工。在统计一个分部工程质量检测结果中，发现在 90 个检测点中，有 7 个点不合格。其中检测 A 班组 30 个点，有 2 个不合格点，检测 B 班组 30 个点，有 3 个不合格点；检测 C 班组 30 个点，有 2 个不合格点。

【问题】

（1）适用于该大坝填筑作业的压实机械有哪些？

（2）该大坝填筑压实标准应采用什么控制？填筑压实参数主要包括哪些？

（3）料场含水量偏高，为满足上坝要求，此时可采取哪些措施？

（4）根据质量检测统计结果，试采用分层法分析，指出哪个班组施工质量对总体质量水平影响最大？

案例 17

【背景资料】

某省曹山湖堤防退建工程为 3 级，新建堤防填筑土料为黏性土，最大干密度为 1.69g/cm^3，最优含水率为 19.3%，设计压实干密度为 1.56g/cm^3。该工程项目划分为一个单位工程，5 个分部工程。某省水利水电建筑安装工程总公司承建该工程第Ⅱ标段，第Ⅱ标段为该工程的一个分部工程，堤防长度 2.5km，土方填筑量 50 万 m^3；其中编号为 CS-Ⅱ-016 的单元工程桩号为 CS10＋000～CS10＋100，高程为 18.5～18.75m，宽度为 40m，土方填筑量为 1000m^3。

施工过程中发生了如下事件：

事件 1：施工单位当年 12 月进场，当地气温在－5℃左右。土方填筑前，施工单位按照强制性标准的要求对堤基进行了处理。

事件 2：施工单位按照《水利水电工程单元工程施工质量验收评定标准——堤防工程》（SL 634—2012）的规定，对 CS-Ⅱ-016 单元工程质量进行了检查和检测，相关结果填于表 6.17.1 中。

表 6.17.1　　　　土料碾压筑堤单元工程质量评定表

单位工程名称	某省曹山湖堤防退建工程	单元工程量	单元长度×宽度 100m×40m
分部工程名称	某省曹山湖堤防退建工程Ⅱ标段	检验日期	2010 年 3 月 20 日
单元工程名称、部位	CS-Ⅱ-016	评定日期	年　月　日

续表

<table>
<tr><td colspan="2">项次</td><td>项目名称</td><td>质量标准</td><td colspan="3">检查结果</td><td>评定</td></tr>
<tr><td rowspan="4">检查项目</td><td>1</td><td>△上堤土料土质、含水率</td><td>无不合格土、含水率适中</td><td colspan="3">无不合格土料、含水率基本适中</td><td>合格</td></tr>
<tr><td>2</td><td>土块粒径</td><td>根据压实机具，土块尺寸，土块尺寸限制10cm以内</td><td colspan="3">基本无大于10cm的土块</td><td>合格</td></tr>
<tr><td>3</td><td>作业段划分、搭接</td><td>机械作业不小于100m，人工作业不小于50m，搭接无界沟</td><td colspan="3">作业长度600m，搭接无界沟</td><td>合格</td></tr>
<tr><td>4</td><td>碾压作业程序</td><td>碾压机械行走平行于堤轴线，碾迹及搭接碾压符合要求</td><td colspan="3">碾压平行于堤轴线，碾迹及搭接碾压符合要求</td><td>合格</td></tr>
<tr><td rowspan="6">检测项目</td><td rowspan="2">1</td><td rowspan="2">铺料厚度</td><td rowspan="2">允许偏差0～－5cm（设计铺料厚度30cm）</td><td>总测点数</td><td>合格点数</td><td>合格率</td><td rowspan="2"></td></tr>
<tr><td>25</td><td>23</td><td>①</td></tr>
<tr><td rowspan="2">2</td><td rowspan="2">铺填边线</td><td rowspan="2">允许偏差
人工：＋10～＋20cm
机械：＋10～＋30cm</td><td>总测点数</td><td>合格点数</td><td>合格率</td><td rowspan="2"></td></tr>
<tr><td>15</td><td>14</td><td>②</td></tr>
<tr><td rowspan="2">3</td><td rowspan="2">△压实度</td><td rowspan="2">设计干密度不小于1.56g/cm³</td><td>总测点数</td><td>合格点数</td><td>合格率</td><td rowspan="2"></td></tr>
<tr><td>14</td><td>③</td><td>92.8%</td></tr>
<tr><td colspan="3">施工单位自评意见</td><td>质量等级</td><td colspan="3">项目法人（监理单位）复核意见</td><td>核定质量等级</td></tr>
<tr><td colspan="3">④</td><td>⑤</td><td colspan="3"></td><td></td></tr>
<tr><td colspan="2">施工单位名称</td><td colspan="2">某省水利水电建筑安装工程总公司</td><td colspan="2" rowspan="2">项目法人（或监理单位）名称</td><td colspan="2" rowspan="2">×××</td></tr>
<tr><td colspan="2">测量员</td><td>初检负责人</td><td>终检负责人</td></tr>
<tr><td colspan="2">×××</td><td>×××</td><td>×××</td><td colspan="2">核定人</td><td colspan="2">×××</td></tr>
</table>

注 1. 检验日期为终检日期，由施工单位负责填写。
2. 评定日期由项目法人（监理单位）填写。
3. △者为主要检查或检测项目。

事件3：该分部工程施工结束后，根据《水利水电工程施工质量检验与评定规程》（SL 176—2007）的规定，对该分部工程质量进行了评定，质量结论如下：该分部工程质量所含418个单元工程质量全部合格，其中276个单元工程质量等级优良，主要单元工程个别重要隐蔽单体工程质量优良率为86.6%，且未发生过质量事故。经事故单位自评，监理单位复核，工程质量和安全监督机构核定，本分部工程质量等级为合格。

事件4：该单位工程完工后，项目法人主持进行了单位工程验收。验收工程组由项目法人、勘测、设计、监理、施工、质量和安全监督机构、运行管理单位、法人验收监督管理机构等单位的代表及上述单位外的3名特邀专家组成。

【问题】

（1）根据事件1，结合本工程施工条件，施工单位在堤基处理方面的质量控制要求有哪些？

(2) 改正表 1 中 A、B 两项内容填写的不妥之处。

(3) 根据事件 2，指出表 6.17.1 中①～⑤项所代表的数据和内容。

(4) 根据事件 3，分析指出该分部质量结论在哪些方面不符合优良等级标准；指出该分部工程质量评定组织的不妥之处。

(5) 根据事件 4，指出该单位工程验收工作组组成方面的不妥之处。

项目7 综 合 运 用

综合运用1

某抽水蓄能电站下库，如图7.1.1所示水库正常蓄水位为319m。坝址位于浑河右岸支流大冲沟内，河曲转弯段下游350m处，坝址处河谷走向近南北向，河道坡降为1%～2%，有常年地表径流。河谷较开阔，呈不对称的U形宽谷，坝址处谷底高程为280～290m，谷底宽度约为220m，坝轴线方向为EW向，正常蓄水位时谷宽327m。拦沟筑坝形成下水库，在河谷较窄处布置一座混凝土面板堆石坝，最大坝高49.0m。

图7.1.1 某抽水蓄能电站效果图

下水库工程包括：混凝土面板堆石坝、右岸泄洪放空洞、右岸侧槽溢洪道、库内开挖支护及防渗处理工程等。大坝上游坝坡为1∶1.4，下游坝坡为1∶1.5，堆石坝填筑料分区自上游向下游依次为：垫层区2A、过渡层区3A、上游堆石区3B、下游堆石区3C及下游干砌石护坡P。

泄洪放空洞由引水明渠段、闸门井段、无压隧洞段、泄槽段、消力池段和护坦段组成。泄洪放空洞采用短有压进口形式，全长527.95m，无压隧洞尺寸为6m×8m（宽×高），在校核水位321.87m时，最大泄流量为651m^3/s。

下水库侧槽溢洪道布置在右岸，无闸门控制，与混凝土堆石坝相邻。溢洪道由进水渠、侧堰段、导墙段、泄槽段、消力池、护坦、海漫段、防冲槽等组成。溢洪道总长 266.62m，溢流堰顶高程同正常蓄水位 319m，堰宽 50m，堰面曲线采用 WES 曲线。溢洪道最大泄流量（校核洪水位 321.87m）为 510.7m³/s。

【施工方案】

坝施工拟采用围堰一次拦断河流、基坑全年施工、永久泄洪放空洞（兼导流隧洞）导流的方式。初期导流标准采用全年 20 年一遇洪水，相应设计洪峰流量为 177.0m³/s。中期坝体临时度汛洪水采用全年 50 年一遇洪水，相应设计洪峰流量为 323.0m³/s。坝体建成后水库蓄水期坝体度汛标准采用全年 200 年一遇洪水，相应设计洪峰流量为 584.0m³/s。

结合本工程施工进度安排，根据导流挡、泄水建筑物的不同、相应拦洪库容及具体的施工形象，施工导流分为三个时段：初期、中期和后期。

1. 初期导流

根据施工总进度计划，初期导流为自 2019 年 4 月初河道截流至 2020 年 5 月底坝体具备挡水度汛条件的时期，共 14 个月。本期挡水坝基坑在围堰的保护下全年施工，由上、下游土石围堰挡水，永久泄洪放空洞（兼导流隧洞）泄流。围堰挡水设计标准采用全年 20 年一遇洪水，相应流量 177.0m³/s，上游围堰挡水位 301.09m，下游围堰挡水位 283.05m。本期主要完成上下游围堰的施工及闭气、大坝基坑开挖、坝基帷幕灌浆、趾板混凝土浇筑和坝体填筑等工作。

2. 中期导流

中期导流自 2020 年 6 月初至 2022 年 7 月底，为坝体临时断面具备挡水条件后至泄洪放空洞下闸蓄水前的时期，共 26 个月。2020 年 5 月前坝体填筑至 306.5m 高程，坝体度汛标准采用全年 50 年一遇洪水，相应流量为 323.0m³/s，本期由永久泄洪放空洞（兼导流隧洞）泄流，坝体临时断面挡水度汛，坝体上游挡水水位 305.04m。本期在上游围堰保护下完成坝体面板混凝土施工，围堰挡水标准为全年 20 年一遇。

3. 后期导流

后期导流自 2022 年 8 月以后，为泄洪放空洞下闸下水库蓄水期。坝体度汛洪水标准采用全年 200 年一遇设计洪水，相应流量为 584.0m³/s。汛期由完建的坝体挡水，溢洪道和泄洪放空洞联合控泄。至此下水库挡水坝施工导流结束。

【思考问题】

（1）分析图 7.1.2，解读工程施工布置情况。

（2）分析图 7.1.3，解读工程围堰施工过程。

综合运用 2

某工程是以供水、发电、灌溉、防洪为主的综合性水利枢纽工程，如图 7.2.1 所示。

工程主要由水库大坝、引水工程、水电站工程及交通工程几部分组成。工程规模为中型，工程等别为Ⅲ等。主要水工建筑物水库大坝、水电站及供水工程进水口及引水隧洞，建筑物级别为 3 级，水电站厂房建筑物级别为 5 级。

其中水库大坝包括挡水坝段、溢流坝段和底孔坝段等建筑物；引水工程包括引水

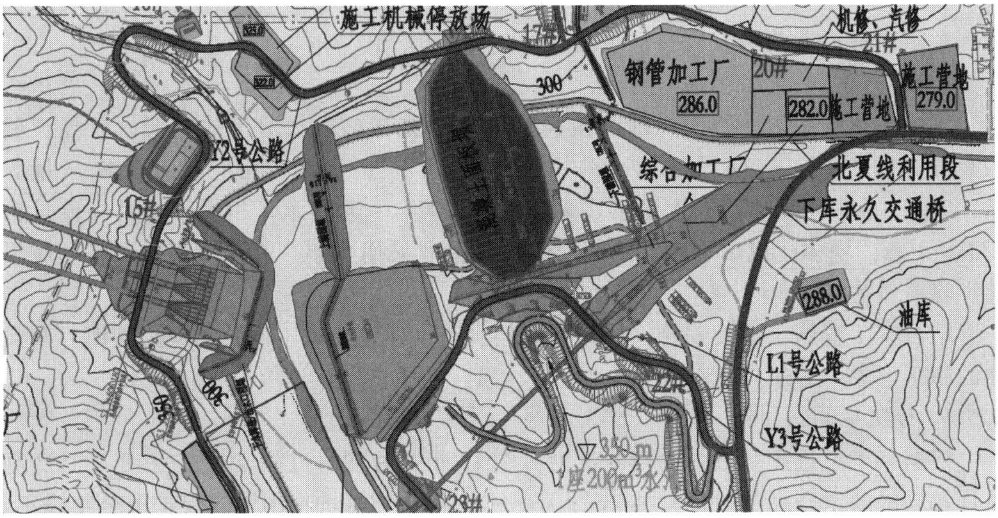

图 7.1.2 施工总布置图

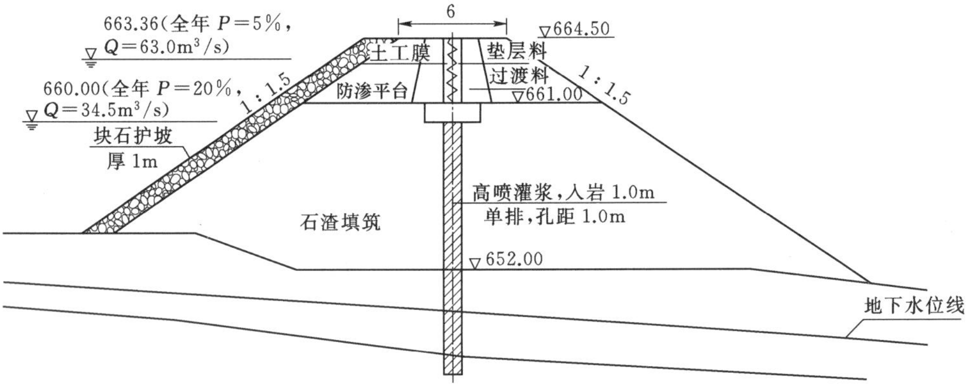

图 7.1.3 上游围堰横剖面图（单位：m）

工程进水口、引水隧洞、岔管及压力管道等建筑物；水电站工程包括水电站主、副厂房及升压站、尾水建筑物等。

水库大坝正常蓄水位 425.00m，相应库容 $2271\times10^4 m^3$；死水位 414.00m，死库容 $721.7\times10^4 m^3$；100 年一遇设计洪水位 427.45m，相应库容 $2820\times10^4 m^3$，最大泄量 $1542.4m^3/s$，相应下游水位 393.93m；1000 年一遇校核洪水位 430.18m，总库容 $3574m^3$，最大泄量 $2538.5m^3/s$，相应下游水位 395.00m。

下游电站出口位于拦河坝下游 2.5km 处（中间有支流流入），20 年一遇最大过流量 $1160.2m^3/s$，相应洪水水位为 380.96m；50 年一遇最大过流量 $1608.1m^3/s$，相应洪水水位为 381.67m。

【施工方案】

本工程导流部位包括拦河坝工程、隧洞进口工程、隧洞出口及电站厂房工程。

根据《水利水电工程施工组织设计规范》（SL 303—2004）规定，导流建筑物级

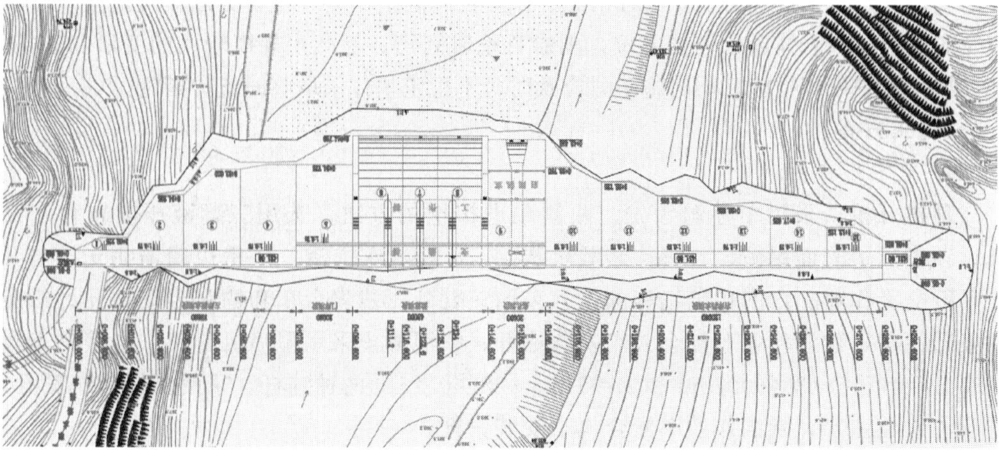

图 7.2.1 大坝平面布置图

别确定为5级，导流建筑物洪水标准采用洪水重现期5年，根据工期安排，导流建筑物洪水标准采用汛前洪水重现期5年，相应设计流量为35.1m^3/s。

坝体施工期临时度汛标准采用洪水重现期20年，相应设计流量为912.0m^3/s。

根据拦河坝河流地形和建筑物特点采取分期围堰导流方式。一期土石围堰围护右岸，由左岸主河道过流，二期土石围堰拦断主河床，由底孔过流（第三年汛期由缺口和底孔联合泄流）。

引水洞进口流建筑物洪水标准采用汛前洪水重现期5年，相应设计流量为35.1m^3/s。

引水洞、交通洞出口和电站建筑物洪水标准采用洪水重现期5年，相应设计流量按施工时段的不同分别为非汛期流量40.6m^3/s和汛期流量405m^3/s。

【思考问题】

（1）分析导流原理、导流方案。

（2）设计围堰结构。

综合运用3

洞室围岩稳定问题：

输水系统隧洞上覆岩体厚度为40～500m，围岩岩性为花岗岩，除上、下库进/出水口外，洞室围岩主要为微新岩体。沿线断裂构造不甚发育，岩体结构面主要为Ⅲ、Ⅳ级结构面，Ⅱ级结构面仅三条，且最大宽度为2.5m；发育4条挤压破碎带，其中有两条与洞室切割。

输水系统基岩主要为硬质岩，微新岩体较完整，饱和抗压强度较高，除局部断层和挤压破碎带外，隧洞围岩整体稳定性较好，工程地质条件良好。洞室围岩主要以Ⅲ类为主，少部分Ⅱ类；断层破碎带和挤压带部位围岩为Ⅳ类。

Ⅲ、Ⅱ类岩体洞室整体稳定性较好，局部缓倾角裂隙易在隧洞顶拱形成不稳定块体，局部产生掉块或块体塌落，洞室开挖后需重视隧洞顶拱岩体中缓倾角裂隙形成不稳定块体的支护，及时采取临时支护处理措施。Ⅳ类岩体洞室围岩，主要为断裂构造发育部位以及隧洞进出口岩体风化较强部位，围岩自稳时间短，易产生规模较大的变形和破坏，建议加强支护处理措施，同时施工时应及时对不稳定块体采取临时支护措施。

【施工方案】

1. 地下厂房支洞

顶拱开挖，采用中导洞领先、两侧跟进扩挖的方法，选用三臂液压凿岩台车钻孔，顶拱周边光面爆破，3.1m^3 装载机装 15t 自卸汽车出渣。厂房边墙锚喷支护与开挖平行交叉作业。厂房边墙锚杆施工，采用三臂液压凿岩台车和锚杆台车钻孔，螺旋注浆器注浆，隧洞作业车配合人工安装锚杆；喷混凝土采用湿喷机施工。岩壁吊车梁设有 $L=10m$，$\phi36@0.75m$ 和 $L=7m$，$\phi28@0.75m$ 两种锚杆，采用锚杆台车钻孔，螺旋注浆器注浆，隧洞作业车配合人工安装锚杆。

2. 尾水隧洞施工支洞进入

采用三臂液压凿岩台车钻孔，全断面开挖，光面爆破，3m^3 装载机装 15t 自卸汽车出渣。隧洞混凝土衬砌采用针梁钢模台车施工，6m^3 混凝土搅拌运输车运输混凝土，HB－30 型混凝土泵泵送入仓。

【思考问题】

（1）根据以上隧洞围堰类型，分析并制定支护方案。

（2）说明喷锚支护需要的质量检查内容、方法、标准。

综合运用 4

【思考问题】图 7.4.1 和图 7.4.2 为某堆石坝，砂石料、垫层料场布置图和工艺流程图，请解释生产其流程和布置特点。

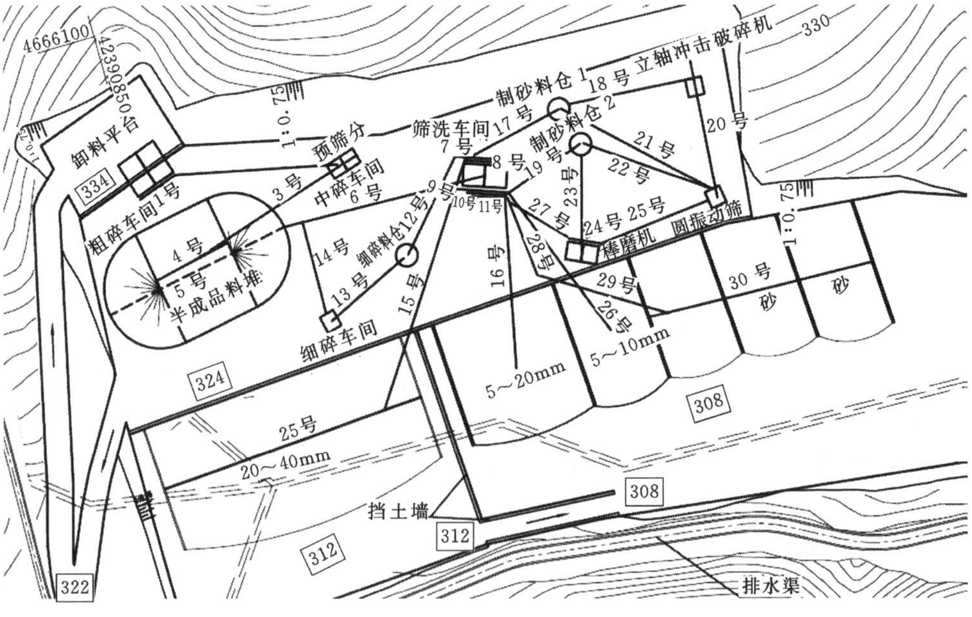

图 7.4.1　砂石加工系统平面布置图

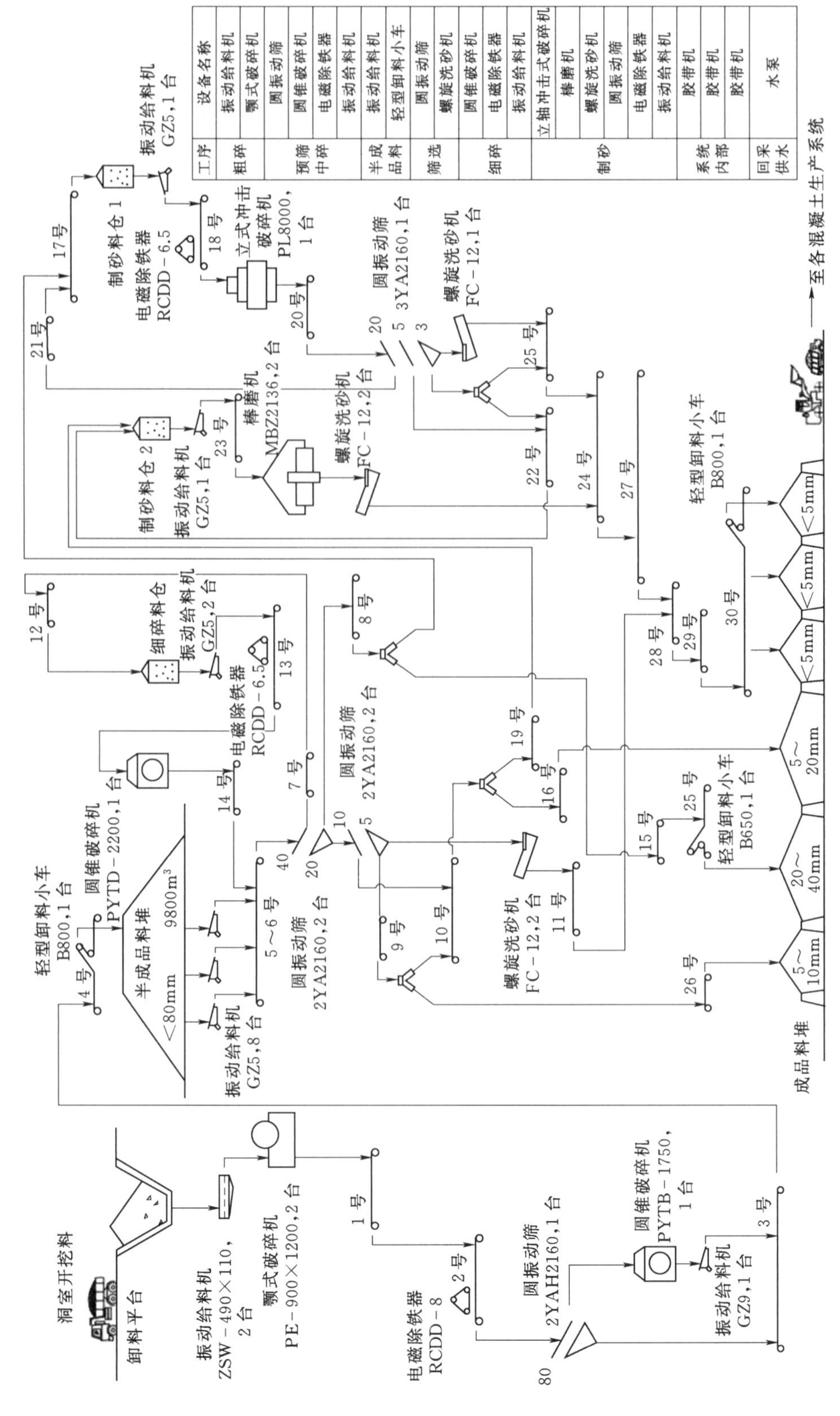

图 7.4.2 砂石加工工艺图

综合运用5

某水利枢纽位于某省某市境内、某河流域中上游，是以供水、发电、灌溉、防洪为主的综合性水利枢纽工程。枢纽总库容为3574万m^3，电站总装机8250kW，总发电量1358.8万kW·h，根据《防洪标准》（GB 50201—1994）及《水利水电工程等级划分及洪水标准》（SL 252—2000）的规定，该水利枢纽工程等别为（　）等，工程规模为（　）型。

工程主要水工建筑物拦河坝、引水工程进水口及引水隧洞建筑物级别为3级，水电站厂房建筑物级别为5级，临时性水工建筑物级别为5级。各建筑物采用的相应洪水标准［重现期（年）］：拦河坝、引水工程进水口及引水隧洞设计洪水标准为100年一遇，校核洪水标准为1000年一遇；水电站厂房中的主、副厂房及升压站设计洪水标准为20年一遇，校核洪水标准为50年一遇。

工程总布置：

本工程主要由拦河坝、引水工程、水电站工程及交通工程几部分组成。其中拦河坝包括挡水坝段、溢流坝段和底孔坝段等建筑物；引水工程包括引水工程进水口、引水隧洞、岔管及压力管道等建筑物；水电站工程包括水电站主、副厂房及升压站、尾水建筑物等；交通工程包括进厂公路、进厂交通桥、交通洞、进水口进场路及水电站厂区和大坝右端的回车场。

拦河坝为混凝土重力坝坝型，大坝总长度为296.60m，主要由挡水坝段（含门库坝段）、溢流坝段和底孔坝段组成，大坝右端设置回车场，平面尺寸10m×10m，左坝端通过交通洞与电站厂区回车场相连。挡水坝段布置在拦河坝两端，共有11个坝段，其中左侧5个坝段（含门库坝段），右侧6个坝段，全长为218.60m。挡水坝段坝体上游为直立面，下游面坡度为1∶0.75，坝顶高程为431.00m，坝顶宽度为6m，最低建基面高程385.70m，最大坝高45.30m。溢流坝段布置在坝体中部主河槽部位，共3个坝段，总长度为48m，采用4孔溢流堰，溢流总净宽为36m，闸墩厚度为2.4m。溢流堰堰顶高程为420.00m，堰面曲线前端采用WES幂曲线，通过1∶0.75直线段与后端反弧段连接，反弧半径$R=16.0$m，挑流鼻坎顶高程395.80m，挑角$\theta=23°$。溢流坝段坝体上游面为垂直面，最低建基面高程384.70m，最大堰高35.30m，坝体底宽42.91m，溢流坝段上游侧顶部布置坝顶交通桥，桥面宽度8.56m，下游侧布置启闭机室工作桥，桥面宽度6m，堰上设弧形工作闸门控制泄洪，最大泄量2538.3m^3/s，溢流堰下游采用挑流消能。底孔坝段布置在溢流坝段右侧，坝段长度20m，布置一孔底孔，孔口尺寸为4m×6m（宽×高），底板高程为390.0m，底孔坝段坝体上游面为垂直面，下游面坡度为1∶0.75，坝顶高程为431.00m，坝顶宽度为8.56m，最低建基面高程384.70m，最大坝高46.30m，底孔出口处设弧形工作闸门，下游采用挑流消能。底孔在水库调度中不参与泄洪，主要作用施工期为导流洞，水库正常运行后作为放空洞保留。

引水工程主要包括引水工程进水口、引水隧洞、岔管及压力管道几部分，引水工程进水口布置在拦河坝左岸上游约120m处，为独立布置的岸塔式进水口，设拦污栅和检修闸门，上部启闭机室为框架结构，进水口后接引水隧洞，采用圆形断面有压隧洞，成洞洞径为3.8m，总长度为526.64m，隧洞永久支护结构采用钢筋混凝土衬砌，引水隧洞通过岔管和压力管道与电站机组连接。

水电站工程主要建筑物包括水电站主、副厂房及升压站、尾水建筑物等，水电站厂房位于大坝下游约2km处，布置在岸边较凹处，属于岸边式厂房，安装两台HLA551－LJ－120和一台HLA194－WJ－42水轮发电机组，总装机容量为8250kW，副厂房临河道布置在电站主厂房左侧，共布置三层，电站厂房临河侧采用浆砌石导流墙防护，墙内侧回填场地高程383.74m，布置回车场，升压站紧邻进厂公路布置在公路右侧的滩地上。

【思考问题】

（1）回答工程等别和工程规模，并说明依据。

（2）工程涉及的混凝土项目有哪些？如何设计，包括强度、耐久性、骨料粒径、配合比例。

附录　水利工程质量检测内容及频次

表 1　　原材料及中间产品质量检测技术要求

名称	检测项目	检测依据	施工自检数量	
			大中型工程	小型工程
水泥	强度等级、比表面积、安定性、凝结时间、烧失量、三氧化硫、氧化镁、氯离子含量等	《通用硅酸盐水泥》(GB 175—2023) 等，详见任务 20：一、水泥	按每 200～400t 同厂家、同品种、同强度等级的水泥为一取样单位，不足 200t 作为一取样单位	按同厂家、同品种、同强度等级、同一进场批次取 1 组
砂	含泥量、石粉含量（人工砂）、泥块含量、云母含量、有机质含量、颗粒级配、坚固性、表观密度、轻物质含量、硫化物及硫酸盐含量、碱活性（使用碱活性骨料需试验论证）等	《水工混凝土施工规范》(SL 677—2014)、《水工混凝土施工规范》(DL/T 5144—2015)、《水工混凝土试验规程》(SL/T 352—2020)、《建设用砂》(GB/T 14684—2022)	每季度应进行 1 次全面检测。 按同料源每 600～1200t 为一批	按同料源、同规格，每半年取样 1 组
碎卵石	含泥量、泥块含量、超逊径、坚固性、表观密度、压碎指标、有机质含量、硫化物及硫酸盐含量、吸水率、针片状颗粒含量、碱活性（使用碱活性骨料需试验论证）等	《水工混凝土施工规范》(SL 677—2014)、《水工混凝土施工规范》(DL/T 5144—2015)、《水工混凝土试验规程》(SL/T 352—2020)、《建设用碎石、卵石》(GB/T 14685—2022)	每季度应进行 1 次全面检测。 按同料源、同规格碎石每 2000t 为一批，卵石每 1000t 为一批	按同料源、同规格，每半年取样 1 组
外加剂	引气剂、普通减水剂、早强减水剂、缓凝减水剂、引气减水剂 均质性指标：含固量或含水量、密度、氯离子含量、水泥净浆流动度、细度、pH 值、硫酸钠。 掺外加剂混凝土性能指标：减水率、含气量、泌水率比、凝结时间差、抗压强度比、28d 收缩率比、抗冻标号等	《水工混凝土施工规范》(SL 677—2014)、《水工混凝土施工规范》(DL/T 5144—2015)、《水工混凝土外加剂技术规程》(DL/T 5100—2014)、《混凝土外加剂》(GB/T 8076—2025)	《水工混凝土施工规范》(SL 677—2014) 要求：掺量大于 1%的外加剂每 100t 为一批，掺量小于 1%的外加剂每 50t 为一批。掺量小于 0.05%的外加剂每 1～2t 为一批，一批进场的外加剂不足一批数量的，应按一批进行检验	按同厂家、同品种、同一进场批次取 1 组
粉煤灰	细度、烧失量、需水量比、游离氧化钙、安定性、含水量、三氧化硫等	《水工混凝土掺用粉煤灰技术规范》(DL/T 5055—2024)	《水工混凝土掺用粉煤灰技术规范》(DL/T 5055—2024) 要求：粉煤灰取样检验以连续供应相同等级、相同种类的 200t 为一批，不足 200t 者按一批计	按同厂家、同规格、同一进场批次取 1 组

续表

名称	检测项目	检测依据	施工自检数量	
			大中型工程	小型工程
混凝土	抗压强度、抗渗性能、抗冻性能、抗拉强度等	《水工混凝土施工规范》（SL 677—2014）、《水工混凝土施工规范》（DL/T 5144—2015）、《水工混凝土试验规程》（SL/T 352—2020）	《水工混凝土施工规范》（SL 677—2014）要求抗压强度：大体积混凝土28d龄期每500m³成型一组，设计龄期每1000m³成型一组；结构混凝土28d龄期每100m³成型一组，设计龄期每200m³成型一组。每一浇筑块混凝土方量不足以上规定数字时，也应取样成型一组。抗拉强度：28d龄期每2000m³成型一组，设计龄期每3000m³成型一组；抗冻、抗渗或其他特殊指标应适当取样，其数量可按每季度施工的主要部位取样成型1～2组	抗压强度：每个等级，每个构件取1组。 抗冻、抗渗：每个等级取1组
砂浆	抗压强度	《胶结坝技术规范》（SL/T 678—2025）、《砌体工程施工质量验收规范》（GB 50203—2011）、《水工混凝土试验规程》（SL/T 352—2020）、《建筑砂浆基本性能试验方法标准》（JGJ/T 70—2009）	《浆砌石坝施工技术规定》（SD 120—1984）要求：同一标号的砂浆抗压强度，28d龄期每200m³取成型试件1组，设计龄期每400m³取成型试件1组。 《砌体工程施工质量验收规范》（GB 50203—2002）要求：每一检验批且不少于250m³砌体的各种类型及强度等级的砌筑砂浆，每搅拌机应至少抽查一次	每个等级，每个构件取1组
水	pH值、不溶物、可溶物、氯化物、硫酸盐等	《水工混凝土施工规范》（SL 677—2014）、《水工混凝土施工规范》（DL/T 5144—2015）、《混凝土用水标准》（JGJ 63—2006）	《混凝土拌合用水》（JGJ 63—2006）要求：地表水每6个月检验1次；地下水每年检验1次；再生水每3个月检验1次；质量稳定一年后，可每6个月检验1次；混凝土企业设备洗刷水每3个月检验1次，质量稳定后每1年检验1次；当发现水受到污染和对混凝土性能有影响时，应立即检验	按同水源取1组。饮用水免检

续表

名称	检测项目	检测依据	施工自检数量	
			大中型工程	小型工程
土工膜	横纵向断裂强度及伸长率、顶破强力、横纵向撕破强力、耐静水压、垂直渗透系数、剥离强度、幅宽偏差	《土工合成材料 非织造布复合土工膜》（GB/T 17642—2025）、《土工合成材料测试规程》（SL/T 235—2012）	《土工合成材料非织造布复合土工膜》（GB/T 17642—2025）要求：按交货批号的同一品种、同一规格的产品作为检验批	按同厂家、同规格、同一进场批次取1组
土工布	单位面积质量、厚度、断裂强力、断裂伸长率、顶破强力、垂直渗透系数	《土工合成材料 短纤针刺非织造土工布》（GB/T 17638—2017）、《土工合成材料测试规程》（SL/T 235—2012）	《土工合成材料 短纤针刺非织造土工布》（GB/T 17638—2017）要求：以同一品种、同一规格、同一工艺的一个交货批划分检验批进行检验	按同厂家、同规格、同一进场批次取1组
钢筋	外观质量及尺寸、重量偏差、抗拉强度、屈服点、伸长率、冷弯等	《水工混凝土钢筋施工规范》（DL/T 5169—2013）、《钢筋混凝土用钢　第1部分：热轧光圆钢筋》（GB 1499.1—2024）、《钢筋混凝土用钢　第2部分：热轧带肋钢筋》（GB 1499.2—2024）	《水工混凝土钢筋施工规范》（DL/T 5169—2013）要求：检验时以60t同一炉号、同一规格尺寸的钢筋为一批，质量不足60t时仍按一批计	同一炉号、同一规格尺寸、同一进场批次的钢筋取1组
	焊接接头质量：抗拉强度、冷弯（对焊）	《钢筋焊接及验收规程》（JGJ 18—2012）、《水工混凝土钢筋施工规范》（DL/T 5169—2013）、《钢筋焊接接头试验方法标准》（JGJ/T 27—2014）	《钢筋焊接及验收规程》（JGJ 18—2012）及《水工混凝土钢筋施工规范》（DL/T 5169—2002）要求：同焊工完成300根同牌号、同直径的钢筋焊接接头为一批（或按设计要求），每种接头取样不少于1组。对焊、气压焊一组6根试样，3根拉伸，3根弯曲；电弧焊、电渣焊一组3根，只做拉伸	同大中型工程
止水材料	橡胶止水带母材：硬度、拉伸强度、扯断伸长率、压缩永久变形、撕裂强度、与金属黏结、接头强度等。 铜及不锈钢钢止水带母材：强度、伸长率；接头强度	《水工建筑物止水带技术规范》（DL/T 5215—2005）、《高分子防水材料　第2部分：止水带》（GB/T 18173.2—2014）	《水工建筑物止水带技术规范》（DL/T 5215—2005）要求：现场抽样检查每批不得少于一次	同大中型工程
锚杆	拉拔力、注浆密实度等	《水利水电工程锚喷支护技术规范》（SL 377—2025）、《锚杆喷射混凝土支护技术规范》（GB 50086—2015）	《水利水电工程锚喷支护技术规范》（SL 377—2007）要求：按每300根（包括总数少于300根）锚杆抽检1组，每组不少于3根	同大中型工程

续表

名称	检测项目		检测依据	施工自检数量	
				大中型工程	小型工程
管材	PVC管	密度、纵向回收率、落锤冲击、液压试验	《给水用硬聚氯乙烯PVC-U管材》(GB/T 10002.1—2023)	相同原材料、配方和工艺生产的同一规格的管材作为一批，当 $d_n \leqslant 63$ 时，每批数量不得超过50t，当 $d_n > 63$ 时，每批数量不得超过100t。如生产7d仍不足1批时，以7d产量为一批	按同厂家、同规格、同一进场批次取1组
	PE管	断裂伸长率、纵向回收率、氧化诱导时间、静液压试验	《给水用聚乙烯(PE)管道系统　第2部分：管材》(GB/T 13663.2—2018)		

表2　　河流治理、堤防及河道疏浚工程质量检测技术要求

名称	检测项目	检测方法	检测标准	施工自检数量	
				大中型工程	小型工程
土料填筑	干密度	现场取样	《堤防工程施工规范》(SL/T 260—2025)、《土工试验规程》(GB/T 50123—2019)、《水利水电工程单元工程施工质量验收标准　第4部分：堤防与河道整治工程》(SL/T 631.4—2025)、《水利水电工程施工测量规范》(SL 52—2015)、《水工混凝土施工规范》(SL 677—2014)、《水工混凝土施工规范》(DL/T 5144—2015)、《水工混凝土试验规程》(SL/T 352—2020)	《水利水电工程单元工程施工质量验收评定标准—堤防工程》(SL 634—2012)要求：每填筑100～200m^{3}取样一个，堤防加固按堤轴线方向每20～50m取样一个	同大中型工程
干(浆)砌石	厚度	量测		每50～100m^{2}检测一处	同大中型工程
	平整度	量测			
混凝土预制件	外观质量及尺寸	量测		每50～100块检测一处	同大中型工程
	平整度	量测		每50～100m^{2}检测一处	同大中型工程
混凝土护坡	抗压强度	现场取样回弹法		《水工混凝土施工规范》(SL 677—2014)要求：28d龄期每100m^{3}成型一组，设计龄期每200m^{3}成型一组	每个等级，每个构件取1组
	厚度	量测		每50～100m^{2}检测一处	同大中型工程

续表

<table>
<tr><th rowspan="2">名称</th><th rowspan="2">检测项目</th><th rowspan="2">检测方法</th><th rowspan="2">检 测 标 准</th><th colspan="2">施 工 自 检 数 量</th></tr>
<tr><th>大中型工程</th><th>小型工程</th></tr>
<tr><td>河道疏浚</td><td>过水断面面积、宽阔水域平均底高程</td><td>测量</td><td>《水利水电工程单元工程施工质量验收标准　第 4 部分：堤防与河道整治工程》（SL/T 631.4—2025）、《水利水电工程施工测量规范》（SL 52—2015）、《疏浚工程施工技术规范》（SL 17—2014）</td><td>断面间距为 50m 检测 1 次，测点间距 2～7m，必要时可检测河道纵断面进行复核</td><td>同大中型工程</td></tr>
</table>

表 3　　水闸（涵洞）、水电站、灌区改造、泵站及水库泄（引）水建筑物工程质量检测技术要求

<table>
<tr><th rowspan="2">名称</th><th rowspan="2">检测项目</th><th rowspan="2">检测方法</th><th rowspan="2">检 测 标 准</th><th colspan="2">施 工 自 检 数 量</th></tr>
<tr><th>大中型工程</th><th>小型工程</th></tr>
<tr><td>土料填筑</td><td>干密度</td><td>现场取样</td><td>《水利水电工程单元工程施工质量验收标准　第 1 部分：土石方工程》（SL/T 631.1—2025）、《土工试验规程》（GB/T 50123—2019）</td><td>黏性土每 100～200m^3 检验 1 次，砾质土每 200～500m^3 检验 1 次</td><td>同大中型工程</td></tr>
<tr><td rowspan="5">混凝土工程</td><td rowspan="4">抗压强度</td><td>现场取样</td><td rowspan="4">《水工混凝土试验规程》（SL/T 352—2020）、《回弹法检测混凝土抗压强度技术规程》（JGJ/T 23—2011）、《水工混凝土施工规范》（SL 677—2014）、《水工混凝土施工规范》（DL/T 5144—2015）、《超声回弹综合法检测混凝土强度技术规程》（CECS 02：2020）、《钻芯法检测混凝土强度技术规程》（JGJ/T 384—2016）</td><td rowspan="4">《水工混凝土施工规范》（SL 677—2014）要求：
28d 龄期每 100m^3 成型一组，设计龄期每 200m^3 成型一组；
《水工混凝土试验规范》（SL/T 352—2020）要求：单构件时，回弹法检测测区数不少于 10 个</td><td>每个等级，每个构件取 1 组</td></tr>
<tr><td>回弹法</td><td>每等级至少取 1 个构件，设 5～10 个测区</td></tr>
<tr><td>超声回弹综合法</td><td>—</td></tr>
<tr><td>取芯</td><td>根据实际情况确定</td></tr>
<tr><td>钢筋保护层厚度</td><td>电磁感应法或探地雷达法</td><td>《混凝土中钢筋检测技术规程》（JGJ/T 152—2019）、《混凝土结构工程施工质量验收规范》（GB 50204—2015）、《水利水电工程单元工程施工质量验收标准　第 2 部分：混凝土工程》（SL/T 631.2—2025）</td><td>《混凝土结构工程施工质量验收规范》（GB 50204—2015）要求：对非悬挑梁、板类构件，应各抽取构件数量的 2%且不少于 5 个构件进行检验。对悬挑梁，应抽取构件数量的 5%且不少于 10 个构件进行检验；当悬挑梁数量少于 10 个时，应全数检验。对悬挑板，应抽取构件数量的 10%且不少于 20 个构件进行检验；当悬挑板数量少于 20 个时，应全数检验</td><td>有要求时做</td></tr>
</table>

表 4　　混凝土坝、碾压式土石坝及面板堆石坝质量检测技术要求

名称	检测项目	检测方法	检测标准	施工自检数量	
				大中型工程	小型工程
混凝土坝	抗压强度、抗冻及抗渗性能	现场取样、钻芯法、回弹法、超声回弹综合法	《水工混凝土施工规范》（SL 677—2014）、《水工混凝土施工规范》（DL/T 5144—2015）、《水工混凝土试验规程》（SL/T 352—2020）、《超声回弹综合法检测混凝土抗压强度技术规程》（T/CECS 02—2020）、《钻芯法检测混凝土强度技术规程》（CECS 03：2007）	《水工混凝土施工规范》（SL 677—2014）要求抗压强度：大体积混凝土 28d 龄期每 500m^3 成型一组，设计龄期每 1000m^3 成型一组；结构混凝土 28d 龄期每 100m^3 成型一组，设计龄期每 200m^3 成型一组。每一浇筑块混凝土方量不足以上规定数字时，也应取样成型一组。 抗冻、抗渗或其他特殊指标应适当取样，其数量可按每季度施工的主要部位取样成型 1～2 组	抗压强度：每个等级，每个构件取 1 组。重点部位加密取 1 组。抗冻、抗渗：每个等级各取 1 组
碾压混凝土坝	抗压强度	现场取样、钻芯法	《水工混凝土试验规程》（SL/T 352—2020）、《水工碾压混凝土施工规范》（DL/T 5112—2021）	28d 龄期每 500m^3 成型一组，设计龄期每 1000m^3 成型一组；不足 500m^3 时，至少每班取样一次	
	抗冻、抗渗性能	现场取样、钻芯法	《水工混凝土试验规程》（SL/T 352—2020）、《水工混凝土施工规范》（SL 677—2014）、《水工混凝土施工规范》（DL/T 5144—2015）	《水工混凝土施工规范》（SL 677—2014）要求：抗冻、抗渗或其他特殊指标应适当取样，其数量可按每季度施工的主要部位取样成型 1～2 组	
	表观密度	现场检测	《水工碾压混凝土施工规范》（DL/T 5112—2021）	每铺设 100～200m^2 至少应有一个检测点	

续表

名称	检测项目	检测方法	检测标准	施工自检数量	
				大中型工程	小型工程
混凝土面板堆石坝	填筑料质量：密度、颗粒级配等	试坑取样	《混凝土面板堆石坝施工规范》（SL 49—2015）、《土工试验规程》（GB/T 50123—2019）、《水工混凝土试验规程》（SL/T 352—2020）、《回弹法检测混凝土抗压强度技术规程》（JGJ/T 23—2011）、《超声回弹综合法检测混凝土强度技术规程》（CECS 02：2020）	《混凝土面板堆石坝施工规范》（SL 49—2015）要求：垫层料干密度、颗粒级配：坝面500～1000m^3检测1次，每个单元不少于3次；上游坡面1000～2000m^3检测1次；小区每1～3层检测1次。过渡料干密度、颗粒级配每1000～5000m^3检测1次。砂砾料干密度、相对密度、颗粒级配每1000～5000m^3检测1次，每层测点不少于10点。堆石料干密度、颗粒级配每5000～50000m^3检测1次	每个部位各取1组
	面板及趾板混凝土抗压强度、抗渗、抗冻性能	现场取样、回弹或超声回弹综合法		《混凝土面板堆石坝施工规范》（SL 49—2015）要求：趾板每浇筑一块或每50～100m^3至少有1组抗压强度试件，抗冻、抗渗检验试件每200～500m^3成型1组。 面板浇筑每班每仓取1组强度检验试件，抗渗检验试件每500～1000m^3成型1组，抗冻检验试件每1000～3000m^3成型1组，不足以上数量的，也应取1组试件	抗压强度：每个等级，每个构件取1组。重点部位加密取1组。 抗冻、抗渗：每个等级各取1组
碾压式土石坝	黏性土防渗体：密度、含水率等； 其他坝料及部位：密度、颗粒级配、含水率等	试坑取样	《碾压式土石坝施工技术规范》（DL/T 5129—2013）、《土工试验规程》（GB/T 50123—2019）	《碾压式土石坝施工技术规范》（DL/T 5129—2013）要求：防渗体干密度、含水率黏性土碾压面每100～200m^3检测1次，均质坝每200～500m^3检测1次；砾质土碾压面每200～500m^3检测1次。反滤料干密度、含泥量、颗粒级配每200～500m^3检测1次，每层至少一次。过渡料干密度、颗粒级配每500～1000m^3检测1次，每层至少1次。坝壳砂砾（卵）料干密度、颗粒级配每5000～10000m^3检测1次；坝壳砾质土干密度、含水率每3000～6000m^3检测1次。堆石料干密度、颗粒级配每50000～150000m^3检测1次	每个部位各取1组

表 5 防渗工程质量检测技术要求

名称	检测项目	检测方法	检测标准	施工自检数量	
				大中型工程	小型工程
帷幕灌浆	渗透系数	钻孔取芯、压水试验	《水工建筑物水泥灌浆施工技术规范》（SL/T 62—2020）、《水利水电工程岩土渗透性原位试验规程 第2部分：注水试验》（SL/T 31.2—2025）	《水工建筑物水泥灌浆施工技术规范》（SL/T 62—2020）要求：检查孔数量为单排孔帷幕或多排孔帷幕的主排灌浆孔总数的10%，一个坝段或一个单元工程内，至少布置1个检查孔，并进行压水试验，位置应具有代表性	同大中型工程
混凝土防渗墙	墙体接缝、抗压强度、抗渗性能、弹性模量等	钻孔取芯、压水试验、无损检测	《水利水电工程混凝土防渗墙施工技术规范》（SL 174—2014）、《水利水电工程混凝土防渗墙施工规范》（DL/T 5199—2019）、《水利水电工程岩土渗透性原位试验规程 第2部分：注水试验》（SL/T 31.2—2025）、《水工混凝土试验规程》（SL/T 352—2020）	《水利水电工程混凝土防渗墙施工规范》（DL/T 5199—2019）要求：墙体接缝采用钻孔取芯及压水试验：1孔/10～20个槽段（位置应具有代表性）。 抗压强度试件每100m^{3}成型1组，每墙段不少于1组，抗渗性能每3个墙段成型1组，弹性模量每10个墙段成型1组	同大中型工程
高喷墙	渗透系数、透水率等	围井检查或钻孔取芯、开挖	《水电水利工程高压喷射灌浆技术规范》（DL/T 5200—2019）、《水工混凝土试验规程》（SL/T 352—2020）、《水利水电工程岩土渗透性原位试验规程 第2部分：注水试验》（SL/T 31.2—2025）	《水电水利工程高压喷射灌浆技术规范》（DL/T 5200—2004）要求：围井抽水或注水试验每3～5个单元宜布置一个围井，少于3个单元，至少应布置1个围井。 钻孔：每个单元可布置一个检查孔	同大中型工程
多头小直径深层搅拌桩防渗墙	渗透系数、墙体厚度、抗压强度	钻孔取芯（注水试验）、开挖、探地雷达、高密度点法等	《水电水利工程高压喷射灌浆技术规范》（DL/T 5200—2019）、《土工试验规程》（GB/T 50123—2019）、《水工混凝土试验规程》（SL/T 352—2020）、《水利水电工程岩土渗透性原位试验规程 第2部分：注水试验》（SL/T 31.2—2025）	《水电水利工程高压喷射灌浆技术规范》（DL/T 5200—2019）要求：围井抽水或注水试验每3～5个单元宜布置一个围井，少于3个单元，至少应布置1个围井。 钻孔：每个单元可布置一个检查孔	同大中型工程

参 考 文 献

[1] 全国水利水电工程施工技术信息网．水利水电工程施工手册［M］．北京：中国电力出版社，2002．

[2] 闫国新，张梦宇，王飞寒．水利水电工程施工技术［M］．郑州：黄河水利出版社，2015．

[3] 张玉福，刘祥柱．水利工程施工［M］．北京：中国水利水电出版社，2010．

[4] 钟汉华，冷涛．水利水电工程施工技术［M］．2版．北京：中国水利水电出版社，2007．

[5] 孙宝山，贾朋宾．用碾压试验优化土石坝填筑施工方案［J］．河北水利水电技术，2001（2）：36－38．

[6] 廖仕信．观音岩水库工程施工导流设计［J］．水利科技与经济，2014（6）：18－20．

[7] 廖益梁．关于水利工程施工中爆破方法及爆破技术应用的探析［J］．建筑工程技术与设计，2015，（24）：901．

[8] 沈建平．水利工程灌浆施工的分析与优化［J］．水利科技与经济，2014（6）：143－144．

[9] 鲁一晖．水工混凝土结构与材料的研究及应用［J］．中国水利，2008（21）：83－86．

[10] 王圣培．中国碾压混凝土筑坝技术要点分析［J］．中国水利，2007（21）：1－3．

[11] 田育功．中国碾压混凝土配合比设计试验特点分析［J］．中国水利，2007（21）：29－31．

[12] 刘志明．中国水利水电勘测设计技术进步与发展［J］．中国水利，2010（20）：20－25．

[13] 余智囊，钱财富．堤防填筑质量检测与评定探讨［J］．中国水利，2011（21）：32－33，36．

[14] 刘锦东，王许峰，张文波．复杂条件下隧道爆破施工技术方案研究［J］．水利水电技术，2019，50（2）：133－138．